视觉测量容错编解码原理与应用

吴海滨　于　双　王　洋　著

机　械　工　业　出　版　社

视觉编码三维测量技术是以计算机视觉为基础，融合光电子学、计算机图形、数字图像处理和摄影测量等技术，应用于空间几何尺寸的精确测量和定位的一种现代光学测量方法，广泛应用于工业检测、逆向工程、虚拟现实、生物医学等领域。本书从视觉测量编解码容错的角度，系统地阐述了视觉测量的原理、方法、关键技术及算法，并给出了实验论证。全书共6章，第1章介绍了视觉编码测量技术的基本概念和研究现状，第2~6章论述了面向视觉编码测量的图像处理方法和技术，包括图案编码和图像解码原理、图像二值化、包裹相位提取、相位展开和光学三角测量模型。

本书可作为高等院校仪器科学与技术、检测技术等相关学科研究生的学习参考书，同时可供从事三维视觉测量等领域的科研人员和工程技术人员参考。

（联系邮箱：jinacmp@163. com）

图书在版编目（CIP）数据

视觉测量容错编解码原理与应用 / 吴海滨，于双，王洋著. -- 北京：机械工业出版社，2024. 10.

ISBN 978-7-111-76996-5

Ⅰ. TP391. 41

中国国家版本馆 CIP 数据核字第 20243ZQ343 号

机械工业出版社（北京市百万庄大街 22 号　邮政编码 100037）

策划编辑：吉　玲　　责任编辑：吉　玲　周海越

责任校对：曹若菲　丁梦卓　　封面设计：张　静

责任印制：邓　博

北京盛通数码印刷有限公司印刷

2025 年 1 月第 1 版第 1 次印刷

184mm×260mm · 14 印张 · 332 千字

标准书号：ISBN 978-7-111-76996-5

定价：59. 00 元

电话服务　　网络服务

客服电话：010-88361066　　机　工　官　网：www. cmpbook. com

010-88379833　　机　工　官　博：weibo. com/cmp1952

010-68326294　　金　书　网：www. golden-book. com

封底无防伪标均为盗版　　机工教育服务网：www. cmpedu. com

前言
PREFACE

在生产和生活中，三维视觉测量引起了人们普遍关注，自动化、实时化和小型化成为三维测量的主要发展方向。基于视觉概念的非接触三维测量技术可以视觉传感器得到的图像为基础恢复物体的三维信息，具有速度高、效率高、自动化程度高、造价较低等优点。三维视觉测量技术可用在医学、考古、服装、制鞋等行业，用来测量人体形状和产品模型，也可测量不允许接触的复杂工艺品或弹性、塑性材料制品的形状，特别是在逆向工程、计算机辅助设计、快速成形、计算机辅助制造等领域都迫切需要这种测量技术，在汽车制造、五金制造、通信设备生产、家用电器、模具加工、航空航天等行业具有非常广阔的应用前景。

在视觉编码三维测量过程中，由于存在被测表面反射率不一致、背景光干扰、硬件性能不理想和噪声等因素，因而会导致解码错误，同时，上述因素及编码原理引起的亮暗转变处存在过渡区域解，也会导致解码错误。这两种解码错误都可能导致解码跳变，而产生相当于整周期，甚至满量程的粗大测量误差，致使测量准确度急剧下降，甚至使测量结果难以使用。而这些错误在视觉编码测量实践中不可避免，因此可容错的编解码视觉测量方法是视觉测量实际应用的关键。

2000 年后作者开始对三维视觉测量技术进行研究，从零开始，从原始开始，独立研究基础技术，并希冀在核心技术上有些许贡献。为了构建三维视觉测量系统，作者进行了大量的基础研究工作，投入了大量的时间和精力，从零开始构建了各种三维视觉测量原始模型。同时，还对构建三维视觉测量系统的容错编解码方法提出了有创新性的方法和思路，并将这些研究成果运用到所构建的三维视觉测量原型系统，使得其系统性能已可以与国际同类高端产品相媲美。

经过 20 余年的努力，相关的研究工作已经得到同行专家、学者的认可，目前已在《仪器仪表学报》《光学 精密工程》、IEEE 的 *TRANS* 等国内外期刊发表相关论文百余篇，已获授权国家发明专利 50 余项。相关研究先后得到国家自然科学基金、黑龙江省重点研发项目、中国博士后基金等的资助，同时得到了许多前辈和同行的指点、支持和帮助，也得到作者所在的哈尔滨理工大学及其测控技术与通信工程学院多任领导的支持，在此一并致以深深的谢意。

参与这项工作的硕士和博士研究生先后有 30 余位，正是大家勤奋、不断持续努力，有创新性的工作，才使得我们的研究能不断前行。本书内容是作者及团队在三维视觉测量方面的部分研究结果，凝聚了全体参与者的心血，是全体参与研究人员共同努力、共同创造的成绩，若能为国内三维视觉测量技术的发展做出些许贡献，这一定是对全体参与者多年努力的最好肯定，也一直是作者从事这项研究的动力与目标所在。

哈尔滨理工大学吴海滨负责统稿，并撰写第 1、2 章，第 3 章第 3 节及第 5 章第 1 节，于双撰写第 5 章第 2~4 节及第 6 章，王洋撰写第 3 章第 1、2、4~7 节及第 4 章。

由于作者水平有限，书中难免存在不当之处，敬请读者批评指正。

作　者

目录
CONTENTS

第 1 章 引论

1.1 主动视觉测量

随着科学技术的快速发展和人类社会需求的多样化，三维计算机视觉测量不仅在工业自动检测、逆向工程、生物医学、虚拟现实、3D 打印、文物复制和游戏娱乐等众多领域中得到了广泛的应用，而且还在更多的领域显示出更加迫切的需求[1-2]。同时，传统视觉将三维景物映射成二维图像，缺少深度信息的二维视觉极大地限制了人们感知和理解真实世界物体的能力。因此，三维视觉的研究与应用备受重视，始终是科学研究和生产生活中关注的热点。

三维测量技术可分为接触式和非接触式两类，接触式以三维坐标测量机为代表，其突出优点是测量精度高，但因测量速度慢、设备价格昂贵而不适合在现场使用，而且不能用于不允许接触测量的场合；非接触式以基于光学的三维视觉测量方法为代表，以图像形式获取和处理信息，更接近人类视觉，具有非接触、高分辨率和测量速度快等优点，其开发和商业化取得了巨大进展。

三维视觉测量[3]由实际环境光提供照明时，称为被动视觉测量技术，由专门设置的主动编码法进行编码时，称为主动视觉测量技术，也称为主动编码三维视觉测量技术。被动视觉测量技术利用多个视觉传感器，采用特殊技术获取三维信息，其致命缺点是测量精度低和运算量大，难以用于较高准确度的测量；主动视觉测量技术通过对携带被测表面三维信息的变形光场进行解调，获得被测表面的三维坐标。其中，主动编码法具有简单易实现、较高的分辨力和准确度、高速和低成本等优点，是目前应用最为广泛和最具发展潜力的方法之一。

主动编码法[4]按编码形式分为点光、线光和面光三类，其中面光法因其高效、较高准确度和无须扫描而成为主动编码法的发展趋势。面光法又分为空间编码光法和时间编码光法两种，空间编码光法仅需一幅编码图像，测量快，适合动态测量，但其分辨力、准确度和抗干扰性能都较低，应用较少；时间编码光法需要多幅编码图像、测量慢，但其采样密度、准确度和抗干扰性能都较高，因此是目前应用最广泛的三维视觉测量方法。

时间编码光法的编码根据编码物理量的不同可分为采用模拟量编码的模拟码和采用数字量编码的数字码。模拟码以正弦相移编码为代表，因逐点运算而具有高分辨力和准确度，但因解码范围仅为一个周期而致使其量程受限；数字码以格雷码编码为代表，因二值编码运算而具有高抗干扰能力、高准确度和宽量程，但因数字采样而致使其采样密度低。将格雷码光法和模拟码光法组合起来进行三维视觉测量，其中利用模拟码编码位图案获得单编码位周期内表面三维坐标，实现单周期高分辨率和高准确度三维视觉测量，利用格雷码图案将单周期表面三维坐标展开，实现高抗干扰的全部周期高分辨率和高准确度三维视觉测量。这样，既能测量高度剧烈变化或不连续的表面，又能实现大景物表面的三维视觉测量，并保持高分辨率和高测量准确度。目前，格雷码和模拟码组合方法中基本是采用格雷码和相移编码位进行组合，而且已经成为三维视觉测量领域的主流方法之一，基于该方法的主动编码视觉测量系统已成为市场中三维视觉测量的主流产品之一。

1.2 数字编解码方法

目前，三维视觉测量方法具因有非接触、高分辨率和高效测量等优点而成为三维测量技术发展与应用的主流。其中，主动视觉采用主动结构照明方式进行三维视觉测量，具有结构简单、实现容易、成本低廉、分辨力和准确度均较高的特点，已经成为应用最为广泛和最具发展潜力的方法。该方法主动投射编码图案至被测表面形成编码图像，根据携带景物表面三维信息的编码图像来提取三维表面形状，依据图案编解码原理获取景物表面的三维坐标。主动视觉按照编码使用的灰度级数量及特征可以分为数字编解码方法和模拟编解码方法两种。前者是离散值的编解码方法，后者是连续值的编解码方法。而将两种或两种以上编码组合进行测量则形成了组合编解码方法。

数字编解码方法是离散值的编解码方法，每个编码条纹对应一个数字值，测量空间仅能被有限划分，相对模拟编码它具有抗干扰能力强、条纹易于分辨，但采样密度低的特点。数字编解码方法包括二灰度级编解码、多灰度级编解码及颜色数字编解码。

1.2.1 二灰度级编解码

二灰度级编解码又分为灰度二值码和二灰度级格雷码等。其中，最具代表性、应用最广泛的是格雷码，其优点是鲁棒性好，可实现突变表面及不连续表面的测量，测量准确度高，但分辨率相对较低。

1. 灰度二值码

灰度二值编解码方法是最为基础的数字码编解码方法，该方法使用黑色和白色测量空间形成一系列投影图案，从而使被测物体表面上的每个点都具有唯一的二进制码。编码位数量随编码图案数量的增多以 2 倍的速度增加，N 幅图案可以产生 $2N$ 个编码位，即可将测量空间分为 $2N$ 个区域。通过选择合理阈值对所获得的编码图像中的每个像素点进行二值化，白色编码位为 1，黑色编码位为 0，进一步将二进制码换为十进制码，即可完成解码。

该方法向景物投射二进制图案来产生二值编码，编码分别为 0 和 1，投射 m 幅条纹对应 2^m 个编码，如投射 4 幅编码图像可得到 16 个编码，即可将测量空间划分为 16 个最小区域，如图 1-1 所示。该方法在投射编码图案过程中要求测量系统和被测景物位置固定，不能有相对变化。灰度二值编解码方法是三维视觉编解码方法中最基础的方法之一[5]。

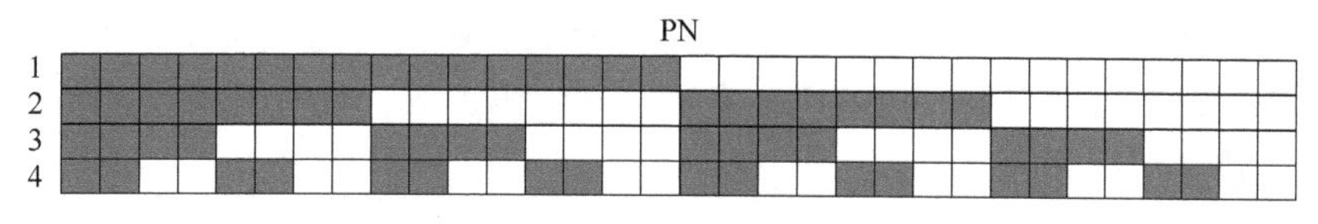

图 1-1 灰度二值编码

Posdamer 和 Altschuler 首先提出应用灰度二值编解码方法，他们通过投射 2^m 个简单的二进制条纹进行编解码，并提出了模式序列投射的三维视觉编解码方案。

在二进制条纹编码出现后，又有多人在此基础上做了大量研究，从抗干扰能力、测量速度、测量准确度等方面进行改进。

为提高二进制三维视觉法编码的抗干扰能力，Minou 等人提出了分时平行条纹编码技术，利用 25 条编码条纹，分别是长度比例为 5 和 9 的二进制编码和海明纠错编码，这种分时编码对于深度图像的测量效果较好，主要应用于深度抗噪检测系统。Hiroyuki[6] 提出一种应用二进制编码和全向相机配合的测量方法，来克服二进制编码的解码误差。

为提高测量速度，Raskar 等人基于灰度二值编码的快速转换提出一种逐步变化的编解码方法来进行实时的深度获取[7]。而 P. Vuylsteke 等人又提出一种把二进制编码检查板图案投影到视场的方法，编码图案中每个点通过一个窗口对照二进制编码检查板来确定其码值，简化了测量过程。H. Gartner 等人提出二进制灰度编码的新排列形式，通过改变排列方式，在保证测量精度的同时，减少了编码图像的数量，提高了测量速度。

为消除不同照度对测量的影响，Skocaj 和 Leonardis 提出增加不同照度的投射图案的灰度二值编码法，以减小反射率、曲率和颜色不同及环境光对灰度二值编码三维视觉测量系统的影响。同时，该方法研究了不同照度下相同像素的等价方法，得到每个表面点的最佳反射系数，从测量系统装置的角度，消除了投影仪和相机产生的非线性影响。

基于灰度二值编码的研究是三维视觉时间编码法较为基础的研究，这对所有时间编码三维视觉测量技术具有普遍意义。但是灰度二值编码具有其方法本身的缺点，即任意两相邻码值之间可能有多位不同且各位权重不同，即汉明距离不固定，如图 1-1 所示 P 点和 N 点，码值有 4 位不同，会反映到解码过程中，像素点可能多次处于亮、暗条纹交界处，使码值误判，若出现于高位则会引起很大的解码误差。

2. 二灰度级格雷码

二灰度级格雷码是在二值编码的基础上发展而来的。为解决二值码存在较大解码误差的问题，Jean-Maurice 发明了格雷码，又叫循环码，因其具有反射性（反射性是指将格雷码组对半折叠，除最高位上、下两部分不同，折叠处如同一个镜面），所以也称为格雷反射码，其主要特点是汉明距离为 1，即任意两个相邻码值中只有一位不同，如图 1-2 所示，并且各位的权重相同。在解码过程中，任意像素点在灰度图像中处于亮、暗条纹交界处的可能性只有一次，因此其码值最多只有一位会发生误判，解码误差不会超过 1 位，准确度相对较高。因此，格雷码在编码方法中应用最广泛，缺点是仍然存在一位解码误差难以消除，且格雷码属于数字编码，分辨率较低[8]。

为提高采样密度，Furukawa R 等人在格雷码基础上进行了改进，分别在横坐标和纵坐标投射格雷码，基于这种复合格雷码，两次使用一维循码，使得投射仪像面和实测被测物表面的像素可以实现点对点对应。Daesik Kim 等人也在格雷码基础上提出一种 n 位正反格雷码，条纹宽度不会随时间有大的变化，而是任意编码串的二进制补偿恰好在列表中 n 步距离，投射相同幅数可获得高一倍的采样密度，其编码连续，具有宽条纹、相机易于分辨、灰度均匀，受灰度干扰小的优点。

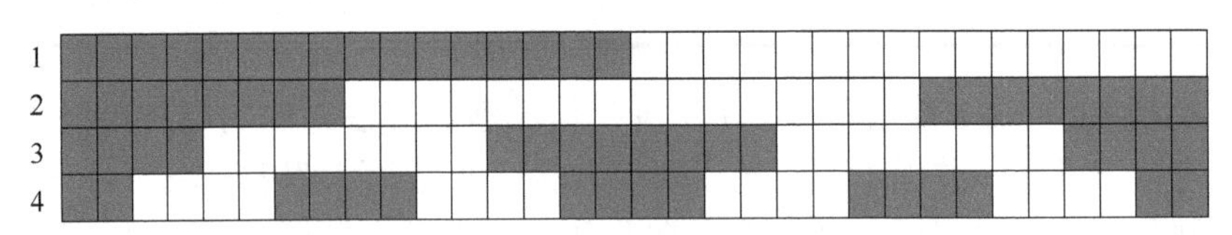

图 1-2　二灰度级格雷码

二灰度级格雷码的汉明距离为 1，所以它是一种可靠性编码，也是一种错误最小化编码，具有较高的准确度，相比于其他灰度二值编解码方法，格雷码具有较大优势，应用也较为广泛。但是二灰度级格雷码需要解决的问题是如何消除格雷码的一位解码误差和提高其采样密度[9]。

1.2.2　多灰度级编解码

多灰度级编解码包括灰度多值码、多灰度级格雷码等。

1. 灰度多值码

在灰度二值码的基础上，通过增加灰度级数量的方法进行编码可减少投射图案数量，提高编码效率，在投射同样数量编码图案的情况下，灰度多值码可产生数倍的编码条纹。如投射 3 幅三灰度级的编码图案，可获得 27 个编码条纹，而投射 3 幅二灰度级的编码图案，仅能获得 8 个编码条纹，如图 1-3 所示。但该方法的缺点是解码时每个像素点灰度级判断次数增多、判断难度增大，易带来解码误差，影响准确度。

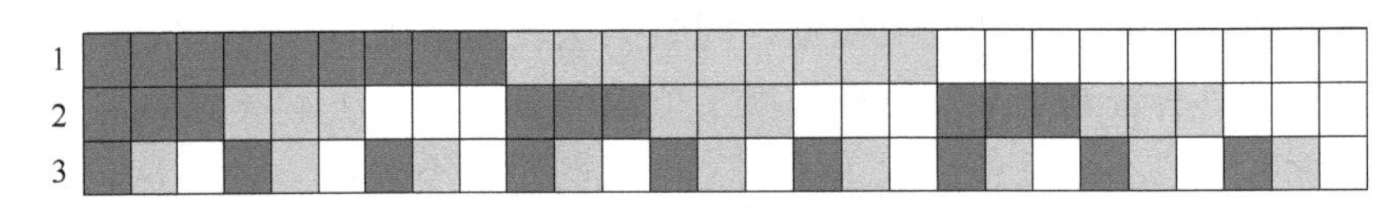

图 1-3　灰度多值码

具有代表性的灰度多值码是 Horn 和 Kiryati 所提出的一种灰度多值编码模式[10]，用 Hillbert 或 Peano 空间填充曲线来进行编码，在特定噪声条件下找到一组灰度级最少的编码方案，实验表明该方法在较少的投射图案数量下获得了较高的准确度。但是相对于格雷码，灰度二值码和灰度多值码具有相同的缺点，即汉明距离不为 1，码值误判率比较大，若码值误判存在于高位则带来较大的解码误差。

2. 多灰度级格雷码

多灰度级格雷码是在二灰度级格雷码基础上发展而来的。这种方法在不降低采样密度的同时减少投射图案的数量，提高了测量速度，同时增加了测量的难度。如 m 幅投射图案中每幅有 n 种灰度值，则有 n^m 个编码，例如对于二灰度级有 2^m 个编码，对于三灰度级则有 3^m 个编码。

如图 1-4 所示，投射 3 幅三灰度级的格雷码则具有 27 个编码，多灰度级格雷码与二灰度级格雷码同样具有格雷码汉明距离为 1 的特点。

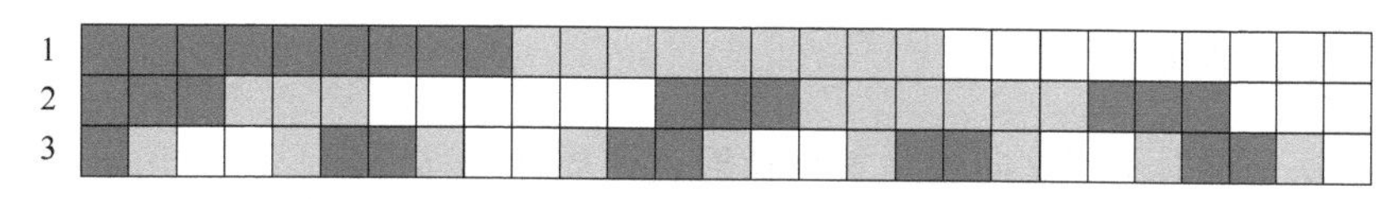

图 1-4　多灰度级格雷码

1.2.3　颜色数字编解码

颜色数字编解码技术是在灰度数字编解码技术的基础上逐步发展起来的，它通过颜色通道进行编码，提高了编码效率。通常用 RGB 作为颜色通道进行颜色编码，如灰度级“0”“1”和“2”分别用红色“R”、绿色“G”和蓝色“B”代替。

相对于二灰度级的颜色编码，多灰度级的颜色编码研究较为广泛。如 Caspi[11] 提出了一种基于 RGB 颜色的多灰度级颜色格雷码编码方法，该方法投射的 m 幅图案中每幅有 n 种灰度值，则产生 n^{3m} 个编码，提高了测量速度，缺点是应用了大量的颜色值，增大了判断难度，易引起颜色混淆。Sa 等人[12] 提出了（b,s）-BCSL 编码三维视觉测量法，图 1-5 所示为（3,2）-BCSL 的投射图案。

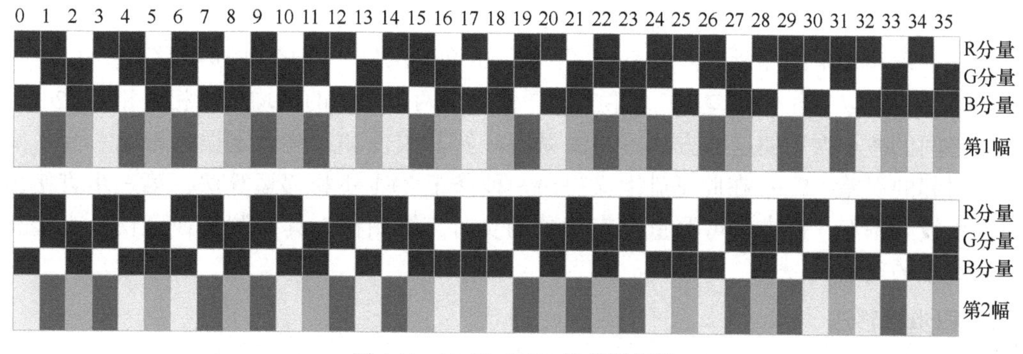

图 1-5　（3,2）-BCSL 的投射图案

编码的颜色从三基色 R（红）、G（绿）、B（蓝）及二次色 C（青）、M（深红）、Y（黄）6 种颜色中选取。（3,2）表示编码中相邻彩色条纹中的 3 个彩色分量（R、G、B）有 2 个不同，即使有一位误判，相邻条纹颜色仍不相同，这种方法避免了由于误差带来的相邻条纹颜色相同的情况。

Pan 等人[13] 采用红、绿、蓝、深红、黄和青 6 种颜色进行格雷码编码。该编码方法利用六种编码颜色的 R、G、B 分量对图像进行彩色归一化，可在不投射附加图像的基础上消除物体表面颜色对光反射造成的影响。

1.3　模拟编解码方法

模拟编解码方法采用连续编码，能够获得连续的测量空间划分。相对于数字编解码方法，模拟编解码方法精度和采样密度更高，但是由于判断难度增加，所以准确度相对降低。模拟编解码方法包括正弦相移法、强度比法等。

1.3.1 正弦相移法

正弦相移法是按时间顺序向被测景物投射正弦周期相移图案，通过几幅经投射图案调制的图像获取被测景物表面的相位，然后基于三角原理完成相位-高度的转换。正弦相移法是一种高精度测量技术，最大优点是点对点的运算，在原理上某一点的相位值不受相邻点光强值的影响，从而避免了物体表面特性不一致所引起的误差。该方法分辨率高，能够获取连续相位，解决了被测表面分布不规则、变化不均匀、变化量微小情况下的测量问题[14]。

正弦相移法的优点是采样密度高，缺点是抗干扰能力低。为提高抗干扰能力，通常投射重复的相移编码图案，结果带来解码二义性，所以必须进行相位解包裹，不能独立使用。

按照投射图案的幅数，相移法可分为 N 步法。通常投射图案幅数越多，测量准确度越高，但是测量速度越慢。

1. 三步相移法

三步相移法需要投射 3 幅图案，每幅图案相位相差 120°，因为投射图案少，速度快，在实时测量领域应用较多，但其受被测景物运动带来的误差影响较大。

为减少运动带来的测量误差，Angel 和 Wizino Wich 提出一种 2+1 步相移运算法，第一、二步图像迅速获取，相位相差 90°，第三步图像用前两步图像的平均值，相位相差 120°。但数据帧之间的微小振动使这种方法容易受系统装置非线性和系统标定误差影响。为了减少由振动引起的误差，Song 在此基础上又提出一种修正 2+1 步相移运算法，第三步直接由计算机产生投射图案，此方法可测量动态对象的实时三维图像，具有测量速度快、直接获得高质量纹理的优点[15]。

2. 四步相移法

图 1-6 所示为四步相移图案，每幅图案相位相差 90°。目前四步相移法是应用最广泛的一种相移方法，其公式具有能够消除背景项和投影仪的非线性及常数项影响的优点。

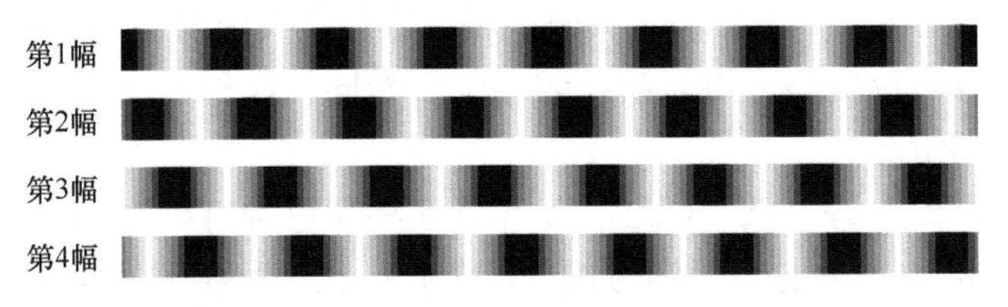

图 1-6 四步相移图案

在四步相移的基础上，为减少相移引起的测量误差，Schwider 等人提出两种改进方法，一种是利用相移的非周期性，另一种是采用两组相位数据的平均值来获取相位。Grantham 等人在四步相移的基础上增加一幅参考平面，通过与参考平面的比较来测量被测物表面的高度[16]。南京理工大学的朱日宏等人通过对移相干涉术的相位复原精度与移相器的位移误差的关系式分析，提出了重叠四步平均法[17]，减小由于移相器的位移误差而引起相位复原的误差。

3. 多步相移法

除了三步和四步相移法外，国内外许多学者在各种步幅相移方法上进行了研究改进，使相移方法得到迅速发展。如 T. W Hui 等人从系统装置的角度根据预置滤波和置后滤波提出了一种两步相移方法来重建被测对象的三维模型，此方法减少投射图像的数量，使测量速度得到提高。东南大学康新等人提出一种新的两步相移法来实现投影栅相位测量轮廓术。该方法首先确定半个周期条纹的幅值，然后由反余弦求取相位。Carlos D 等人采用七步相移的方法，这种方法可以减少由数据帧间的错误、振动和投射器的非线性相移引起的误差及量化误差。为了提高速度，Huang 提出一种基于高速正弦相移技术的三维形状测量技术，从装置设备角度提高了条纹转速度，此方法分辨率可达到亚像素级别，条纹转换速度为 240Hz[18]。

4. 颜色正弦相移法

利用颜色代替灰度的正弦相移法叫作颜色正弦相移法。颜色正弦相移法通过 R、G、B 3 个颜色通道作为强度分量，如投射一幅颜色相移图案得到 3 幅 RGB 相移图案，相当于三步灰度相移法，提高了测量速度。图 1-7 所示为一幅颜色相移投射图案及对应的 3 幅 RGB 正弦相移图案。

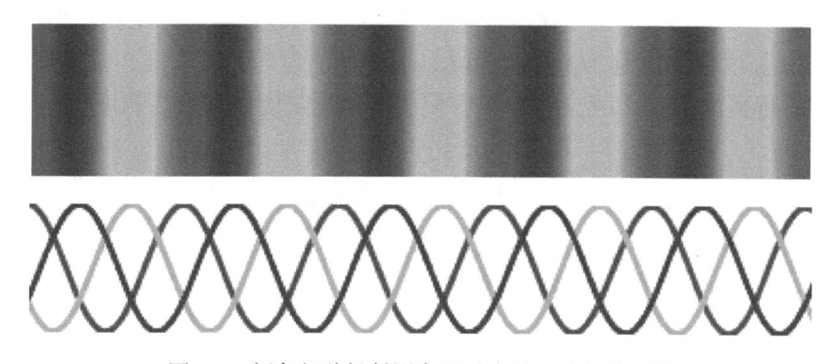

图 1-7　颜色相移投射图案及对应的正弦相移图案

孙军华等人[19]提出了基于相移的彩色编码方法，该方法将深红、红、绿和蓝 4 种颜色进行编码，建立子窗口，任意一种颜色在子窗口内通过相邻的 3 种颜色来确定，而且这种颜色是唯一的，在两种颜色条纹中通过一条黑色条纹来避免边缘颜色的影响。此方法适于三维物体的轮廓粗略测量。实践中，使用者可以将立体视觉原理和基于相移的彩色编码方法相结合，通过使用两台相机和一台投影仪消除由此方法产生的相位测量的误差。传统条纹方向为正弦条纹，而在另外一个方向却可以调制能见度。通过投射这种能见度可调条纹，在不改变原投射方向的情况下可以获取垂直和水平两个方向的像素级相移。

正弦相移法具有高采样密度的优点，在相移的一个周期里，相位值是唯一的，但是在整个测量空间内不同的周期无法判断，该值不唯一，即存在二义性，限制了相移法的独立使用。而且该方法存在正切函数的大量运算，影响了测量速度。

1.3.2 强度比法

为提高测量速度，在正弦相移法的基础上，计算相对简单的强度比法被提出。强度比法分为线性强度比法、三角形强度比法和梯形强度比法。

1. 线性强度比法

线性强度比法由 Carrihill 和 Hummel 提出，这种基于强度比的深度测量方法，采用称为垂直强度列的编码方法，列中线性变化光照下每一像素值与持续光照下像素值的比值，叫作强度比。由于最少需投射两幅图案，因此该方法不适于动态场景，引起误差的主要原因是噪声敏感度和投影仪的灰度非线性[20]。Horn 和 Kiryati 又开发了分段线性模式的投影模式，来达到更高的准确度[10]。由于投影仪难以做到精确的灰度线性，因此新方法中增加了连续投射次数。第一次仅投射一个从黑到白的单周期列，第二次投射两个线性列，第三次投射四个线性列等，这使得最后投射图案中邻近列的灰度级有较大的差异。

线性强度比还可用颜色来实现。哈尔滨理工大学李粉兰等人[21]提出一种按红、绿、蓝三色连续线性变化的彩色编码图案，利用颜色与相对位移之间的关系，建立光平面几何位置与投影角之间的对应关系来实现测量。

2. 三角形强度比法

Chazan 和 Kiryati 对线性方法进行了改进，提出了三角形强度比法代替线性强度比法，引入分阶段线性条纹，以克服线性强度比法中的噪声敏感度[22]。三角形强度比法可以分为两步和多步三角形强度比法。

图 1-8 所示为两步三角形强度比法投射图案。R 为强度比，是第 1 幅投射图案强度值与第 2 幅投射图案强度值的比值，$I_1(x,y)$ 和 $I_2(x,y)$ 分别为第 1 幅和第 2 幅投射图案强度值，x 是投射图案的行坐标，I_{max} 和 I_{min} 为编码中使用的最低灰度值和最高灰度值。

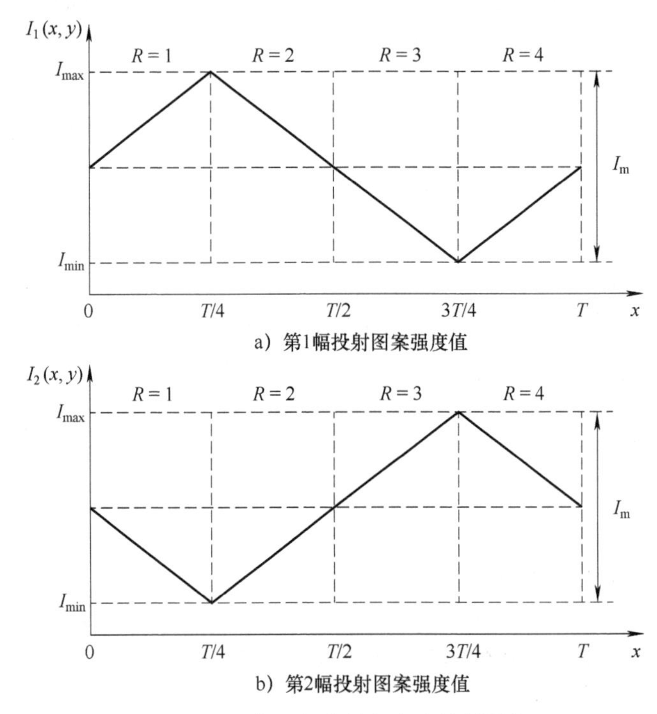

图 1-8　两步三角形强度比法投射图案

为了消除投影仪的灰度非线性所造成的影响，可以采用三步三角形强度比法，用三步强度比代替两步强度比。低强度的图案是背景，被其他两个减去，再被用来计算比例。但是，这种技术对相机噪声和图像离焦非常敏感，而且其分辨率低，如果采用周期模式，又会带来模糊问题。Jia 等人总结出不同步骤三角形强度比相移法的计算强度比的共同方程。

并用两步三角形强度比法为例，将强度比转换成为高度的测量，实现三维测量。通过实验得知，使用三角形强度比的步数越多，测量的速度越慢，步数越多，准确性越高[23-24]。但是当测量不连续表面的时候，三角形图案的不连续性会因条纹图案的离焦而带来较大的误差。

3. 梯形强度比法

为了降低三角形强度比图像离焦的影响，Zhang 提出一种新编码方法——梯形强度比法，这种方法将相移和强度比方法结合，有效避免了三角形图案离焦这一问题，并改进了处理速度，但是该方法因投射的非线性导致测量结果不平滑。

为在不引入模糊问题的基础上提高采样密度，提出一种彩色梯形强度比方法，用彩色图案的强度比代替相位的计算，处理速度相对相位法大幅提高。但是该方法用彩色图案，各种颜色互相影响，抗干扰能力不强[14]。

该方法使用 3 幅梯形相移灰度级编码图案，通过直接计算强度比来获取被测物体的三维形貌。梯形强度比方法类似于三步正弦相移方法，只是编码图案横截面形状由正弦形改为梯形，3 幅编码图案需相移 1/3 节距来重建被测表面的三维形貌。该方法结合了基于强度比方法的高处理速度和正弦相移法的高测量分辨率的优点，可用于静态和动态变化物体的三维表面形貌测量。梯形强度比法与正弦相移法的测量分辨率相当，但由于其计算的是简单的强度比而不是相位，数据处理速度较快。梯形相移法的缺点是对图像离焦敏感，从而可能会产生不可忽略的测量误差[25]。图 1-9 显示了一组梯形强度比法的编码图案，其横截面为随像素灰度值变化的梯形曲线，条纹周期数为 4。

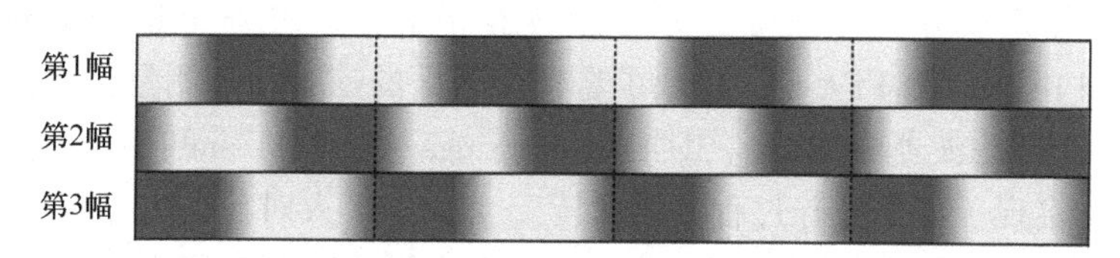

图 1-9 梯形强度比法的编码图案

强度比法计算相对简单，测量速度快，而且测量准确度高，但是它与相移法具有同样优、缺点，强度比的值不唯一，无法判断其所在周期，即存在二义性，限制了强度比法的独立使用。

1.3.3 变换法编解码方法

变换法编解码方法主要采用数学变换将编码图像转换到对应的变换域，用其他方式进行处理后求得对应相位信息。

1. 傅里叶变换法

Takeda 等人于 1983 年提出[26]傅里叶变换轮廓术（Fourier Transform Profilometry，FTP）。该方法对条纹图像依次进行快速傅里叶变换（FFT）、加窗滤波和傅里叶反变换，得到采样点的复指数谐波系数，复指数谐波系数的辐角即为采样点的包裹相位。再通过相位展开和相位-高度映射，获取被测景物表面的深度信息。为了改善 FTP 的测量结果，很多研究者进行了深入的研究。可以利用背景对比度校正法，以及对条纹图像的强度采用强度调制校正法消除基频分量，针对简单表面的目标减少频率混叠。对条纹图像进行数字加权处理来减少频谱泄漏；采用 Gerchberg 迭代算法将泄漏误差延拓到有效测量区域以外，以提高 FTP 的测量准确度。虽然 FTP 理论上只需要 1 幅条纹图像，但 FTP 测量需通过滤波操作在频域分离基频与其他倍频，限制了测量范围，同时对被测景物表面的高度变化具有特定的要求。

一维傅里叶条纹分析鲁棒性很差、所抽取包裹相位因误差较大而难以实用化，为此实施了多种改进措施。其中，最显著的进步就是利用条纹图像的二维特性采用二维傅里叶条纹分析[27]。该方法通过增加一维频域滤波更好地分离了有用信号和噪声干扰等无用信号成分，有效地减小了各种噪声干扰的影响，显著地提高了包裹相位的准确度。

鉴于二维傅里叶条纹分析因增加一维空间而显著提高了鲁棒性和包裹相位准确度，三维傅里叶条纹分析又被提出。增加的方法主要有两种。第一种是再增加一维空间变量，在三维空间中进行三维傅里叶变换转换。第二种是针对动态景物表面，各时刻的条纹图像组合形成一个时间条纹图像序列，其中考虑了不同时间景物表面形状之间的相关性，为景物表面三维动态测量提供了一种途径[28]。

另外，针对傅里叶条纹分析方法通过不同途径进行了多种改进提高。一种途径是消除零频率成分，使频率选择更容易、景物表面沿深度方向斜率的可测范围更大。另一种途径是采用窗口傅里叶变换进行条纹分析，以减小频谱泄露等造成的包裹相位误差。还有一种途径是多通道傅里叶条纹分析方法，以通过在不同的角度和频率下投射不同图案来解决景物表面不连续带来的问题。在傅里叶条纹分析方法基础上还形成了插值傅里叶变换、回归傅里叶变换和扩张 Gabor 变换等。另外，在频域滤波环节采取措施来减小噪声干扰和截断误差等的影响，提高包裹相位准确度，这在傅里叶条纹分析技术中是非常关键的。例如，可以将三维傅里叶条纹分析与三维长方体滤波器相结合（3D-Fourier Fringe Analysis combined with Cuboid filter，3D-FFA-C）实现了悬臂梁表面的三维动态测量，将三维傅里叶条纹分析与三维巴特沃斯滤波器相结合（3D-Fourier Fringe Analysis combined with Butterworth filter，3D-FFA-B）实现了盘子破碎过程的测量[29]。Zhang 等人对比研究了二维傅里叶条纹分析中二维巴特沃斯滤波器、长方形滤波器、高斯滤波器的性能，研究了三维傅里叶条纹分析中三维高斯滤波器的性能[30]。

鉴于傅里叶条纹分析方法的实时性，其一个重要发展方向是在动态三维测量中的应用。四川大学研究成果代表了该方面的国内外发展情况，实现了人吞咽时脸部和爆轰过程的动态三维测量[31-32]。而且，将傅里叶条纹分析中的灰度置换为颜色，就构成了彩色傅里叶条纹分析方法，可有效减少投射图案的数量，但导致了颜色解算困难[33]。

2. 空间相位法

Toyooka 等人于 1984 年提出了空间相位法（Spatial Phase Detection，SPD）。该方法与 FTP 在空间频率域进行相位提取不同，是在空间域直接对条纹图像进行操作[34]。该方法采用通信领域中较为常用的相干解调法得到采样点的包裹相位分布，即对条纹图像乘以与图像空间坐标有关的相干项 $\cos 2n\pi f_0 x$，得到仅有 1 个低频分量与采样点相位的余弦值有关的序列，再利用预先设计好的有限冲击响应（Finite Impulse Response，FIR）低通滤波器滤波得到低频分量，同理将条纹图像依次与相干项 $\sin 2n\pi f_0 x$ 和 FIR 低通滤波器进行相同的相干解调，得到与采样点相位正弦值有关的低频分量。这两个低频分量相除并利用反正切函数即可得到采样点的包裹相位。再通过相位-高度映射，获取被测景物表面高度分布。

虽然 SPD 避免了 FTP 的正反快速傅里叶变换，但由于必须采用 FIR 滤波器，需要对条纹图像进行合理的截取[35]，以避免FIR滤波器的有限字长效应所引起的测量误差。该方法在截取地过程中会不可避免地将有效信息滤除，影响测量准确度。

3. 小波变换法

实际变形条纹图像中包含多种频率成分，但傅里叶条纹分析方法中通频带是固定的，不适合分析同时具有较高频率和较低频率成分的信号。因此，各种小波变换条纹分析方法纷纷出现，就处理信号而言可以分为两种不同的方法：相位估计法和频率估计法[36]。

小波相位估计法将条纹图像逐行进行小波变换，得到的小波系数为一个二维复数矩阵，该复数阵列可分解为模矩阵和相位矩阵，采用脊提取算法从模矩阵中提取出每列的最大值，则每行脊位置所对应的小波相位值即为该行的包裹相位，由此实现包裹相位抽取。其中，可采用不同的小波脊提取算法。由于该方法可直接得到绝对相位而不是包裹相位，因此不需要再进行相位展开，但其可靠性太低，难以在实际中使用[37]，所以目前采用的小波变换条纹分析方法基本都属于小波相位估计法。

与傅里叶条纹分析方法一样，小波变换条纹分析方法也经历了一维、二维和三维的逐步发展，随着维数的增加其鲁棒性和抗干扰能力也得到提高，二维相对一维提高非常显著，三维相对二维有所提高。但其致命缺点是运算量极大、测量效率太低，而且图像本身数据量巨大就是其实际应用中的一个主要障碍，因此该方法缺乏实用性。

作为小波变换的自然延伸，S变换能更好地适应图像中的边缘或边界等各向异性特征，对噪声不敏感。因此，采用S变换进行条纹图像分析方法，其优越的定向灵敏度可以更好地区分噪声和条纹，并有利于消除背景光。在傅里叶条纹分析方法中，引入经验模式分解或主成分分析技术[38]来提取基频带并消除由多条纹投射图案离焦导致的非线性载波频率，因条纹图像自适应地分解为有限数量的固有模式函数或主成分，则能更好地分离高频和低频成分，更准确地提取零谱[39]。

上述时间域和变换域的变换法编解码方法的优点是采样密度高、测量准确度高，但主要问题是仅能给出一个条纹周期内的包裹相位，其测量准确度随测量范围增大而降低。为避免相位展开环节，针对图案中一个像素点周围像素的光强特征或几何特征进行编码形成一幅空间编码图案，投射到景物表面形成对应的编码图像，以编码图案为匹配模板，对编码图像进行解码直接获得对应像素点的绝对相位，形成了空间编码绝对相位抽取方法。

1.4 相位展开方法

数字编解码方法在同样测量范围内，所需投射图案随其分辨力提高而增多，而且当分辨力高到一定程度时编码图像与投射图案失去对应性，导致编解码失败。模拟编解码方法的测量分辨力和抗干扰能力随单周期测量范围增大而下降，而且其测量值被包裹在单周期之内，呈周期性重复、单周期不连续性。因此，将数字码和模拟码组合或模拟码和模拟码组合就成为实现大量程、高准确度、高分辨力、高抗干扰三维视觉测量的有效途径。该途径就是利用模拟码图像获得其高准确度、高分辨力、高抗干扰的单周期内包裹模拟码，再采用数字码或另一个模拟码来识别获取该单周期的序号，将该单周期内的包裹模拟码与其之前所有模拟码周期累加就形成其绝对模拟码，从而去除单周期测量值包裹的不连续性，获得连续测量值。组合式时间编解码方法的实质问题就是如何正确获得每个单周期的序号，否则会导致相当于整数倍周期大小的粗大测量误差[40]。而且，通过将包裹模拟码展开成绝对模拟码来实现将包裹测量值展开成连续测量值，这属于模拟码展开问题，通常称其为相位展开。

最简单的相位展开方法是依次向右逐像素点比较相邻像素点之间的相位，当两者之差超过 π 时认为检测到相位包裹，则向当前像素点及其右侧的所有像素点的相位添加 2π，并重复这个过程，直至编码图像中的所有相邻像素点的相位差值均小于 π。因此，如果包裹相位是理想的，则相位展开是一项简单的任务。然而在实际测量中，由于阴影、物体表面的非均匀反射率、编码位不连续性及噪声等的存在，使得相位正确展开十分困难。为此，多种多样的相位展开方法被提出，就相位展开的路径而言可分为两类：空间相位展开方法和时间相位展开方法[41-42]。

对于景物表面为连续的情况，空间相位展开是展开包裹相位最直接的方式。根据数据处理速度和测量准确度的不同，提出了多种空间相位展开方法，主要包括 Goldstein 方法、质量引导方法、区域增长方法和最小 L_p 范数方法[43]。空间相位展开方法的突出优势是通常仅采用单幅包裹相位图进行相位展开，但需根据像素周围的局部邻域内的相位值导出绝对相位而运算复杂、可靠程度低、存在展开误差传播问题。空间相位展开方法存在一个共同的局限性，即在被测表面变化剧烈或者不连续的情况下通常会失败。

时间相位展开方法是为了解决针对表面变化剧烈或不连续表面测量的相位展开问题被提出的，与空间相位展开相比，其展开路径不是在空间域中，而是在时间域中。时间相位展开方法通常采用多频率的相移编码位图案或额外的辅助编码位图案来实现相位展开，沿时间轴对编码图像中每个像素点的包裹相位进行独立展开而避免了误差的传播，因此具有能够准确测量表面变化剧烈或高度不连续表面的优势。时间相位展开方法主要包括数字编码辅助相位展开法、多频分层相位展开方法、多频外差相位展开方法、基于中国剩余定理（Chinese Remainder Theorem，CRT）的相位展开方法及辅助编码位相位展开方法。

1.4.1 格雷码展开方法

相比之下，格雷码因具有抗干扰能力强、可靠程度高、展开范围灵活的优势而在辅助编码位相位展开方法中被普遍采用，同时采用相移法获取包裹相位回避了格雷码分辨力低、采样密度低的劣势，从而形成格雷码和相移组合三维视觉测量方法[44]，同时具备两者的优点、克服各自的缺点。该方法中，包裹相位序号被编码在随时间变化的二进制格雷码图案序列中，N 幅格雷码图案可以确定 2^N 个相位序号，图 1-10 给出了 5 位格雷码与三步正弦相移编码位组合图案。由于格雷码在整个测量范围内为像素行坐标或列坐标的单调函数，具有全场唯一性，因此格雷码和相移组合方法既能实现高度剧烈变化或不连续表面的视觉测量，又能保持高测量准确度。

在实际测量中，硬件数字采样、投影仪离焦、相机光晕效应和景物表面几何形貌与物理特性及环境光等诸多因素导致格雷码出错，破坏了格雷码和相移编码位两者跳变之间的精确对准，结果产生周期跳变误差。所以，格雷码和相移组合方法在相位展开过程难以避免产生误差，结果导致粗大测量误差、测量准确度急剧下降，这使该方法失去了高准确度测量的优势。因此，实际中必须采取措施消除或抑制相位展开误差，以实现该方法在大量程范围内针对高度剧烈变化或不连续表面的三维形状测量，同时具有高采样密度、高准确度和高抗干扰性。

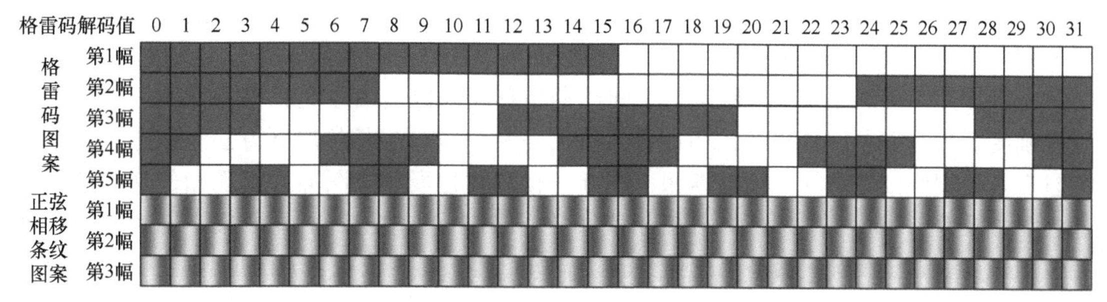

图 1-10 5位格雷码与三步正弦相移编码位组合图案

已经提出的周期跳变误差消除方法取得了一定的效果，但各有其局限性。第一类是判断相邻像素的绝对相位差是否超过设定的阈值相位，据此用阈值相位进行补偿。Zheng[45]提出了一种改进的展开方法，该方法分别确定出相移编码位周期起始点和格雷码跳变点的位置，判断两者位置差是否超过设定的阈值，据此校正格雷码，实现消除周期跳变误差的目的。第二类是基于滤波方法对绝对相位进行修正，包括表面光滑、中值滤波等方法。这两类方法在消除周期误差的同时，也减弱了景物表面本身的几何梯度，仅适合用于平坦或光滑景物，特别不适合具有台阶跃变的景物表面。不仅如此，小尺寸的一维中值滤波器仅在图像中不存在无效像素时才能正常工作，而环境噪声、景物表面几何特征和物理特性或阴影常导致无效像素出现；大尺寸的二维中值滤波器[46]，尽管提高了性能且可用于存在无效像素的情况，但仍然存在难以用于具有台阶跃变的景物表面的问题。自适应滤波器[47]可用于存在无效像素的图像，明显减小了对景物表面台阶跃变的影响，但运算复杂、运行效率降低，而且如果错误像素以某种方式连接为结构区域，则中值滤波器可能无法工作[48]。第三类是基于投射图案改进的方法，该方法的优势体现在展开过程中实现自我校正且在一定条件下不影响正确相位的像素。Zhang 等人提出了一种该类方法，附加投射一幅格雷码图案作为最低位格雷码图案，形成一组新的格雷码图案，产生一个新的格雷码值，根据包裹模拟码值确定采用其中一个格雷码值进行展开，实现周期跳变误差消除[49]。该方法不仅改进了投射图案，还增加了判读运算过程，但未能充分发挥改进格雷码图案的作用。总之，现有周期跳变误差消除方法对连续、平坦景物表面取得了很好的效果，但景物表面复杂程度越高其效果越差。

1.4.2 多频分层相位展开方法

多频分层相位展开方法[50]投射多幅具有不同周期的相移编码位图案，并且最粗糙的相移编码位图案中仅有一个编码位，其中相位没有被包裹，该相位图是进行相位展开的基本相位。根据基本相位图与其他包裹相位图之间编码位频率或编码位周期的关系，包裹相位由粗糙到精确逐级展开。

多频分层相位展开方法投射具有不同条纹周期宽度的条纹图案。其中最低频率的条纹图案只有一个条纹，其波长覆盖整个测量范围，依据此相位获得上一级频率的条纹图像的条纹周期序数，实现其包裹相位展开，如此递进、逐层展开，直至实现最高频率包裹相位展开，完成包裹相位展开[51]。为提高展开准确度和减少投射图案数量，采取措施对分层展开方法进行了改进[52]。根据所使用条纹序列之间周期宽度的关系，为了保证相位展开准确度并减少投影图案数量，一些改进多频相位展开方法被提出，改进算法可以进一步分为线性序列、指数序列、反向指数序列、修正指数序列、广义反向指数序列和广义指数序列等。

尽管如此，仍然需要很大数量的不同周期相移编码位图案才能获得良好的三维视觉测量准确度。为了缩短测量时间，Zhao 等人提出一种双频分层相位展开方法，该方法仅需一幅只有一个编码位周期的低频基本相位图和一幅高频包裹相位图即可实现相位展开，但抗噪声能力极差。Ding 等人对双频分层相位展开方法进行了改进，利用两幅不同频率的包裹相位图来实现相位展开，提高了抗噪声能力。Ding 等人将相位展开方法由双频扩展到三频，提出一种基于 3 种不同频率编码位图案的分层相位展开方法，提高了相位展开的可靠性。针对相位展开误差导致的粗大测量误差问题，Zhang 等人提出了一些解决措施，取得了一定的效果[53]。

1.4.3 数论展开方法

数论展开方法投射其条纹频率与互质数成同比例的条纹图案，基于互质性质和整数的可分性，根据所有频率条纹图像的包裹相位得到绝对相位，是所有包裹相位的展开。包裹相位展开过程可以总结成数学问题，将所有原条纹的频率和包裹相位作为已知量，绝对相位作为待求量，根据数论理论可以建立一个同余方程组。但实际中，如何求解同余方程组成为需要解决的问题，出现了多种求解方法，包括利用表格查询、CRT、采用无理数波长比、误差估计等方法[54]。但是，同余方程组在求解的精度、速度、鲁棒性、范围等方面的实际应用中还需要提升。

基于 CRT 的相位展开方法利用相对素数的性质，至少使用两幅包裹相位图来实现相位展开，其中包裹相位图的编码位频率互为质数。相比之下，该方法具有较大的展开范围和较高的计算效率，但存在对相位误差高度敏感的缺点。为了消除或抑制相位展开误差，同时提高视觉测量容错编码的范围，对其进行改进，分别采用查找表和空间搜索的方式补偿相位误差，但大大增加了计算成本。或者采用查找表方式进行相位展开，降低了对相位误差的敏感度。采取简单查找表方式进行相位展开，将编码位频率扩展到非相互质数的范围，使可容错编码频率设计具有更高的灵活性。也可以通过分析由灰度噪声引起的包裹相位的不确定性优化编码位频率，提高相位展开的准确度和抗干扰能力[55]。于晓洋等人将 CRT 由整数域扩展到实数域，提出一种 CRT 工程化求解方法并用于相位展开，该方法具有相同编码范围下容错能力强和解码速度快的优点[56]。

1.4.4 多频外差相位展开方法

多频外差相位展开方法借鉴已有外差技术，利用两个接近频率的拍频，在两者合成波长范围内展开原有频率的包裹相位。各条纹之间频率相差越小，则合成波长越大，相位展开范围就越大，但这是通过牺牲信噪比来增大相位展开范围，因此合成条纹属于虚拟条纹，合成相位图仅用作参考相位以辅助相位展开[57]。鉴于投射图案的条纹频率越多，相位展开范围就越大，需要在确定的展开范围内优化频率个数和频率大小[58]。

多频外差相位展开方法由全场相移干涉测量法和双波长全息术的合并发展而来，随后这项技术被引入正弦相移主动编码法三维视觉测量中，用于进行相位展开[59-60]。该方法首先采用正弦相移法获得两个相近频率的包裹相位图，进一步利用高频相位和低频率相位之间的简单代数关系获得一个可以覆盖整个测量空间的连续合成相位图，最后利用合成相位来确定包裹相位的相位级数，进而实现相位展开。为提高测量分辨力，双波长相位展开方法可以扩展到三个甚至更多的波长，从而进一步增加合成相位的范围[61-65]。另外，通过对编码位频率进行优化，可以使合成相位的长度最大化[66]。Long 等人[67]提出了一种灵活的双波长相位展开方法，该方法适用于具有不同编码位波长的任何两组相移编码位图案，从而为相移编码位图案的设计提供更多的灵活性。为提供双波长编码的容错能力，采取线性插值方法对相位展开误差进行校正，并设计了一个质量模板来去除通过线性插值校正之后剩余的展开误差，结果显著地降低了测量误差[68]。Song 等人提出了无需合成波长的多波长相位展开方法，比传统的双波长和三波长相位展开方法具有更强的抗噪声能力[69]。

1.4.5 辅助编码位相位展开方法

辅助编码位相位展开方法使用额外的编码信息来直接识别相位级数，即使在测量不连续的表面时仍然可以提供可靠的展开结果。与前述时间相位展开方法相比，该方法具有展开过程简单且易于实现的优势。Su[70]提出一种基于二进制编码技术生成的彩色编码位来确定相位级数的方法，景物表面的颜色与彩色编码位颜色相耦合，导致编码图像颜色出现失真，因此不适合用于测量彩色表面。为降低颜色敏感度，Su 又采用二进制编码位和彩色网格，将两者结合起来进行相位展开[71]。Zhang[72]采用一幅阶梯灰度图案进行相位展开，该阶梯图案的阶梯变化位置与包裹相位跳变位置完全一致，并提出一个计算框架来减小由噪声引起的展开误差，但其展开的编码位周期数存在局限性。Wang 等人[73]将码字嵌入相位中从而形成一组阶梯编码位图案，利用连续的阶梯相位进行相位展开，有效地减少了噪声的影响，但不适用于较多编码位周期的相位展开。Hyun 等人[74]对传统阶梯相位编码方法进行了改进，减少了编码图案的数量。为提高相位展开分辨力，Xing 等人[75]提出了考虑系统非线性的相位误差补偿框架，可以在一定程度上增加码字数，但是在实际环境中稠密编码位限制了该方法的使用。为了进一步增加码字数，Zheng 等人[76]提出了一个两步相位编码策略，使用了两组相位编码图案。Zhou 等人[77]提出了一种改进的彩色相位编码方法，仅用一组相位编码图案就能实现较大的码字数。上述辅助编码位相位展开方法或者采用颜色信息或者采用多灰度信息，在灰度分辨率、量程和表面反射率方面受到限制，存在抗干扰能力差的缺点。

1.5 本书各章内容简介

第 1 章阐述了主动视觉测量的背景与意义，分析二灰度级、多灰度级和颜色数字编码原理及各种编解码方式的优缺点；为了提升主动视觉测量的精度，引入了模拟编解码方法，分析了各种模拟编码方法优缺点；针对模拟解码方法中多值解码不唯一的问题，需要对包裹相位进行相位展开，介绍主流相位展开方法及其优缺点。

第 2 章主要分析边缘格雷码与线移条纹结合三维视觉测量编码和解码的原理，并给出仿真实验过程，采用消费级电子产品构建三维视觉测量系统，验证本章编码、解码原理，同时针对构建的三维视觉测量系统的测量结果进行分析。

第 3 章主要分析中国剩余定理（CRT），将 CRT 的适用范围从整数推广到实数范围，提出 CRT 的工程化解法，进而采用该方法对三维视觉测量进行编码、解码，构建仿真实验系统和三维视觉测量系统验证本章方法，并对实验结果进行分析。

第 4 章主要针对包括正确测量不连续景物表面在内的正确展开包裹相位这个关键问题进行研究，提出编码位主动编码法视觉测量中的时间相位展开方法，形成编码位主动编码法视觉测量方法，实现不连续景物表面的视觉测量。

第 5 章主要分析格雷码与相移结合三维视觉测量编码和解码的原理，通过理论分析和测量实验阐述模拟码展开过程中的周期跳变误差现象及其产生机理，以减小模拟码展开误差为目标，提出并实现新的格雷码和模拟码组合三维视觉测量方法。

第 6 章以放疗中肿瘤的运动追踪为研究背景，以解决人体胸腹表面三维测量在测量速度、准确度的平衡为研究目的，将速度较快的傅里叶条纹分析方法和准确度较高的小波变换方法作为研究对象，最后形成一种可应用于呼吸运动分析与预测的人体胸腹表面动态三维测量方法，并通过人体胸腹表面三维测量实验，验证系统和算法的可行性和优势，为放疗中呼吸运动的分析与预测奠定基础。

第2章 边缘格雷码与线移条纹结合编解码原理

2.1 引言

针对格雷码条纹中心编解码的缺点，提出了格雷码条纹边缘编解码方法，以从原理上减小解码的位置量化误差、解码量化误差及解码误差。解码过程中，采用归一化方法减小灰度值变化范围不一致导致的二值化错误；基于灰度曲线交点进行亚像素边缘检测，减小亮条纹扩散导致的边缘定位误差；进行归一化和亚像素边缘检测的验证实验。基于边缘格雷码结构光三维测量原理，建立仿真测量系统，通过针对不同形状表面的仿真测量实验，进行边缘格雷码三维测量系统的定量和定性评价。

边缘格雷码编解码方法提高了格雷码三维测量准确度，但受器件性能的限制，采样密度最高约为一个条纹宽度。为提高采样密度，提出格雷码条纹边缘与线移条纹中心结合的编解码方法。为保证线移条纹中心编解码的准确度，采取基于局部灰度重心进行条纹中心亚像素检测，并进行条纹中心检测的验证实验。基于格雷码条纹边缘与线移条纹中心结合的结构光三维测量原理，建立仿真测量系统，通过针对不同形状表面的仿真测量实验，进行该三维测量系统的定量和定性评价。

为了进一步消除被测表面颜色和反射率的干扰，提高编解码容错能力，利用彩色替代灰度实现编解码，该方法以彩色条纹边缘作为采样点，从原理上消除了条纹中心解码带来的0.5个最低位固有量化误差；边缘解码与其高位图像中红蓝条纹内部而非边缘相对应，大大降低了格雷码码值被误判的概率，提高解码可靠性；彩色条纹比灰度条纹还能减少条纹扩散影响产生的边缘检测误差。为提高编码结构光的采样密度，基于颜色边缘格雷码在每相邻彩色条纹处嵌入其他颜色的宽度固定条纹，将宽度固定条纹的边缘和中心作为采样点，达到不增加投射幅数的前提下提高采样密度的目的。

2.2 边缘格雷码编解码原理

为提高格雷码三维测量准确度和抗干扰能力，有必要对现有格雷码编解码方法进行理论分析，以便从方法上有针对性地采取减小测量误差的措施，形成新的格雷码编解码方法。

2.2.1 传统格雷码编解码

首先，以二灰度级3位格雷码为例简要说明传统时间编码中的格雷码条纹中心编解码的原理。编码时，用投影仪向被测表面按时序投射如图2-1所示的3幅编码图案，图案中的条纹平行、等宽，分别用亮、暗两灰度将被测空间分为8个区域，其中亮区域对应码值“1”，暗区域对应码值“0”。解码时，首先将CCD（电荷耦合器件）像面上的某个像素点作为某个空间被测点的对应点，然后将该像素点中心作为图像采样点位置，以其在3幅编码图像中的码值按时间次序组合，得到该点的区域编码值，由此确定该点在数字微镜器件（Digital Micromirror Device，DMD）像面上的所在区域，以区域中心线作为其DMD位置，进而建立空间被测点、CCD像点和DMD像点的对应关系。

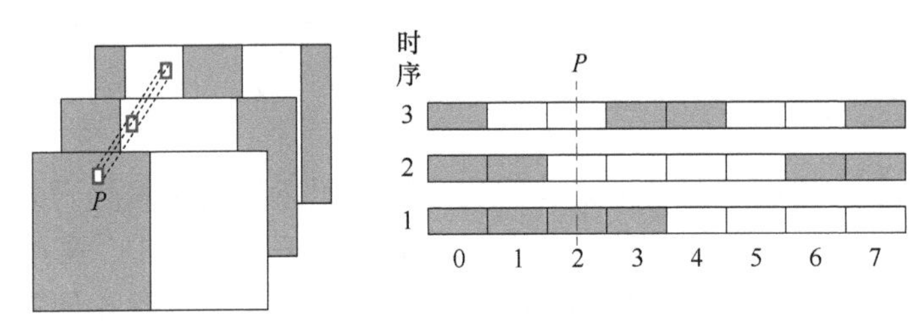

图2-1 条纹中心编解码原理

例如图2-1中某个空间被测点P对应于CCD像面上的红色像素，在3幅编码图像中的码值分别是“0”“1”“1”，则该点的区域编码值为“011”，将格雷码转换为二进制数，进而转换为十进制数，得到该点所在的区域序号为$k=3$，其中k的取值范围是0~7的整数。最后，以DMD像面上3区域的中心线位置作为空间被测点和CCD像素点的对应位置。

由上述编解码过程可以看出该方法的3个主要缺点：

1）空间被测点和CCD像素点可能存在一对多或多对一的情况，即多个空间被测点同时影响一个像素点的灰度值或一个空间被测点影响多个像素点的灰度值，因此不能准确地建立二者的对应关系，带来位置量化误差。

2）若某CCD像素点未处于其所在区域的中心线位置，而仍然以DMD像面上对应区域的中心线对应，则带来解码量化误差。

3）某些CCD像素点可能处于条纹边缘，灰度值被误判。格雷码任意两相邻码值之间只有1位不同且各位权重相同，反映到条纹中心解码过程中，即任意像素在各幅编码图像中最多只有一次处于条纹边缘，因此其码值可能有1位被误判。虽然任意位被误判引起的解码误差只有1位，但却难以消除。

采用数字器件必然会导致位置量化误差和解码量化误差，增加CCD分辨率和编码图案数可以减小位置量化误差、解码量化误差及解码误差，但现有器件水平限制致使这3项原理误差成为编码结构光三维测量系统的主要误差。所以，必须采取措施来减小这些原理误差，其中对编解码方法进行改善，不受器件性能指标的限制是一条有效的途径。

2.2.2 边缘格雷码编解码

针对格雷码条纹中心编解码的缺点，提出如下格雷码条纹边缘编解码方法。编码时，仍然向被测表面投射二灰度级格雷码条纹图案。解码时，首先采用亚像素检测技术提取各幅编码图像中的条纹边缘，将边缘上的点作为图像采样点，然后根据图像采样点在二值化后的编码图像中的灰度值（0 或 1）求取格雷码值，利用该格雷码值确定图像采样点和 DMD 编码图案中边缘的对应关系。

如图 2-2 所示，以投射 4 幅格雷码图案为例，其共包含 $2^4-1=15$ 个边缘。若要求取第 4 幅编码图像中边缘 P 对应的 DMD 编码图案边缘位置，则按其在 1～3 幅编码图像中相应位置处的灰度值（0 或 1）求取格雷码值，再由式（2-1）求其对应的边缘排列序号即可。

$$k = 2^{l-i} + ((G_0 G_1 G_2 \cdots G_{i-1})_2)_{10} \cdot 2^{l-i+1} \tag{2-1}$$

式中，k 为边缘排列序号，$k=1,2,\cdots,2^l-1$；l 为编码图像总数；i 为编码图像序数，$i=1,2,\cdots,l$；G_i 为第 i 幅编码图像中的灰度值，其中令 $G_0=0$；括号的下角 2 表示二进制标示的数字，下角 10 表示十进制标示的数字。

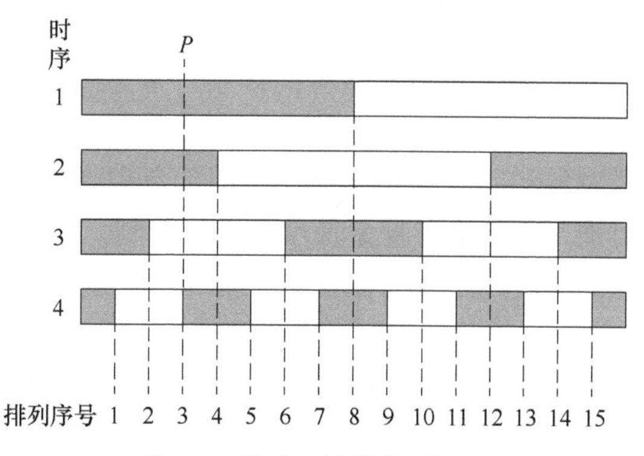

图 2-2　条纹边缘编解码原理

获取一幅编码图像后，将其复制得到两幅相同的图像，分别同时进行两种图像处理：一方面，采用亚像素检测技术提取其中一幅编码图像中的条纹边缘，将边缘上点作为图像采样点；另一方面，将另一幅编码图像二值化。完成上述处理后，根据图像采样点在二值化后的编码图像中的灰度值求取格雷码值，进而确定图像采样点在 DMD 编码图案对应的边缘位置。

条纹边缘编解码从原理上减小了传统格雷码条纹中心编解码的位置量化误差、解码量化误差及解码误差：

1）条纹边缘编解码可建立空间被测点和图像采样点的亚像素准确度对应关系，理论上减小了图像采样点位置量化误差，提高了系统分辨力。如图 2-3 所示，上图为条纹中心编解码的对应关系，下图为条纹边缘编解码的对应关系。

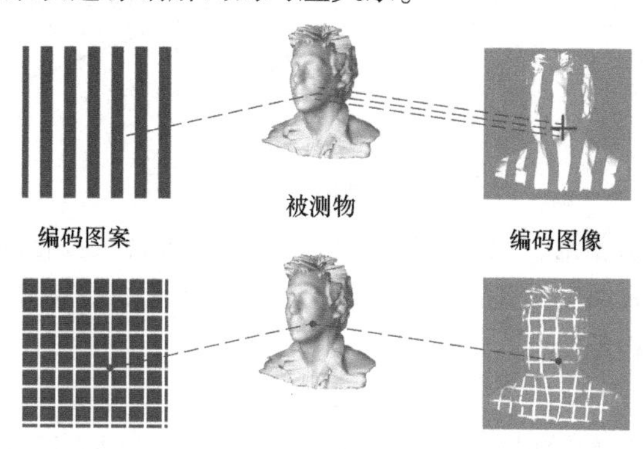

图 2-3　空间被测点与图像采样点的对应关系

2）CCD 图像和 DMD 图像中的条纹边缘一一准确对应，减小了条纹中心编解码以 DMD 条纹中心线位置替代条纹内任意采样点位置带来的解码量化误差。

3）减小了格雷码固有的 1 位解码误差。在图 2-2 中，虚线所示边缘均处于前几幅编码图像的条纹内部而非边缘位置，因此其码值不易被误判。该方法在理论上减小了由于采样点处于条纹边缘，灰度值误判带来的 1 位固有解码误差。

2.2.3 条纹边缘亚像素检测

边缘格雷码准确解码的前提是编码条纹边缘的准确定位和编码强度图像正确二值化，同时条纹准确定位和图像正确二值化也是结构光三维测量技术的共性问题和关键问题。

1. 编码强度图像归一化

本章结构光系统投射的编码图案和拍摄的编码图像均只包含灰度信息，编码强度图像灰度值受到被测表面反射率、环境光和形状等的调制，常导致编码强度图像二值化、条纹边缘定位出现错误。

对于复杂多变的测量对象和测量环境，被测表面的反射率不均匀、环境光对被测表面的照射不均匀等因素都对强度图像中各像素灰度值进行调制，致使其变化范围不一致。

此外，被测表面形状的不规则也是带来上述问题的重要因素，此处以最具代表性的倾斜表面为例进行分析。

如图 2-4 所示，若投影仪投射角为 2α，其主光轴垂直水平面投射，则投影宽度为 d_1。相机主光轴与水平面夹角为 θ，则成像方向的像宽度为 d。当被测表面相对水平面倾斜 β 后，投影仪镜头中心沿主光轴到被测表面的距离由 L 变为 L'，则投影宽度为 d_2，成像方向的像宽度变为 d'。

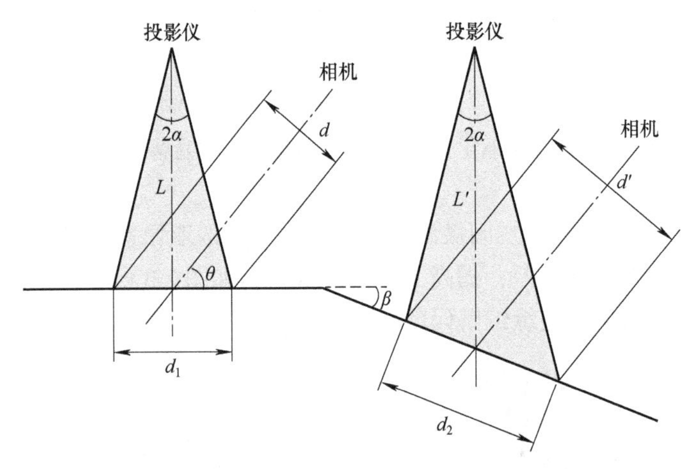

图 2-4　表面倾角与光强的关系

投影仪投射光束的总能量一定，则被测表面单位面积上入射光能量随投影宽度而改变。

相机主要接收被测表面的散射光线。对于石膏、金属、纸等普通粗糙表面，散射光强可用式（2-2）Lambert 模型表示：

$$I_o = K_d I_i \sin\gamma \tag{2-2}$$

式中，I_o 为散射光强；K_d 为散射率；I_i 为入射光强；γ 为散射光线与被测表面夹角。γ 较小时，散射强度随其增大而迅速增强，γ 增至一定值后，散射强度变化比较缓慢，当 γ 在反射角附近时，散射强度最大。被测表面倾斜 β 时，相机主光轴与被测表面夹角由 θ 变为 $\theta+\beta$。在相机视场角内，接收的每条散射光线与主光轴的方向均不同，因此以主光轴方向为例进行研究，接收到的散射光强随表面倾斜角度而改变。

结合表面倾斜对投影仪入射光强和相机接收的散射光强两方面的影响，倾斜前后强度图像中的像素灰度值 I 和 I' 的关系为

$$\frac{I'}{I}=\frac{L(\cos^2\beta-\sin^2\alpha)}{L'\cos^2\alpha\cos^2\beta} \tag{2-3}$$

倾斜前后像素灰度值受 α、β、L、L' 等多个参量影响，分析和实验结果表明，其影响具有以下定性规律：相机主光轴和被测表面夹角较大时，入射光强变化占主导地位；相机主光轴和被测表面夹角较小时，散射光强变化占主导地位。例如，图 2-5a 中 A 面被投影仪垂直投射，B、C 面被倾斜投射，因此图 2-5b 中 A 面像素灰度值较 B、C 面大；又因为相机从右侧拍摄，因此 C 面与其主光轴夹角较大，故 C 面像素灰度值较 B 面大。

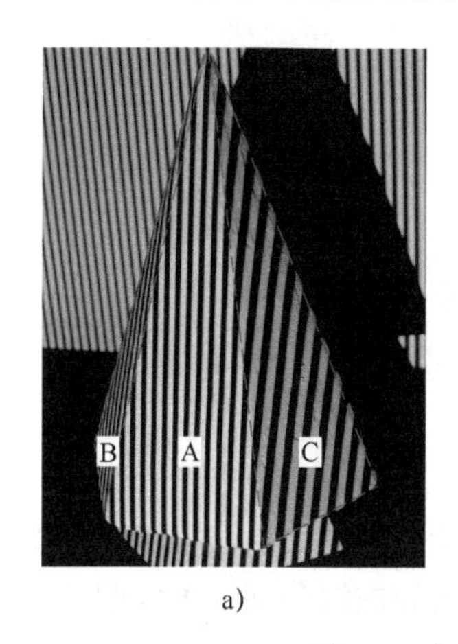

a)

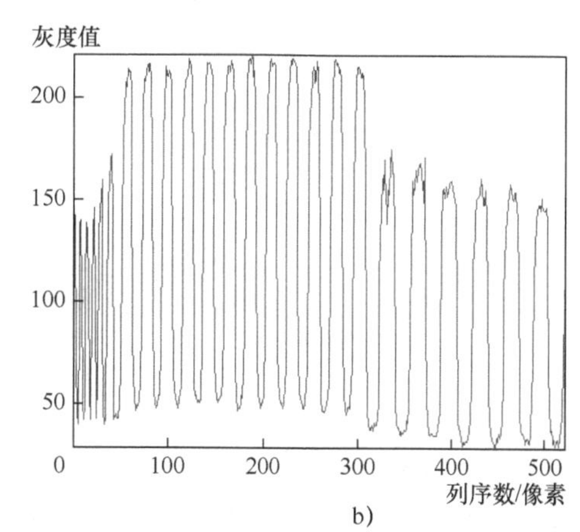

b)

图 2-5　表面倾角与像素灰度值的关系

不规则表面可视为倾角、距离和面积连续变化的斜面的集合，因此上述规律具有普遍性。为此，采用归一化方法减小外部因素的调制影响，解决灰度值变化范围不一致的问题。

为将强度图像归一化，在投射格雷码图案的基础上，附加投射“全亮”和“全暗”图案各一幅。“全亮”即编码图案中各像素点为白色（灰度值为 1），投影仪投射光强达到最大；“全暗”即编码图案中各像素点为黑色（灰度值为 0），投影仪投射光强最小。“全暗”投射时，被测表面仅受环境光照射。各幅强度图像如图 2-6 所示。为验证归一化效果，在非暗室环境下，采用了包含不同斜率表面的棱锥作为被测物，并在被测表面粘贴反射率不同的标志点。

在相机 CCD 像素点电荷未饱和的前提下，强度图像中像素灰度值与被测表面入射光强之间的关系基本符合线性叠加规律。因此利用式（2-4）归一化可修正环境光、反射率不均匀和表面形状对强度图像中像素灰度值变化范围的影响。

$$J_{\mathrm{K}}(m,n)=\frac{I_{\mathrm{K}}(m,n)-I_{\mathrm{L}}(m,n)}{I_{\mathrm{H}}(m,n)-I_{\mathrm{L}}(m,n)} \tag{2-4}$$

式中，I_{K}、I_{H}、I_{L} 分别为编码图像、“全亮”图像、“全暗”图像中像素 (m,n) 的灰度值；

J_K 为归一化后像素 (m,n) 的灰度值，反映了投影仪投射的编码光在被测表面的照射强度。理论上 J_K 应为二值变量，即 1 代表该点处于亮条纹，0 代表该点处于暗条纹，但其实际值在范围 [0,1] 内变化。在归一化图像的基础上，利用式（2-5）得到二值化图像 B_K。

$$B_K(m,n)=\begin{cases}1: J_K(m,n)>0.5\\0: J_K(m,n)\leqslant 0.5\end{cases} \tag{2-5}$$

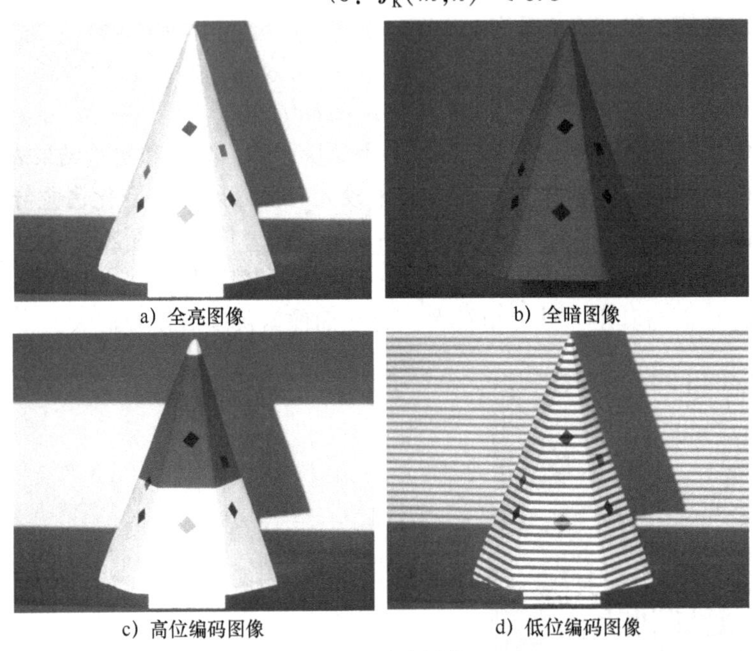

a）全亮图像　b）全暗图像　c）高位编码图像　d）低位编码图像

图 2-6　强度图像

强度图像、归一化和二值化后的图像如图 2-7 所示。将图 2-5 中的灰度曲线进行归一化处理和二值化，结果如图 2-8 所示，图中实线、点画线和虚线分别为强度图像、归一化图像和二值化图像的灰度曲线。可见归一化方法完全修正了环境光和被测表面形状的影响；对于与被测表面反射率差别较大的灰色标志点，归一化方法能够完全修正。多次实验结果表明，归一化方法能显著地减小外部环境调制的影响。

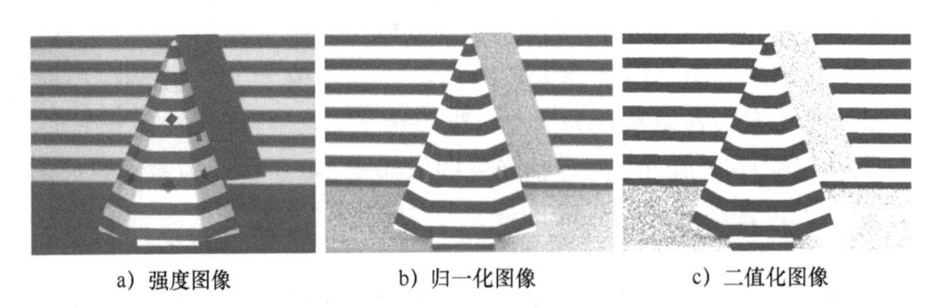

a）强度图像　b）归一化图像　c）二值化图像

图 2-7　强度图像、归一化图像和二值化图像

2. 基于灰度曲线交点的边缘检测

边缘格雷码编解码方法消除了传统格雷码编解码方法的原理误差，但是在其实现的过程中，强度图像亮条纹相对暗条纹进行扩散，即边缘处亮条纹向暗条纹一侧侵入，导致亮条纹变宽、暗条纹变窄，进而带来边缘定位误差。

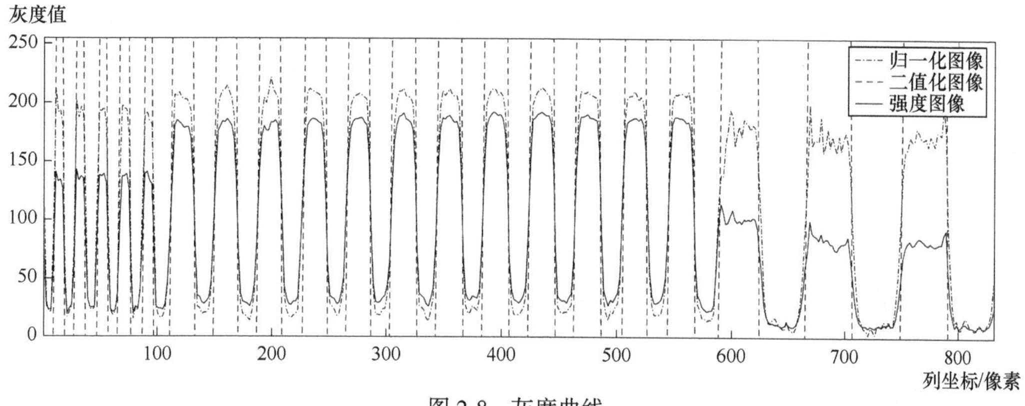

图 2-8 灰度曲线

表面散射、光学系统点扩散、离焦是导致强度图像中出现亮条纹扩散现象的主要原因。

（1）表面散射 通常将粗糙表面看作符合高斯分布的随机表面，其起伏是相对某一平滑的“参考平面”。粗糙表面相对于平面的高度分布通常用高斯密度函数表示。当用投影仪投射一定宽度、强度均匀的白光条到粗糙表面时，就会产生散射，在相机的接收方向上将出现一条近似正态分布的散射光带。同理，投射黑白相间的等宽编码条纹时，亮条纹的散射部分侵入暗条纹一侧，造成边缘扩散。

（2）光学系统点扩散 光学系统的理想状态是物空间一点发出的光能量在像空间也集中在一点上，但实际的光学系统成像时，物空间一点发出的光在像空间总是分散在一定的区域内，其分布的情况称为点扩展函数。点扩展函数包括“核”和“晕圈”两部分，对于大部分光学系统，决定系统点扩展函数的众多因素综合的结果总是使它的“晕圈”的强度分布呈高斯型。由于点扩展函数的存在，一个理想的非相干光学成像系统可以看作是一个低通滤波器，系统的线响应函数是系统的点扩展函数在线光源方向的积分。当光学系统的输入为阶跃函数时，其输出响应称为边缘响应。点扩展函数使亮条纹边缘产生扩散。

（3）离焦 结构光系统将投影仪和相机看作小孔模型，但实际测量时，投影仪编码图案在世界坐标系中的焦平面成清晰像，焦平面以外的图案由于离焦逐渐模糊；同理，被测表面处于相机焦平面时，CCD 呈清晰像，焦平面以外部分的像由于离焦而逐渐模糊。因此，条纹边缘的灰度由阶跃变化趋于正弦过渡缓慢变化。实验表明，光学系统的点扩展函数对调焦情况比较敏感，但受物距影响不大。因此，受限的投影仪和相机景深造成的被测表面离焦，导致了轻微的条纹边缘扩散。

理论上对边缘离散点拟合后，应基本符合高斯曲线。但投影仪的方向性好，光能分布集中，其输出是均匀平面光波，因此图像中边缘梯度变化很大。若将条纹边缘放大拍摄（相机分辨率大于投影仪分辨率），则边缘基本符合高斯曲线，如图 2-9a、b 所示；若按结构光系统设计要求正常拍摄（相机分辨率等于投影仪分辨率），则边缘是类似斜坡的直线或曲线，亮条纹略有扩散，如图 2-9c、d 所示。

边缘检测一直是国内外图像处理领域研究的热点，目前为止已经提出了多种理论和方法。常用的边缘检测方法包括：①经典算子边缘检测方法，该类方法简便快速，但易丢失边缘或检测出伪边缘，不能抑制噪声，边缘定位准确度低；②数学形态学边缘检测方法，该类方法可以有效地保持图像的细节特征，但存在对不同尺度的边缘及检测目的适应性较差的缺点；③多尺度边缘检测方法，该类方法的核心思想是“边缘聚焦”，即由粗到细地跟踪边缘，将高准确度的定位和良好的噪声抑制相结合，在一定程度上解决了不同尺度边缘的检测问题，但该类方法忽略了在实际图像中存在的多种干扰边缘，通常影响边缘的正确检测和定位；④小波边缘检测方法，小波变换的特点决定了该类方法对各种噪声具有良好的抑制能力，同时又有完备的边缘保持特性，但该类方法不具备对边缘偏移的修正能力；⑤亚像素边缘检测方法，该类方法先确定边缘像素的范围，然后使用范围内若干个像素的灰度值作为补充信息，使边缘定位突破像素位置的限制。亚像素边缘检测方法中，插值法较具代表性，它对直线边缘图像的检测在理论上可以获得较高的边缘定位准确度，但是必须满足中心点的梯度值大于左、右两边点的梯度值的要求。

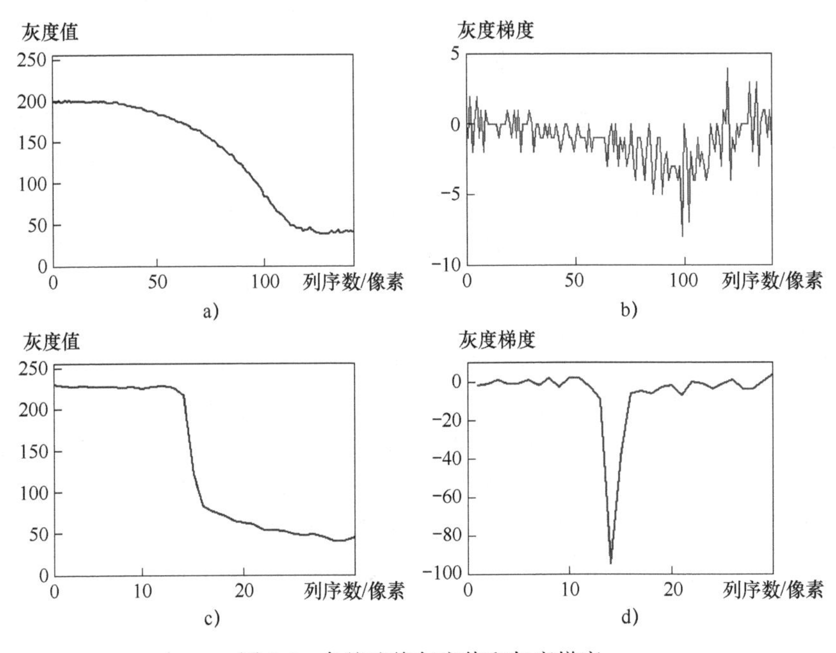

图 2-9　条纹边缘灰度值和灰度梯度

上述边缘检测方法在各自特定的应用背景下具有较好的效果，但不适合本节使用，因为不能消除或减小外部调制和亮条纹扩散对边缘检测的影响。为此，在归一化基础上，设计一种基于灰度曲线交点的边缘检测法。

结构光编码条纹在图像中是近似列方向的，这是由投影仪投射条纹方向和被测表面形状决定的，因此可采用扫描方法逐行分析像素灰度值变化趋势，在此基础上进行边缘检测。

该边缘检测方法向被测表面投射互为反色的两组格雷码图案，如图 2-10a 所示，分别拍摄强度图像。在系统参数不变的前提下，同一边缘在正、反色两幅强度图像中偏移的方向相反、幅度相同，因此以两幅图像同一行像素灰度曲线的交点作为边缘点，如图 2-10b 所示。图 2-11 所示为算法流程图。需要说明的是，处理过程中将噪声点或非边缘孤立点剔除。

该边缘检测方法的关键在于边缘区域的定义及提取，正、反色图像中边缘组的匹配，边缘点拟合等步骤。

边缘区域的像素位置和灰度值介于亮、暗条纹之间，现采用一种具有保持边缘特性和滤波功能的边缘过渡区提取算法。该算法的思想是首先对原始的灰度图像进行中值滤波，由于中值滤波不依赖于领域内与典型值差别很大的值，因此它能够在去除高频噪声的同时保留图像边缘的细节。对于灰度图像，可把光强斜率最大处作为图像的边缘，因此，在强度图像的梯度图中找到灰度梯度值较大的点，将邻近的若干个这样的点定义为边缘区域，宽度一般为 3~4 个像素点。强度图像中条纹边缘不止一个，而且边缘的个数随着条纹宽度的减小而增多，边缘区域数量应与条纹边缘数量相等。

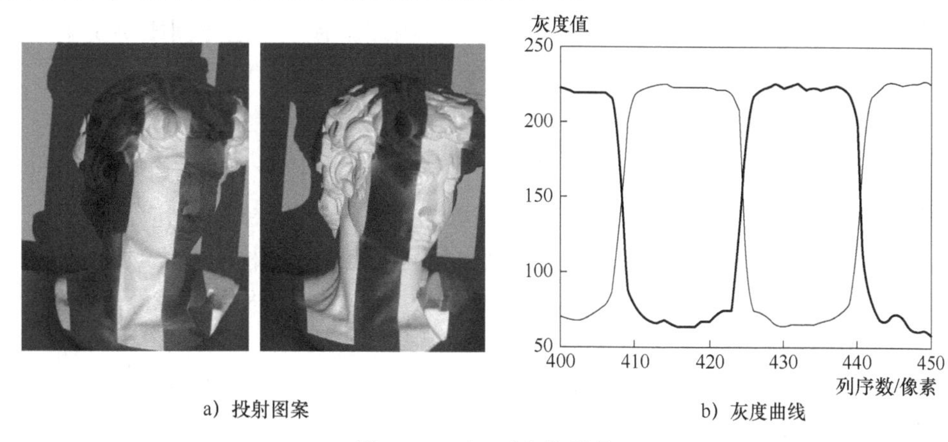

a）投射图案　　b）灰度曲线

图 2-10　正、反色格雷码

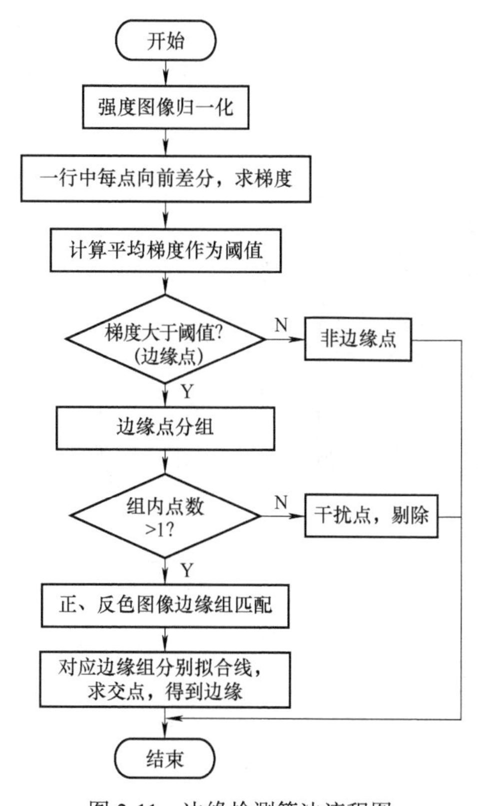

图 2-11　边缘检测算法流程图

基于上述边缘区域中的点，用最小二乘法拟合正、反色图像中的条纹边缘直线。直线拟合相对于曲线拟合的优点是对于强度图像的高频分量的干扰不太敏感，但是对灰度图像边缘的斜率变化较敏感。

需要说明，一幅编码图像中存在多个边缘，可得到多条拟合边缘直线，由于正、反色格雷码图案中的条纹边缘数量相等、顺序相同，因此将正、反色编码图像中两组拟合边缘直线顺序匹配，求取对应拟合直线的交点即可。其中，在条纹间距较小、被测表面形状复杂的情况下，存在正、反色编码图像中条纹边缘数量不等的问题，导致匹配错误。对此，设计了按距离匹配的方案，若正编码图像和反编码图像中各一条边缘间距小于编码条纹宽度的1/2，即认为二者对应编码图案中同一边缘，将其匹配求交点即可。

3. 条纹边缘检测实验

由于格雷码图案中的各条纹边缘为平行、等间距直线，因此理论上正投正拍时，即投影仪垂直于平面投射，相机垂直于平面拍摄，强度图像中的条纹边缘也应该是平行、等间距直线，因此以各条纹边缘的直线度、平行度、等间距度来评价检测方法的定位准确度。

将离散边缘点拟合为边缘直线，以前者相对于后者的离散程度来评价边缘的直线度；用各拟合边缘直线的斜率相对于其平均值的最大误差与边缘长度的乘积作为边缘的最大平行误差，以其评价边缘的平行度；根据各相邻边缘间距求出边缘平均间距，用各边缘间距与平均间距的最大差值来评价等间距度。

宽度为64像素的条纹边缘检测结果如图2-12所示。强度图像如2-12a所示；拟合边缘如图2-12b所示；以每条边缘中直线度误差最大的点作为该边缘的直线度误差，误差曲线如图2-12c所示；以每条边缘中平行度误差最大的点作为该边缘的平行度误差，误差曲线如图2-12d所示；以每相邻两条边缘间与平均间距误差最大的点作为其等间距度误差，误差曲线如图2-12e所示。

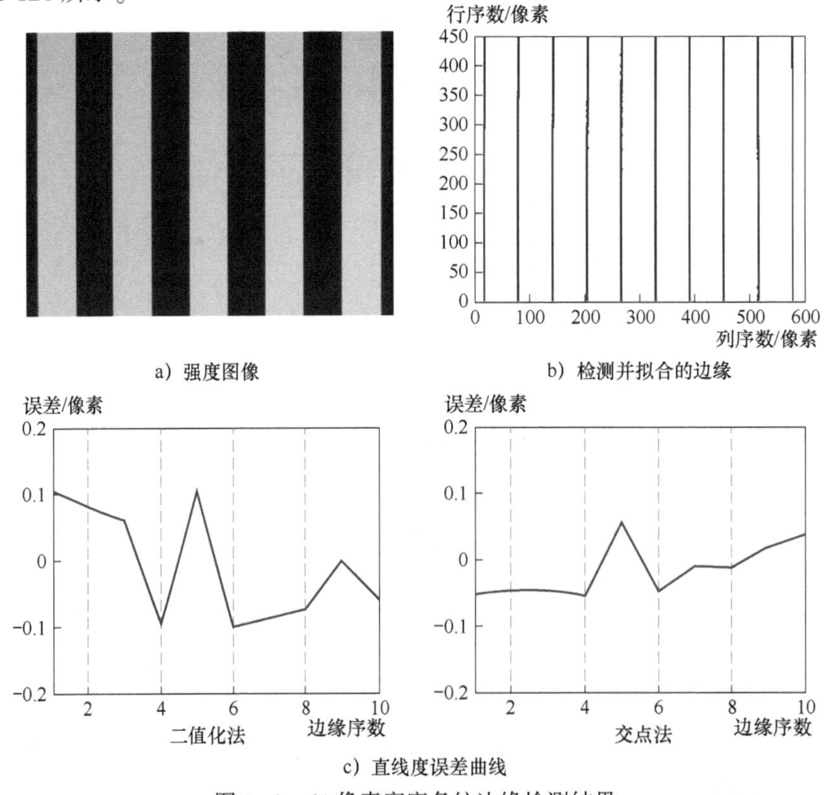

图2-12　64像素宽度条纹边缘检测结果

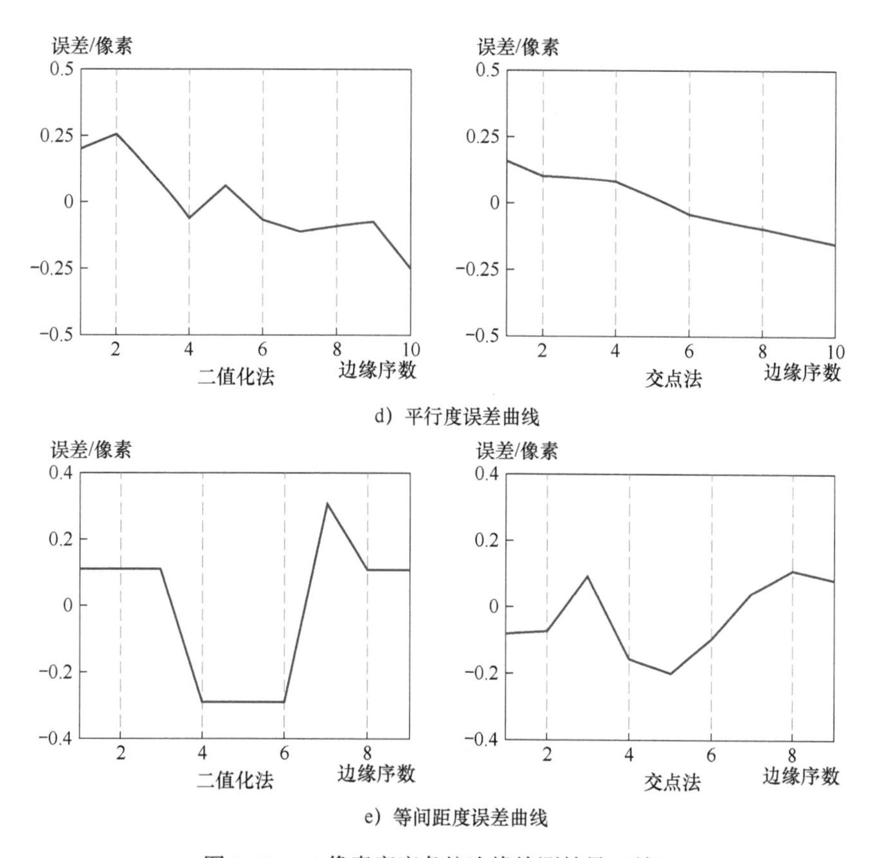

图 2-12　64 像素宽度条纹边缘检测结果（续）

宽度为 8 像素的条纹边缘检测结果如图 2-13 所示。

若用 γ_1、γ_2、γ_3分别代表直线度误差、平行度误差和等间距度误差，则定义条纹边缘检测综合误差为

$$\gamma = \sqrt{\gamma_1^2 + \gamma_2^2 + \gamma_3^2} \tag{2-6}$$

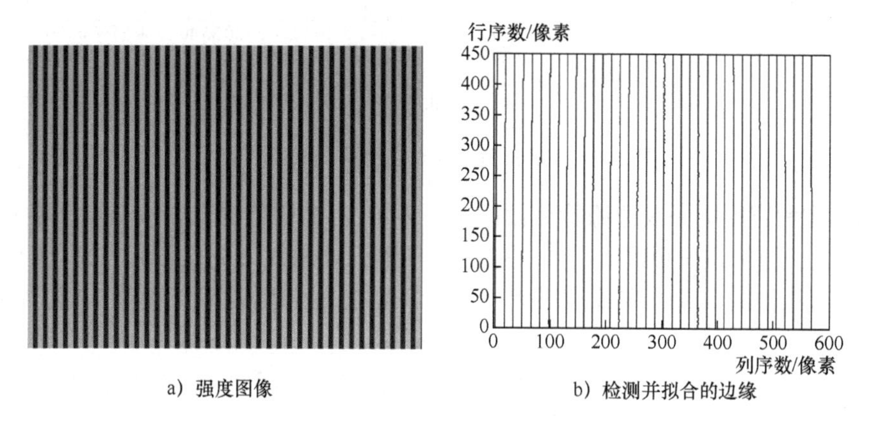

图 2-13　8 像素宽度条纹边缘检测结果

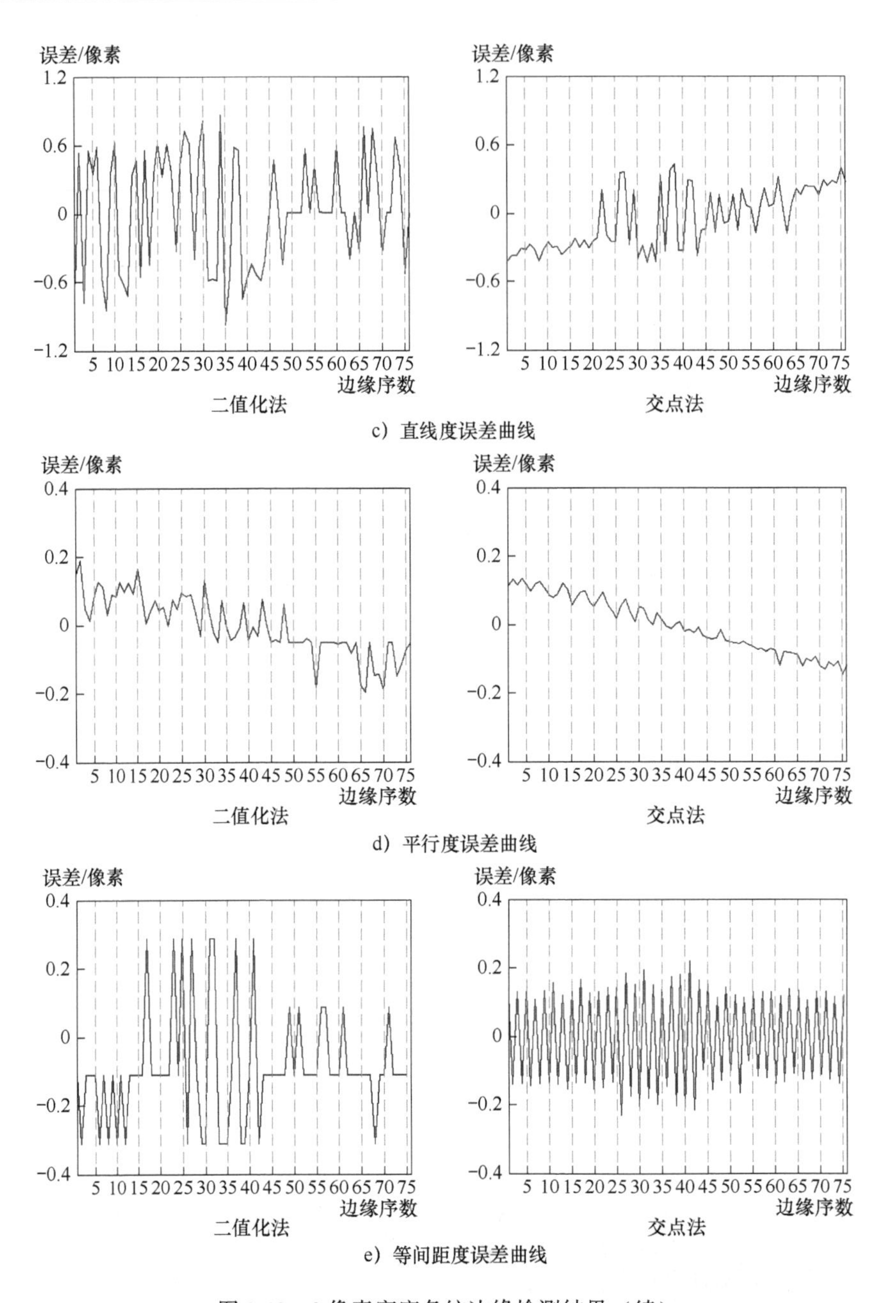

c）直线度误差曲线

d）平行度误差曲线

e）等间距度误差曲线

图 2-13　8 像素宽度条纹边缘检测结果（续）

64 和 8 像素宽度的条纹边缘检测数据见表 2-1。由表中数据可知，交点法误差较小，小于 0.273 像素，边缘定位更准确。与上述过程一样，对 512、256、128、32、16 像素宽度的条纹进行了边缘检测实验。实验结果表明，条纹宽度与定位误差基本呈反比，定位误差均小于 0.3 像素。

需说明的是，由非正投正拍、镜头畸变带来的直线度误差、平行度误差和等间距度误差也被包含在综合误差中，因此实际边缘定位误差要小于表 2-1 中数据。

表 2-1 边缘定位误差

条纹宽度/像素	方法	直线度误差/像素	平行度误差/像素	等间距度误差/像素	综合误差/像素
64	二值化法	0.108	0.255	0.277	0.392
	交点法	0.060	0.188	0.186	0.271
8	二值化法	0.093	0.182	0.296	0.360
	交点法	0.055	0.177	0.201	0.273

2.2.4 边缘格雷码测量仿真实验

基于仿真系统，采用边缘格雷码编解码方法、强度图像归一化方法和基于灰度曲线交点的条纹边缘检测方法，针对不同形状的表面进行了测量与重构仿真实验。为与格雷码条纹中心编解码仿真测量系统进行比较，同样利用 8 幅格雷码图案进行编解码，最低位编码图像中的最小分辨区域宽度约为 4 像素。需要说明，由于解码方法不同，因此投影图案行坐标 n^{p} 的具体表达式为

$$n^{\mathrm{p}}=\frac{N^{\mathrm{p}}}{2}-\frac{N^{\mathrm{p}}}{2^{1}}\left(2^{l-i}+\left(\left(G_0G_1G_2\cdots G_{i-1}\right)_2\right)_{10}\cdot 2^{l-i+1}\right) \tag{2-7}$$

式中，N^{p} 为整个编码空间的水平编码总数。

1. 解析表面

根据标准值构造一个解析平面作为标准被测物，尺寸为 300mm×200mm，与世界坐标系的 Z^{w} 轴垂直，深度值为 480mm。

图 2-14 所示为根据测量数据重构的平面，即测量结果。将测得的平面上各点深度值与解析平面上的相应点的深度值相减，得到平面的测量误差，如图 2-15 误差平面中 z 轴数据所示，最大误差小于 0.277mm，则最大相对误差为 0.06%。

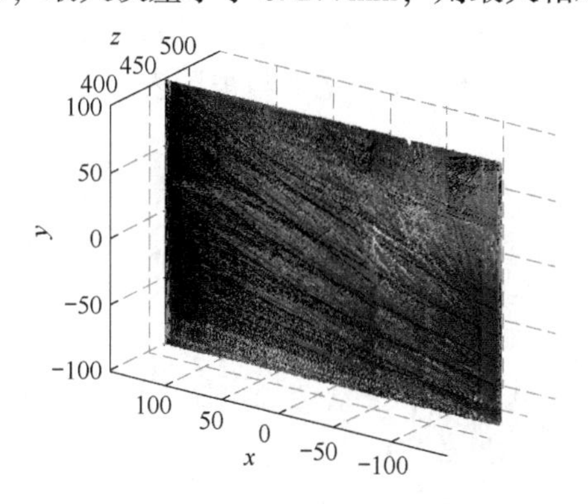

图 2-14 重构平面

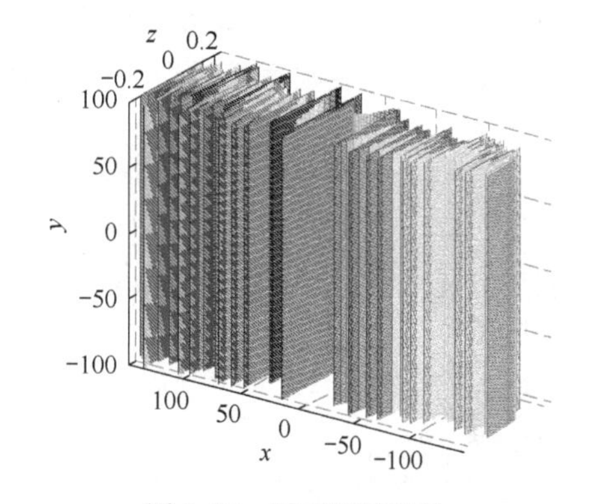

图 2-15 平面测量误差

与上述过程一样，设计不同深度的标准解析平面进行了大量的仿真测量实验。实验结果表明，在 300mm 的深度测量范围内，系统仿真测量误差最大约为 0.700mm。

根据标准值构造一个解析球面作为标准被测物，半径为 120mm，球心深度值为 530mm。

图 2-16 所示为根据测量数据重构的球面，即测量结果。将测得的球面上各点深度值与

解析球面上的相应点的深度值相减，得到球面的测量误差，如图 2-17 误差平面中 z 轴数据所示，最大误差小于 0. 628mm，则最大相对误差为 0. 10%。

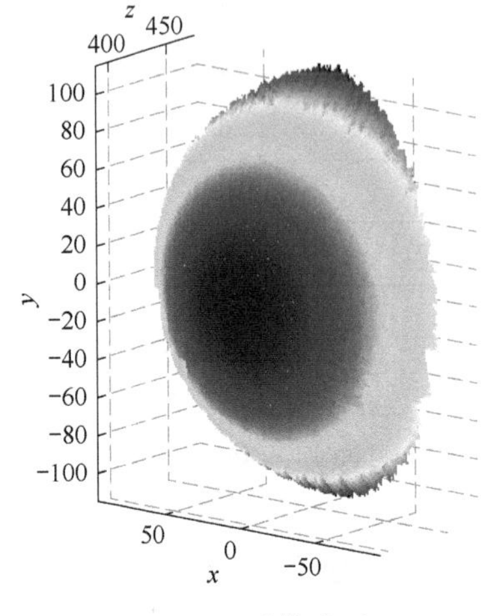

图 2-16　重构球面

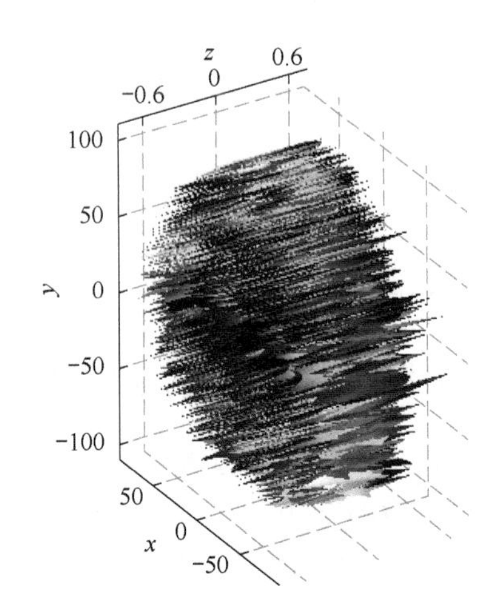

图 2-17　球面测量误差

与上述过程一样，设计不同半径和球心深度的标准解析球面进行了大量的仿真测量实验。实验结果表明，在 300mm 深度测量范围内，系统仿真测量误差最大约为 1. 500mm。

对比采用 2. 2. 3 节所述传统格雷码编解码原理，相同仿真系统中，平面最大测量误差由 1. 222mm 减小到 0. 277mm，最大相对误差由 0. 25%减小到 0. 06%；球面最大测量误差由 1. 693mm 减小到 0. 628mm，最大相对误差由 0. 30%减小到 0. 10%。测量准确度的提高，主要原因是条纹边缘编解码从原理上减小了条纹中心编解码的位置量化误差、解码量化误差及解码误差。

2. 不规则表面

图 2-18 所示为仿真浮雕板模型，图 2-19 所示为在浮雕板模型表面上投射的一幅编码图案，图 2-20 所示为根据测量数据重构的两个不同视角的浮雕板模型表面。该结果表明本系统能够对复杂的不规则表面进行三维测量，所重构的三维表面视觉上与被测表面相符。

图 2-18　仿真浮雕板模型

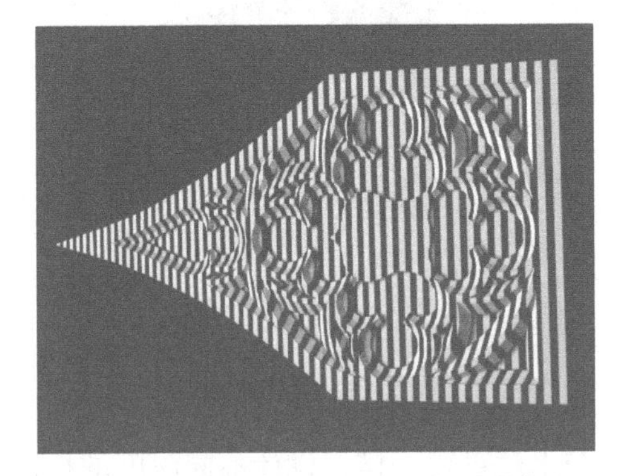

图 2-19　投射了编码图案的浮雕板模型

同样，针对雕塑、汽车模型等多种具有不规则表面的物体进行了大量的仿真测量实验，所重构的不规则表面在视觉上与被测表面相符。

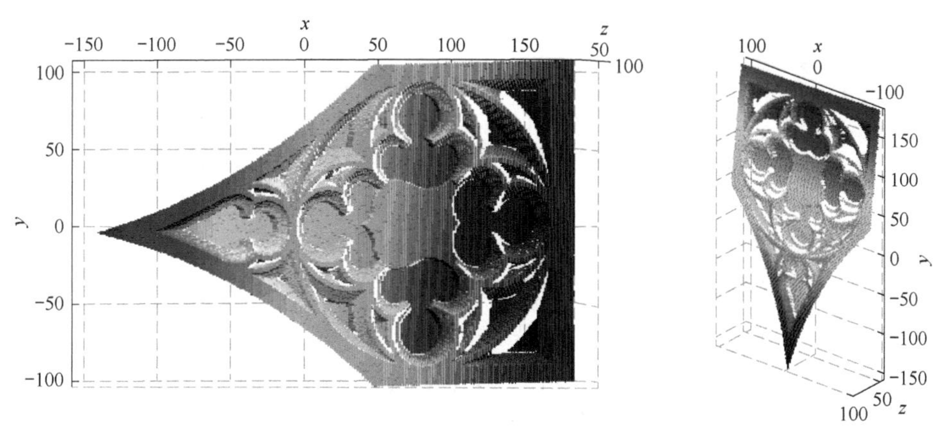

图 2-20　重构浮雕板模型表面

需要指出，由于表面形状复杂和自身遮挡的影响，编码图像中的编码条纹扭曲程度较大，给边缘检测带来困难。但上述实验结果表明，重构的不规则表面光滑，未出现粗大误差点，说明强度图像归一化和基于灰度曲线交点的边缘检测法能够适应外部调制和亮条纹扩散对边缘检测的影响。

2.3 码与线移条纹结合编解码原理

为提高三维测量采样密度，有必要对现有编解码方法进行理论分析，以便从方法上有针对性地采取提高采样密度的措施，形成新的编解码方法。

2.3.1 线移条纹编解码

传统的线结构光轮廓传感器向被测表面投射单激光光条，通过扫描完成测量。在此基础上，为提高测量效率，可同时投射平行、等间距的多个激光光条，但光条相互间的识别与区分存在困难。借鉴多线激光光条法的思想，本节设计了四步线移编解码方法。

编码时，用投影仪向被测表面按时序投射图 2-21 所示的 4 幅编码图案。图案中的白条纹平行、等间距，灰度值为“1”；黑色区域灰度为“0”，宽度是白条纹的 3 倍。相邻两幅编码图案中的白条纹依次平移一个条纹宽度距离，因此 4 幅图案构成一个完整的周期。

解码时：①采用亚像素检测技术提取各幅编码图像中的条纹中心，将中心线上点作为图像采样点；②为区分多个线移条纹，附加投射格雷码图案。根据图像采样点在二值化后的格雷码图像中的灰度值（0 或 1）求取格雷码值，利用该格雷码值确定图像采样点和 DMD 编码图案中条纹中心的对应关系。

获取线移编码图像和格雷码图像后，分别同时进行两种图像处理：一方面，采用亚像素检测技术提取线移编码图像中的条纹中心，将中心上点作为图像采样点；另一方面，将格雷码图像二值化。完成上述处理后，根据图像采样点在二值化后的格雷码图像中的灰度值求取格雷码值，进而确定图像采样点在 DMD 编码图案对应的条纹中心位置。

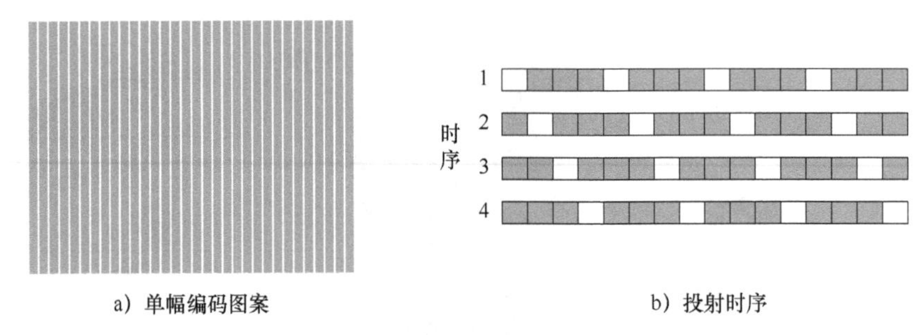

图 2-21　四步线移编解码原理

类似于格雷码条纹边缘编解码，线移条纹中心编解码同样具有以下优点：

1）可建立空间被测点和图像采样点的亚像素准确度对应关系，理论上减小了采样点位置量化误差，提高了系统分辨力。

2）CCD 图像和 DMD 图像中的条纹中心一一准确对应，理论上不存在解码量化误差。

3）线移条纹中心均处于格雷码条纹内部而非边缘位置，因此其码值不易被误判，减小了由于采样点处于条纹边缘，格雷码固有的 1 位解码误差的影响。

综上所述，四步线移条纹中心编解码与格雷码条纹边缘编解码具有同样的解码准确度和分辨力。

2.3.2　边缘格雷码与线移条纹结合编解码

线移条纹中心编解码的采样密度是一个线移条纹宽度，格雷码条纹边缘编解码的采样密度是一个最小分辨区域宽度，若线移条纹宽度和格雷码最小分辨区域宽度相等，则二者具有相同的采样密度。将线移条纹中心与格雷码条纹边缘结合编解码，是在保证二者解码准确度和分辨力的基础上，突破器件性能的限制，提高采样密度的一条有效途径。

编码时，如图 2-22 左图所示，按时序依次投射格雷码图案和四步线移图案，二者条纹方向平行。线移周期与格雷码周期相同，即线移条纹宽度与格雷码图案中最小分辨区域宽度相等。

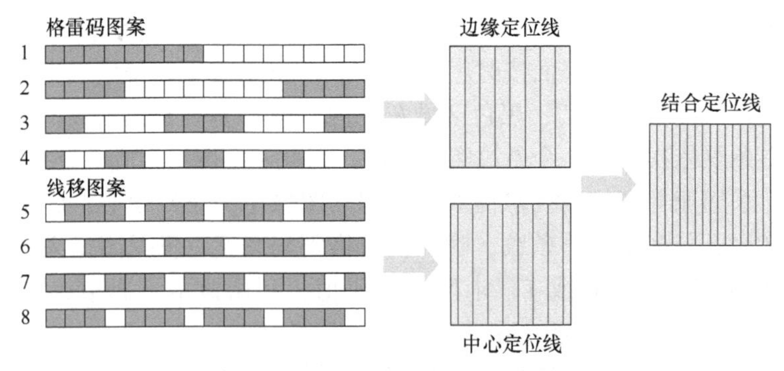

图 2-22　边缘格雷码与线移条纹结合编解码原理

解码时，如图 2-22 右图所示，分别采用格雷码条纹边缘定位线和线移条纹中心定位线结合解码。边缘定位线和中心定位线互不重合，相距 0.5 个条纹宽度。因此可将图像采样点密度由一个条纹宽度（即格雷码最小分辨区域宽度和线移条纹宽度）提高到 0.5 个条纹宽度，使采样密度提高了一倍。进一步，若一个条纹宽度在编码图像中为 2 像素宽度，则图像采样点密度约为 1 像素宽度；若一个条纹宽度在编码图像中为 1 像素宽度，则图像采样点密度约为 0.5 像素宽度。理论上该采样密度已经超越了传统格雷码编解码方法的最高采样密度，突破了器件性能对采样密度的限制。

此外需要指出，由于格雷码和线移周期相同，因此在被测物面斜率变化剧烈部分二者具有相同的适应能力。

2.3.3　条纹中心亚像素检测

1. 基于灰度重心的条纹中心检测

保证线移法解码准确度和分辨力的前提是条纹中心的准确定位。条纹中心检测也是国内外图像处理领域研究的热点，目前为止已经提出了多种理论和方法。在常用的条纹中心检测方法中，极值法对于灰度成理想高斯分布的条纹具有很好的检测效果，但是很容易受到噪声的影响，不适用于信噪比较小的图像；几何中心法和阈值法的算法简单，但是在出现条纹缺失或噪声较多使信号严重失真时，检测效果较差。而且，上述方法的定位准确度都被局限在 1 像素。

亚像素检测方法中，曲线拟合法和黑塞（Hessian）矩阵法基于光条截面的灰度分布拟合进行检测，灰度重心法使用多像素的灰度数据共同参与计算光条中心。该类方法对存在强反射、噪声干扰大的光条纹中心的提取具有很好的鲁棒性，但不适用于本节灰度分布形态如投影仪投射的线移条纹，且多个条纹中心同时检测的情况。

目前的条纹中心检测方法主要是针对激光条纹，激光条纹灰度分布基本符合高斯曲线，如图 2-23a 所示；投影仪的方向性好，光能分布集中，其输出是均匀平面光波，因此图像中边缘梯度变化很大。理想情况下线移条纹边缘为阶跃型，但是由于 2.2.3 节中分析的多种原因，实际拍摄的线移条纹边缘灰度分布是类似斜坡的直线或曲线，如图 2-23b 所示。为此本节在强度图像归一化的基础上设计了一种基于局部灰度重心的中心检测法。

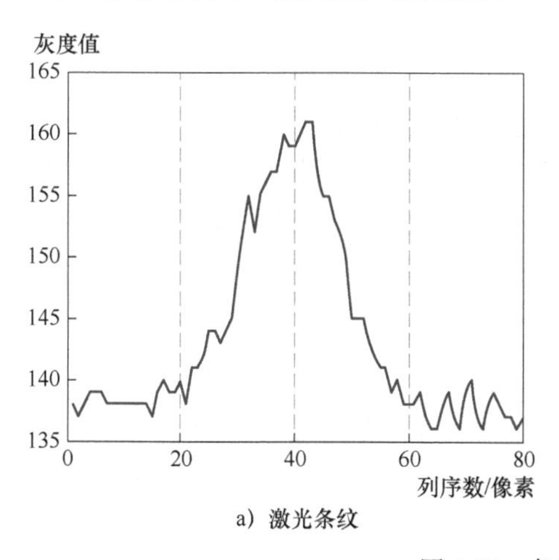

a）激光条纹

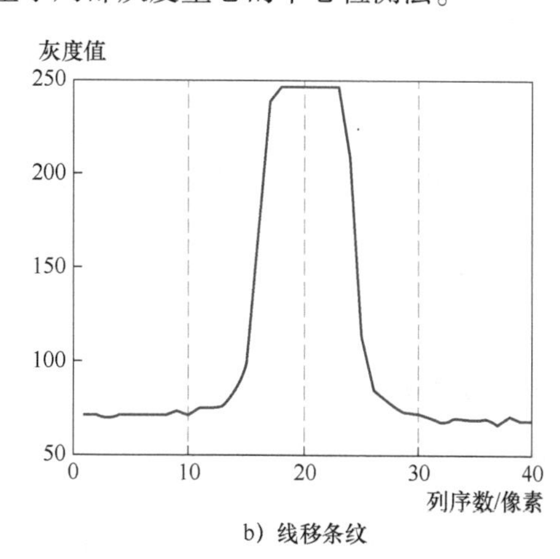

b）线移条纹

图 2-23　条纹中心灰度曲线

采用灰度重心法时，激光条纹中心位置的像素灰度值达到峰值，向两侧逐渐减小，因此条纹边缘范围的选取不会对中心定位产生较大影响。但线移条纹在中心位置邻近的某一区域内，像素灰度值基本相同（接近最大值），因此条纹两侧边缘的定位，即条纹范围的选取是否准确决定了中心定位是否准确。

本章方法首先利用基于灰度曲线交点的边缘检测法，检测出每个条纹的两侧边缘，以边缘确定条纹范围。在条纹范围内，采用式（2-8）灰度重心法定位条纹中心位置。

$$n_c = \frac{\sum_{n=1}^{N} n \cdot I(m,n)}{\sum_{n=1}^{N} n(m,n)} \tag{2-8}$$

式中，(m,n) 为像素坐标；I 为像素灰度值；N 为参与计算的像素总数；n_c 为亚像素中心位置。

图 2-24 所示为算法流程图。该方法的关键环节，如强度图像的归一化、边缘检测等方法在 2. 2. 3 节中已经分析。

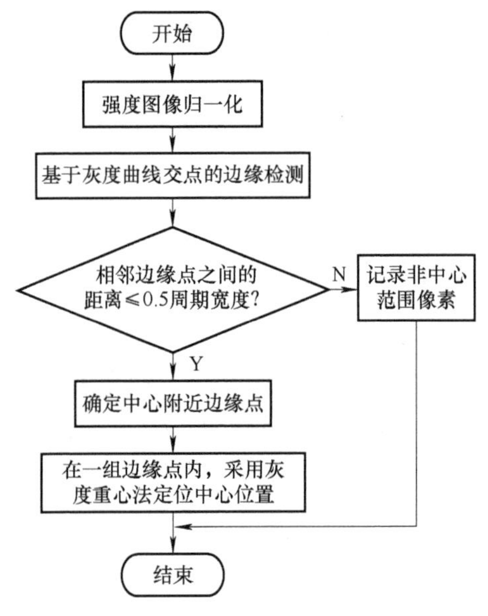

图 2-24　中心检测算法流程图

需要说明，一幅编码图像中存在多个线移条纹，可得到多个条纹边缘，通常情况下，将相邻的条纹边缘匹配，确定条纹范围即可。但是，在条纹间距较小、被测表面形状复杂的情况下，存在条纹边缘缺失的问题，导致匹配错误。对此，设计了按距离匹配的方案，若相邻条纹边缘间距小于线移周期宽度的 1/2，即认为二者对应编码图案中的同一条纹，将其匹配即可。

2. 条纹中心检测实验

由于线移图案中的各条纹中心线为平行、等间距直线，因此理论上正投正拍时，强度图像中的条纹中心线也应该是平行、等间距直线。因此，以各条纹中心线的直线度、平行度、等间距度来评价检测方法的定位准确度。

将离散中心点拟合为中心线，以前者相对于后者的离散程度来评价中心线的直线度；用各拟合中心线的斜率相对于其平均值的最大误差与中心线长度的乘积作为中心线的最大平行误差，以其评价中心线的平行度；根据各相邻中心线的间距求出中心线平均间距，用各中心线间距与平均间距的最大差值来评价等间距度。

宽度为 8 像素和 4 像素的条纹中心检测结果如图 2-25 所示。强度图像如图 2-25a 所示；拟合中心线如图 2-25b 所示；以每条中心线上直线度误差最大的点作为该中心线的直线度误差，误差曲线如图 2-25c 所示；以每条中心线上平行度误差最大的点作为该中心线的平行度误差，误差曲线如图 2-25d 所示；以每相邻两条中心线间与平均间距误差最大的点作为其等间距度误差，如图误差曲线 2-25e 所示。

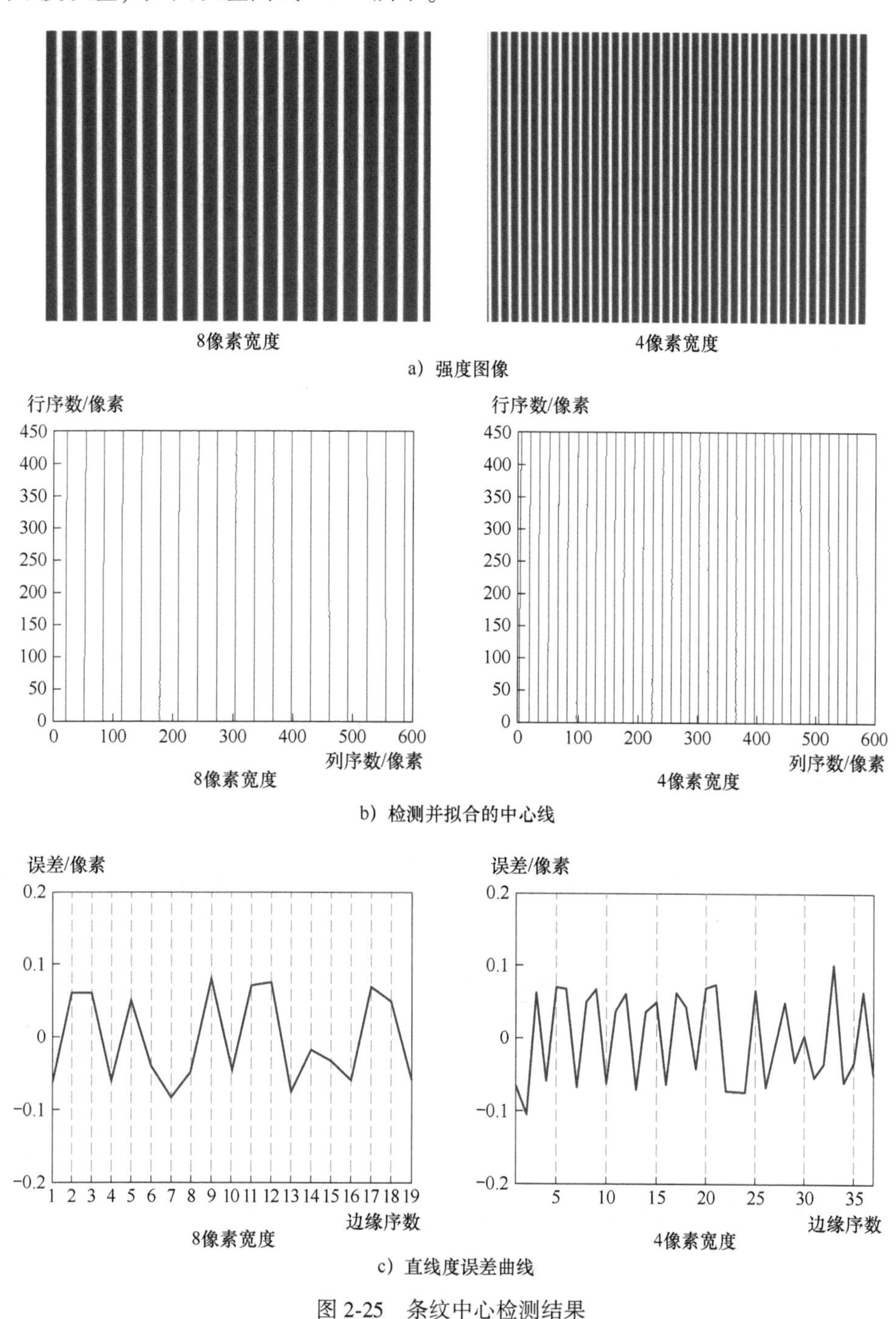

图 2-25　条纹中心检测结果

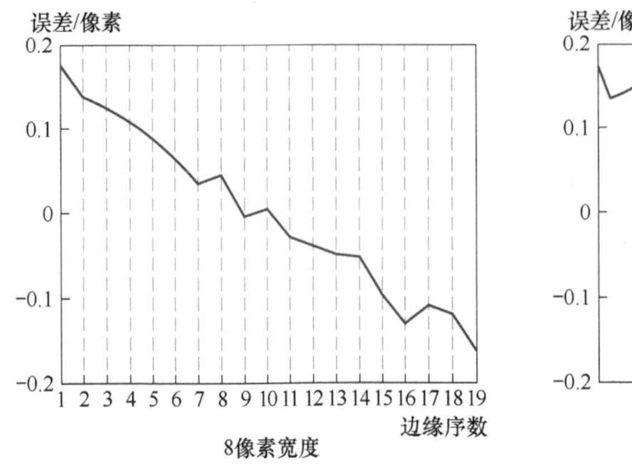

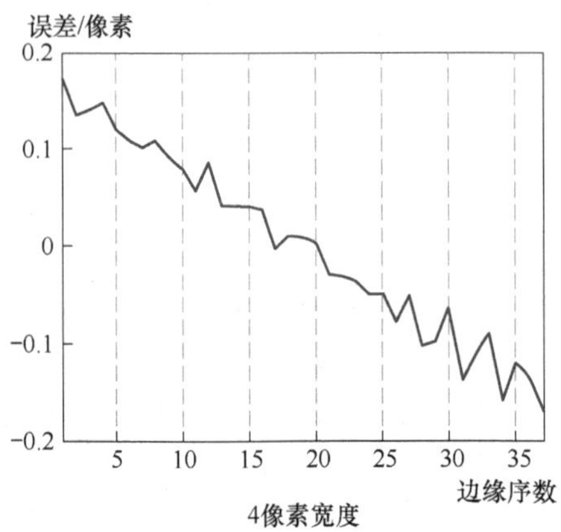

d）平行度误差曲线

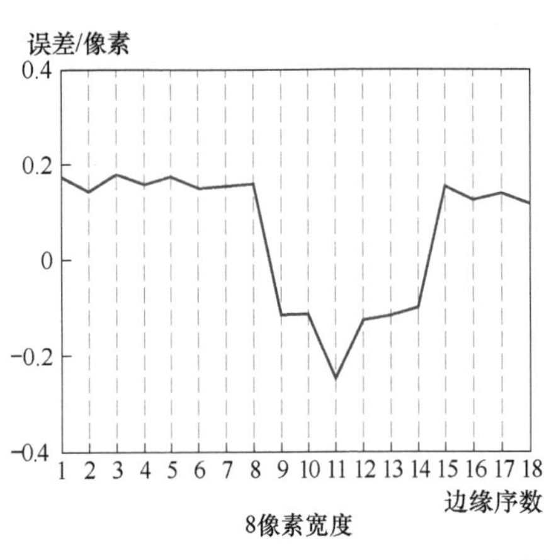

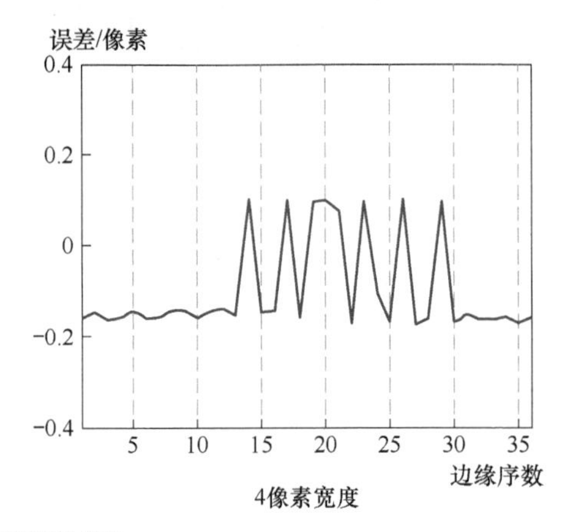

e）等间距度误差曲线

图 2-25　条纹中心检测结果（续）

8 像素和 4 像素宽度的条纹中心检测数据见表 2-2。由表中数据可知，误差小于 0. 3 个像素。采用上述过程，对 32、16 像素宽度的条纹进行中心检测实验，实验结果表明，条纹宽度与定位误差基本呈反比，误差均小于 0. 3 像素。

需说明的是，由非正投正拍、镜头畸变带来的直线度误差、平行度误差和等间距度误差也被包含在综合误差中，因此实际中心定位误差要小于表 2-2 中数据。

表 2-2　中心定位误差

条纹宽度/像素	直线度误差/像素	平行度误差/像素	等间距度误差/像素	综合误差/像素
8	0. 080	0. 194	0. 203	0. 292
4	0. 111	0. 192	0. 192	0. 293

2. 3. 4　边缘格雷码与线移条纹结合的测量系统仿真实验

基于仿真系统，采用边缘格雷码与线移条纹结合编解码方法和用于线移条纹中心检测的局部灰度重心法，针对不同形状的表面进行了测量与重构仿真实验。为与边缘格雷码仿真测量系统进行比较，同样利用 8 幅格雷码图案进行编解码，在其基础上附加投射 4 幅线移图案，最低位编码图像中的格雷码最小分辨区域和线移条纹宽度均约为 4 像素。

1. 解析表面

根据标准值分别构造一个解析平面和一个解析球面作为标准被测物。平面尺寸为 300mm×200mm，与世界坐标系的 Z^w 轴垂直，深度值为 480mm；球面半径为 120mm，球心深度值为 530mm。

图 2-26、图 2-27 分别是在标准解析平面和球面上投射的一幅线移编码图案。

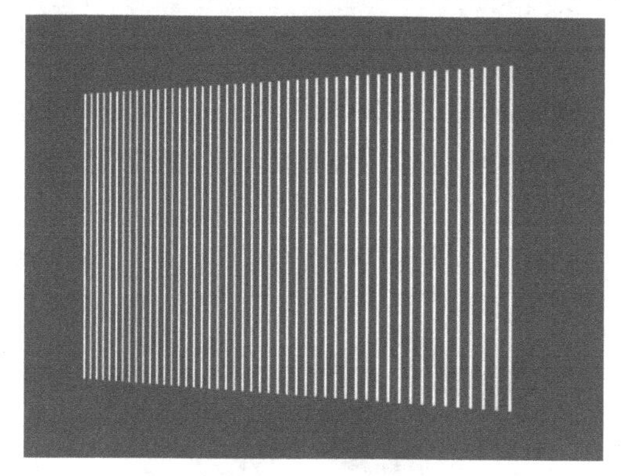

图 2-26　投射了线移编码图案的解析平面

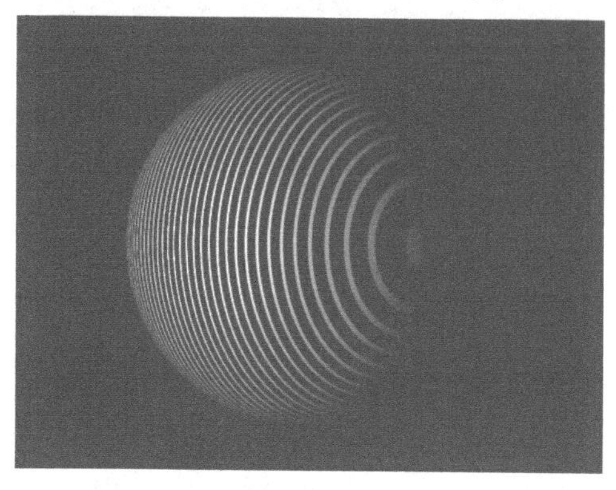

图 2-27　投射了线移编码图案的解析球面

由于边缘格雷码测量准确度已在 2. 2 节中评价，这里仅评价线移条纹测量准确度。平面最大误差为 0. 181mm，最大相对误差为 0. 04%；球面的最大误差为 0. 417mm，最大相对误差为 0. 08%。

采用上述过程，对不同深度的标准解析平面和不同半径、球心深度的标准解析球面进行了大量的仿真测量实验。实验结果表明，在 300mm 的深度测量范围内，平面仿真测量误差最大约为 0. 800mm，球面仿真测量误差最大约为 1. 300mm。

对比 2. 2 节仿真实验结果可知，平面最大测量误差分别为 0. 277mm 和 0. 181mm，最大相对误差分别为 0. 06%和 0. 04%；球面最大测量误差分别为 0. 628mm 和 0. 417mm，最大相对误差分别为 0. 10%和 0. 08%。可见，格雷码条纹边缘编解码和线移条纹中心编解码的测量准确度基本一致。因此，两者结合编解码不会降低系统测量准确度。同时也验证了线移条纹中心编解码从原理上减小了位置量化误差、解码量化误差及解码误差。

为定量评价采样密度，根据上述实验数据，统计同一被测平面的相同测量范围，边缘格雷码和边缘格雷码与线移条纹结合两种方法的采样点个数为 102249 和 203897，约为 1∶2；统计同一被测球面的相同测量范围，两种方法的采样点个数为 51602 和 99356，约为 1∶2。验证了结合编解码的采样点密度提高约一倍。

2. 不规则表面

图 2-28 所示为仿真雕塑模型，图 2-29 是在雕塑模型表面上投射了一幅线移编码图案，图 2-30a 是根据测量数据重构的不同视角的雕塑模型表面。该结果表明本系统能够对复杂的不规则表面进行三维测量，重构的三维表面视觉上与被测表面相符，且相对于 2. 2. 4 节系统重构的不规则表面（见图 2-30b），由于采样密度增加，因此重构表面更加细致、光滑，如实地重现被测表面的细节特征。

图 2-28　仿真雕塑模型

图 2-29　投射了线移编码图案的雕塑模型

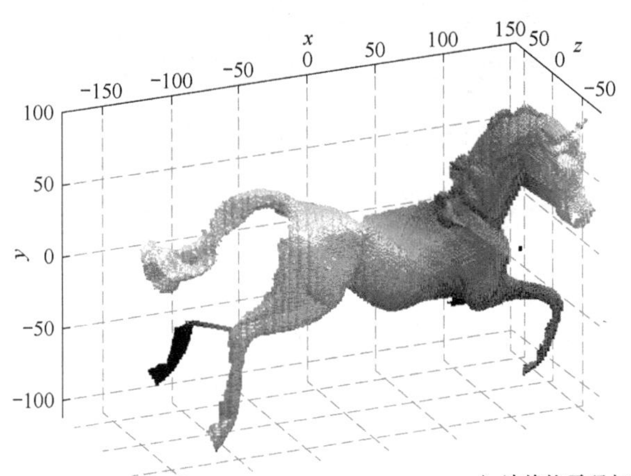

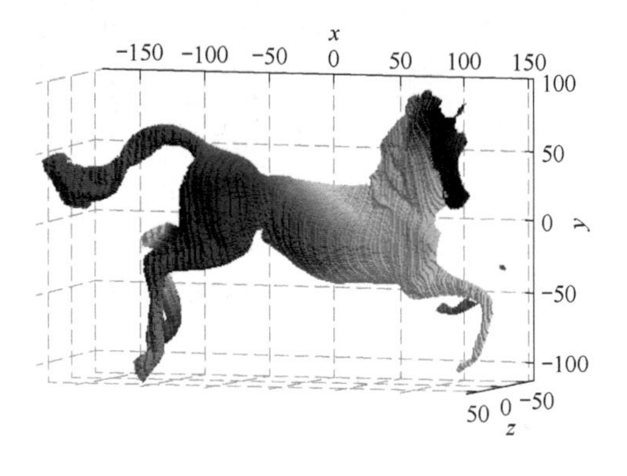

a）边缘格雷码与线移条纹结合编解码

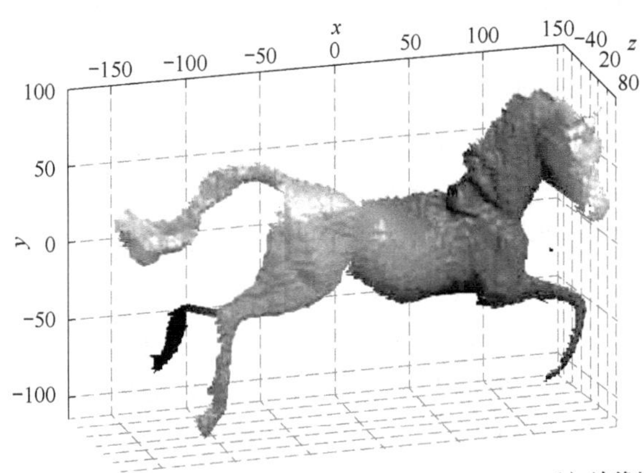

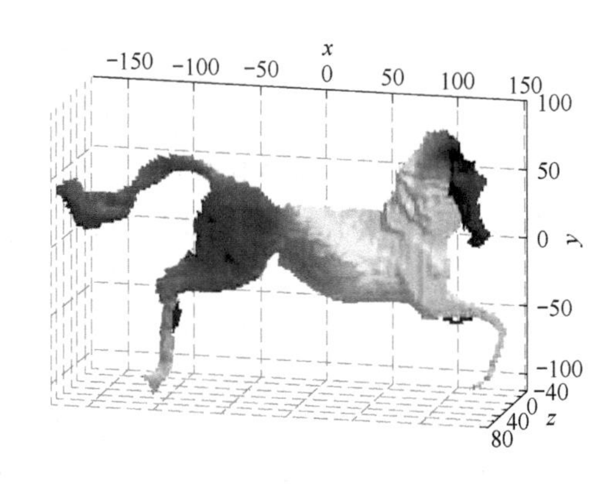

b）边缘格雷码编解码

图 2-30　重构雕塑模型表面

同样，针对汽车模型、浮雕板模型等多种具有不规则表面的物体进行了大量的仿真测量实验，所重构的不规则表面在视觉上与被测表面相符。

需要指出，由于表面形状复杂和自身遮挡的影响，因此编码图像中的线移条纹扭曲程度较大，给中心检测带来困难。但上述实验结果表明，重构的不规则表面未出现粗大误差点，说明基于局部灰度重心的中心检测法具有较好的适应能力。

2.4 条纹分隔颜色格雷码编解码原理

2.4.1 编码颜色选取

彩色和颜色严格来说并不等同。颜色可分为无彩色和有彩色两大类。无彩色是指白色、黑色和各种深浅程度不同的灰色。彩色则是指除去上述黑白系列以外的各种颜色，但是人们通常所说的颜色多指彩色。

采用颜色编码能显著提高编码效率，但采用多个颜色也增加了解码图像处理时颜色识别的难度。

研究实验表明人眼中负责彩色视觉的视锥细胞主要有 3 类，它们对应着红光、绿光和蓝光，被看到的彩色是这 3 种原色光的各种组合，这就是色觉三原色学说。基于人眼彩色视觉研制开发彩色相机，对于其摄取的一幅 24 位真彩色图像，红、绿、蓝每一分量灰度级有 2^8 种，整个颜色可达 16 万多种[74-75]。由于图像亮度变化、表面纹理变化及 CCD 本身固有的噪声使彩色图像中的颜色产生不同程度的模糊，获取彩色图像的硬件设备实际上难以分辨出这 16 万多种颜色。为使每种颜色之间的差别达到最大，采用红、绿、蓝各分量中的最大灰度值 255 和最小灰度值 0 进行编码，而且每种编码颜色中有且只有一个分量取最大灰度值，即使用三基色红（255,0,0）、绿（0,255,0）、蓝（0,0,255）来编码。目的是使拍摄的条纹图像中各种颜色之间的混淆、系统噪声的影响尽可能小，有利于图像正确解码。

2.4.2 颜色边缘格雷码编解码原理

格雷码因其汉明距离为 1 而成为时间编码结构光的最佳方案。以投射 4 幅图案为例，传统的二灰度级格雷码编码图案如图 2-31 所示，n_1、n_2、n_3、n_4 为投射序列，LSB 和 HSB 分别为最低和最高位投射图案，在相同位置按时序投射 4 幅图案可得 $2^4=16$ 个码值，而将所覆盖区分成 16 个最低位区域。

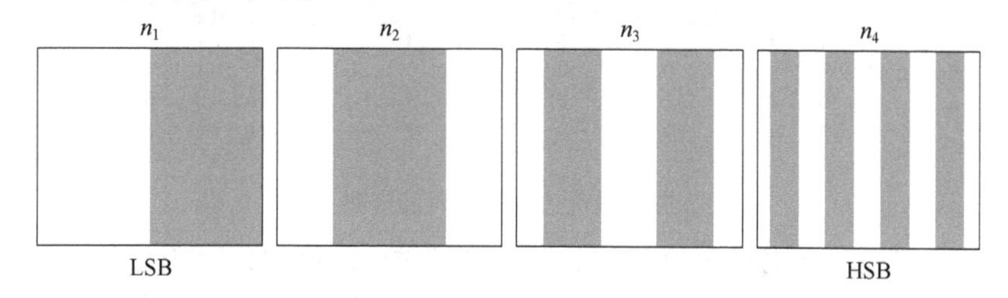

图 2-31　二灰度级格雷码编码图案

传统格雷码条纹中心解码原理如图 2-32 所示，图中的一个方格代表一个最低位编码区域，其码值由连续投射的 4 幅图案决定，黑色区域对应码值“1”，白色区域对应码值“0”。解码时以 CCD 像面上每个像素的中心点作为图像采样点，该采样点的码值由其所在连续投射条纹图案中的格雷码值决定，该采样点对应投射图案最低位编码区域的中心，以此建立空间被测点、CCD 像点和投射图案的对应关系。

该编解码过程存在问题如下：

1）每一个码值表示同一最低位区域内的所有点，导致空间被测点和 CCD 像素点不一一对应，带来 0.5 个最低位的固有量化误差。

2）一个最低位区域只能提供一个采样点，使采样密度受限。

3）当作为采样点的 CCD 像素点处于投射图案中黑白条纹的边缘时，若灰度值被误判，则导致格雷码出现一位转换误差。虽然格雷码任意两相邻码值之间只有 1 位不同且各位权重相同，任意位被误判只能引起 1 位的解码误差，但却难以消除。

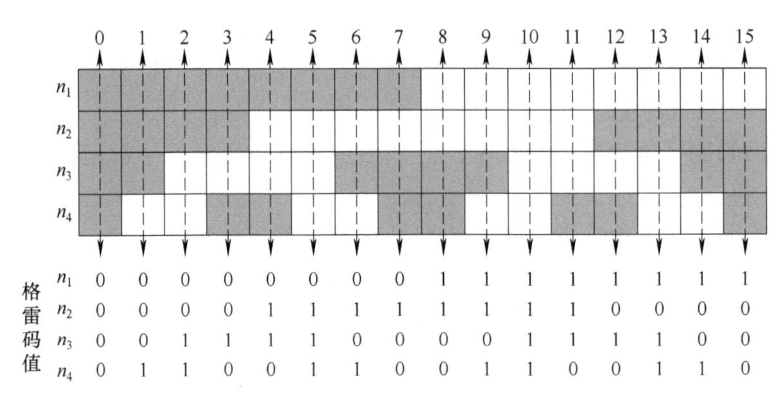

图 2-32 格雷码条纹中心解码原理

采用边缘格雷码编解码方法可消除上述中心编解码原理误差，但由于基于相机拍摄的灰度图像中亮条纹向暗条纹产生扩散，从而导致黑白条纹边缘检测不准确，为此采用颜色边缘格雷码编码方法，即用红色和蓝色条纹分别代替灰度格雷码中的黑白条纹，解码时以每幅投射图案中的红蓝边缘作为采样点，其解码值由其高位图像中对应位置处的颜色码值决定。同样，以投射 4 幅编码图案为例，颜色边缘格雷码编解码原理如图 2-33 所示。

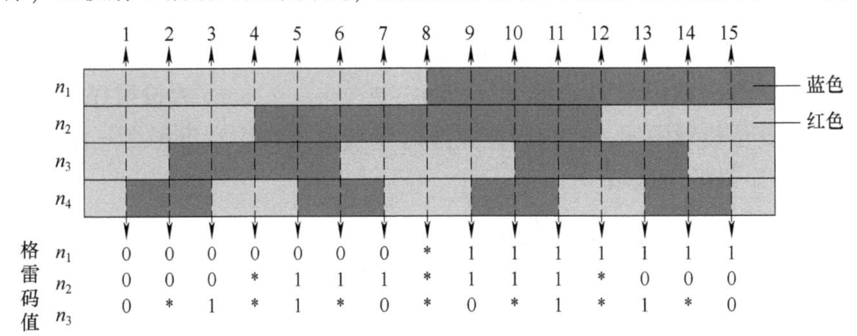

图 2-33 颜色边缘格雷码编解码原理

图 2-33 中，红色区域对应码值“0”，蓝色区域对应码值“1”，因为每个条纹边缘的解码值只依赖于其高位投射图案中颜色码值，而与该条纹所在的投射图案无关，因此在其所在的投射图案中无相应码值用“ * ”表示。4 幅投射图案将所覆盖区分成 $2^4=16$ 个最低位区域，得到 $2^4-1=15$ 个边缘，每个条纹边缘的码值为

$$k = 2^{n-i} + T_0 \cdot 2^n + T_0 \oplus T_1 \cdot 2^{n-1} + T_0 \oplus T_1 \oplus T_2 \cdot 2^{n-2} + \cdots + (T_0 \oplus T_1 \oplus T_2 \oplus \cdots \oplus T_{i-1} \cdot 2^{n-i+1}) \tag{2-9}$$

式中，k 为边缘排列序号，$k=1,2,\cdots,2^n-1$；n 为编码图案总幅数；i 为编码图像投射序数，$i=1,2,\cdots,n$；T_i 为第 i 幅编码图案中的颜色值，红色取“0”，蓝色取“1”，为了判断最高

位第一幅投射图案中的边缘，令 T_0 取值为0。

由相机获取4幅被三维物面调制后的彩色条纹图像后，一方面采用亚像素检测技术检测出每幅图像中红蓝的边缘，以此作为图像采样点，另一方面将条纹图像彩色二值化，得到红蓝码值。

提取最高位图像 n_1 中红蓝边缘，由图2-33中看出其边缘排列序号为8，由式（2-9）得 $k=2^{4-1}+0\times2^4=8$，两者相符合。同样，对于图像 n_3 中第3个红蓝边缘，$n=4$，$i=3$，$T_0=0$，$T_1=T_2=1$，T_0 与 T_1 的异或值为1，T_0、T_1 与 T_2 的异或值为0，代入式（2-9）得 $k=2^{4-3}+0\times2^4+1\times2^3+0\times2^2=10$，由图2-33知该边缘对应的边缘排列序号为10。依此类推，4幅投射图案的所有15个红蓝边缘排列序号都可由式（2-9）求得。

颜色边缘格雷码编解码方法中，以彩色条纹边缘作为采样点，空间被测点和CCD像素点是一一对应关系，消除了条纹中心编解码带来的0.5个最低位的固有量化误差；利用边缘两侧颜色进行边缘亚像素检测可减少灰度格雷码黑白条纹边缘扩散产生的检测误差；每个边缘的解码均与高位图像中红蓝条纹内部而非边缘相对应，大大降低了格雷码码值被误判的概率，提高了解码可靠性。

2.4.3　条纹分隔颜色格雷码编解码

颜色边缘格雷码编解码方法可消除传统格雷码固有的一位转换误差，但其物面采样密度与传统格雷码一样只能达到条纹级，要想提高采样密度通常采用增加额外投射图案，如线移、相移条纹等，但增加投射图案会降低测量速度，增大测量工作量。本节在颜色边缘格雷码的基础上，在每相邻彩色条纹处嵌入另一颜色宽度固定的条纹，提取该宽度固定条纹的边缘和中心作为采样点，以达到不增加投射幅数的前提下提高采样密度的目的。

为最大限度降低颜色混淆，选择红、绿、蓝三基色进行编码，首先如前所述将红、蓝两色按颜色格雷码方式编排，然后在红蓝边缘处嵌入只占一个条纹宽度的绿色，由此提取绿条纹的中心及边界使得物面采样密度提高一倍，达到亚条纹级。

同样以投射4幅编码图案为例，条纹分隔颜色格雷码编码原理如图2-34所示。在投射的4幅图像中，提取绿条纹中心得到 $2^4-1=15$ 个码值，提取每幅中绿条纹的左右边界，除去其中第四幅与前三幅重合的边界，可得到 $2^4=16$ 个码值，总共可获得 $2^{4+1}-1=31$ 个码值；依此类推，对于 n 幅投射图案，提取绿条纹中心得到 2^n-1 个码值，提取绿条纹左右边界得到 2^n 个码值，总共可获得码值 $2^{n+1}-1$ 个。由此在不增加投射图案的前提下，使得物面采样密度提高了一倍。

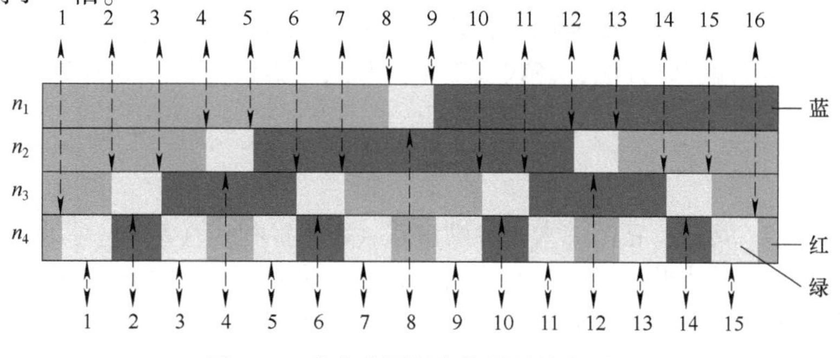

图2-34　条纹分隔颜色格雷码编码原理

绿条纹宽度为格雷码的一个最低编码区域，采用投影仪 4 个最小单位作为绿条纹宽度，以投射 3 幅图案为例，具体的编码图案如图 2-35 所示。图中每个方格代表投影仪一列最小单位。

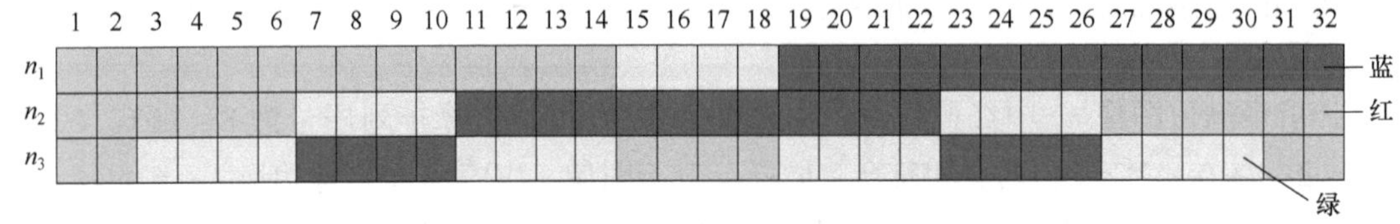

图 2-35　绿条纹分隔颜色格雷码编码图案

投射 n 幅图像得到的 n 幅图像中绿条纹中心的像素边缘排列序号可由下式获得：

$$k_c = 2^{n-i+2} + T_0 \cdot 2^{n+2} + T_0 \oplus T_1 \cdot 2^{n+1} + T_0 \oplus T_1 \oplus T_2 \cdot 2^n + \cdots + (T_0 \oplus T_1 \oplus T_2 \oplus \cdots \oplus T_{i-1} \cdot 2^{n-i+3}) \tag{2-10}$$

式中，k_c 为绿条纹中心所在像素边缘排列序号，$k_c = 4, 8, \cdots, 2^{n+2}-4$，其他符号意义与式（2-9）相同。

图 2-35 中绿条纹中心分别位于第 4、8、12、16、20、24、28 列像素边缘上。以 n_3 幅第二个绿条纹中心为例，$n=3$，$i=3$，$T_0=0$，$T_1=0$，$T_2=1$，T_0 与 T_1 的异或值为 0，T_0、T_1 与 T_2 的异或值为 1，代入式（2-10）得该绿条纹中心位置 $k_c = 2^{3-3+2} + 0 \times 2^{3+2} + 0 \times 2^{3+1} + 1 \times 2^3 = 12$，与图 2-35 显示的位置一致，依此类推可获得所有绿条纹中心的像素边缘排列序号。而且每一个绿条纹中心所在的像素边缘排列序号只由前［$1, \cdots, i-1$］幅的红蓝条纹码值的异或值所决定，即绿条纹中心的码值只与高位投射图像有关，与其所在的投射图像无关，因此可降低格雷码码值被误判的概率，提高解码可靠性。

投射 n 幅图像得到的前 $n-1$ 幅图像中最左和最右绿条纹边缘确定的像素边缘排列序号可由下式获得：

$$k_e = 2^{n-i+2} + T_0 \cdot 2^{n+2} + T_0 \oplus T_1 \cdot 2^{n+1} + T_0 \oplus T_1 \oplus T_2 \cdot 2^n + \cdots + (T_0 \oplus T_1 \oplus T_2 \oplus \cdots \oplus T_{i-1} \cdot 2^{n-i+3}) + G \cdot 2 \tag{2-11}$$

式中，k_e 为绿条纹边界所在像素的边缘排列序号，$k_e = 2, 6, \cdots, 2^{n+2}-2$；$G$ 的取值为−1 或+1，当提取绿条纹的左边界时 G 取−1，提取右边界时取+1，其他符号意义与式（2-9）相同。

图 2-35 中所要求的绿条纹边界分别位于第 2、6、10、14、18、22、26、30 列像素边缘上。以 n_2 幅第一个绿条纹的右边界为例，$n=3$，$i=2$，$T_0=0$，$T_1=0$，T_0 与 T_1 的异或值为 0，代入式（2-11）得该绿条纹边界位置 $k_e = 2^{3-2+2} + 0 \times 2^{3+2} + 0 \times 2^{3+1} + 2 = 10$，与图 2-35 显示的位置一致，依此类推可获得所有绿条纹边界的像素边缘排列序号。同样，绿条纹边界的编解码在原理上也降低了格雷码码值被误判的概率，提高解码可靠性。

根据本节提出的编解码方法，将式（2-10）和式（2-11）代入式（2-7），求得系统数学模型中 n^p 为

$$n^p = \frac{N^p}{2} - \frac{N^p}{2^1}k \tag{2-12}$$

式中，k 的取值为 k_c 或 k_e，它们的大小分别由式（2-10）和式（2-11）求得。

根据上述理论分析结果，式（2-9）~式（2-12）建立了被测景物在相机坐标系统和空间物面坐标系统之间的一一对应关系，即通过摄像机拍摄的条纹图像可得到被测景物表面的空间坐标。

2.4.4　彩色分量交点法边缘检测原理

系统投射的条纹分隔颜色格雷码条纹图案是由计算机以 RGB 彩色空间形式给出的，其 RGB 各分量行扫描图如图 2-36 所示。图 2-36a 为系统投射条纹图案中的一幅，图 2-36b 是图 2-36a 中直线 *ab* 所处行的 RGB 分量扫描图，横坐标是 *ab* 行上每个像素的列序数，纵坐标是 *ab* 行上每个像素 R、G、B 分量的灰度值，分别用红、绿、蓝 3 种颜色线表示。图 2-36c 是图 2-36b 中第 7 个绿条纹的放大图，从图中看出绿条纹左右边界分别在列像素 207 和 211 的位置上，实际上每个列像素坐标是以像素中心为标记的，因此实际的边缘位于 207.5 和 211.5 坐标值上。

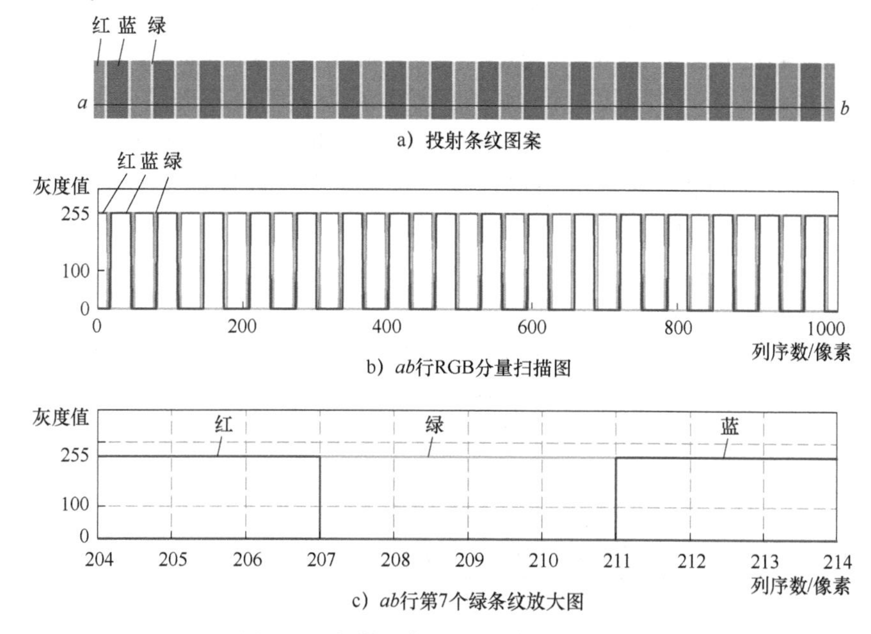

图 2-36　投射图案 RGB 各分量行扫描图

条纹图案经投影仪投射、被测物反射、相机摄取后，彩色条纹图像的各分量在条纹边缘处会发生扩散，这是因为受到光学系统点扩散、被测表面散射、离焦等因素的影响。

对光学系统来讲，输入物为一点光源时其输出像的光场分布，称为点扩散函数。点扩展函数包括“核”和“晕圈”两部分，对于大部分光学系统，决定系统点扩展函数的众多因素综合的结果总是使它的“晕圈”的强度分布呈高斯型。由于点扩展函数的存在，当光学系统的输入为阶跃函数时，其输出响应称为边缘响应。点扩展函数使条纹边缘产生扩散。

当用投影仪投射一定宽度条纹图案到粗糙表面时，会产生散射，在相机接收方向上将出现一条近似正态分布的散射光带，从而造成条纹边缘扩散。

在结构光系统中，将投影仪和相机看作是小孔模型，但实际测量时，投影仪编码图案在其焦平面上能成清晰像，焦平面以外由于离焦像会逐渐模糊；同样，相机拍摄的被测表面处于其焦平面时成像清晰，焦平面以外部分的像也会逐渐模糊。因此，条纹边缘的灰度由阶跃变化趋于正弦过渡缓慢变化。受限的投影仪和相机景深造成的被测表面离焦，导致了轻微的条纹边缘扩散。

图 2-36c 中第 7 个绿条纹扩散后的 RGB 分量行扫描图如图 2-37 所示。

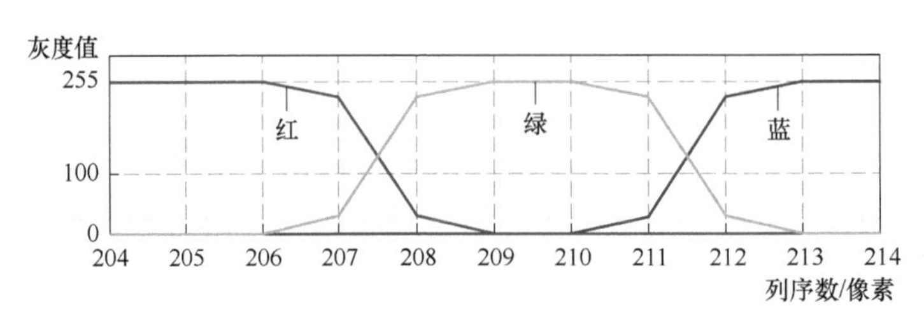

图 2-37　RGB 分量行扫描图

由图 2-37 中看出，绿条纹左边缘由条纹红分量与绿分量拟合曲线交点确定，绿条纹右边缘由条纹绿分量和蓝分量拟合曲线交点确定，交点列像素坐标分别为 207.5 和 211.5，与图 2-36c 中所示绿条纹边缘位置吻合。

利用条纹各彩色分量拟合曲线求交点的关键是确定拟合曲线的离散点数。当投影仪将条纹图案投射到被测物表面时，由于受到被测物表面调制使得投射的条纹变得宽窄不一，因此每个条纹边缘参与拟合的离散点数也不相同。为此，提出一种自适应取点方法。如图 2-37 所示，理论上对各分量离散点拟合后，应基本符合高斯曲线，当求绿条纹左边缘时，绿分量参与拟合的离散点以交点为中心左右基本对称，而且交点右侧的离散点应取到绿条纹灰度值不再增加为止。同理，绿条纹右边缘也以交点为界左右对称，其离散点数应以绿分量灰度值开始减少为起点到交点之间的 2 倍。

彩色分量交点法边缘检测流程图如图 2-38 所示。

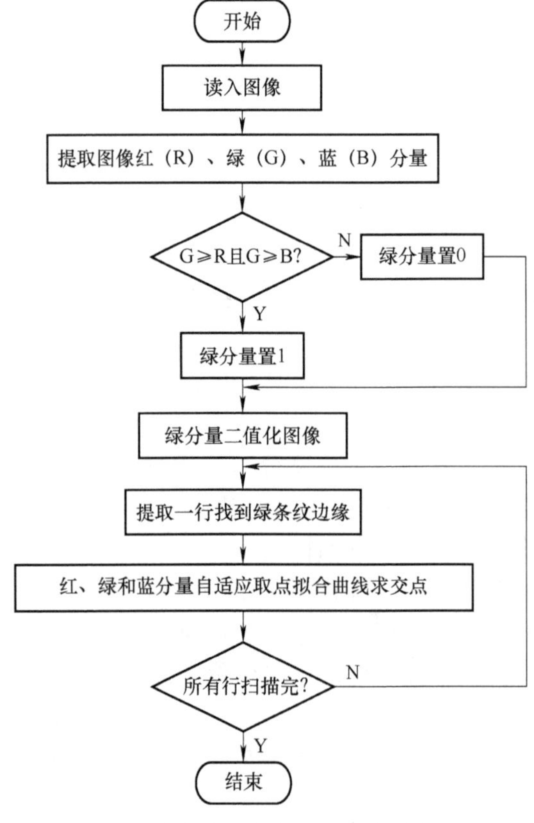

图 2-38　彩色分量交点法边缘检测流程图

2.5 装置测量实验

2.5.1 平面测量实验

图 2-39 所示为被测平面，尺寸为 300mm×400mm，与世界坐标系的 Z^w 轴垂直，深度值在 700~1200mm（本节设计量程）范围内以 100mm 间距移动，分别在每个位置进行 3 次测量。图 2-40 是在平面上投射了一幅格雷码图案；图 2-41 是在平面上投射了一幅线移图案，从放大图中可以看出，白色条纹和黑色背景的宽度比为 1∶3。测量数据见表 2-3。由表中数据可知，将测得的深度值与标准平面上的相应点的深度值相减，得到平面的测量误差，最大误差为 3.5mm，最大相对误差为 0.3%，最大重复性误差为 0.2mm。

图 2-39　被测平面

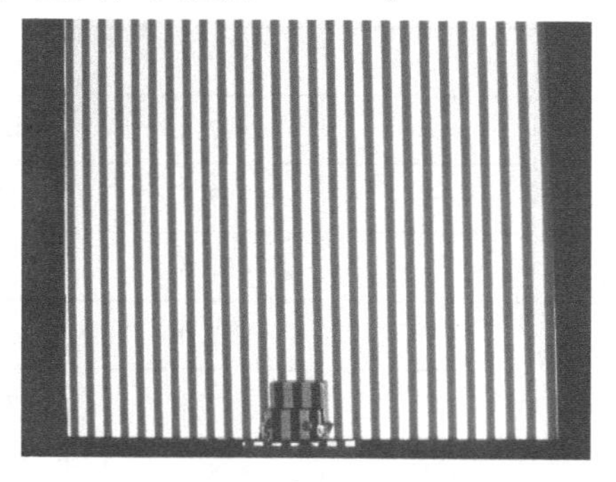

图 2-40　投射了格雷码图案的平面

a）正常比例

b）放大比例

图 2-41　投射了线移图案的平面

表 2-3　平面测量结果

标准深度值/mm	测量次数	深度最小值/mm	深度最大值/mm	最大误差/mm	最大相对误差	最大重复性误差/mm
1200	1	1196.5	1202.8	-3.5	0.3%	-0.2
	2	1196.5	1202.8	-3.5	0.3%	
	3	1196.5	1202.9	-3.5	0.3%	

（续）

标准深度值/mm	测量次数	深度最小值/mm	深度最大值/mm	最大误差/mm	最大相对误差	最大重复性误差/mm
1100	1	1097.6	1103.2	3.2	0.3%	0.2
	2	1097.6	1103.2	3.2	0.3%	
	3	1097.5	1103.3	3.3	0.3%	
1000	1	997.8	1002.9	2.9	0.3%	0.2
	2	997.8	1002.9	2.9	0.3%	
	3	997.8	1002.9	2.9	0.3%	
900	1	897.4	902.6	−2.6	0.3%	−0.2
	2	897.4	902.6	−2.6	0.3%	
	3	897.4	902.5	−2.6	0.3%	
800	1	797.8	802.3	2.3	0.3%	0.2
	2	797.8	802.3	2.3	0.3%	
	3	797.8	802.3	2.3	0.3%	
700	1	697.9	702.0	2.0	0.3%	0.2
	2	697.9	702.0	2.0	0.3%	
	3	698.0	702.0	2.0	0.3%	

图 2-42 所示为各深度的测量误差平面，可以看出平面边缘处的测量误差大于中心处的测量误差。此外，平面放置误差和表面形状误差也被包含在测量误差中，因此实际测量误差要小于表 2-3 中数据。根据 2.2 节和 2.3 节中的误差分析，测量误差主要来源于图像采样点定位误差和系统参数标定误差。

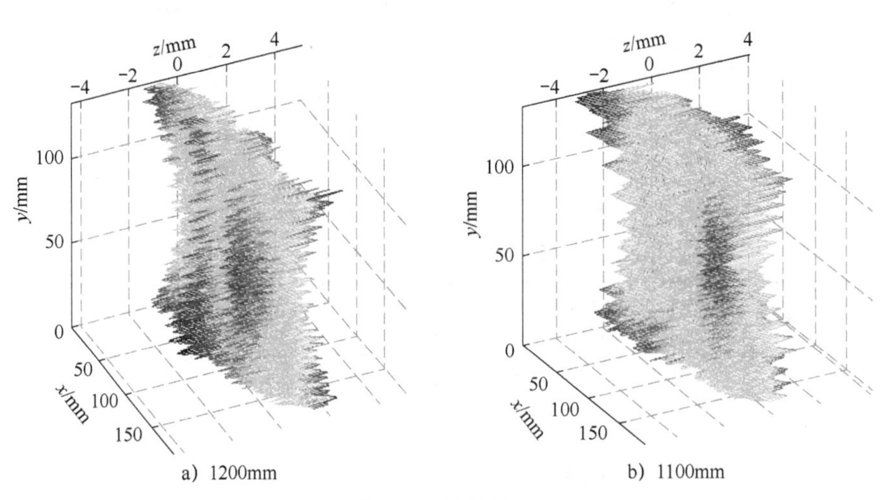

图 2-42 误差平面

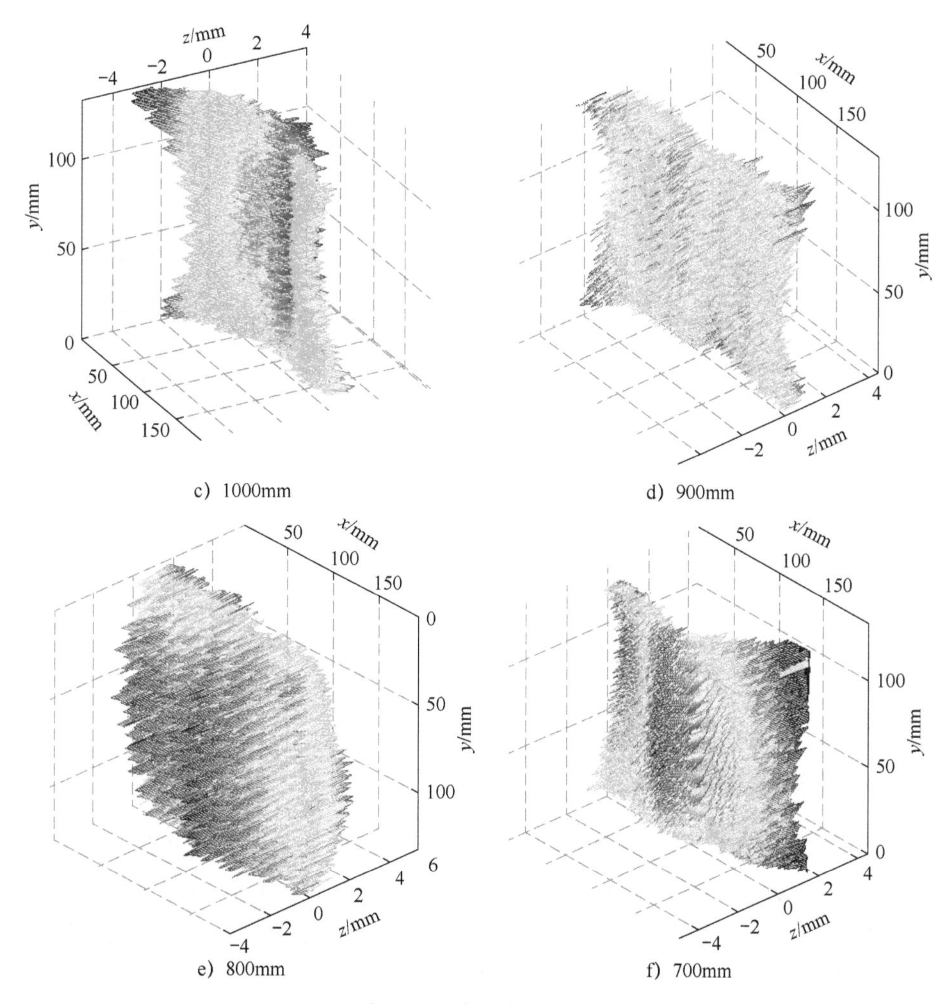

图 2-42　误差平面（续）

2. 5. 2　球面测量实验

图 2-43a 是在球面上投射了一幅格雷码图案，图 2-43b 是在球面上投射了一幅线移图案。图 2-44 所示为根据测量数据重构的两个不同视角的球面。

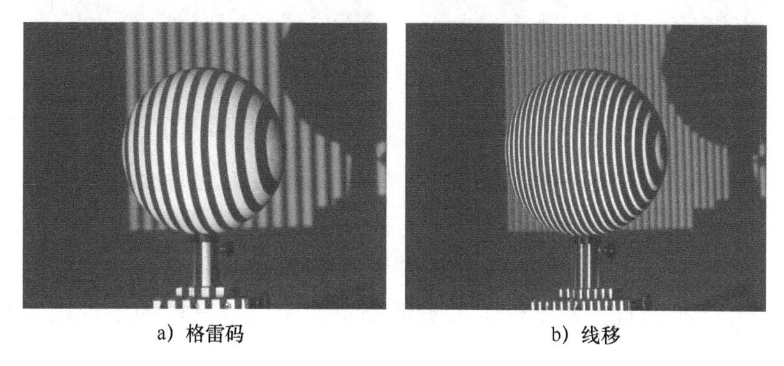

a）格雷码　　b）线移

图 2-43　投射了编码图案的球面

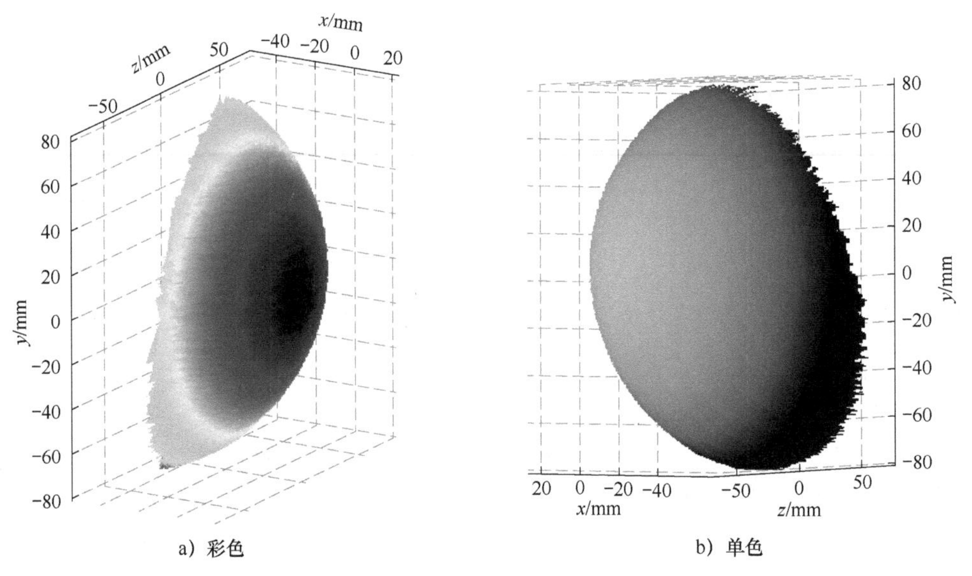

图 2-44 重构球面

与 2.5.1 实验相同，将球面放置于 700～1200mm 深度范围内进行了大量的测量实验。在每个深度对同一球面多次测量，利用一次测量得到的空间点拟合球面，比较各球面的球心位置，进而评价重复性误差为 0.5mm。

2.5.3 石膏像测量实验

图 2-45a 是在石膏像表面投射了一幅格雷码图案，图 2-45b 是在石膏像表面投射了一幅线移图案。图 2-46 所示为根据测量数据重构的两个不同视角的石膏像表面。该结果表明本装置能够对复杂的不规则表面进行三维测量，所重构的三维表面视觉上与被测表面相符，且较细致、光滑，较好地重现了被测表面的细节特征。

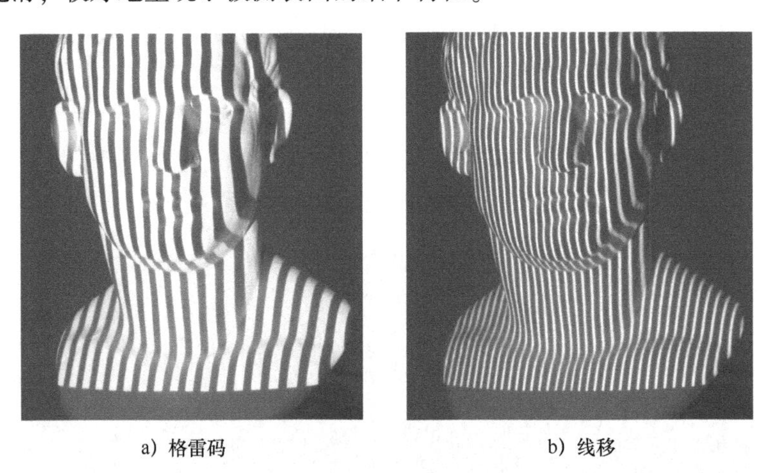

a) 格雷码　　b) 线移

图 2-45 投射了编码图案的石膏像

同样，针对多个不同石膏像进行了大量的测量实验，所重构的不规则表面在视觉上与被测表面相符。

需要指出，由于表面形状复杂和自身遮挡的影响，编码图像中的格雷码条纹和线移条纹扭曲程度较大，给条纹边缘和中心检测带来困难。但上述实验结果表明，重构的不规则表面仅有个别粗大误差点，说明该条纹边缘和中心检测方法具有较好的适应能力。

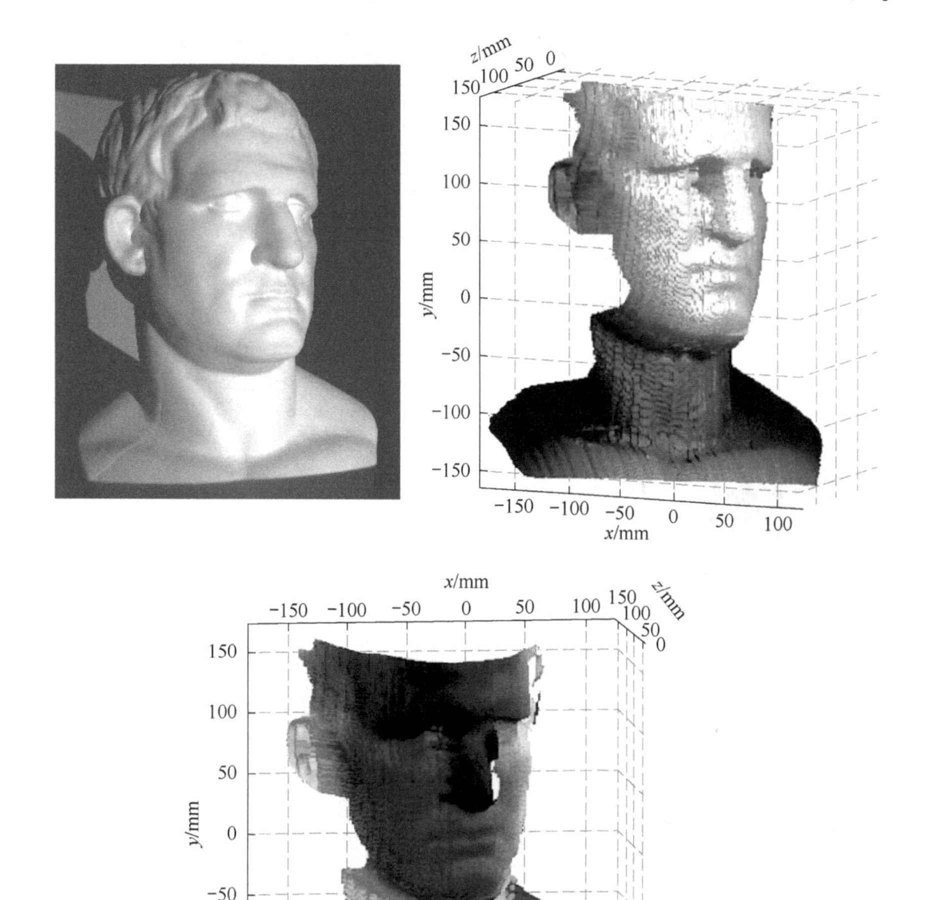

图 2-46　重构石膏像

2.5.4　人面测量实验

图 2-47a 是在人面上投射了一幅格雷码图案，图 2-47b 是在人面上投射了一幅线移图案。图 2-48 所示为根据测量数据重构的人面。该结果表明本装置能够对人面进行三维测量，所重构的三维表面视觉上与被测表面相符，且较细致、光滑，较好地重现了被测表面的细节特征；能够在一定程度上克服被测人面复杂反射率、形状和环境光对测量、重构的影响。

同样，针对多个人面进行了大量的测量实验，所重构的人面在视觉上与被测人面相符。图 2-49a 是在另一个人面上投射了一幅格雷码图案，图 2-49b 是在另一个人面投射了一幅线移图案。图 2-50 是根据测量数据重构的两个不同视角的人面。

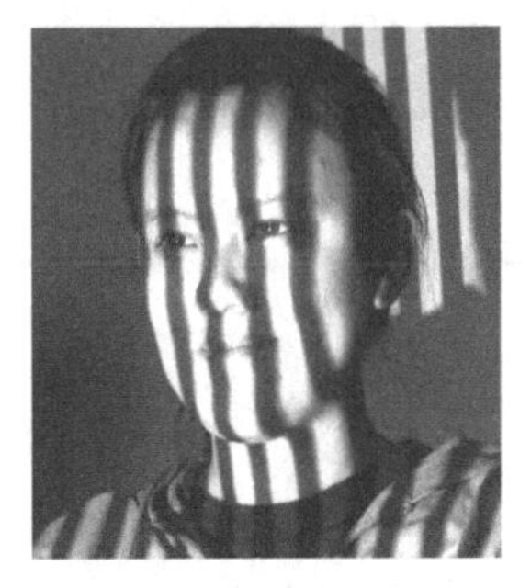

a）格雷码

b）线移

图 2-47　投射了编码图案的人面 1

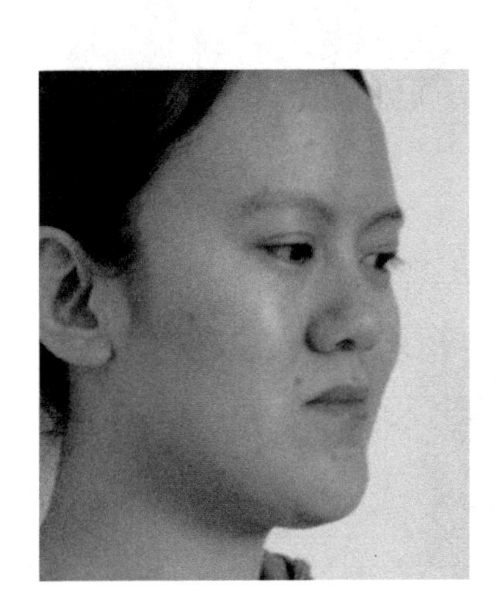

图 2-48　重构人面 1

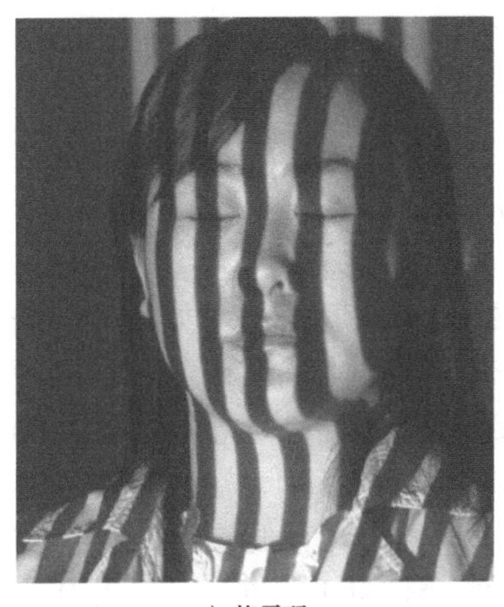

a）格雷码

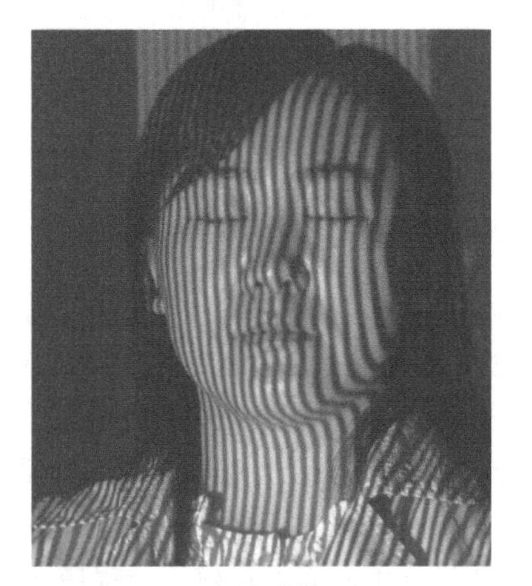

b）线移

图 2-49　投射了编码图案的人面 2

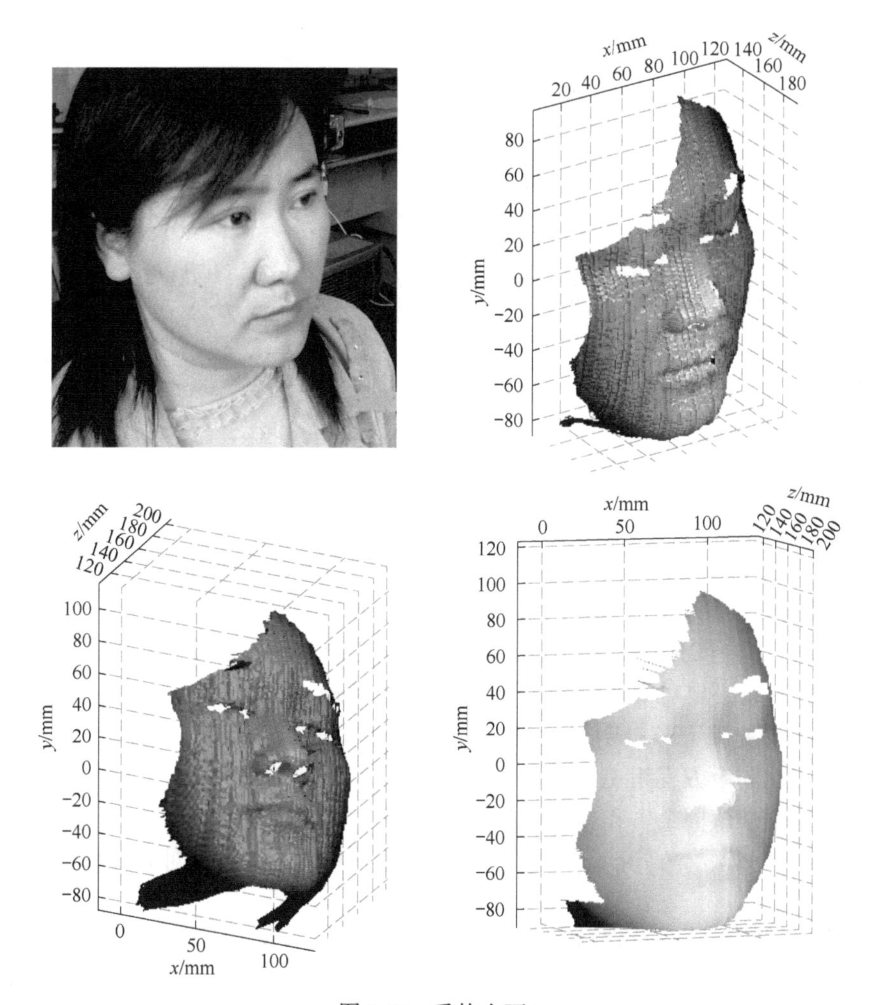
x/mm
20 40 60 80 100 120 140
z/mm
160
180
80
60
40
20
0
−20
−40
−60
−80
y/mm
z/mm
200
180
160
140
120
100
80
60
40
20
0
−20
−40
−60
−80
y/mm
0
50
100
x/mm
x/mm
0
50
100
z/mm
120 140 160 180 200
120
100
80
60
40
20
0
−20
−40
−60
−80
y/mm

图 2-50　重构人面 2

第3章 基于CRT的编解码原理

3.1 中国剩余定理（CRT）

用一次同余方程组可以对相位测距等工程应用中得到的包裹相位进行相位展开。在互质模数乘积范围内，CRT具有明确的解析表达式，无须搜索求解，是求解一次同余方程组的快速有效方法。但是CRT在工程应用中存在一定的限制，无法简单将CRT应用到工程实践中。因此，非常有必要对CRT求解同余方程组的原理、求解过程、求解失败时的条件进行理论分析。在此基础上有针对性地分析工程实践中的具体情况，进而为在工程中利用CRT有效求解一次同余方程组奠定理论基础。

CRT是数论中求解同余方程组的有效算法。设 $p \geqslant 1$，且 p、n、r、λ 都为正整数，若 $p \mid n-r$，即 $n-r=\lambda p$，则称 p 为模数，n 同余于 r 模数 p，r 是 n 对 p 的剩余，记作

$$n = r(\bmod p) \tag{3-1}$$

式（3-1）称为 p 的同余式，简称同余式。

若 n 为未知数，则称式（3-1）为 p 的一次同余方程。当 $n_\lambda = \lambda p + r(\lambda = 0,1,2,\cdots)$，使式（3-1）成立的 n_λ 称为一次同余方程的解。

设 p_i 为 k 个正整数，若任意 p_i、$p_j(1 \leqslant i \neq j \leqslant k)$ 的最大公约数（Greatest Common Divisor，GCD）为1，简记作 $\gcd(p_i,p_j)=1$，即 p_i 两两既约，r_i 为是 n^{p} 对 p_i 的剩余，即满足一次同余方程组如下：

$$\begin{cases} n^{\mathrm{p}} = r_1(\bmod p_1) \\ n^{\mathrm{p}} = r_2(\bmod p_2) \\ \qquad \vdots \\ n^{\mathrm{p}} = r_k(\bmod p_k) \end{cases} \tag{3-2}$$

则 n^{p} 在模数乘积 $P = \prod_{i=1}^{k} p_i$ 范围内有唯一解，为

$$n^{\mathrm{p}} \equiv \left(\sum_{i=1}^{k} r_i P_i P'_i \right)(\bmod P) \tag{3-3}$$

式中，P'_i 为 P_i 的模逆，即 $P_i P'_i \equiv 1(\bmod p_i)$，$P_i = P/p_i$，模逆 P'_i 可以通过欧拉辗转相除法和Montgomery法求取。若 $r_i = r$，即所有的取模剩余相同，则 $n^{\mathrm{p}} = r$。

3.2 广义 CRT 敏感误差分析

上述 CRT 算法针对的同余方程要求任意两个模数的最大公约数为 1，求解范围的限制，将模数两两既约条件取消，也可利用 CRT 求解同余方程组，将可以求解模数含有公约数同余方程组的 CRT 称为广义中国剩余定理。具体描述如下。

若 $\gcd(p_i,p_j)=d_{ij}\neq 1$，$i\neq j$，即 p_i、p_j 非既约时，所有 p_i 的最大公约数为 d，设 $q_i=p_i/d$，根据最大公约数的定义，可知 q_i 是互质的。若 $\gcd(p_i)=1$，但 $\gcd(p_i,p_j)=d_{ij}\neq 1$，需要将 p_i、p_j 转化为标准素约数形式，该过程简称为互质化。

设 $Q=\prod_{i=1}^{k}q_i$，r_i 表示 a_i 除以 d 的商，则有

$$a_i = r_i d + r_{ci} d \tag{3-4}$$

其中 r_{ci} 为 a_i 对 d 取模后的剩余，若所有的 r_{ci} 相等为 r_c，即 r_i-r_j 可以被 $\gcd(p_i,p_j)$ 整除，则同余方程可以表示为

$$\begin{cases} n_0 \equiv r_1(\bmod q_1) \\ n_0 \equiv r_2(\bmod q_2) \\ \quad\vdots \\ n_0 \equiv r_k(\bmod q_k) \end{cases} \tag{3-5}$$

式中，n_0 为 n^{p} 除以 d 的商，n_0 在模数乘积 $Q=\prod_{i=1}^{k}q_i$ 范围内有唯一解，即

$$n_0 \equiv \left(\sum_{i=1}^{k} r_i Q_i Q'_i\right)(\bmod Q) \tag{3-6}$$

其中，Q'_i为 Q_i 的模逆，即 $Q_iQ'_i\equiv 1(\bmod q_i)$，$Q_i=Q/q_i$，则

$$n^{\mathrm{p}} = n_0 d + r_c d \tag{3-7}$$

广义 CRT 通过对模数进行互质化过程，将含有公约数的模数转换为两两既约形式。利用 CRT 得模数两两互质同余方程组的解，其与公约数的乘积和公共剩余之和即为模数非两两既约同余方程组的解。此时存在唯一解的范围为小于模数最小公倍数的所有整数。

工程实际中，r_i 与 n^{p} 均为整数的情况极少，需将广义 CRT 推广到实数范围。

设 n_{p}^{R} 为 n^{p} 除以 p_i 的商的整数部分，且 a_i^{R} 为 n_{p}^{R} 对 p_i 的剩余，令 r_i 为 r_i^{R} 取整后的整数，此时 r_c 为实数。若 $\gcd(p_i,p_j)=1$，则可将 r_i 代入式（3-3）得到 n^{p}，则 $n_{\mathrm{p}}^{R}=n^{\mathrm{p}}+r_c$；若 $\gcd(p_i,p_j)=d_{ij}\neq 1$，则利用式（3-4）对模数及剩余进行互质化转换，对两两既约模数的剩余取整后得到 r_i，将 r_i 代入式（3-6）得到 n_0，利用式（3-7）得到 n_{p}^{R}。

对于整数模及取模剩余为实数的同余方程组求解，首先需要对实数剩余在模数范围内进行非负处理，然后对实数剩余取整，用符号 integer( ) 表示取整。

取整算法繁多，总体上可以分成两类：第一类，在数轴上向固定方向取整，例如向上取整、向下取整和截尾取整等；第二类，向最近的整数取整，例如四舍五入取整。以下将逐一分析模实数剩余取整算法对 CRT 实数域应用的影响。

第一类取整方式，用符号 integer_1( ) 表示。不失一般性，设 $a_i^R = r_i d + b_i d$，其中 r_i 为正整数，b_i 为小于 1 的小数，即 $0 \leqslant b_i < 1$，且 $r_c = b_i d$。取整结果为

$$\text{integer\_1}(a_i^R) = \begin{cases} r_i d & \Delta r_i = 0 \\ (r_i + 1)d & \Delta r_i = 1 \end{cases} \tag{3-8}$$

式中，Δr_i 为实数剩余取整后的整数偏差，称为取整偏差。当 $\Delta r_i = 0$ 时，取整结果与实数剩余的差 $\Delta b_i = b_i d$；当 $\Delta r_i = 1$ 时，$\Delta b_i = (b_i + 1)d$。

对于第二类取整方式，用符号 integer_2( ) 表示。取整结果为

$$\text{integer\_2}(a_i^R) = \begin{cases} r_i d & \Delta r_i = 0 \\ (r_i + 1)d & \Delta r_i = 1 \end{cases} \tag{3-9}$$

由式（3-8）和式（3-9）可知，两类取整偏差归纳为两种。第一种取整结果为实数剩余的整数部分，将 $r_i d$ 互质化后代入式（3-6）和式（3-7）直接得到 n_p^R，求解过程与整数同余方程组求解过程一致，第二种取整结果为 $(r_i + 1)d$，即实数剩余的整数部分加 1，将其互质化后代入式（3-6）得

$$\begin{aligned} \hat{n}_0 &= \left[\sum_{i=1}^{k}(r_i + 1)Q_i Q'_i\right](\text{mod } Q) \\ &= \sum_{i=1}^{k} r_i Q_i Q'_i(\text{mod } Q) + \sum_{i=1}^{k} Q_i Q'_i(\text{mod } Q) \\ &= n_0 + 1 \end{aligned} \tag{3-10}$$

式中，$\hat{n}_0$ 为 n_0 的估计值。将 $\Delta b_i = (1 - b_i)d$ 和 $\hat{n}_0$ 代入式（3-7）得

$$\begin{aligned} \hat{n} &= n_0 d + \Delta b_i = (n_0 + 1)d + (b_i - 1)d \\ &= n_0 d + b_i d = n_0 d + r_c \\ &= n_p^R \end{aligned} \tag{3-11}$$

综上所述，通过对实数剩余的互质化及取证过程将实数剩余同余方程组转换为整数同余方程组，利用式（3-10）和式（3-11）实现了实数域同余方程组的求解，将广义 CRT 推广到了实数域。

从式（3-10）可以看出，相同的取整结果对实数同余方程求解没有影响。但取整结果不同时，不妨设 l 个实数剩余取整的结果为 $r_j d(j = 1,2,\cdots,l)$ 与其余 $k - l$ 个取整结果不同，设对应剩余的取整结果为 $(r_m + 1)d(m = 1,2,\cdots,k$，且 $m \neq j)$，则整数剩余和实数剩余的差分别为 $\Delta b_j = b_j d$ 和 $\Delta b_m = (b_m - 1)d$。此时由于取整偏差不相等，将取整偏差的平均值作为 r_c 的估计值，即

$$\hat{r}_c = \frac{1}{k}\sum_{i=1}^{k} \Delta b_i \tag{3-12}$$

代入数值得 $\hat{r}_c = r_c - l/k$。将 $\hat{r}_c$ 和剩余取整结果代入式（3-6）和式（3-7）得

$$\begin{aligned} \hat{n}_p^R &= \left[\sum_{j=1}^{i} r_j Q_j Q'_j + \sum_{\substack{m=1 \\ m\neq j}}^{k}(r_i + 1)Q_m Q'_m\right](\text{mod } Q) + \frac{l}{k}\Delta b_j + \frac{k-l}{k}\Delta b_m \\ &= \sum_{i=1}^{k} r_i Q_j Q'_j(\text{mod } Q) + \sum_{\substack{m=1 \\ m\neq j}}^{k} Q_m Q'_m(\text{mod } Q) + b_i d - \frac{l}{k} \end{aligned}$$

$$= n_0 d + r_c + \sum_{\substack{m=1 \\ m \neq j}}^{k} Q_m Q'_m (\bmod Q) - \frac{l}{k} \tag{3-13}$$

令 $\Delta \hat{n}_p^R = \hat{n}_p^R - n_p^R = \left[\left(\sum_{\substack{m=1 \\ m \neq j}}^{k} Q_m Q'_m \right) \bmod Q \right] - l/k$ 为估计值的敏感误差，分析式（3-13）可知，$\left(\sum_{\substack{m=1 \\ m \neq j}}^{k} Q_m Q'_m \right) \bmod Q \neq 1$，而 $l/k < 1$，即取整偏差不同时 $\Delta \hat{n}_p^R$ 为一个极大值，此时实数同余方程组无解。而通过式（3-11）可知，当取证偏差相同时，$\Delta \hat{n}_p^R$ 为 0，即实数同余方程组有解。

以上定义了广义 CRT 实数域求解的敏感误差，通过分析取整偏差的不同，以及对应广义 CRT 实数剩余同余方程组的解，得到敏感误差只存在两种可能：为加大的数值或为 0。

综上所述，数论中的 CRT 实现非两两既约模数同余方程组求解，并通过定义实数同余中商为整数及实数剩余取整，将广义 CRT 推广到实数域求解。但取整偏差不同时，利用 CRT 求解存在敏感误差，导致求解失败。因此在对实数利用 CRT 时，必须采用相同的取整方式，或者通过判别选择取整结果相同的不同取整运算。

3.3　实数剩余纯小数部分差判据

3.2 节分析了实数剩余无误差时，利用 CRT 求解同余方程组的具体过程。但在工程实践中，任何测量都存在误差，而误差直接影响实数剩余的取整偏差，必须分析测量误差对应用实数域广义 CRT 求解同余方程组的影响。首先分析测量误差对实数剩余真值的影响，确定利用实数域广义 CRT 对同余方程组解不存在敏感误差的条件，即确定测量误差容限。在此范围内分析实数小数差与取整偏差的对应情况，形成实数剩余小数差判据，完成基于 CRT 的容错求解。

3.3.1　实数同余方程组解不存在敏感误差的条件

任何实数同余方程组都可以利用广义 CRT 求解，只有无敏感误差的解在工程中采用时，需要分析此无敏感误差解的条件，即此时的测量误差容限。

定义实数剩余 a_i 误差为 $|E_i|$，考虑到一般性，以下针对模数存在公约数条件时，实数剩余利用 CRT 求解同余方程组进行讨论。根据式（3-8）和式（3-9），对实数剩余取整。根据式（3-13）可知，当取整结果不相同时，CRT 所求实数同余方程组的解存在敏感误差。测量误差范围越大，如 $|E_i| \geq d$，取整偏差相同的概率就越低，因此将测量误差的绝对值限定在 d 以内，即 $|E_i| < d$，并将该限定互质化后，得到模数互质条件下实数剩余测量误差 $|e_i|$限定为

$$|e_i| = \frac{|E_i|}{d} < 1 \tag{3-14}$$

将互质化后的实数剩余测量值记为 $\hat{r}_i = a_i/d$，其测量误差记为 e_i，其整数部分记为 b_{i0}，其小数部分仍记为 b_i，则 $\hat{r}_i$ 可表示为

$$\hat{r}_i = r_i + r_c + e_i = b_{i0} + b_i \tag{3-15}$$

根据 e_i 和 r_c 的不同状况，剩余测量值 $\hat{r}_i = b_{i0} + b_i$ 存在以下 3 种状况：

状况 1：当 $0 \leqslant r_c + e_i < 1$ 时，$b_{i0} = r_i$，$b_i = r_c + e_i$。

状况 2：当 $1 \leqslant r_c + e_i < 2$ 时，$b_{i0} = r_i + 1$，$b_i = r_c + e_i - 1$。

状况 3：当 $-1 < r_c + e_i < 0$ 时，$b_{i0} = r_i - 1$，$b_i = 1 + r_c + e_i$。

每种状况中，b_i 都是（$r_c + e_i$）和整数的和，那么当 $1 \leqslant i \neq j \leqslant k$ 时，实数剩余测量值的小数部分之差 $\Delta b_{ij} = b_i - b_j$ 是剩余测量值误差之差（$e_i - e_j$），因此 Δb_{ij} 可以表达出剩余测量值误差之间的差异。

$\Delta b_{ij} = b_i - b_j$ 中，b_i 对应于 $\hat{r}_i$，b_j 对应于 $\hat{r}_j$。根据上述剩余测量值 3 种状况，$\hat{r}_i$ 和 $\hat{r}_j$ 也分别有 3 种状况，则 $\Delta b_{ij} = b_i - b_j$ 可分为如下 9 种组合：

组合 1：$\hat{r}_i$ 和 $\hat{r}_j$ 都符合第 1 种状况时，$\Delta b_{ij} = e_i - e_j$。

组合 2：$\hat{r}_i$ 和 $\hat{r}_j$ 都符合第 2 种状况时，$\Delta b_{ij} = e_i - e_j$。

组合 3：$\hat{r}_i$ 和 $\hat{r}_j$ 都符合第 3 种状况时，$\Delta b_{ij} = e_i - e_j$。

组合 4：$\hat{r}_i$ 符合第 1 种状况，而 $\hat{r}_j$ 符合第 2 种状况时，$\Delta b_{ij} = e_i - e_j + 1$。

组合 5：$\hat{r}_i$ 符合第 1 种状况，而 $\hat{r}_j$ 符合第 3 种状况时，$\Delta b_{ij} = e_i - e_j - 1$。

组合 6：$\hat{r}_i$ 符合第 2 种状况，而 $\hat{r}_j$ 符合第 1 种状况时，$\Delta b_{ij} = e_i - e_j - 1$。

组合 7：$\hat{r}_i$ 符合第 2 种状况，而 $\hat{r}_j$ 符合第 3 种状况时，$\Delta b_{ij} = e_i - e_j - 2$。

组合 8：$\hat{r}_i$ 符合第 3 种状况，而 $\hat{r}_j$ 符合第 1 种状况时，$\Delta b_{ij} = e_i - e_j + 1$。

组合 9：$\hat{r}_i$ 符合第 3 种状况，而 $\hat{r}_j$ 符合第 2 种状况时，$\Delta b_{ij} = e_i - e_j + 2$。

设 $|e_i| < \gamma$，根据式（3-14）有 $|e_i| < \gamma < 1$。在 9 种组合状况下，分别对 Δb 取绝对值，其结果可以归纳为 3 类：

组合 1~3 可以归为一类（X），表达式为

$$-2\gamma < |\Delta b| < 2\gamma \tag{3-16}$$

组合 4~6 和组合 8 可以归为一类（Y），表达式为

$$1 - 2\gamma < |\Delta b| < 1 + 2\gamma \tag{3-17}$$

组合 7 和组合 9 可以归为一类（Z），表达式为

$$2 - 2\gamma < |\Delta b| < 2 + 2\gamma \tag{3-18}$$

显然 $2\gamma < 1 + 2\gamma < 2 + 2\gamma$，$-2\gamma < 1 - 2\gamma < 2 - 2\gamma$，考虑通过限定 γ 来保证式（3-19）成立。

$$-2\gamma < 2\gamma < 1 - 2\gamma < 1 + 2\gamma < 2 - 2\gamma < 2 + 2\gamma \tag{3-19}$$

即可依据 $|\Delta b_{ij}|$ 的值来区分类别 X、Y 和 Z。针对式（3-19）求解，得到 $\gamma < 0.25$。在此 $|e_i| < 0.25$，误差限定下得到如下结论：

$$|\Delta b_{ij}| = \begin{cases} 0 \leqslant |\Delta b_{ij}| < 0.5 & e_i, e_j \in X \\ 0.5 < |\Delta b_{ij}| < 1.5 & e_i, e_j \in Y \\ 1.5 < |\Delta b_{ij}| < 2.5 & e_i, e_j \in Z \end{cases}$$

已经规定 b_i 为剩余测量值的小数部分，即 $0 \leqslant b_i < 1$，所以 $0 \leqslant |\Delta b| < 1$。那么，实际中采用如下的结论：当 $|e_i| < 0.25$ 时

$$|\Delta b_{ij}| = \begin{cases} 0 \leqslant |\Delta b_{ij}| < 0.5 & e_i, e_j \in X \\ 0.5 < |\Delta b_{ij}| < 1 & e_i, e_j \in Y \\ \text{不存在} & e_i, e_j \in Z \end{cases} \tag{3-20}$$

当模数存在公约数时，根据式（3-14）剩余测量误差限定为 $|E_i| < d/4$。

综上所述，当剩余测量误差满足 $\gamma < 0.25$ 或 $|E_i| < d/4$ 时，实数剩余小数的不同差值分别代表着测量误差对实数剩余的不同影响，实数剩余取整偏差存在相同的可能，利用广义 CRT 求解实数域同余方程组的解无敏感误差。

由于测量误差的随机性，导致实数剩余的测量值整数部分存在±d 的偏差，根据式（3-8）、式（3-9）和式（3-13）的分析可知，固定的取整运算将导致敏感误差。还需进一步分析选择不同取整运算的规律，以保证取整结果一致，避免 CRT 求解失败。

3.3.2　实数剩余小数差判据

以两个模数为例，枚举测量误差的各种可能取值对实数剩余的影响，分析不同取整结果，满足实数同余方程组解不存在敏感误差的条件时，实数剩余小数差的值。

设任意实数 n_{p}^R 对 2 个模数 p_1 和 p_2 取模运算的剩余真值为 a_1^R 和 a_2^R，误差分别为 e_1 和 e_2；用式（3-15）表示对应的互质化后的实数剩余测量值，第一类取整运算选择下取整，第二类选择四舍五入取整。

当 $|e_i| < 0.25(i=1,2)$ 时，有 $0 \leqslant e_i$、$e_i < 0$、$e_1 < 0 < e_2$ 和 $e_2 < 0 < e_1$ 四种组合。由于相同的组合中，实数剩余的小数部分还对应不同的情况，下面顺序编号进行讨论。

1. 实数剩余误差都为正

当实数剩余误差都为正，即 e_i 满足组合 1 时 $r_c + e_i$ 存在情况 1~情况 4 所示的 4 种可能情况。

情况 1：当 $0 \leqslant r_c + e_1 < 1$，$0 \leqslant r_c + e_2 < 1$ 时，$0 \leqslant r_c < 1$，四舍五入取整 $\text{integer\_2}(\hat{r}_i)$，需根据 b_i 确定，Δr_i 存在不一致的可能，即可能引起敏感误差；而下取整的结果为 $\text{integer\_1}(\hat{r}_i) = r_i d$，取整偏差相同，不会引起敏感误差。此时，$0 \leqslant |\Delta b_{12}| < 0.5$。

情况 2：当 $1 \leqslant r_c + e_1 < 1.25$，$0 \leqslant r_c + e_2 < 1$ 时，$0.75 < r_c < 1$，$b_1 < 0.5$ 且 $0.5 < b_2$，四舍五入取整 $\text{integer\_2}(\hat{r}_i) = (r_i + 1)d$，$\Delta r_i$ 相同，不会引起敏感误差；而下取整的结果为 $\text{integer\_1}(\hat{r}_1) = (r_1 + 1)d$，$\text{integer\_1}(a_2^R) = r_2 d$，$\Delta r_i$ 不同，引起敏感误差。此时，$-1 < \Delta b_{12} < -0.5$。

情况 3：当 $1 \leqslant r_c + e_1 < 1.25$，$1 \leqslant r_c + e_2 < 1.25$ 时，$0.75 < r_c < 1$，四舍五入取整 $\text{integer\_2}(\hat{r}_i) = (r_i + 1)d$，$\Delta r_i$ 相同，不会引起敏感误差；而下取整的结果为 $\text{integer\_1}(\hat{r}_i) = (r_i + 1)d$，$\Delta r_i$ 相同，不会引起敏感误差。此时，$0 \leqslant |\Delta b_{12}| < 0.5$。

情况 4：当 $0 \leqslant r_c + e_1 < 1$，$1 \leqslant r_c + e_2 < 1.25$ 时，$0.75 < r_c < 1$，四舍五入取整 $\text{integer\_2}(\hat{r}_1) = (r_1 + 1)d$，$\text{integer\_2}(\hat{r}_2) = (r_2 + 1)d$，$\Delta r_i$ 相同，不会引起敏感误差；而下取整的结果为 $\text{integer\_1}(\hat{r}_1) = r_1 d$，$\text{integer\_1}(\hat{r}_2) = (r_2 + 1)d$，$\Delta r_i$ 不同，引起敏感误差。此时，$0.25 < \Delta b_{12} < 1$。

综上所述，当 $0 \leqslant e_i < 0.25(i = 1,2)$ 时，若 $0 \leqslant |\Delta b_{12}| < 0.5$，选择第一类取整运算必然不会引起敏感误差；若 $0.5 < |\Delta b_{12}| < 1$，选择第二类取整运算必然不会引起敏感误差。

2. 实数剩余误差都为负

当实数剩余误差都为负，即 e_i 满足组合2时，r_c+e_i 存在情况5~情况8所示的4种可能情况。

情况5：当 $0 \leqslant r_c+e_1<1$，$0 \leqslant r_c+e_2<1$ 时，此时同情况1。

情况6：当 $-0.25 \leqslant r_c+e_1<0$，$0 \leqslant r_c+e_2<1$ 时，$0<r_c<0.25$，$0.5<b_1$ 且 $b_2<0.5$，四舍五入取整 $\text{integer\_2}(\hat{r}_i)=r_i d$，$\Delta r_i$ 相同，不会引起敏感误差；而下取整的结果为 $\text{integer\_1}(\hat{r}_1)=(r_1-1)d$，$\text{integer\_1}(\hat{r}_2)=r_2 d$，$\Delta r_i$ 不相同，引起敏感误差。此时，$-1<\Delta b_{12}<-0.5$。

情况7：当 $-0.25 \leqslant r_c+e_1<0$，$-0.25 \leqslant r_c+e_2<0$ 时，$0<r_c<0.25$，四舍五入取整 $\text{integer\_2}(\hat{r}_i)=r_i d$，$\Delta r_i$ 相同，不会引起敏感误差；而下取整的结果为 $\text{integer\_1}(\hat{r}_1)=(r_1-1)d$，$\Delta r_i$ 结果相同，不会引起敏感误差。此时，$0 \leqslant |\Delta b_{12}|<0.5$。

情况8：当 $0 \leqslant r_c+e_1<1$，$-0.25 \leqslant r_c+e_2<0$ 时，$0<r_c<0.25$，$b_1<0.5$ 且 $0.5<b_2$，四舍五入取整 $\text{integer\_2}(\hat{r}_i)=r_i d$，$\Delta r_i$ 相同，不会引起敏感误差；而下取整的结果为 $\text{integer\_1}(\hat{r}_1)=(r_1-1)d$，$\text{integer\_1}(\hat{r}_2)=r_2 d$，$\Delta r_i$ 不相同，引起敏感误差。此时，$0.5<\Delta b_{12}<1$。

综上所述，当 $-0.25<e_i<0(i=1,2)$ 时，若 $0 \leqslant |\Delta b_{12}|<0.5$，则选择第一类取整运算必然不会引起敏感误差；若 $0.5<|\Delta b_{12}|<1$，则选择第二类取整运算必然不会引起敏感误差。

3. 实数剩余误差符号不同

当 e_i 满足组合3时，r_c+e_i 存在情况9~情况12所示的4种可能情况。

情况9：当 $0 \leqslant r_c+e_1<1$，$0 \leqslant r_c+e_2<1$ 时，此时同情况1。

情况10：当 $-0.25<r_c+e_1<0$，$0 \leqslant r_c+e_2<1$ 时，$0<r_c<0.25$，$b_1<0.5$ 且 $0.5<b_2$，四舍五入取整 $\text{integer\_2}(\hat{r}_i)=r_i d$，$\Delta r_i$ 相同，不会引起敏感误差；而下取整的结果为 $\text{integer\_1}(\hat{r}_1)=(r_1-1)d$，$\text{integer\_1}(\hat{r}_2)=r_2 d$，$\Delta r_i$ 不相同，引起敏感误差。此时，$0.5<\Delta b_{12}<1$。

情况11：当 $-0.25 \leqslant r_c+e_1<0$，$1 \leqslant r_c+e_2<1.25$ 时，由 $r_c+e_1<0$ 可知 $r_c<0.25$，而 $1 \leqslant r_c+e_2$ 可知 $0.75<r_c$，这样的实数不存在，即该种情况不可能。

情况12：当 $0 \leqslant r_c+e_1<1$，$1 \leqslant r_c+e_2<1.25$ 时，$0.75<r_c$，$0.5<b_1$ 且 $0.5<b_2$，四舍五入取整 $\text{integer\_2}(\hat{r}_i)=r_i d$，$\Delta r_i$ 相同，不会引起敏感误差；而下取整的结果为 $\text{integer\_1}(\hat{r}_1)=r_1 d$，$\text{integer\_1}(\hat{r}_2)=(r_2+1)d$，$\Delta r_i$ 不相同，引起敏感误差。此时，$0.5<\Delta b_{12}<1$。

综上所述，当 $e_1<0<e_2(i=1,2)$ 时，若 $0 \leqslant |\Delta b_{12}|<0.5$，则选择第一类取整运算必然不会引起敏感误差；若 $0.5<\Delta b_{12}<1$，则选择第二类取整运算必然不会引起敏感误差。

当 e_i 满足组合4时，r_c+e_i 存在情况13~情况16所示的4种可能情况。

情况13：当 $0 \leqslant r_c+e_1<1$，$0 \leqslant r_c+e_2<1$ 时，此时同情况1。

情况14：当 $0 \leqslant r_c+e_1<1$，$-0.25 \leqslant r_c+e_2<0$ 时，$0<r_c<0.25$，$b_1<0.5$ 且 $0.5<b_2$，四舍五入取整 $\text{integer\_2}(\hat{r}_i)=r_i d$，$\Delta r_i$ 相同，不会引起敏感误差；而下取整的结果为 $\text{integer\_1}(\hat{r}_1)=r_1 d$，$\text{integer\_1}(\hat{r}_2)=(r_2-1)d$，$\Delta r_i$ 不相同，引起敏感误差。此时，$-1<\Delta b_{12}<-0.5$。

情况15：当 $1 \leqslant r_c+e_1<1.25$，$0 \leqslant r_c+e_2<1$ 时，$0.75<r_c$，$b_1<0.5$ 且 $0.5<b_2$，四

舍五入取整 integer_2($\hat{r}_i$) = $r_i d$，Δr_i 相同，不会引起敏感误差；而下取整的结果为 integer_1($\hat{r}_1$) = $r_1 d$，integer_1($\hat{r}_2$) = $(r_2 + 1)d$，Δr_i 不相同，引起敏感误差。此时，$-1 < \Delta b_{12} < -0.5$。

情况 16：当 $1 \leqslant r_c + e_1 < 1.25$，$-0.25 \leqslant r_c + e_2 < 0$ 时，由 $1 < r_c + e_1$ 可知 $0.75 < r_c$，而 $r_c + e_2 < 0$ 可知 $0.75 < r_c$，这样的实数不存在，即该种情况不可能。

综上所述，当 $e_2 < 0 < e_1 (i = 1,2)$ 时，若 $0 \leqslant |\Delta b_{12}| < 0.5$，则选择第一类取整运算必然不会引起敏感误差；若 $0.5 < |\Delta b_{12}| < 1$，则选择第二类取整运算必然不会引起敏感误差。

4. 双模数、实数剩余取整时实数剩余小数差的取值情况

上面枚举分析了含有测量误差的实数剩余，当选择不会引起敏感误差的取整方式时，利用 CRT 求解两个模数同余方程组，小数差值的大小。无敏感误差时实数剩余小数差的值归类如下：

$$\begin{cases} \text{integer}(r_i^R) = \text{integer\_1}(r_i^R) & 0 \leqslant |\Delta b_{12}| < 0.5 \\ \text{integer}(r_i^R) = \text{integer\_2}(r_i^R) & 0.5 < |\Delta b_{12}| < 1 \end{cases} \tag{3-21}$$

可见实数剩余互质化后的小数部分之差，直接表征了实数剩余测量误差对取整偏差的影响。可以以实数小数差为判据，对取整运算进行选择，获取相同的整数剩余，确保 CRT 求解无敏感误差。当 $|e_i| < 0.25$ 时，双模数 CRT 实数剩余取整判据如式（3-21）所示。

对于两个模数的同余方程组，枚举了测量误差导致的 16 种情况，分析了 3.3.1 节中类别 Z 不存在的原因，确定了不产生敏感误差的取整运算方式，提出了以不产生敏感误差为目的，以实数小数差作为判据，选择两个模数的实数剩余取整运算的具体方式，并证明了该判据的必要性。

当模数为 k 个时，若仍然以测量误差正负作用于实数剩余测量值的不同情况，作为枚举对象，需要枚举的可能情况达到 2^{2k} 种，因此考虑转换枚举的对象，利用不等式法证明。当选择无敏感误差的取整方式时，实数剩余小数差值的大小，验证实数剩余小数差判据的必要性。

由于当 $|e_i| < 0.25$ 时，$\hat{r}_i$ 和 $\hat{r}_j (1 \leqslant i \neq j \leqslant k)$ 必属于组合 1～组合 6 和组合 8 中的一种，以下分别讨论。

$\hat{r}_i$ 和 $\hat{r}_j$ 满足组合 1 时，四舍五入取整 integer_2( )，需根据 b_i 确定，存在取整后引起敏感误差的可能；而下取整 integer_1( )，Δr_i 相同，不会引起敏感误差。此时，$0 \leqslant |\Delta b_{ij}| = |e_i - e_j| < 2|e_i| = 0.5$。

$\hat{r}_i$ 和 $\hat{r}_j$ 满足组合 2 时，四舍五入取整 Δr_i 相同，不会引起敏感误差；而下取整 Δr_i 相同，不会引起敏感误差。此时，$|\Delta b_{ij}|$ 同组合 1，即 $0 \leqslant |\Delta b_{ij}| < 0.5$。

$\hat{r}_i$ 和 $\hat{r}_j$ 满足组合 3 时，四舍五入取整 Δr_i 相同，不会引起敏感误差；而下取整 Δr_i 相同，不会引起敏感误差。此时，$|\Delta b_{ij}|$ 同组合 1，即 $0 \leqslant |\Delta b_{ij}| < 0.5$。

综上所述，当 $0 \leqslant |\Delta b_{ij}| < 0.5$ 时，选择第一类取整运算必然不会引起敏感误差，而选择第二类取整运算存在引起敏感误差的可能。

$\hat{r}_i$ 和 $\hat{r}_j$ 满足组合 4 时，$0.75 < r_c$，同时 $0.5 < b_i$ 且 $b_j < 0.25$，四舍五入取整 integer_2( )，Δr_i 相同，不会引起敏感误差；而下取整 integer_1( )，Δr_i 不相同，必引起敏感误差。根据组合 4 的条件，可知 $-0.25 < e_i < 1 - r_c$ 且 $-0.25 < -e_j < r_c - 1$，两不等式相加，得 $-0.5 < e_i - e_j < 0$，即 $0.5 < \Delta b_{ij} = e_i - e_j + 1 < 1$。

$\hat{r}_i$ 和 $\hat{r}_j$ 满足组合 5 时，$r_c < 0.25$，同时 $b_i < 0.5$ 且 $0.75 < b_j$，四舍五入取整 integer_2( )，Δr_i 相同，不会引起敏感误差；而下取整 integer_1( )，Δr_i 不相同，必引起敏感误差。与组合 4 不等式推导类似，此时 $-1 < \Delta b_{ij} = e_i - e_j - 1 < -0.5$。

$\hat{r}_i$ 和 $\hat{r}_j$ 满足组合 6 时，$0.75 < r_c$，同时 $b_i < 0.25$ 且 $0.5 < b_j$，四舍五入取整 integer_2( )，Δr_i 相同，不会引起敏感误差；而下取整 integer_1( )，Δr_i 不相同，必引起敏感误差。与组合 5 不等式推导类似，此时 $-1 < \Delta b_{ij} = e_i - e_j - 1 < -0.5$。

$\hat{r}_i$ 和 $\hat{r}_j$ 满足组合 8 时，$r_c < 0.25$，同时 $0.75 < b_j$ 且 $b_i < 0.5$，四舍五入取整 integer_2( )，Δr_i 相同，不会引起敏感误差；而下取整 integer_1( )，Δr_i 不相同，必引起敏感误差。与组合 4 不等式推导类似，此时 $0.5 < \Delta b_{ij} = e_i - e_j + 1 < 1$。

综上所述，当 $0.5 < |\Delta b_{ij}| < 1$ 时，选择第二类取整运算必然不会引起敏感误差，而选择第一类取整运算必然引起敏感误差。

对于组合 7 和组合 9，3.3.1 节已分析两个小数做差不可能小于-1，同时在双模数枚举时，分别分析两种满足组合 7 和组合 9 的 r_c 在实数集不存在。

以上针对多模数实数剩余，以剩余测量误差组合为对象，逐项分析了满足实数剩余测量误差组合条件时，不产生敏感误差的取整运算方式，并利用不等式放缩推导了对应条件下实数剩余小数差的值域。可见，以实数小数差作为判据，确定实数剩余的取整方式，可以实现无敏感误差地利用 CRT 求解同余方程组。

同时当 k 个实数剩余满足多个组合条件时，当仅有 1 个 $|\Delta b_{ij}|$ 满足 $0.5 < |\Delta b_{ij}| < 1$ 时，即可确定 r_c 范围。相当于组合 1 提供了一个新的约束条件，消除了组合 1 第二类取整运算存在引起敏感误差的可能性，即此时针对组合 1 采用第二类取整，Δr_i 相同，不会引起敏感误差。可以得到与式（3-21）相同的结果。以上分析的具体数值的汇总见表 3-1。

表 3-1 满足误差容限下剩余小数的可能情况

组　合	被 减 数	减　数	小数差表达式	小数差正负	小数差大小
1	$r_c + e_i$	$r_c + e_j$	$e_i - e_j$	正负	(-0.5,0.5)
2	$r_c + e_i - 1$	$r_c + e_j - 1$	$e_i - e_j$	正负	(-0.5,0.5)
3	$r_c + e_i + 1$	$r_c + e_j + 1$	$e_i - e_j$	正负	(-0.5,0.5)
4	$r_c + e_i$	$r_c + e_j - 1$	$e_i - e_j + 1$	正	(0.5,1)
5	$r_c + e_i$	$r_c + e_j + 1$	$e_i - e_j - 1$	负	(-1,-0.5)
6	$r_c + e_i - 1$	$r_c + e_j$	$e_i - e_j - 1$	负	(-1,-0.5)
7	$r_c + e_i - 1$	$r_c + e_i + 1$	$e_i - e_j - 2$	负	不存在
8	$r_c + e_i + 1$	$r_c + e_j$	$e_i - e_j + 1$	正	(0.5,1)
9	$r_c + e_i + 1$	$r_c + e_j - 1$	$2 + e_i - e_j$	正	不存在

综上所述，在实数同余方程组有解的测量误差范围内，当选择第一类取整时，若无敏感误差，则实数剩余小数差的绝对值 $|\Delta b_{ij}|$ 均小于 0.5；当选择第二类取整时，若有敏感误差，则实数剩余小数差的绝对值 $|\Delta b_{ij}|$ 至少存在 1 个其值大于 0.5。据此，考虑提出如下多模数实数剩余取整小数差判据：当实数剩余小数差的绝对值 $|\Delta b_{ij}|$ 均小于 0.5 时，选择第一类取整可保证其解不存在敏感误差；当实数剩余小数差的绝对值 $|\Delta b_{ij}|$ 至少存在 1 个其值大于 0.5 时，选择第二类取整可保证其解不存在敏感误差。判据数学表达式为

$$\begin{cases} \text{integer}(r_i^R) = \text{integer\_1}(r_i^R) & 0 \leqslant |\Delta b_{ij}| < 0.5 \\ \text{integer}(r_i^R) = \text{integer\_2}(r_i^R) & \exists \forall 0.5 < |\Delta b_{ij}| \leqslant 1 \end{cases} \tag{3-22}$$

3.3.3　判据充分性分析

实数剩余小数差判据是根据取整时保证无敏感误差的实数剩余小数差值域所提出的，它只是必要条件，尚缺乏充分性证明。下面证明实数剩余小数差判据也是无敏感误差求解实数同余方程组剩余取整选择的充分条件，即当按照式（3-22）选择取整方式时，实数同余方程组的解不存在敏感误差。

当所有 $0 \leqslant |\Delta b_{ij}| < 0.5$ 时，可知 $\hat{r}_i$ 和 $\hat{r}_j$ 必属于类别 X，由于该类别中公共剩余 r_c 与剩余误差的和对整数剩余的作用方式相同，因此采用第一类取整方式后的 Δr_i 相同，不会引起敏感误差。

当任一个实数剩余小数差满足 $0.5 < |\Delta b_{ij}| < 1$ 时，可知 $\hat{r}_i$ 和 $\hat{r}_j$ 必属于类别 Y，该类别中 r_c 与 e_i 的和对整数剩余的作用方式不相同，有且只有 1 个实数测量值的整数部分存在 $\pm d$ 的跳变，可知第一类取整方式后的 Δr_i 不相同，必引起敏感误差。但由于 $|e_i| < 0.25$，可知 r_c 的取值范围，可以分析两个剩余的取整偏差。

当存在 $-d$ 的跳变时，$r_c < 0.25$，且该剩余的小数部分必然大于 0.75，此时第二类取整补偿了 $-d$ 的跳变；而另一个剩余的小数部分必然小于 0.5，第二类取整相当于下取整，没有整数跳变。此时 $\Delta r_i = 0$，不会引起敏感误差。

当存在 $+d$ 的跳变时，$0.75 < r_c$，且该剩余的小数部分必然小于 0.25，此时第二类取整相当于下取整，整数跳变为 $+d$；而另一个剩余的小数部分必然大于 0.5，此时第二类取整使其同样产生了 $+d$ 的跳变。此时 $\Delta r_i = 1$，不会引起敏感误差。

通过以上分析不同实数剩余小数差的不同可能，分析得到了实数剩余小数差判据可以选择实数剩余测量值的取整方式，证明了实数小数差判据是实数同余方程组解无敏感误差的充分条件。

综上所述，得到实数剩余小数差判据是 CRT 无敏感误差求解同余方程组的充要条件，进而可以利用该判据对于工程中含有剩余测量误差的同余方程组问题，利用 CRT 进行求解，拓展了 CRT 的应用范围。

3.4　中国剩余定理的工程化求解算法

相位测距技术已经广泛应用于大地测量、飞行器制导、核磁共振成像、雷达测距定位等众多领域。单一测距频率下的测量相位值是单周期内的相位主值，丢失了周期的整数倍信息，存在相位模糊现象。该现象可以通过构建同余方程组并求解，实现包裹相位展开。但构建同余方程组时，剩余为实数，同时测量过程引入的误差也体现在实数剩余中，针对这一类工程实际，现提出中国剩余定理工程化求解算法（Chinese Remainder Theorem Engineering Algorithm，CRTEA），即通过多个频率下含有误差的测量值进行包裹相位容错展开。

根据实数剩余小数差判据，如果 $0 \leqslant |\Delta b| < 0.5$，则属于类别 X，又分为组合 1、

2、3。先讨论组合 1，此时 $\hat{r}_i$ 和 $\hat{r}_j$ 都符合状况 1，即 $0 \leqslant r_c+e_i<1$，那么根据式（3-15）和式（3-8）得到 $\text{integer\_1}(\hat{r}_i)=r_i=b_{i0}$，则 $b_i=r_c+e_i$。根据式（3-6）得到整数解为 n_0，则根据式（3-7）得到第 i 个模数 q_i 下实数解 $\hat{n}_i^{\mathrm{p}}$ 为

$$\hat{n}_i^{\mathrm{p}} = n_0 d + b_i d = n_0 d + (r_c + e_i) d$$

同理，模数 q_j 下实数解 $\hat{n}_j^{\mathrm{p}}$ 为

$$\hat{n}_j^{\mathrm{p}} = n_0 d + b_j d = n_0 d + (r_c + e_j) d$$

取两者平均值作为最后的实数解 $\bar{n}_{\mathrm{p}}^R$ 为

$$\bar{n}_{\mathrm{p}}^R = \frac{\hat{n}_i^{\mathrm{p}}}{2} + \frac{\hat{n}_j^{\mathrm{p}}}{2} = n_0 d + r_c d + \frac{e_i + e_j}{2} = n_0 d + r_c d + \frac{E_i + E_j}{2} \tag{3-23}$$

根据式（3-23）得到实数解的误差为$(E_i+E_j)/2$，其值小于 $|E_i|$ 和 $|E_j|$ 之中的最大值。

下面讨论组合 2，此时 $\hat{r}_i$ 和 $\hat{r}_j$ 都符合状况 2，即 $1 \leqslant r_c+e_i<2$，那么根据式（3-15）和式（3-8）得到 $\text{integer\_1}(\hat{r}_i)=r_i+1=b_{i0}$，则 $b_i=r_c+e_i-1$。根据式（3-6）得到整数解 n_{i0} 为 n_0+1，根据式（3-7）得到第 i 个模数 q_i 下实数解为

$$\hat{n}_i^{\mathrm{p}} = n_{i0} d + (r_c + e_i - 1) d = n_0 d + (r_c + e_i) d$$

同理可得，$\hat{n}_j^{\mathrm{p}} = n_0 d + (r_c + e_j) d$。根据式（3-23）得到实数解为

$$\bar{n}_{\mathrm{p}}^R = n_0 d + r_c d + \frac{E_i + E_j}{2}$$

其误差仍为$(E_i+E_j)/2$。

类似，可得到组合 3 时，实数解 $\bar{n}_{\mathrm{p}}^R$ 的误差也为$(E_i+E_j)/2$。

因此，当 $0 \leqslant |\Delta b| < 0.5$ 时，采用式（3-6）和式（3-7）得到各模数下的实数解，再根据式（3-23）得到最后的实数解，其误差小于 $|E_i|$ 和 $|E_j|$ 之中的最大值。

根据实数剩余小数差判据，如果 $0.5 < |\Delta b| < 1$，则属于类别 Y，又分为组合 4、组合 5、组合 6、组合 8。针对组合 4 讨论如下：

此时，$\hat{r}_i$ 符合状况 1，即 $0 \leqslant r_c + e_i < 1$、而 $\hat{r}_i$ 符合状况 2，即 $1 \leqslant r_c + e_i < 2$。通过 3.3 节的分析可知，由于此时 $0.75 < r_c$，采用第二类取整不会引起敏感误差，那么根据式（3-15）和式（3-8）得到 $\text{integer\_2}(\hat{r}_i) = r_i + 1 = b_{i0}$，令 Δb_i 为实数剩余测量值与取整结果的偏差，Δb_i 表达式为

$$\Delta b_i = \hat{r}_i + \text{integer}(\hat{r}_i) \tag{3-24}$$

此时，$\Delta b_i = r_c + e_i - 1$。而 $\text{integer\_2}(\hat{r}_j) = r_j + 1$，$\Delta b_j = r_c + e_j - 1$。将取整结果代入式（3-6）得到整数解 n_{i0} 为 $n_0 + 1$，根据式（3-7）得到第 i 个模数 q_i 下实数解为

$$\hat{n}_i^{\mathrm{p}} = n_{i0} d + (r_c + e_i - 1) d = n_0 d + (r_c + e_i) d$$

同理可得，$\hat{n}_j^{\mathrm{p}} = n_0 d + (r_c + e_j) d$。根据式（3-23）得到实数解为

$$\bar{n}_{\mathrm{p}}^R = n_0 d + r_c d + \frac{E_i + E_j}{2}$$

其误差仍为（E_i+E_j）/2。

针对其余 3 种情况（组合 5、组合 6、组合 8），按照上面进行类似的分析，结果表明：对剩余测量值进行四舍五入取整运算，然后根据式（3-6）、式（3-7）、式（3-23）和式（3-24）求得实数解，其误差也为（E_i+E_j）/2。

上面针对存在两个模数的情况进行了分析，存在 k 个模数的情况分析如下：判断所有

$|\Delta b_{ij}| = |b_i - b_j|$ 的值，如果 $0 \leqslant |\Delta b_{ij}| < 0.5$，前面分析表明第一类取整的 Δr_i 相同，不会引起敏感误差，将 integer_1$(\hat{r}_i)$作为实数剩余测量值整数按照前述过程进行求解，那么实数解误差为 $\left(\sum_{i=1}^{k} E_i\right)/k$。

如果 $|\Delta b_{ij}|$ 中至少存在一个值为 $0.5 < |\Delta b_{ij}| < 1$，前面分析表明 round$(\hat{r}_j)$均位于变换前坐标轴上同一点，则将 round$(\hat{r}_j)$作为剩余测量值整数按照前述过程进行求解，那么实数解误差为 $\left(\sum_{i=1}^{k} E_i\right)/k$。

综上所述，提出 CRT 工程化求解算法如下：

在满足 $\gamma < 0.25$ 的前提下，如果 $0 \leqslant |\Delta b_{ij}| < 0.5$，则将 rounddown$(\hat{r}_j)$作为剩余测量值整数，根据式（3-3）、式（3-7）、式（3-23）进行求解；如果 $|\Delta b_{ij}|$ 中至少存在一个值为 $0.5 < |\Delta b_{ij}| < 1$，则将 round$(\hat{r}_j)$作为剩余测量值整数，根据式（3-3）、式（3-7）、式（3-23）进行求解。而且，实数解误差为 $\left(\sum_{i=1}^{k} E_i\right)/k$，$\left(\sum_{i=1}^{k} E_i\right)/k \leqslant \max(E_i)$。

CRT 定理工程化求解的具体步骤如下：

1）将实数剩余测量值 $\tilde{a}_i$ 进行非负处理，得到非负实数剩余测量值 a_i^R，具体公式为

$$a_i^R = \begin{cases} \tilde{a}_i & 0 \leqslant \tilde{a}_i \\ p_i - \tilde{a}_i & \tilde{a}_i < 0 \end{cases} \tag{3-25}$$

2）如需要，则通过互质化运算将模数转换为两两既约的形式，同时将剩余转换为互质模数下的实数剩余。

3）对实数剩余小数部分顺序做差，得到实数剩余小数差 Δb_{ij}。

4）依据式（3-23）选择实数剩余的取整方式，得到实数剩余的整数估计 r_i。

5）将 r_i 代入式（3-6），得到整数解。

6）采用式（3-7）得到第 i 个模数 q_i 下实数解 $\hat{n}_s^{\mathrm{p}}$，式（3-7）中 r_c 用实数剩余测量值与取整结果的偏差 Δb_i 替换。

7）利用式（3-23）求取同余方程组的实数解 $\bar{n}_s^R$。

CRTEA 仍具有解析求解整数解的优点，只增加一步减法运算和一步比较运算，无须搜索过程，保留了运算简单、计算量小的优点，实数解误差不超过实数剩余测量误差，具有求解准确度高的优点。其缺点是对实数剩余测量误差有所限定，不能用于测量误差大的场合。

3.5　CRTEA 验证实验

为了验证 3.4 节提出的实数剩余小数差判据工程化快速求解方法的有效性和实时性，编制算法软件，进行验证实验，软件流程图如图 3-1 所示。

实验中以 3 个模数 q_i 为例，分别取 $q_1 = 30$、$q_2 = 36$ 和 $q_3 = 42$，则坐标转换前对应的 3 个模数为 $p_1 = 5$、$p_2 = 6$、$p_3 = 7$，且最大公约数为 $d = 6$。在 $[0, p_i)$ 内随机选取一个整数 a_{i0}，在

$[0,d)$ 区间随机选取一个实数 r_{ac}，两者构成一个实数 a_i 作为实数剩余真值，则可根据 3.4 节提出的方法得到实数解真值 n_s^p。随机生成实数剩余的测量误差 e_i，则实数剩余真值 a_i 与其测量误差 e_i 构成实数剩余的测量值 $\hat{r}_i = a_i + e_i$，那么，可根据 3.4 节提出的方法得到存在测量误差时的实数解 $\bar{n}_s^p$。设定一个阈值 λ，当 $|\Delta\bar{n}_s^p| = |\bar{n}_s^p - n_s^p| > \lambda$ 时定义为求解失败。

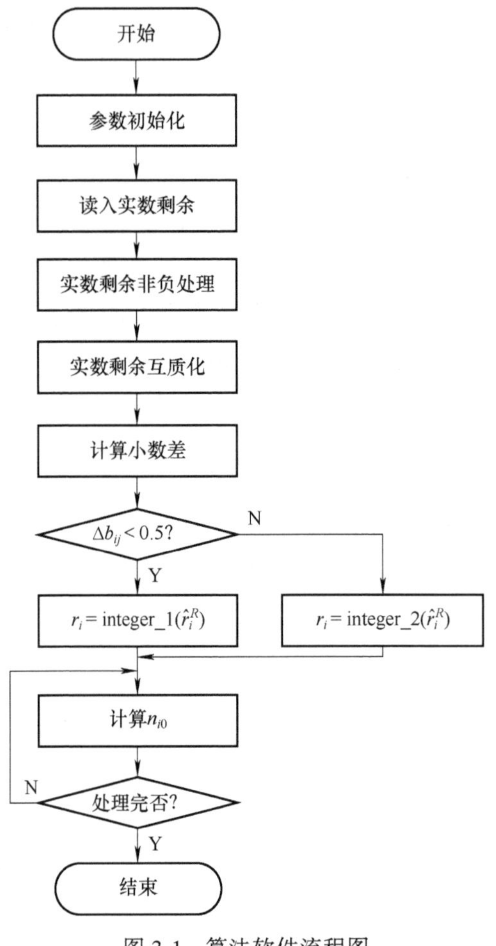

图 3-1　算法软件流程图

令 $\lambda = 0.25d = 1.50$，且实数剩余测量误差 e_i 在区间 $[\alpha,\beta]$ 内服从均匀分布，当 $\alpha > -0.25$、$\beta < 0.25$ 时，在 10^6 次仿真实验中，求解失败的概率为 0，且实数解 $\bar{n}_s^p$ 的误差 $|\Delta\bar{n}_s^p| < 0.25d = 1.50$；当测量误差 e_i 超过 0.25 且不超过展开范围时，即 $-210 \leqslant \alpha \leqslant -0.25$，$0.25 \leqslant \beta \leqslant 210$，在 10^6 次仿真实验中，求解失败的概率为 99.77%，该情况下仍然可能成功求解，但概率仅为 0.23%。这验证了 3.4 节提出的方法及其运算程序。

以目前精度最高的搜索法作为对比方法，进行了同样的仿真实验，其中仿真次数和求解失败判断阈值完全一样，采样完全相同的实数剩余测量误差。当实数剩余测量误差 e_i 服从均值为 0、方差为 σ^2 的正态分布时，针对 10 种 σ^2 的误差情况分别进行了 10^6 次仿真实验，分析实数解偏差，实验结果如图 3-2~图 3-11 所示，图中深色柱和浅色柱分别表示 3.4 节算法和对比算法的实数解偏差出现的频度。仍然取 $\lambda = 1.50$，图 3-2~图 3-11 中求解失败的概率参见表 3-2。

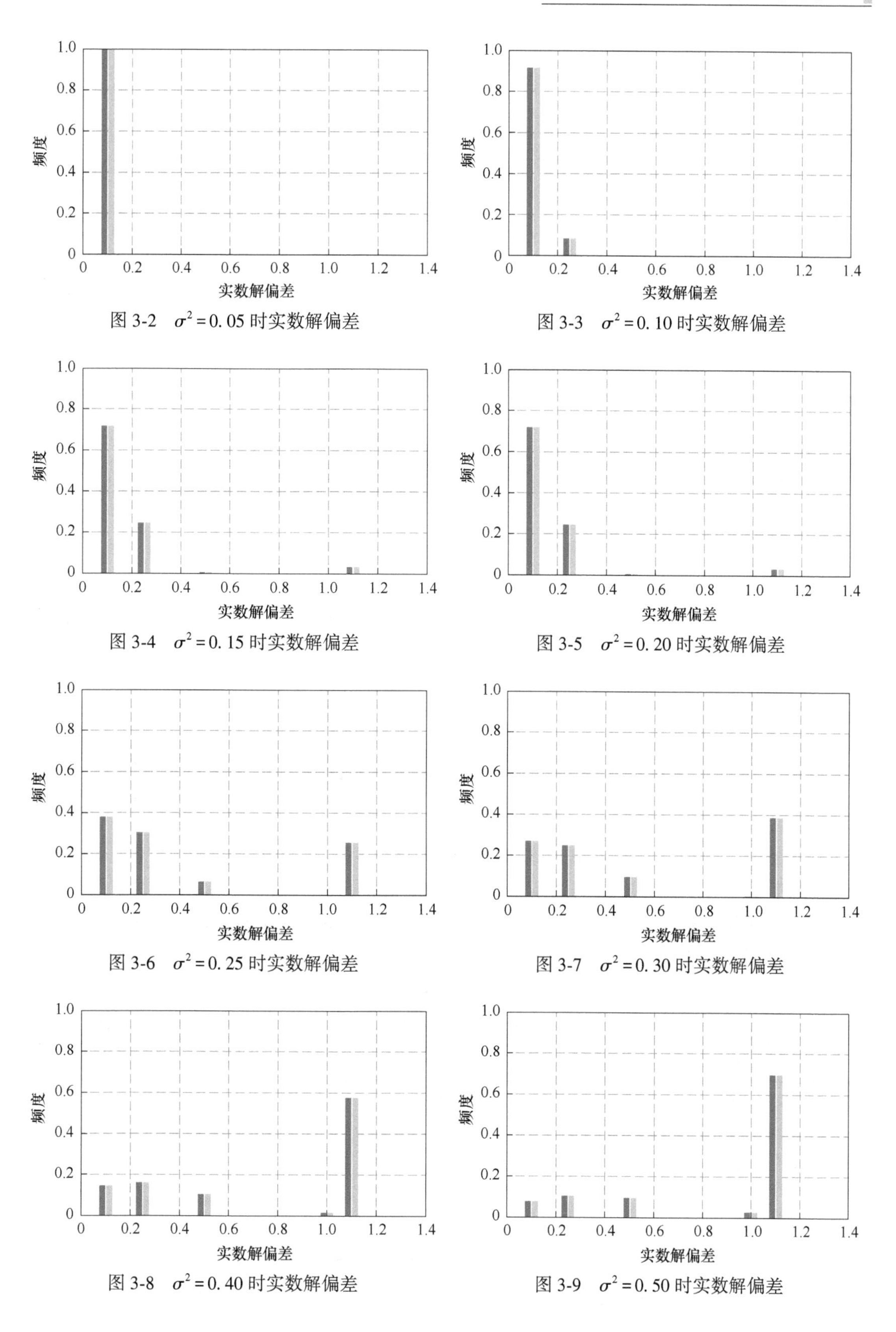

图 3-2　$\sigma^2=0.05$ 时实数解偏差

图 3-3　$\sigma^2=0.10$ 时实数解偏差

图 3-4　$\sigma^2=0.15$ 时实数解偏差

图 3-5　$\sigma^2=0.20$ 时实数解偏差

图 3-6　$\sigma^2=0.25$ 时实数解偏差

图 3-7　$\sigma^2=0.30$ 时实数解偏差

图 3-8　$\sigma^2=0.40$ 时实数解偏差

图 3-9　$\sigma^2=0.50$ 时实数解偏差

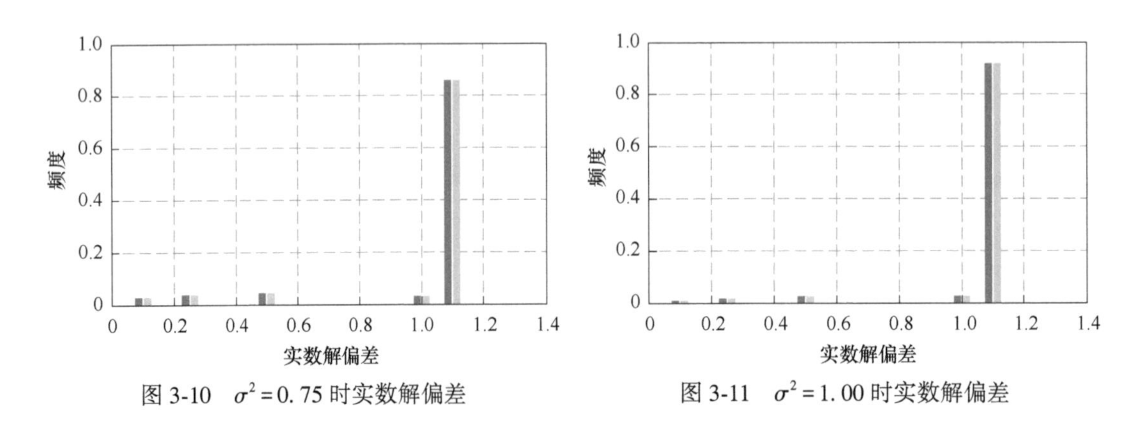

图 3-10　$\sigma^2=0.75$ 时实数解偏差　　　　图 3-11　$\sigma^2=1.00$ 时实数解偏差

表 3-2　不同方差高斯噪声下的求解失败概率对比

e_i 的均方差 σ^2	$e_i>0.25$ 的概率(%)	3.4 节方法求解失败的概率(%)	对比方法求解失败的概率(%)
0.05	13.14	0.02	0.02
0.10	21.48	0.10	0.10
0.15	25.78	3.46	3.46
0.20	28.77	15.45	15.45
0.25	30.85	31.87	31.87
0.30	32.28	47.59	47.59
0.40	34.46	69.59	69.59
0.50	36.32	81.48	81.48
0.75	38.59	93.56	93.56
1.00	40.13	97.14	97.14

表 3-2 中，两种方法的求解失败概率相同并随 $e_i>0.25$ 的概率增高而增高，且在 $\sigma^2<0.5$ 时低于 $e_i>0.5$ 的概率，这表明两者求解准确度相同。

另外，采用两种方法在完全相同条件下，进行了不同仿真次数的时间开销对比实验，仿真实验结果参见表 3-3。

表 3-3　不同仿真次数的时间开销对比

仿真次数	3.4 节方法时间开销/s	对比方法时间开销/s
10^1	0.0001	0.0004
10^2	0.0004	0.0029
10^3	0.0014	0.0295
10^4	0.0128	0.3628
10^5	0.1422	30.6476
10^6	1.4411	4900.5046

表 3-3 中，3.4 节方法时间开销远低于对比方法，且仿真运算次数越多相差越大，当运

算 10^6 次时，该方法时间开销约为 1.5s，仅为对比方法的 0.03%，表明该方法具有快速求解的优点。依据表 3-2 和表 3-3 中数据，绘制的验证实验曲线如图 3-12 和图 3-13 所示，总体上显示两种方法的求解准确度对比和运算时间开销对比，图中实线为该提出的基于实数剩余小数差判据的 CRTEA，虚线为对比方法。

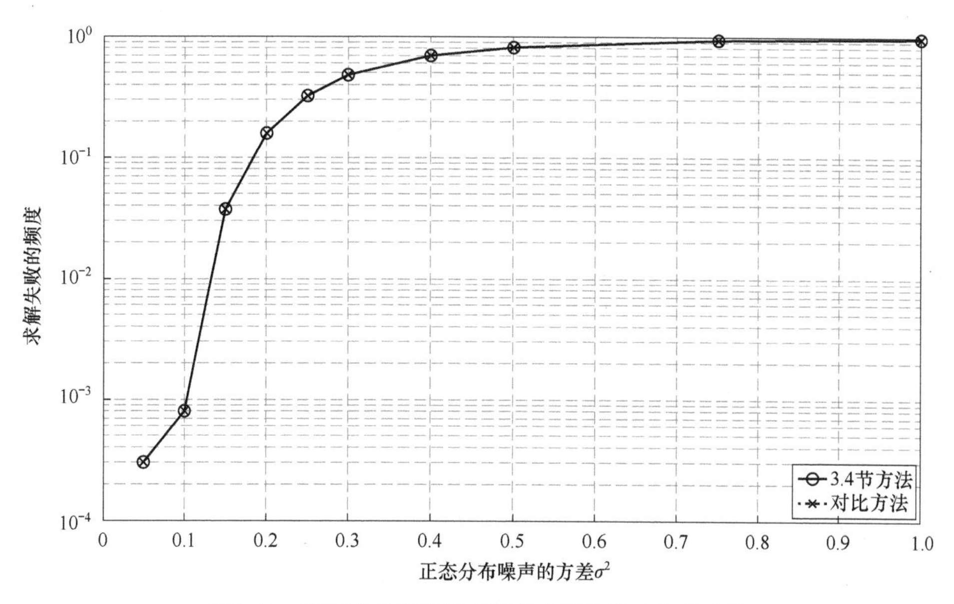

图 3-12　不同方差高斯噪声下的求解失败的概率曲线

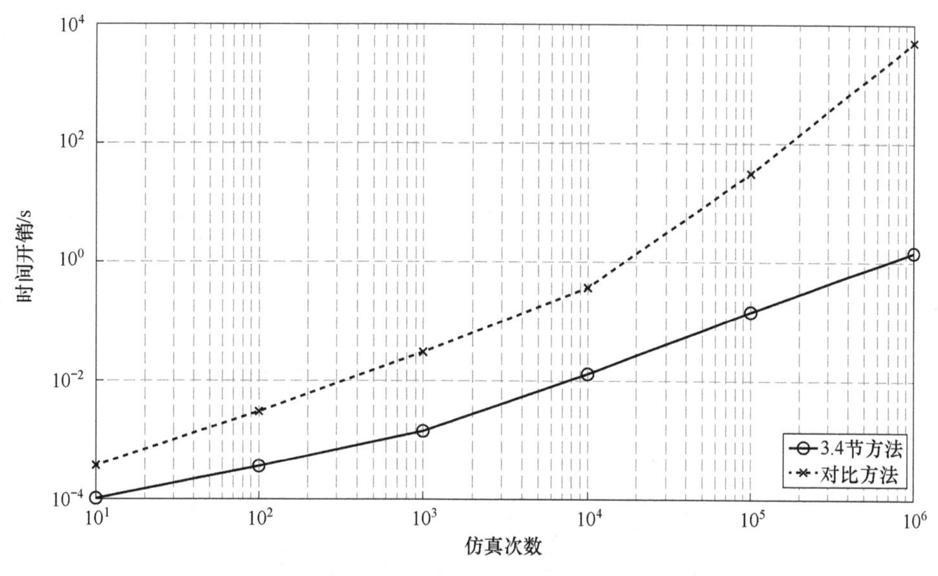

图 3-13　不同仿真次数的时间开销曲线

本节以 3 个模数为例，进行了测量误差服从均匀分布时验证实验，当测量误差满足实数同余方程组有解条件时，CRTEA 可以无敏感偏差求解；同时与 CRT 搜索求解方法，进行了相同条件下的对比验证实验，结果表明 CRTEA 求解准确度与搜索法相同，10^6 次验证实验的时间开销仅为搜索法的 0.03%。

3.6 基于 CRTEA 的容错编码光三维测量方法

针对多频模拟编码结构光测量范围有限、抗噪能力差的问题，现提出基于 CRTEA 的模拟编码结构光三维测量方法，采用余弦相移、三角形相移和梯形相移编码方案获取包裹相位，利用 CRTEA 进行包裹相位展开，根据装置数学模型获得景物表面的三维信息。通过分析编码图像随机噪声引起的包裹相位测量误差，确定编码图案的编码节距和灰度调制范围，完成投射编码图案设计。针对平面和球面进行仿真实验，验证该三维测量方法的有效性，同时与外差法和 CRT 搜索法进行仿真实验对比分析。

3.6.1 基于 CRTEA 的容错余弦编解码方法

编码光三维测量，是将其他领域应用的解码方法，应用于编码图像中采样点对应的投影图案编码点的确定，按照三维测量的流程，可以分为编码图案投射、编码图像获取和解码获取三维信息 3 个部分。

1. 基于 CRTEA 的容错余弦编码方法

余弦相移法中最为常用的是均匀相移步长编码法，即 N 步相移总计移动一个编码节距。多频余弦相移法中，第 j 个编码节距的第 i 幅编码图案表示为

$$I_i^{\mathrm{p}}(m^{\mathrm{p}},n^{\mathrm{p}}) = A^{\mathrm{p}} + B^{\mathrm{p}}\cos\left(2\pi\frac{n^{\mathrm{p}}}{T_j} - \frac{2\pi i}{N}\right) \tag{3-26}$$

式中，T_j 为余弦周期函数的频率；A^{p} 为编码图案的背景，需要根据编码方式及三维测量系统的灰度预先设定；B^{p} 为编码图案的灰度变换范围，也需要根据编码方式及三维测量系统的灰度预先设定；n^{p} 为编码图案上任意像素的图像纵坐标值（以下简称编码图案坐标）；I_i^{p} 为此编码图案像素对应的灰度值。

当 $N=3$，$A^{\mathrm{p}}=130$，$B^{\mathrm{p}}=60$，$T_j=256$ 像素时，3 幅余弦相移编码图案灰度值分布如图 3-14 所示。当 $N=3$，$T_1=192$ 像素，$T_2=256$ 像素，$T_3=320$ 像素时，第 1 幅余弦相移编码图案灰度值分布如图 3-15 所示。

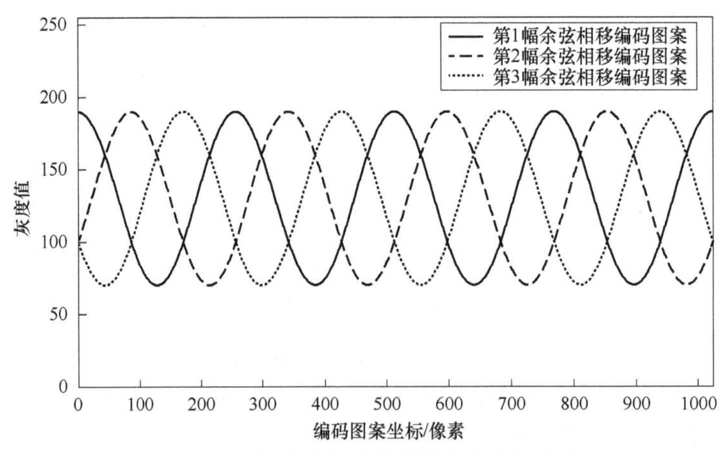

图 3-14　3 幅余弦相移编码图案灰度值分布

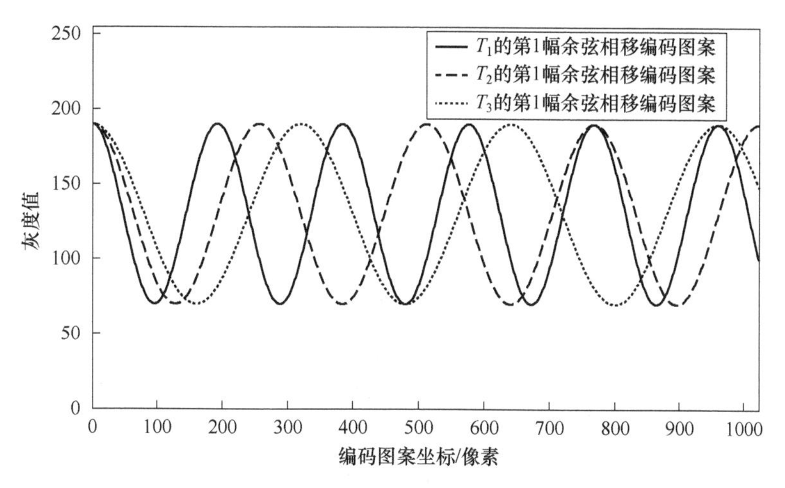

图 3-15 不同编码节距第 1 幅余弦相移编码图案灰度值分布

2. 基于 CRTEA 的容错余弦解码方法

当不考虑伽马效应时，在投影仪和相机的亮度传递函数为理想线性的情况下，采样点在相机拍摄的条纹图像中对应像素上获得的灰度值可表示为

$$I_n^c(u^c,\ v^c)=A^c+B^c\cos\left(\varphi-\frac{2\pi n}{N}\right)+\Delta I \tag{3-27}$$

式中，A^c 为该图像像素多幅余弦相移条纹图像的平均灰度值；B^c 为像素对应点处余弦函数的灰度值波动范围；φ 为采样点的包裹相位，可以理解为 φ 为绝对相位对 2π 取余运算得到的剩余，即 $\varphi\equiv 2\pi n^p/T_j(\mathrm{mod}\ 2\pi)$；$\Delta I$ 为灰度值随机噪声，源于光源电子抖动和相机的电子噪声，且与像素位置和相位值无关，符合高斯分布即 $\Delta I\sim N(0,\sigma^2)$。

对 N 步余弦相移条纹图像，利用最小二乘法可同时确定 A^c、B^c 和 φ 3 个未知数，即

$$A^c=\frac{1}{N}\sum_{n=0}^{N-1}I_n^c \tag{3-28}$$

$$B^c=\frac{2}{N}\left\{\left[\sum_{n=0}^{N-1}I_n^c\sin\left(\frac{2\pi n}{N}\right)\right]^2+\left[\sum_{n=0}^{N-1}I_n^c\cos\left(\frac{2\pi n}{N}\right)\right]^2\right\}^{\frac{1}{2}} \tag{3-29}$$

$$\varphi=\arctan\left[\frac{\sum_{n=0}^{N-1}I_n^c\sin\left(\frac{2\pi n}{N}\right)}{\sum_{n=0}^{N-1}I_n^c\cos\left(\frac{2\pi n}{N}\right)}\right] \tag{3-30}$$

针对 k 个不同编码节距，不妨假设 $0<T_1<T_2<\cdots<T_k$。对应编码节距下的通过式（3-30）的包裹相位为条纹的包裹相位，分别为 $\varphi_1,\varphi_2,\cdots,\varphi_k$，对应的采样点编码图案坐标可以用剩余方程表示为

$$\frac{2\pi n^p}{T_i}=2k_i\pi+\varphi_i \tag{3-31}$$

式中，k_i 为编码节距 T_i 对应的未知整数；$2\pi n^p/T_i$ 为采样点的绝对相位。

对式（3-31）两端同时除以 $2\pi/T_i$，即可转化为

$$\begin{cases} n^{\mathrm{p}} \equiv \hat{a}_i (\bmod T_i) \\ \hat{a}_i = \dfrac{\varphi_i T_i}{2\pi} \end{cases} \tag{3-32}$$

式中，$\hat{a}_i$ 为 n^{p} 对 T_i 取模运算后的实数剩余。

设 q_i 为 T_i 互质化后模数，$\hat{r}_i$ 为模数两两既约的模数条件下的实数剩余。对实数剩余小数部分顺序做差，得到实数剩余小数差 Δb_{ij}。依据式（3-23）所示的实数剩余小数差判据，选择实数剩余的取整方式，得到实数剩余的整数估计 r_i。将 r_i 代入式（3-6），得到整数解。计算实数剩余测量值与取整结果的偏差 Δb_i，令 $\Delta b_i = r_c$，代入式（3-7）得到第 i 个模数 q_i 下实数解 $\bar{n}_{si}^{\mathrm{p}}$。将所有的 $\bar{n}_{si}^{\mathrm{p}}$ 代入式（3-23），得到采样点对应的编码图案绝对坐标 $\bar{n}_{\mathrm{p}}^{R}$。将 $\bar{n}_{\mathrm{p}}^{R}$ 和采样点对应的相机像面坐标利用经过标定的系统结构参数，得到采样点的三维信息。

相机拍摄得到的条纹图像含有零均值正态分布的随机噪声 ΔI，因此需要对编码图案参数进行选择，以保证 $\hat{a}_i$ 的测量值误差满足 $|E_i| < 0.25$ 的实数同余方程组解无敏感误差条件。

3. 容错余弦编码图案参数的确定方法

根据误差传播原理，灰度值误差与包裹相位误差的传递系数可表示为

$$\sigma_{\varphi}^2 = \sum_{n=0}^{N-1} \left[\left(\frac{\partial \varphi}{\partial I_n^{\mathrm{c}}} \right)^2 \sigma^2 \right] \tag{3-33}$$

由式（3-30）包裹相位对第 i 步相移亮度求偏导，可得

$$\frac{\partial \varphi}{\partial I_i^{\mathrm{c}}} = -\frac{2}{NB^{\mathrm{c}}} \sin\left(\varphi - \frac{2\pi i}{N} \right) \tag{3-34}$$

将式（3-34）代入式（3-33）可得

$$\sigma_{\varphi} = \sqrt{\frac{2}{N}} \frac{\sigma}{B^{\mathrm{c}}} \tag{3-35}$$

根据误差传递原理，及 3.4 节所述的实数同余方程组无敏感误差条件，即 $|E_i| < d/4$，可确定实数剩余测量值的标准差为

$$\sigma_{ei} = \frac{T_i}{2\pi} \sqrt{\frac{2}{N}} \frac{\sigma}{B^{\mathrm{c}}} \tag{3-36}$$

根据三倍标准差原理，在置信概率为 99.73%下采样点绝对编码图案坐标无差错展开的条件为

$$\max(3\sigma_{ei}) < \frac{d}{4} \tag{3-37}$$

式中，d 为编码节距的最大公约数，即 $d = \gcd(T_i)$，且 $T_i = q_i d$。

将式（3-36）代入式（3-37），得到编码节距的上限准则为

$$\frac{\max(T_i)}{d} < \frac{\pi}{6} \sqrt{\frac{N}{2}} \frac{B^{\mathrm{c}}}{\sigma} \tag{3-38}$$

式（3-38）表明最大编码节距与公约数 d 的比值满足上限准则时，可以在置信概率为 99.73%下无差错的进行包裹相位展开。

这一上限与相移步数 N、条纹图像上对应像素的灰度值波动范围 B^c 和亮度噪声的标准差 σ 有关。B^c/σ 表示了该对应像素点处灰度等级的信噪比。

式（3-38）还表明，对于编码节距两两既约时，CRTEA 也可实现置信概率 99.73%下无差错解折叠。但若实现对于投影仪编码图案坐标范围（长度为 1024 像素）内唯一，必须增大频率数量 k，增加相移步数 N，或增加灰度值波动范围 B^c。但这使得条纹图像数量增大，测量效率低下。与之相对，$d \gg 1$ 时，CRTEA 利用 d 扩展了实数剩余小数测量误差范围和包裹相位的测量误差范围。能够满足编码图案坐标范围内解折叠的唯一性，从而大大减少了条纹图像的数量。

根据频率上限确定准则，可生成满足置信概率为 99.73%的余弦相移编码图案，主要包括以下两个步骤：

1）估计灰度值随机误差。将均匀灰度的图案投影到白色的平板，恒定的照度下反复得到灰度图像，然后计算每个像素的灰度方差，并以最大标准差作为灰度值随机误差的标准差的实际值。

2）根据编码节距上限准则式（3-38）和包裹相位展开范围大小确定编码节距值、相移步数、条纹图像的最小灰度值波动范围。

4. 基于 CRTEA 的容错余弦编码光三维测量方法仿真实验

为了验证基于 CRTEA 的余弦编码三维测量方法的有效性和实时性，采用仿真环境进行验证实验。

验证测量用的解析平面尺寸为 300mm×200mm，与世界坐标系的 Z^w 轴垂直，深度值为 480mm。分别生成了 $T_1=9$ 像素、$T_2=11$ 像素、$T_3=13$ 像素，最大展开范围为 1287 像素的互质编码节距，和 $T_1=30$ 像素、$T_2=36$ 像素、$T_3=42$ 像素，最大展开范围为 1260 像素的非互质编码节距的余弦相移编码图案，测量结果见表 3-4。

表 3-4　平面测量数据

<table>
<tr><th rowspan="2">深度值/mm</th><th colspan="2">平均值/mm</th><th colspan="2">最大绝对误差/mm</th><th colspan="2">相对误差（%）</th><th colspan="2">外差法测量结果/mm</th></tr>
<tr><th>互质编码节距</th><th>非互质编码节距</th><th>互质编码节距</th><th>非互质编码节距</th><th>互质编码节距</th><th>非互质编码节距</th><th>最大绝对误差/mm</th><th>相对误差（%）</th></tr>
<tr><td>480.00</td><td>480.01</td><td>480.01</td><td>0.12</td><td>0.13</td><td rowspan="6">0.07</td><td rowspan="6">0.08</td><td>0.15</td><td>0.03</td></tr>
<tr><td>530.00</td><td>530.01</td><td>530.01</td><td>0.09</td><td>0.11</td><td>0.13</td><td>0.03</td></tr>
<tr><td>580.00</td><td>580.01</td><td>580.01</td><td>0.10</td><td>0.13</td><td>0.15</td><td>0.03</td></tr>
<tr><td>630.00</td><td>630.01</td><td>630.01</td><td>0.13</td><td>0.15</td><td>0.17</td><td>0.03</td></tr>
<tr><td>680.00</td><td>680.02</td><td>680.02</td><td>0.15</td><td>0.17</td><td>0.19</td><td>0.03</td></tr>
<tr><td>730.00</td><td>730.02</td><td>730.02</td><td>0.18</td><td>0.20</td><td>0.23</td><td>0.04</td></tr>
</table>

从表 3-4 的数据可以看出，互质编码节距下平面的最大测量误差不大于 0.18mm，相对误差为 0.07%，而非互质编码节距下平面的最大测量误差不大于 0.20mm，相对误差为 0.08%，可见互质编码节距比非互质编码节距下的测量准确度高，这是因为非互质编码节距为了实现编码图案坐标范围内解码的唯一性，需要较大的编码节距，因此其测量准确度

比使用节距较小的互质编码节距低。但实际测量中，类似于仿真环境下的随机噪声水平为0的情况几乎不可能。本小节提出的三维测量方法与外差法相位展开三维测量方法的准确度略有提高。利用本小节提出的方法的平均测量时间为7.384s，利用搜索法的平均测量时间为102.347s。

采用上述方法对半径为160mm的解析球面进行三维验证测量，测量结果见表3-5。

表3-5 球面测量数据

<table>
<tr><th rowspan="2">深度值/mm</th><th colspan="2">平均值/mm</th><th colspan="2">最大绝对误差/mm</th><th colspan="2">相对误差（%）</th><th colspan="2">外差法测量结果/mm</th></tr>
<tr><th>互质编码节距</th><th>非互质编码节距</th><th>互质编码节距</th><th>非互质编码节距</th><th>互质编码节距</th><th>非互质编码节距</th><th>最大绝对误差/mm</th><th>相对误差（%）</th></tr>
<tr><td>480.00</td><td>160.04</td><td>160.05</td><td>0.38</td><td>0.40</td><td rowspan="6">0.50</td><td rowspan="6">0.54</td><td>0.75</td><td>0.36</td></tr>
<tr><td>530.00</td><td>160.05</td><td>160.06</td><td>0.53</td><td>0.58</td><td>0.98</td><td>0.47</td></tr>
<tr><td>580.00</td><td>160.05</td><td>160.05</td><td>0.59</td><td>0.67</td><td>1.03</td><td>0.49</td></tr>
<tr><td>630.00</td><td>160.06</td><td>160.06</td><td>0.71</td><td>0.85</td><td>1.14</td><td>0.54</td></tr>
<tr><td>680.00</td><td>160.06</td><td>160.06</td><td>0.84</td><td>0.99</td><td>1.22</td><td>0.58</td></tr>
<tr><td>730.00</td><td>160.07</td><td>160.09</td><td>1.24</td><td>1.36</td><td>1.36</td><td>0.66</td></tr>
</table>

从表3-5的数据可以看出，互质编码节距下球面的最大测量误差不大于1.24mm，相对误差为0.50%，而非互质编码节距下球面的最大测量误差不大于1.36mm，相对误差为0.54%。利用本小节提出的方法的平均测量时间为7.013s，利用搜索法的平均测量时间为101.847s。

将此实验数据与外差法测量实验数据相对比，平面最大测量误差由0.23mm降低到0.18mm，球面最大测量误差由1.65mm降低到1.24mm，相对误差由0.66%降低到0.54%。测量准确度略有提高，主要原因是无论互质编码节距和非互质编码节距，都是采用测量准确度相对较高的小编码节距，拓展了包裹相位的展开范围；本小节提出的方法具有测量误差的平均作用，可以有效地提高包裹相位展开准确度。

平面测量时间由7.132s增加到7.384s，球面测量时间由6.859s增加到7.013s，这是由于本小节算法比外差法相位展开方法算法复杂度高，但整体测量时间增加不大。

3.6.2 基于CRTEA的容错三角形编解码方法

传统的相位编码法，由于余弦函数的非线性，生成编码图案受到数字采样的影响，存在0.5个灰度值的量化误差，该灰度值量化误差在三维测量的编码图案中引入了不大于0.0122rad的误差。如图3-16所示，在通过相位主值确定投射源坐标时产生误差，进而对测量结果产生影响。通过图3-16可以看出，奇数节距的解码误差是偶数节距解码误差的2倍。而线性相移编码不存在类似的解码误差，同时线性相移具有解码速度快的优势，因此选择线性的三角形灰度编码作为编码方式。

1. 基于CRTEA的容错三角形编码方法

三步三角形灰度分布相移法，是利用3幅彼此相移的1/3编码节距的编码图案，根据三维目标的表面反射的编码图像，完成目标表面形状的测量。为了利用投影仪的最大分辨力，以编码图案像素数最大的方向作为编码方向，以每一个像素在该方向的坐标作为编码对象；而与编码方向垂直的方向像素，是相同投影源坐标像素所采用灰度值的重复，由此构成在编码方向上不同灰度值条纹的编码图案。

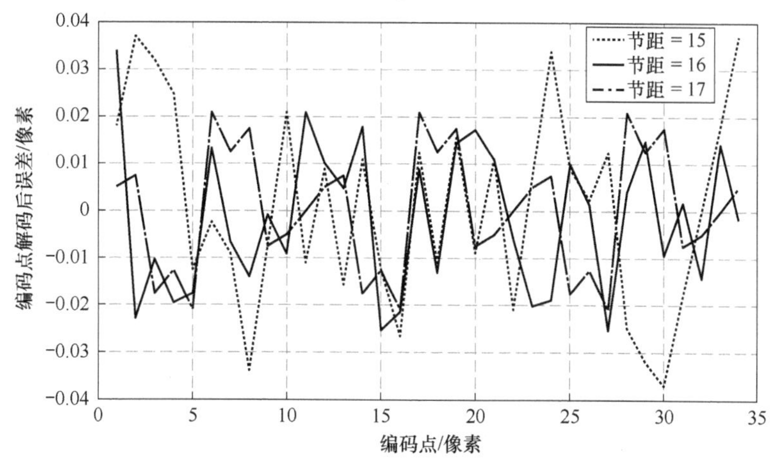

图 3-16　不同编码节距相移的解码误差

图 3-17 所示为多周期三步三角形相移编码图案任意一行灰度值分布，不同编码节距中第 1 幅相移图案灰度值分布如图 3-18 所示。三角形相移编码图案的灰度值分布式为

$$
I_i^{\mathrm{p}}(m^{\mathrm{p}},n^{\mathrm{p}})=\begin{cases}I_{\min}+\dfrac{2I_{\mathrm{m}}}{T}\mathrm{mod}\left(n^{\mathrm{p}}+\dfrac{i-1}{3}T,T\right) & \mathrm{mod}\left(n^{\mathrm{p}}+\dfrac{i-1}{3}T,T\right)\leqslant\dfrac{T}{2}\\ I_{\max}-\dfrac{2I_{\mathrm{m}}}{T}\mathrm{mod}\left(n^{\mathrm{p}}+\dfrac{i-1}{3}T,T\right) & \dfrac{T}{2}<\mathrm{mod}\left(n^{\mathrm{p}}+\dfrac{i-1}{3}T,T\right)<T\end{cases}\tag{3-39}
$$

式中，$I_i^{\mathrm{p}}(m^{\mathrm{p}},n^{\mathrm{p}})$为第 i 幅相移编码图案中，第 m^{p} 行、第 n^{p} 列编码图案坐标的灰度值；i 为相移的步数（$i=1,2,3$）；$I_{\min}$、$I_{\max}$ 为编码图案中灰度值的最大值、最小值；I_{m} 为灰度值调制范围，$I_{\mathrm{m}}=I_{\max}-I_{\min}$；$T$ 为编码节距。

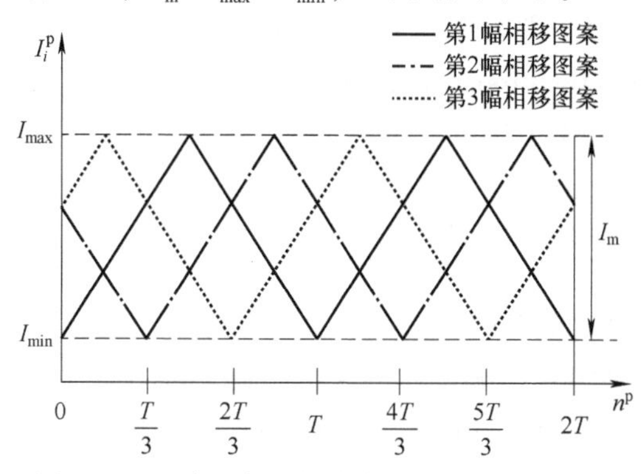

图 3-17　三步三角形相移编码图案灰度值分布

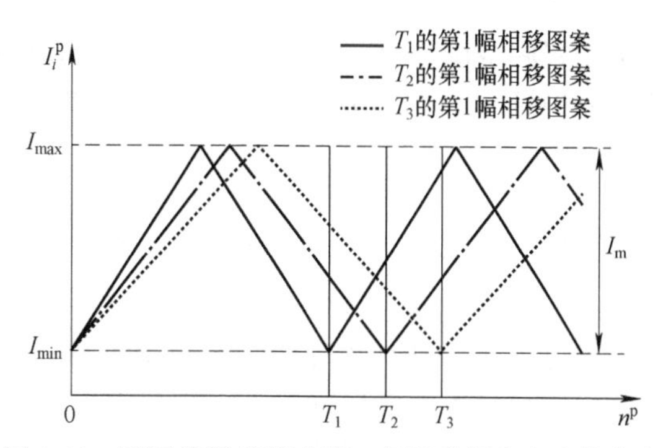

图 3-18　不同编码节距中第 1 幅相移图案灰度值分布

投射编码图案后，经过目标表面反射，相机获取的条纹图像为 $I_i^{\mathrm{c}}(u^{\mathrm{c}},v^{\mathrm{c}})$。针对 3 幅条纹图像，由式（3-40）计算出采样点对应的编码图案坐标在一个编码节距内的折叠编码图案坐标 a_i。式（3-40）中，省略了相机像平面坐标$(u^{\mathrm{c}},v^{\mathrm{c}})$。

$$a_i=\begin{cases}\dfrac{T}{6}\dfrac{I_2^c-I_3^c}{I_2^c-I_1^c} & I_1^c<I_3^c<I_2^c\\ \dfrac{T}{6}\dfrac{I_1^c+I_2^c-2I_3^c}{I_2^c-I_3^c} & I_3^c<I_1^c<I_2^c\\ \dfrac{T}{6}\dfrac{3I_1^c-I_2^c-2I_3^c}{I_1^c-I_3^c} & I_3^c<I_2^c<I_1^c\\ \dfrac{T}{6}\dfrac{3I_1^c-4I_2^c+I_3^c}{I_1^c-I_2^c} & I_2^c<I_3^c<I_1^c\\ \dfrac{T}{6}\dfrac{5I_1^c-I_2^c-4I_2^c}{I_3^c-I_2^c} & I_2^c<I_1^c<I_3^c\\ \dfrac{T}{6}\dfrac{5I_1^c-6I_1^c+I_2^c}{I_3^c-I_1^c} & I_1^c<I_2^c<I_3^c\end{cases} \tag{3-40}$$

2. 基于 CRTEA 的容错三角形解码方法

针对同一个编码节距内的 3 幅条纹图像，由式（3-40）计算出该节距内折叠编码图案坐标 a_i。那么 n^p、a_i 与对应节距 T_i 可以构成同余方程如式（3-41）所示。

$$n^p\equiv a_i(\mathrm{mod}\ T_i) \tag{3-41}$$

设 q_i 为 T_i 互质化后模数，$\hat{r}_i$ 为模数两两既约的模数条件下的实数剩余。对实数剩余小数部分顺序做差，得到实数剩余小数差 Δb_{ij}。依据式（3-23）所示的实数剩余小数差判据，选择实数剩余的取整方式，得到实数剩余的整数估计 r_i。将 r_i 代入式（3-6），得到整数解。计算实数剩余测量值与取整结果的偏差 Δb_i，令 $\Delta b_i=r_c$，代入式（3-7）得到第 i 个模数 q_i 下实数解 $\hat{n}_{si}^p$。将所有的 $\hat{n}_{si}^p$ 代入式（3-23），得到采样点对应的编码图案绝对坐标 $\bar{n}_p^R$。将 $\bar{n}_p^R$ 和采样点对应的相机像面坐标利用经过标定的系统结构参数，得到采样点的三维信息。

设计满足 CRT 的编码图案。现采用 3 个编码节距，每个节距相移 3 步，总计需要 9 幅编码图案。但当选择互质周期时，模数的公约数为 1，即在图 3-19 中阴影所示的范围（无大偏差解码范围）即无歧义测量范围（Unambiguity Measurement Range，UMR）内可以无敏感误差确定 n^p，因为 n^p 是编码图案的行坐标，因此单位为像素。

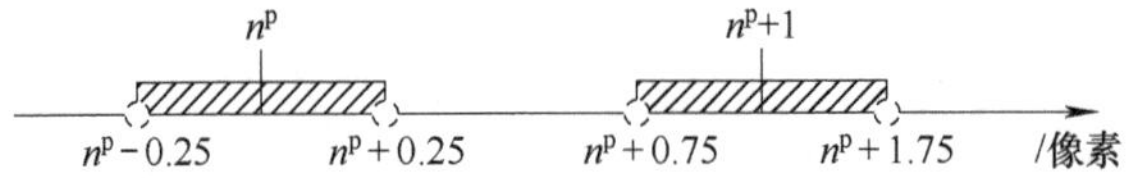

图 3-19 互质节距无大偏差解码范围

测量环境、CCD 采样误差、投影仪量化误差等因素影响条纹图像的灰度，即互质节距折叠投射源坐标的误差分布不能限制在±0. 25 个投射源坐标以内。因此需要选择具有公约数的编码节距，拓展无偏差解码范围。

式（3-40）需要通过灰度值判断确定 a_i，误差传递函数的确定较为复杂，无法利用式（3-38）直接确定编码图案参数。

根据实际过程编码图案应按以下具体情况生成：

1）线性相移模拟编码光利用了线性运算速度快的优点，因此考虑将灰度值调制范围设定在测量装置灰度输入、输出响应函数线性区间，需要确定测量装置的灰度响应函数。

2）为了避免相移误差引起的解码误差，编码周期应选择相移步数的整数倍，这里采用三步三角形相移；同时通过图 3-16 可知，偶数编码周期包裹相位误差较低，综合考虑编码周期的公约数应该为 6 的整数倍。

3. 基于 CRTEA 的容错三角形编码光三维测量方法仿真实验

为了验证基于 CRTEA 的三角形相移三维测量方法的有效性和实时性，构建三维测量仿真环境进行验证实验。实验条件与容错余弦编码仿真实验条件一致，测量结果见表 3-6。

表 3-6　平面测量数据

平面深度/mm	平均值/mm		最大绝对误差/mm		相对误差（%）	
	互质编码节距	非互质编码节距	互质编码节距	非互质编码节距	互质编码节距	非互质编码节距
480.00	480.01	480.01	0.10	0.12	0.06	0.08
530.00	530.01	530.01	0.09	0.10		
580.00	580.01	580.01	0.10	0.11		
630.00	630.01	630.01	0.12	0.13		
680.00	680.02	680.02	0.13	0.15		
730.00	730.02	730.02	0.16	0.19		

从表 3-6 的数据可以看出，互质编码节距下平面的最大测量误差不大于 0.16mm，相对误差为 0.06%，非互质编码节距下平面的最大测量误差不大于 0.19mm，相对误差为 0.08%，可见互质编码节距比非互质编码节距下的测量准确度高，这是因为非互质编码节距的为了实现编码图案坐标范围内解码的唯一性，需要较大的编码节距，因此其测量准确度比使用节距较小的互质编码节距低。

但实际测量中，类似于仿真环境下的随机噪声水平为 0 的情况几乎不可能。对比三维测量实验结果，本小节提出的基于 CRTEA 三角形三维测量方法与外差法的测量准确度有所提高。利用本小节提出的 CRTEA 的测量时间为 3.709s，而 CRT 搜索法的测量时间为 97.578s。与基于 CRTEA 的余弦编码结构光三维测量方法相比，本小节方法时间节约了 50%。

采用上述方法，对半径为 160mm 的解析球面进行三维验证测量，测量结果见表 3-7。

表 3-7　球面测量数据

球心深度/mm	半径平均值/mm		半径最大绝对误差/mm		半径相对误差（%）	
	互质编码节距	非互质编码节距	互质编码节距	非互质编码节距	互质编码节距	非互质编码节距
480.00	160.04	160.05	0.17	0.18	0.49	0.52
530.00	160.05	160.06	0.32	0.36		
580.00	160.04	160.04	0.58	0.65		
630.00	160.06	160.06	0.69	0.82		
680.00	160.07	160.07	0.82	0.98		
730.00	160.06	160.08	1.22	1.31		

从表 3-7 的数据可以看出，互质编码节距下球面的最大测量误差不大于 1.22mm，相对误差为 0.49%，非互质编码节距下球面的最大测量误差不大于 1.31mm，相对误差为 0.52%。利用本小节提出的 CRTEA 的测量时间为 3.642s，而利用搜索法的测量时间为 96.512s。与基于 CRTEA 的余弦相移编码结构光三维测量方法相比，本小节方法时间节约了 50%。

与外差编码法相比，平面最大测量误差由 0.23mm 降低到 0.19mm；球面最大测量误差由 1.65mm 降低到 1.31mm，相对误差由 0.66%降低到 0.52%。测量准确度略有提高，主要原因是互质编码节距和非互质编码节距，都是采用测量准确度高的小编码节距，因此整体测量准确度有所提高。平面测量时间由 7.132s 降低到 3.709s，球面测量时间由 6.859s 降低到 3.642s，测量时间开销总体平均降低了 48%和 47%。时间开销的降低主要源于本小节算法采用线性运算替代了余弦相移中反正切运算获取折叠编码图案坐标。

4. 基于 CRTEA 的容错对比实验

现与目前最为常用的外差法，即三频率外差相移法（Triple Frequency Heterodyne Phase shift，TFHP）进行解码误差与抗噪性比较。首先利用编码图案直接进行解码，解码结果中第 400 行的数据如图 3-20 和图 3-21 所示。

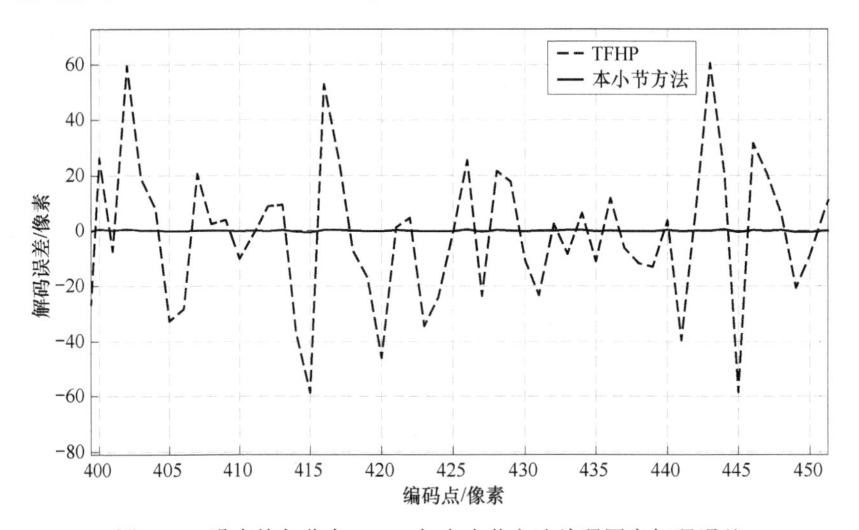

图 3-20　噪声均匀分布 TFHP 与本小节方法编码图案解码误差

由于采用与本小节相同频率（$T_1=30$，$T_2=36$，$T_3=42$）的 TFHP 无偏差解码范围用式（3-42）确定

$$T_{\mathrm{TFHP}}=\frac{T_1T_2T_3}{(T_1T_2+T_2T_3-2T_1T_3)}=630 \tag{3-42}$$

T_{TFHP} 比本小节的无偏差解码范围 $T_{\mathrm{CRT}}=\mathrm{LCM}(T_1,T_2,T_3)=1260$ 小，选择 $T_{\mathrm{TFHP1}}=36$，$T_{\mathrm{TFHP2}}=42$，$T_{\mathrm{TFHP3}}=48$。

图 3-20 为灰度噪声服从［-18,18］均匀分布条件下，TFHP 与本小节方法的解码误差比较（局部）。为了比较真实测量环境下本小节方法的抗噪性能，在方差为 18 的白噪声条件下，进行了仿真测试，解码后第 400 行的局部数据比较如图 3-21 所示。

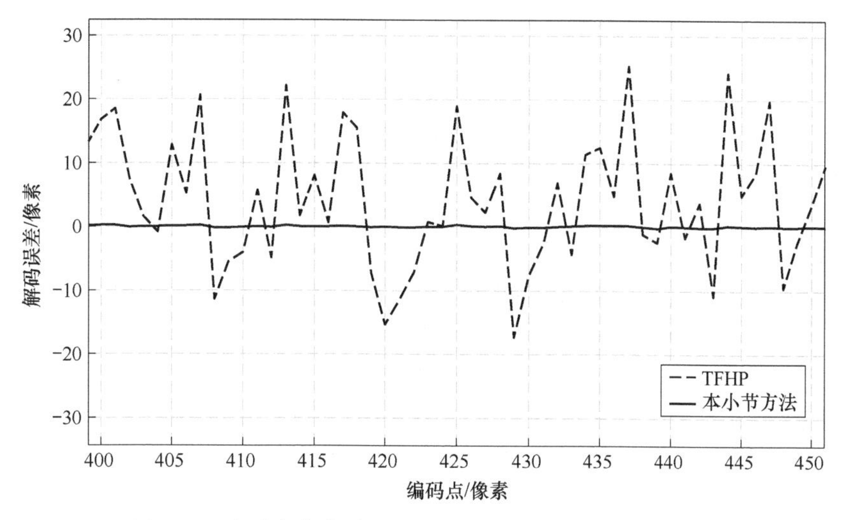

图 3-21　白噪声灰度分布下 TFHP 与本小节方法解码误差

因为 TFHP 方法 3 次外差求解的过程中，对噪声较为敏感，在 UMR 的两端，存在较大解码偏差。即使在 UMR 的中间区域，根据外差展开的原理，需要相位外差与等效节距相乘，导致误差放大，最大解码误差达到 97.40 像素。本小节提出的方法最大解码误差为 1.10 像素，仅为 TFHP 解码误差的 1.13%。

TFHP 的 UMR 中间段，其最大解码误差为 57.69 像素，本小节提出的方法最大解码误差为 0.53 像素，仅为 TFHP 解码误差的 0.92%。

综上所述，基于 CRTEA 的三角形相移三维测量方法，可以快速准确地实现三维测量。由于灰度随机噪声引起的测量误差比外差法降低了约两个数量级，因此证明了本小节方法容错性能比 TFHP 大幅度提高。

3.6.3　基于 CRTEA 的容错梯形编解码方法

对比三角形相移编码图案及解码公式，尽管三角形相移也包含自归一化过程，但从图 3-22 中可以看出，三角形相移法对采样点灰度值调制范围利用率较低，仅为全部灰度调制范围的 2/3。

测量装置的随机噪声幅值不会由于编码图案灰度值调制范围小而有所降低。因此，还需对线性相移模拟编码法进行进一步研究，以期寻找灰度值调制范围更大的编码方式。

1. 基于 CRTEA 的容错梯形编码方法

在理想情况下，忽略投影仪及相机对投射和拍照图像的非线性影响，设投影仪投射出的图案强度为 $I^{p}(x,y)$，被测景物上对应点反射率为 $\eta(x,y)$，环境光为 $n_1(x,y)$，则被测景物表面反射光强为 $I^{0}(x,y)$，该过程可以描述为

$$I^{0}(x,y)=\eta(x,y)\left[I^{p}(x,y)+n_1(x,y)\right] \tag{3-43}$$

设相机采集图像灵敏度为 λ，相机对输入光强是线性响应，即 λ 是常数，环境光影响为 $n_2(x,y)$，那么相机采集图像强度 $I^{c}(x,y)$ 为

$$I^{c}(x,y)=\lambda\left[I^{0}(x,y)+n_2(x,y)\right] \tag{3-44}$$

强度比定义为采样点 (x,y) 被相机捕获的反射光强 $I_1^{c}(x,y)$ 与入射光强 $I_f^{c}(x,y)$ 的

比，即

$$r(x,y)=\frac{I_1^c(x,y)}{I_f^c(x,y)}=\frac{\lambda\{\eta(x,y)[I_1^p(x,y)+n_1(x,y)]+n_2(x,y)\}}{\lambda\{\eta(x,y)[I_f^p(x,y)+n_1(x,y)]+n_2(x,y)\}}=\frac{I_1^p(x,y)}{I_f^p(x,y)} \tag{3-45}$$

由式（3-45）可以看出，强度比的求解过程是两幅强度图的自归一化过程，通过自归一消除了被测景物的反射率及环境噪声的影响，抗噪能力比较强。

灰度梯形相移强度比法将基于强度比方法的高处理速度、较强的抗干扰能力和相移方法的高分辨率三个优点结合起来，从而同时提高了测量准确度和测量速度。

三步梯形相移法即向被测景物投射 3 幅梯形相移条纹图案，每一个编码周期包括一个完整的梯形图案，3 幅梯形相移在垂直于横坐标的方向依次相差 1/3 个周期，而且通过编码，同一编码图案坐标在 3 幅梯形相移图案中均包括低位、中位和高位。梯形相移方法投射光强强度的形状为梯形，现投射 3 幅梯形相移编码图案，如图 3-22 所示，不同编码节距中第 1 幅相移图案如图 3-23 所示。

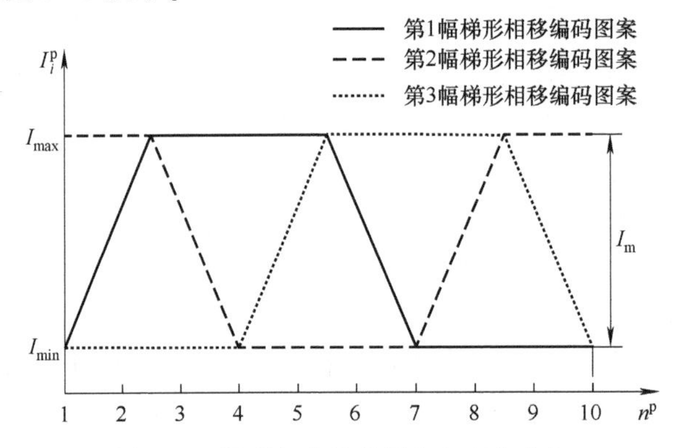

图 3-22　梯形相移编码图案灰度值分布

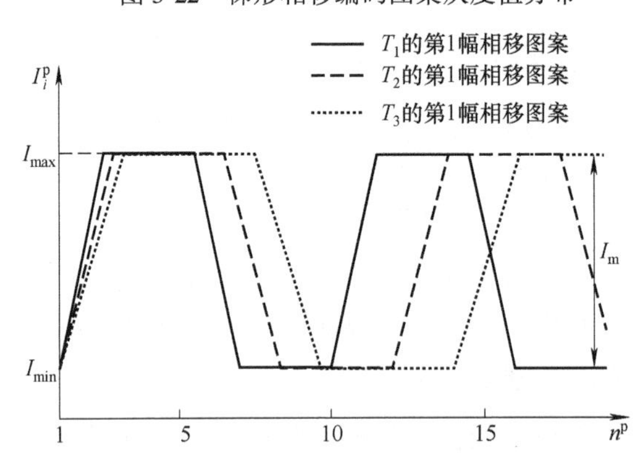

图 3-23　不同编码节距中第 1 幅相移图案灰度值分布

省略了相机像平面坐标（m^p,n^p）后，梯形相移投射图的强度公式为

$$I_{i1}=\begin{cases}I_{min}+I_m(6\times \mathrm{mod}(n^p,T_i)/T_i) & 1\leqslant \mathrm{mod}(n^p,T_i)<T_i/6\\ I_{min}+I_m & T_i/6\leqslant \mathrm{mod}(n^p,T_i)<T_i/2\\ I_{min}+I_m(4-6\times \mathrm{mod}(n^p,T_i)/T_i) & T_i/2\leqslant \mathrm{mod}(n^p,T_i)<2T_i/3\\ I_{min} & 2T_i/3\leqslant \mathrm{mod}(n^p,T_i)<T_i\end{cases} \tag{3-46}$$

$$I_{i2}=\begin{cases}I_{\min}+I_{\mathrm{m}} & 1\leqslant \mathrm{mod}(n^{\mathrm{p}},T_i)<T_i/6\\ I_{\min}+I_{\mathrm{m}}(2-6\times \mathrm{mod}(n^{\mathrm{p}},T_i)/T_i) & T_i/6\leqslant \mathrm{mod}(n^{\mathrm{p}},T_i)<T_i/3\\ I_{\min} & T_i/3\leqslant \mathrm{mod}(n^{\mathrm{p}},T_i)<2T_i/3\\ I_{\min}+I_{\mathrm{m}}(6\times \mathrm{mod}(n^{\mathrm{p}},T_i)/T_i-4) & 2T_i/3\leqslant \mathrm{mod}(n^{\mathrm{p}},T_i)<5T_i/6\\ I_{\min}+I_{\mathrm{m}} & 5T_i/6\leqslant \mathrm{mod}(n^{\mathrm{p}},T_i)<T_i\end{cases}\tag{3-47}$$

$$I_{i3}=\begin{cases}I_{\min} & 1\leqslant \mathrm{mod}(n^{\mathrm{p}},T_i)<T_i/3\\ I_{\min}+I_{\mathrm{m}}(6\times \mathrm{mod}(n^{\mathrm{p}},T_i)/T_i-2) & T_i/3\leqslant \mathrm{mod}(n^{\mathrm{p}},T_i)<T_i/2\\ I_{\min}+I_{\mathrm{m}} & T_i/2\leqslant \mathrm{mod}(n^{\mathrm{p}},T_i)<5T_i/6\\ I_{\min}+I_{\mathrm{m}}(6-6\times \mathrm{mod}(n^{\mathrm{p}},T_i)/T_i) & 5T_i/6\leqslant \mathrm{mod}(n^{\mathrm{p}},T_i)<T_i\end{cases}\tag{3-48}$$

式中，$I_{\min}$ 为编码图案中灰度值的最小值；I_{m} 为灰度值调制范围，$I_{\mathrm{m}}=I_{\max}-I_{\min}$，$I_{\max}$ 为编码图案中灰度值的最大值；T_i 为第 i 个编码节距所对应的行节距，运算 $\mathrm{mod}(n^{\mathrm{p}},T_i)$ 表示 n^{p} 对 T_i 模取余。

从图 3-23 可以看出，在随机噪声幅值相同的条件下，抗噪能力比三角形相移法提高了 1/3；余弦相移法的抗噪能力在较强线性区域相当于梯形相移法的抗噪性能，即在灰度响应线性区域，梯形相移法的抗噪性能最优。

2. 基于 CRTEA 的容错梯形解码方法

编码图案由投影仪投射到目标的表面，通过摄像机获取经由表面调制的条纹图像。条纹图像中目标采样点的灰度值表示为

$$I_{ij}^{\mathrm{c}}=Q(u^{\mathrm{c}},v^{\mathrm{c}})I_{ij}^{\mathrm{p}}=Q(\varphi_{i0}+\varphi_i^{\mathrm{c}}(n^{\mathrm{p}}))\tag{3-49}$$

式中，i、j 与编码图案的序数一致；Q 为目标表面对灰度编码调制范围的反射光强，是 b 与目标表面反射系数的函数；u^{c}、v^{c} 为目标表面采样点成像于条纹图像中的行、列坐标；φ_i^{c} 用于计算采样点三维信息，对应于编码图案中编码点的坐标，同一个编码节距内的 N 幅条纹图像，可以计算出该频率内的包裹相位。

像素点 $(u^{\mathrm{c}},v^{\mathrm{c}})$ 的区域强度比 $R_{\mathrm{r}Ti}(n^{\mathrm{c}},m^{\mathrm{c}})$ 为

$$R_{\mathrm{r}Ti}(n^{\mathrm{c}},m^{\mathrm{c}})=\frac{I_{\mathrm{med}}^{\mathrm{c}}-I_{\min}^{\mathrm{c}}}{I_{\max}^{\mathrm{c}}-I_{\min}^{\mathrm{c}}}\tag{3-50}$$

则其取值范围为 $[0,1]$，沿行方向 m^{c} 不变，沿列方向 n^{c} 呈三角形图案，如图 3-24 所示。

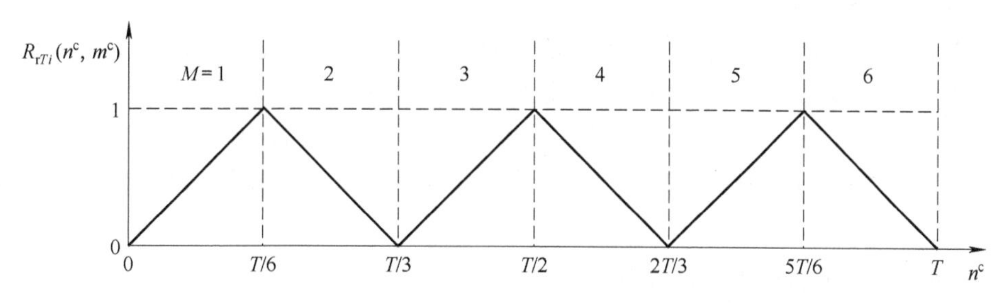

图 3-24　区域强度比曲线

图 3-24 中，区域强度比 $R_{\mathrm{r}Ti}$ 是一个包含 3 个周期的周期函数，不能唯一地确定像素点的位置。为此，采用区域码 M 来区分不同的周期，区域码 M 的解码规则见表 3-8，通过比

较同一节距的3幅条纹图像中，同一采样点对应相机像平面上的像素点3个灰度值的大小，即可得到区域码M的值。每个区域码M将测量空间均匀地分成6个区域，每个区域中的区域强对比与像素点连续唯一地对应。表3-8中$i=1$、2、3，分别对应T_1、T_2、T_3 3个不同节距的条纹图像。

表3-8　区域码M解码规则

灰度值	区域码M					
	1	2	3	4	5	6
I_{i1}^c	I_{med}^c	I_{max}^c	I_{max}^c	I_{med}^c	I_{min}^c	I_{min}^c
I_{i2}^c	I_{max}^c	I_{med}^c	I_{min}^c	I_{min}^c	I_{med}^c	I_{max}^c
I_{i3}^c	I_{min}^c	I_{min}^c	I_{med}^c	I_{max}^c	I_{max}^c	I_{med}^c

定义节距T_i内的强度比，即节距强度比R_{Ti}为

$$
\begin{aligned}
R_{Ti} &= 2\text{round}\left(\frac{\mathrm{M}-1}{2}\right)+(-1)^{M+1}\frac{I_{med}^c-I_{min}^c}{I_{max}^c-I_{min}^c} \\
&= 2\text{round}\left(\frac{\mathrm{M}-1}{2}\right)+(-1)^{M+1}R_{rTi}(n^c,m^c)
\end{aligned}
\tag{3-51}
$$

式中，round为四舍五入取整函数。节距强度比R_{Ti}与像素点是连续唯一对应的，其取值范围为$[0,6]$。与区域强度比相比，节距强度比的取值范围增加了5倍，则相当于其抗干扰能力提高了5倍。

计算出i个编码节距对应的i个包裹相位R_{Ti}，可以得到关于编码点n^p的同余方程为

$$
n^p=\left(\frac{R_{Ti}T_i}{6}\right)(\bmod T_i) \tag{3-52}
$$

当$a_i=R_{Ti}T_i/6$时，q_i为T_i互质化后模数，$\hat{r}_i$为模数两两既约的模数条件下的实数剩余。对实数剩余小数部分顺序做差，得到实数剩余小数差Δb_{ij}。依据式（3-23）所示的实数剩余小数差判据，选择实数剩余的取整方式，得到实数剩余的整数估计r_i。将r_i代入式（3-6），得到整数解。计算实数剩余测量值与取整结果的偏差Δb_i，令$\Delta b_i=r_c$，代入式（3-7）得到第i个模数q_i下实数解$\hat{n}_{si}^p$。将所有的$\hat{n}_{si}^p$代入式（3-23），得到采样点对应的编码图案绝对坐标$\bar{n}_p^R$，进而得到采样点的三维信息。

根据实际编码图案生成应考虑以下问题：

1）线性相移模拟编码光利用了线性运算速度快的优点，因此考虑将灰度值调制范围设定在测量装置灰度输入、输出响应函数线性区间，需要确定测量装置的灰度响应函数。

2）为了避免相移误差引起的解码误差，编码周期应选择相移步数的整数倍，这里采用三步梯形相移；偶数编码周期包裹相位误差较低，综合考虑编码周期的公约数应该为6的整数倍。

3. 基于CRTEA的容错梯形编码光三维测量方法仿真实验

为了验证基于CRTEA的梯形相移三维测量方法的有效性和实时性，构建三维测量仿真环境进行验证实验。实验条件与容错余弦编码仿真实验条件一致，测量结果见表3-9。

表 3-9　平面测量数据

平面深度/mm	平均值/mm		最大绝对误差/mm		相对误差（%）	
	互质编码节距	非互质编码节距	互质编码节距	非互质编码节距	互质编码节距	非互质编码节距
480.00	480.01	480.01	0.07	0.13	0.04	0.07
530.00	530.01	530.01	0.05	0.11		
580.00	580.01	580.01	0.06	0.15		
630.00	630.01	630.01	0.07	0.16		
680.00	680.02	680.02	0.08	0.17		
730.00	730.02	730.02	0.09	0.18		

从表 3-9 的数据可以看出，互质编码节距下平面的最大测量误差不大于 0.09mm，相对误差为 0.04%，非互质编码节距下平面的最大测量误差不大于 0.18mm，相对误差为 0.07%。

在使用梯形相移法时，非互质编码节距比互质编码节距下的测量准确度高，这是因为梯形相移法容易产生相移偏差，在非互质编码节距下更为明显，此时采样点的灰度调制范围很小，易受噪声的影响。但非互质编码节距的抗噪性能较高，可以弥补互质编码节距不足。

基于 CRTEA 的容错梯形编码光三维测量方法与外差法相比，测量准确度提高了 1 倍。利用本小节提出的 CRTEA 的平均测量时间为 3.683s，时间节约了 48%，利用搜索法的平均测量时间为 98.773s。

采用上述方法，对半径为 160mm 的解析球面进行三维验证测量，测量结果见表 3-10 所示。

表 3-10　球面测量数据

球心深度/mm	半径平均值/mm		半径最大绝对误差/mm		半径相对误差（%）	
	互质编码节距	非互质编码节距	互质编码节距	非互质编码节距	互质编码节距	非互质编码节距
480.00	160.11	160.02	0.16	0.17	0.34	0.36
530.00	160.09	160.02	0.30	0.32		
580.00	160.10	160.02	0.53	0.62		
630.00	160.13	160.03	0.60	0.70		
680.00	160.18	160.03	0.74	0.89		
730.00	160.20	160.04	0.86	0.91		

从表 3-10 的数据可以看出，互质编码节距下球面的最大测量误差不大于 0.86mm，相对误差为 0.34%，而非互质编码节距下球面最大测量误差不大于 0.91mm，相对误差为 0.36%。测量耗时 3.582s，时间节约了 48%。

与前述的所有验证实验数据相对比，由于拓展灰度调制范围并使其达到最大，因此该方法在所有基于 CRT 模拟编码三维测量中准确度最高。同时线性相移解码通过线性运算获取采样点编码图案坐标，运算速度比反正切运算快，这一点在测量时间开销上表现最为明显，梯形相移法测量时间开销比余弦相移外差法平均降低了 48%。

3.7 三维测量实验

构建三维测量装置，并对其进行标定，通过投射 256 幅均匀灰度值的图案，获取投影仪-相机灰度值响应曲线。将该方法应用于基于 CRT 工程化求解方法的模拟编码结构光三维测量方法，针对景物进行三维测量实验，以验证三维测量方法和包裹相位误差校正补偿方法。

3.7.1 包裹相位误差的校正

针对装置伽马响应非线性导致的包裹相位测量误差，提出并实现一种快速全量程包裹相位误差校正补偿方法，其中结合编码图案预编码与包裹相位补偿来实现测量范围内包裹相位测量误差的校正补偿。

与离散编码方式不同，模拟相移法三维测量中，由计算机产生编码图案经被测景物表面调制，通过相机获取条纹图像。该流程含有大量的非线性影响因素。如果直接通过条纹图像解码，必然会引入测量误差，投影仪-相机灰度值响应曲线明显带有高次多项式，也清晰地表示了这种非线性。由于条纹图像的周期性，该误差具有一定的规律，为了提高模拟相移法的测量准确度，非常有必要对其进行深入的讨论。

拍摄得到条纹图像需要经过，计算机产生的编码图案分布为 I_{ij}，输入投影仪，输出光栅图像函数变为 I_{ij}^{p}，有

$$I_{ij}^{\mathrm{p}} = P(I_{ij}) \tag{3-53}$$

式中，I_{ij} 为被测景物表面的反射率；$P(I_{ij})$ 为 I_{ij} 的响应函数，同时包含投影仪的伽马非线性失真。

将输出光栅投向被测景物，经过被测景物表面反射得

$$I_{ij}^{\mathrm{o}} = r(I_{ij}^{\mathrm{p}} + I_{\alpha}) \tag{3-54}$$

式中，r 为第 j 个编码节距中第 i 步相移编码图案，是三维测量系统输入函数；I_{α} 为环境灰度。

相机拍摄得到的条纹图像为

$$I_{ij}^{\mathrm{c}} = C(I_{ij}^{\mathrm{o}}) \tag{3-55}$$

式中，$C(I_{ij}^{\mathrm{o}})$ 为相机的响应函数，其中包含伽马非线性失真。

结构光三维测量装置的伽马非线性由整个系统决定，相关的设备主要有投影仪及相机，理论上测量装置的伽马失真可简化为

$$\langle I_{ij}^{\mathrm{c}} \rangle = \langle I_{ij} \rangle^{\gamma_{\mathrm{s}}} \tag{3-56}$$

式中，$\langle I_{ij}^{\mathrm{c}} \rangle$ 为条纹图像归一化后的值；$\langle I_{ij} \rangle$ 为编码图案归一化后的值；γ_{s} 为整个测量装置所对应的伽马失真值，不同的测量装置对应不同的伽马失真值，通常为 3。

伽马非线性引起相位测量误差仿真如图 3-25 和图 3-26 所示。

从图 3-25 中可以发现，相位测量误差明显含有周期性，即含有高频分量，因此用高次谐波表示，如式（3-57）所示，以下推导省略下标 ij。

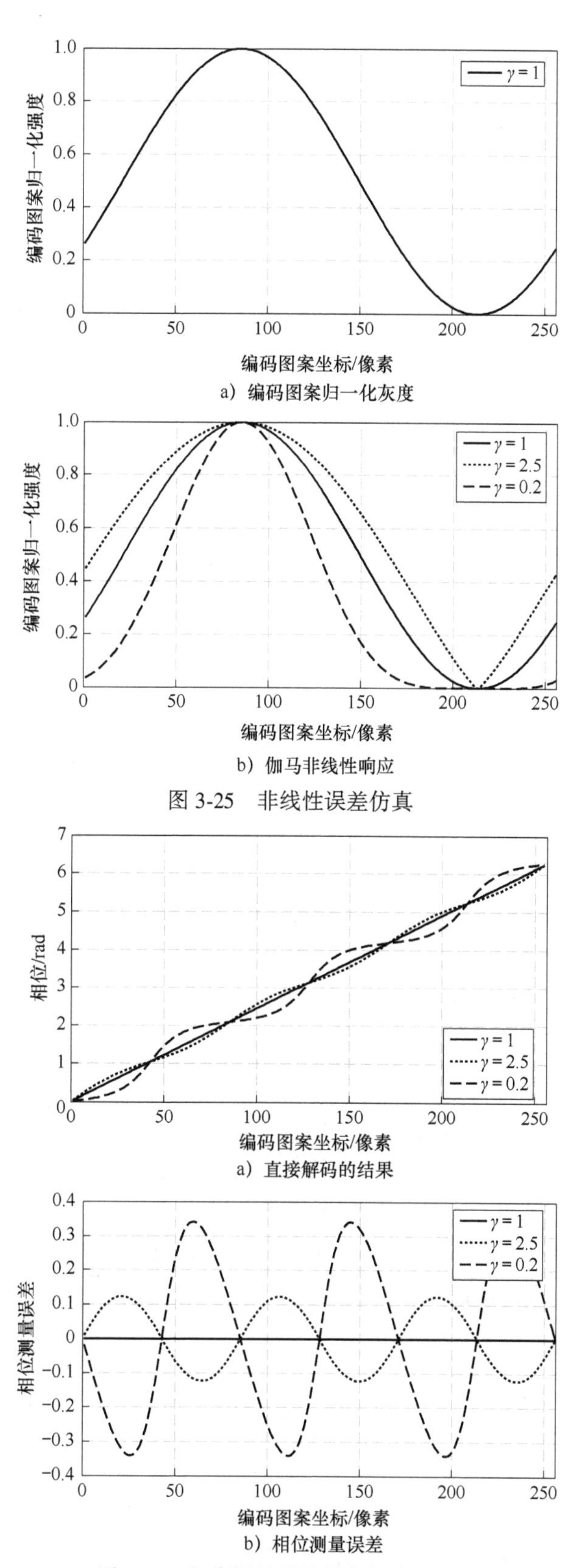

a）编码图案归一化灰度

b）伽马非线性响应

图 3-25　非线性误差仿真

a）直接解码的结果

b）相位测量误差

图 3-26　相位测量误差仿真与局部放大

$$I_l^c = f\left[I^p(x,y)\right] \cong a_0 + \sum_{k=1}^{5} a_k \cos\left[k(\varphi + \delta_l)\right] \tag{3-57}$$

式中，δ_l 为第 l 步相移量；a_0 为条纹图像的直流分量；a_k 为条纹图像的第 k 次谐波的谐波系数。

高于 5 次的谐波对于图像贡献很小，可以忽略不计。将式（3-57）代入式（3-30）得到相位的测量值为

$$\varphi' = -\arctan\left[\frac{\sum_{i=0}^{N-1}\left\{a_0 + \sum_{k=1}^{5} a_k \cos\left[k(\varphi + \delta_i)\right]\right\}\sin\delta_i}{\sum_{i=0}^{N-1}\left\{a_0 + \sum_{k=1}^{5} a_k \cos\left[k(\varphi + \delta_i)\right]\right\}\cos\delta_i}\right] \tag{3-58}$$

针对三步相移，令 $N=3$，根据式（3-59），可以得到如图 3-26 所示的相位误差。

$$\varphi' = \arctan\left[\frac{a_1\sin\varphi - a_2\sin2\varphi + a_4\sin4\varphi - a_5\sin5\varphi}{a_1\cos\varphi - a_2\cos2\varphi + a_4\sin4\varphi + a_5\cos5\varphi}\right] \tag{3-59}$$

相位测量值是实际相位和测量装置的非线性造成的相位误差的总和，即

$$\varphi' = \Delta\varphi + \varphi \tag{3-60}$$

利用 $\arctan a - \arctan b = \arctan[(a-b)/(1+ab)]$关系，将式（3-30）和式（3-58）代入式（3-60）得

$$\Delta\varphi = \arctan\left[\frac{-(a_2 - a_4)\sin3\varphi - a_5\sin6\varphi}{a_1 + (a_2 + a_4)\cos3\varphi + a_5\cos6\varphi}\right] \tag{3-61}$$

在谐波展开中高次谐波系数远远小于基波的系数，即 a_2、a_4、$a_5 \ll a_1$，式（3-61）的分母高次谐波不予考虑。同时由于 $\Delta\varphi$ 很小，利用等价无穷小代换得

$$\Delta\varphi \cong -c_1\sin3\varphi - c_2\sin6\varphi \tag{3-62}$$

高于 5 次的谐波对于图像贡献很小，忽略不计。整理得

$$\Delta\varphi \cong c\sin3\varphi \tag{3-63}$$

将式（3-60）与式（3-63）联立，得到迭代关系为

$$\begin{cases}\varphi^{k+1} = \varphi' + c\sin3\varphi^k \\ \varphi^0 = \varphi'\end{cases} \tag{3-64}$$

式（3-64）中，根据三角函数性质，即 $|\sin3\varphi^k| \leqslant 1$，系数 c 为参考平面上相位误差最大值。尽管该迭代关系在参考平面附近只需 8 次左右的迭代即可达到收敛，但远离参考平面存在收敛速度慢的缺点，具体迭代数据见表 3-11。

表 3-11　不同位置迭代次数

平面位置/mm	与参考平面距离/mm	迭代总次数	采样点数量	平均迭代次数
780.3	218.2	7610294	304317	25.05
998.5	0	2298747	287260	8.01
1152.7	154.2	3872205	212040	18.33

傅里叶分析仅仅考虑了谐波系数，而忽略了伽马非线性的幂函数本质。二项式定理可以将幂函数展成多项式的形式，非常有利于分析谐波导致的伽马非线性响应。

二项式级数定理表明对于二项式任意实数幂的函数可展开为幂级数形式，即

$$(1+x)^t=\sum_{k=0}^{\infty}\binom{t}{k}x^k=\sum_{k=0}^{\infty}\frac{t(t-1)(t-2)\cdots(t-k+1)}{k!}x^k \tag{3-65}$$

对式（3-56），利用式（3-65）展开有

$$\begin{cases}b_{i,m}=\dbinom{\gamma}{2m+i}\left[\dfrac{\beta}{2(1-\beta)}\right]^{2m+i}\dbinom{2m+i}{m}\\ \dfrac{b_{i,m,m}}{b_{i,m}}=\dfrac{\beta(\gamma-2m-i)}{(2-2\beta)(m+i+1)}\end{cases} \tag{3-66}$$

式中，β 为编码图像的灰度调制范围与编码图像的背景比，即 $\beta=B^c/A^c$；i 为编码图像序号，且 $i=k-2m$，k 一般取 5。

根据式（3-66）可以得到迭代公式系数 c 与 γ 的关系为

$$c=\frac{2\beta(1-\beta)}{2(1-\beta)^2(\gamma-2)!+\beta(\gamma-2)} \tag{3-67}$$

分析式（3-67）可知，通过已知的 γ 可以确定迭代系数 c，同时注意到 γ 都在分母上，系数 c 是个很小的量，因此大大加快了收敛速度。如果通过简单的方法确定 γ，就可在测量范围内，快速迭代得到相位真值，校正相位测量误差。

以上通过分析投影仪-相机灰度相移曲线，得出必须对包裹相位测量值进行相位误差校正补偿，通过相位误差校正补偿实验发现相位误差补偿法存在远离参考平面时迭代次数多的不足，进一步推导了包裹相位误差与系统伽马非线性响应之间的关系，提出利用伽马估计值表示的迭代系数替代相位误差补偿法中参考平面相位误差分布表示的迭代系数，以加速相位误差校正补偿的迭代速度。

3.7.2　编码图案伽马估计值的获取

根据式（3-56），设在计算机产生理想编码图案时，引入一个合适的预编码 γ_p，使得 $1/\gamma_s<1$，那么

$$\langle I_{ij}^c\rangle=\left[\langle I_{ij}\rangle^{\frac{1}{\gamma_p}}\right]^{\gamma_s} \tag{3-68}$$

这可以削弱系统的伽马失真对测量的影响，即使采用最简单的三步相移算法，也能达到较高的准确度。随着 γ_p 数值的变化，相位误差随之变化。当 γ_p 近似为 3 时，相位误差最小。

实际的测量装置在分析实际存在的背景光强、幅度调制及系统复杂度的基础上，可以得到获得的条纹图像近似模型为

$$\langle I_{ij}^c\rangle=c_1\langle I_{ij}\rangle^{\frac{\gamma_1}{\gamma_p}+\gamma_2}+c_2 \tag{3-69}$$

式中，γ_1、γ_2 为由系统所确定的值；c_1、c_2 为分别为幅度调制、背景光强；$\gamma_s=\dfrac{\gamma_1}{\gamma_p}+\gamma_2$，为整个系统的伽马值。则不同的预编码值 γ_p 对应不同的系统伽马值 γ_s，伽马校正的目的是选择一个合适的预编码值 γ_p，使得 $\gamma_s=1$，系统的伽马失真得以消除或者尽量减弱。

首先由计算机产生 3 幅具有不同灰度值的灰度图案 I_1、I_2 和 I_3，同一幅灰度图案灰度

值完全相同。拍摄所得的 3 幅灰度图像分别为 I_1^c、I_2^c 和 I_3^c，由式（3-69）可得

$$\begin{cases}\langle I_1^c \rangle = c_1 \langle I_1^c \rangle^{\gamma_s} + c_2 \\ \langle I_2^c \rangle = c_1 \langle I_2^c \rangle^{\gamma_s} + c_2 \\ \langle I_3^c \rangle = c_1 \langle I_3^c \rangle^{\gamma_s} + c_2\end{cases} \tag{3-70}$$

该方程组的解为

$$\frac{\langle I_1^c \rangle - \langle I_2^c \rangle}{\langle I_2^c \rangle - \langle I_3^c \rangle} = \frac{\langle I_1 \rangle^{\gamma_s} - \langle I_2 \rangle^{\gamma_s}}{\langle I_2 \rangle^{\gamma_s} - \langle I_3 \rangle^{\gamma_s}} \tag{3-71}$$

式（3-71）仅含 γ_s 一个未知量，但它是一个超越方程，令 $T(\gamma_s)$ 为目标函数，表达式为

$$T(\gamma_s) = \frac{\langle I_1^c \rangle - \langle I_2^c \rangle}{\langle I_2^c \rangle - \langle I_3^c \rangle} - \frac{\langle I_1 \rangle^{\gamma_s} - \langle I_2 \rangle^{\gamma_s}}{\langle I_2 \rangle^{\gamma_s} - \langle I_3 \rangle^{\gamma_s}} = 0 \tag{3-72}$$

为寻优目标函数，采用列文伯格-马夸尔特非线性优化算法，得到最优或是近似最优的 γ_s，使得 $T(\gamma_s)$，即可求得 γ_s。

对 3 幅不同灰度图像分别引入两个在 3 附近的伽马值 γ_{p1} 和 γ_{p2}，获取 6 幅均匀照度下的灰度图像。针对每一组灰度图像，分别采用列文伯格-马夸尔特非线性优化算法寻优，可以得到两个系统伽马值 γ_{p1} 和 γ_{p2}，从而可以得到如下齐次方程：

$$\begin{bmatrix} \dfrac{1}{\gamma_{p1}} & 1 \\ \dfrac{1}{\gamma_{p2}} & 1 \end{bmatrix} \begin{bmatrix} \gamma_1 \\ \gamma_2 \end{bmatrix} = \begin{bmatrix} \gamma_{s1} \\ \gamma_{s2} \end{bmatrix} \tag{3-73}$$

该方程的解 $\gamma_p=(1-\gamma_2)/\gamma_1$ 即为系统最终求得的预编码值，引入该预编码值，即可减小伽马失真。将 γ_p 代入式（3-67）得到迭代系数，即可实现全量程范围的相位校正补偿。

以上分析了伽马非线性响应的原理，利用编码图案预编码伽马值的方式减小系统的非线性响应，给出了可以加速相位误差补偿迭代速度的编码图案预编码伽马值的获取方法，提出了一种快速全量程范围相位误差校正补偿方法。

当装置参数标定完成后，相机和投影仪之间的相对位置是固定不变的。然后借助白色平板，进行灰度值响应曲线的获取。具体步骤如下：

将白色平板固定在 $Z_{i0}^w=0$ 处，通过投影仪依次投射 $I_i^p=0,1,2,\cdots,255$ 灰度值均匀的亮度图案，相机依次获取拍摄返回的光强图像。取每幅图像中心部分区域，求出每幅图像的灰度均值 I_i^c，依次将对应的灰度值绘制在 $I_i^p \sim I_i^c$ 坐标系内。投影仪-相机灰度值响应曲线如图 3-27 所示。编码图案的灰度值调制范围选择在［70,190］之间。

余弦相移编码结构光编码图案除了灰度值调制范围，还需灰度值的随机噪声分布。将灰度值为 127 的均匀亮度图案投射到白板上，相机拍摄 500 次，然后对每个像素计算亮度标准差。如图 3-28 所示，整幅图像各个像素的亮度标准差并不一致，其中图 3-28 黑色框选的部分，即大于 1.9 的区域，放大显示如图 3-29 所示。

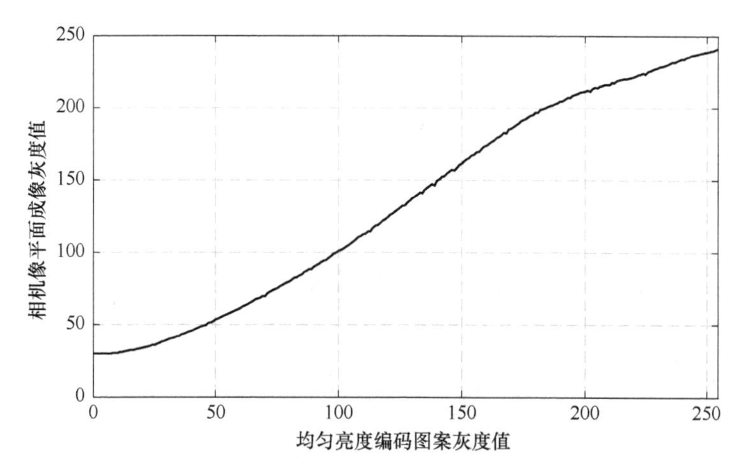

图 3-27　投影仪-相机灰度值响应曲线

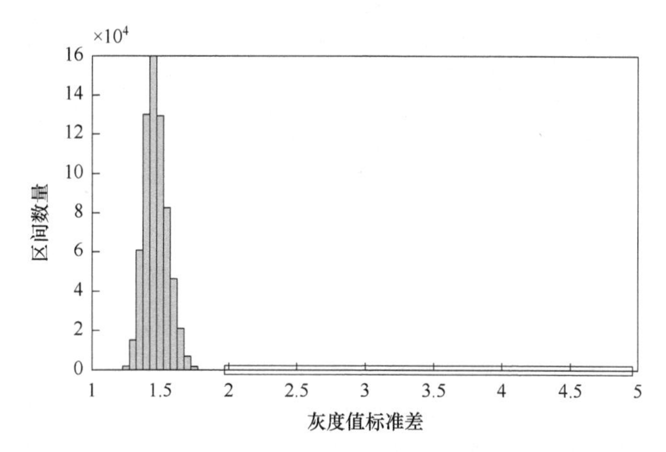

图 3-28　全幅面灰度噪声标准差累积分布图

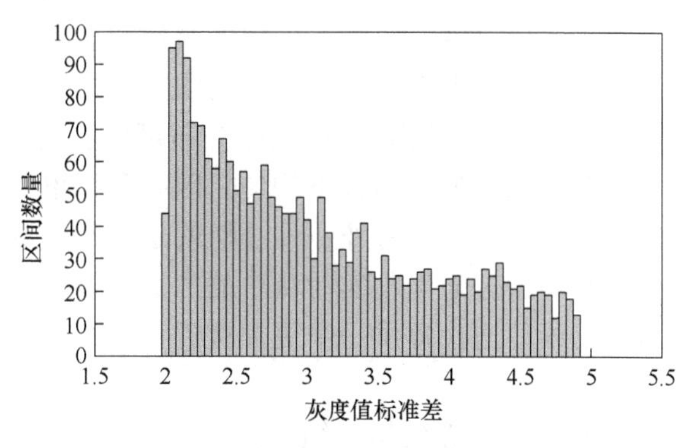

图 3-29　标准差大于 1.9 部分放大

计算后得到其中均值为 1.4608，最大值为 4.8946。由于灰度值噪声影响编码频率选择的上限值，因此取灰度值标准差最大值计算最安全编码节距上限值。将 $d=6$，$\sigma=4.8946$，$B^{c}=120$，$N=3$ 代入式（3-38）得到编码节距上限 $T_3=42$，本装置的编码图案坐标测量误差容限为 1.5 像素。

以上获取了投影仪-相机灰度值响应曲线和灰度随机噪声的分布，为编码图案生成提供了准确的参数。为了验证本节提出的快速全量程范围相位误差校正补偿方法，采用标定过的三维测量装置进行相位误差补偿实验。伽马预编码值选为 $\gamma_{p1}=2.3$ 和 $\gamma_{p2}=3.7$。3 幅均匀灰度图案灰度归一化值分别为 $I_1=0.4$、$I_2=0.5$ 和 $I_3=0.6$。伽马预编码值用相机图像坐标表示的结果如图 3-30 所示。所求的所有 γ_p 的均值作为编码图案的预编码值，即 $\gamma_p=3.167$。

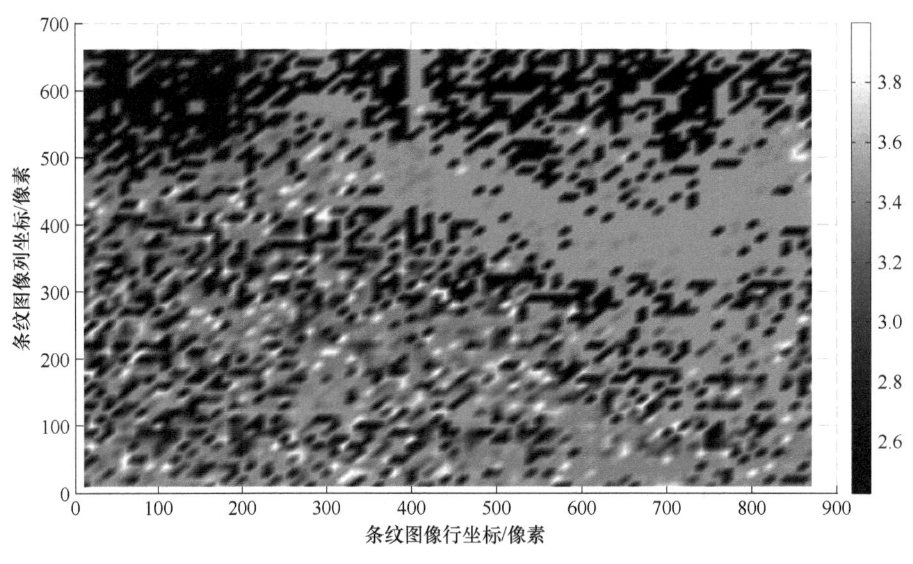

图 3-30　相机图像坐标下的预编码值

用此 γ_p 对编码图案进行预编码，对距离伽马值校正平面较远的平面，进行编码图案坐标测量误差校正实验，采用的编码节距分别为 $T_1=30$ 像素、$T_2=36$ 像素、$T_3=42$ 像素，30 步相移法获取参考平面的图案坐标基准，选择第 1、11、21 幅图像，利用三步相移法获取折叠编码图案坐标的测量值，利用提出的基于 CRT 的工程化解法，获取采样点的绝对编码图案坐标，并利用式（3-64）对绝对编码图案坐标进行校正补偿。距离投影仪 1152.7mm 位置平面处，条纹图像上第 512 行、第 465~505 列相位误差校正补偿结果如图 3-31 所示。

结构光三维测量是通过采样点像平面对应点与编码图案坐标之间的对应关系，通过已知的结构参数完成采样点的三维测量。从图 3-30 亮暗分布可以看出，在相机像平面上，与投影仪垂直放置的平面采样点的伽马值分布极不均匀，因此采用单一编码图案预编码伽马值，无法实现令人满意的相位误差校正。另外一种选择就是在每次测量前，都投射 6 幅均匀灰度图案进行现场伽马预校正，这显然与实时测量的本意相背离。与之相反，基于伽马估计值的迭代法仅仅是为相位误差迭代提供一个更加接近相位真值的初值，因此不影响迭代结果。

在图 3-31 中，纵坐标为由相位误差转换的编码点坐标，其中点线为没有任何补偿的编码图案坐标误差曲线，最大误差为 0.853 像素。虚线为使用图 3-27 所示伽马值预编码后编码图案坐标误差曲线，最大误差为 0.237 像素，采用 6 幅均匀的亮度编码图案的伽马值预编码方式可以降低编码图案坐标误差 72.2%。而实线是使用本小节所提出的方法的编码图案坐标误差曲线，最大误差为 0.052 像素，总误差减少 93.9%，有效地实现了包裹相位误差的校正。

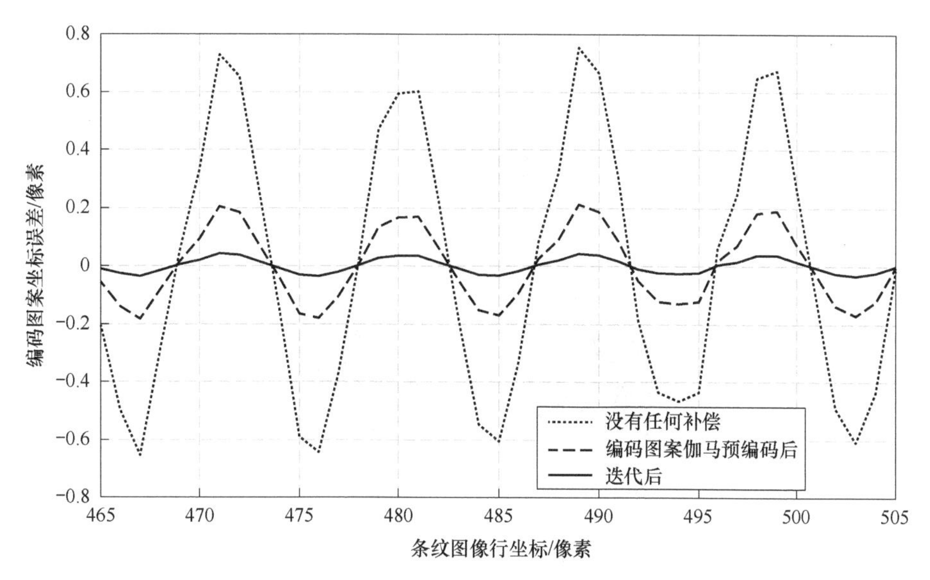

图 3-31　绝对编码图案坐标误差曲线

利用以上标定完成的测量装置，利用 3.6 节提出的基于 CRTEA 容错余弦编码视觉测量方法进行了三维测量实验，没有进行任何绝对补偿的实验结果如图 3-32 所示，经过编码图案预编码获取 γ_p 的估计值，得到迭代关系系数，进而对绝对编码图案坐标进行迭代校正，实验结果如图 3-33 所示。

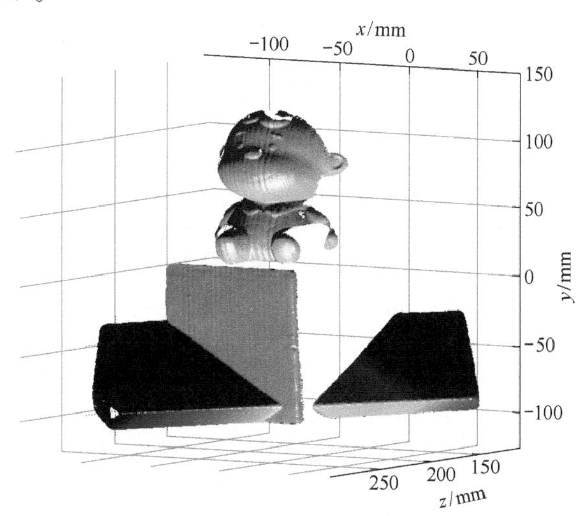

图 3-32　基于 CRTEA 容错余弦编码视觉测量结果

从图 3-33 中可以看出，在玩偶脸部附近，图 3-32 中显示的波纹已经大为减少；黄颜色的竖直平面虽然仍然略有波纹起伏，但与图 3-32 相同位置相比，已经大为缓解。整体采用本节方法的测量结果与更为光滑细腻。

以上给出了一种快速全量程范围相位误差补偿方法的具体实验步骤，相位误差总体降低了 93.9%。与已有的相位误差补偿方法进行对比，对比实验结果表明本节提出的相位误差校正补偿方法可以实现全量程范围的包裹相位误差校正，同时 3 个不同位置的平均迭代次数仅为原方法的 2/3，提高了现为误差校正补偿的速度。

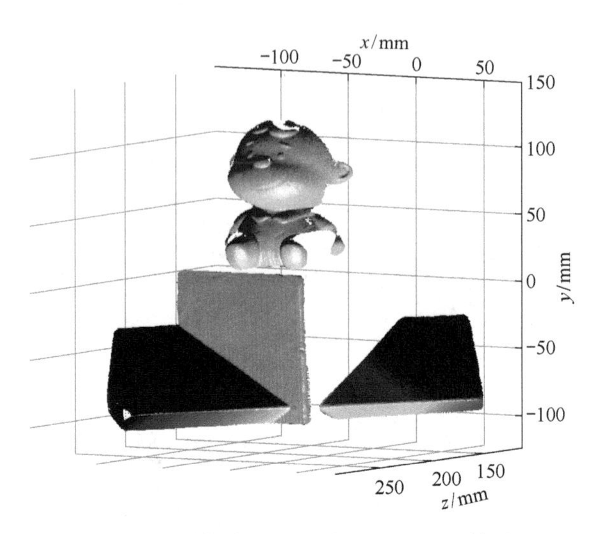

图 3-33 利用伽马校正方法后的测量结果

3.7.3 平面三维测量实验

利用标定过的测量装置进行平面测量实验，测量对象尺寸为 400mm×300mm，垂直于世界坐标系 Z^w 轴的平面。

设计实验测量深度范围为 700~1200mm 的平面，对实验设计范围内间隔 100mm 的 6 个位置上的平面分别采用余弦相移（方法Ⅰ）、三角形相移（方法Ⅱ）和梯形相移（方法Ⅲ）非互质编码节距进行 3 次测量实验，平面测量数据见表 3-12。实验结果表明，平面测量最大误差为 2.98mm。

表 3-12 平面测量结果

（单位：mm）

标准深度值	方法	测量平均值	最大误差	平均误差	相对误差(%)
700.0	Ⅰ	699.93	2.53	1.52	0.60
	Ⅱ	700.06	2.14	1.41	0.57
	Ⅲ	700.02	2.03	1.34	0.53
800.0	Ⅰ	800.27	2.43	1.34	0.60
	Ⅱ	799.93	2.23	1.22	0.57
	Ⅲ	800.05	2.04	1.11	0.53
900.0	Ⅰ	900.29	2.83	1.32	0.60
	Ⅱ	900.14	2.55	1.23	0.57
	Ⅲ	899.91	2.44	1.14	0.53
1000.0	Ⅰ	1000.67	2.94	1.44	0.60
	Ⅱ	1000.54	2.69	1.32	0.57
	Ⅲ	1000.39	2.43	1.21	0.53

(续)

标准深度值	方　法	测量平均值	最大误差	平均误差	相对误差(%)
1100.0	Ⅰ	1100.74	2.93	1.44	0.60
	Ⅱ	1100.53	2.82	1.33	0.57
	Ⅲ	1100.31	2.51	1.22	0.53
1200.0	Ⅰ	1200.71	2.98	1.63	0.60
	Ⅱ	1200.52	2.84	1.43	0.57
	Ⅲ	1200.33	2.63	1.32	0.53

由于被测平面本身并不完全平整，形状上的细小深度差异也包含于测量数据中，因此实际测量误差应小于表 3-12 中所列数据。尽管采用了诸多方法实现容错编码测量，但在被测景物的边缘仍然由于边缘灰度模糊导致有敏感误差存在。

这也是本节所述方法的优点之一，即可以通过剔除不在测量范围内的测量误差点实现容错编码测量。

平面的三维测量结果表征了基于 CRTEA 的模拟编码结构光三维测量方法的准确度。余弦相移模拟编码结构光三维测量准确度为量程范围内最大测量误差不大于 2.98mm，相对误差为 0.60%；三角形相移模拟编码结构光三维测量准确度为量程范围内最大测量误差不大于 2.84mm，相对误差为 0.57%；梯形相移模拟编码结构光三维测量准确度为最大测量误差不大于 2.63mm，相对误差为 0.53%。

仿真实验中外差法的测量误差比本实验大两个数量级，且外差法测量误差无法准确剔除大误差，因此不与外差法进行精度比较。

3.7.4　基于 CRTEA 的容错余弦编码曲面三维测量

现利用容错余弦相移编码三维测量方法针对图 3-34 所示的石膏像进行三维测量实验，3.6.1 节所述方法对折叠编码图案坐标的展开结果如图 3-35 所示；图 3-36 所示为利用外差法的展开结果，该绝对编码图案坐标无法获取准确的三维信息。

图 3-34　容错余弦相移测量目标

图 3-35 和图 3-36 全暗的部分不是测量的目标。灰度变化表示了采样点绝对相位从 0～2π 的逐渐变化。编码中灰度变化均匀，即采样点对应的绝对相位是连续变化的，与被测景物表面光滑曲面实际相符；个别位置有灰度突变，这将导致测量结果存在误差，该相位的突变源于投影仪-相机非线性响应导致的包裹相位误差超过基于 CRTEA 误差容限，导致相位展开敏感误差。但 CRT 工程化解法中敏感误差都是很大的，所以可以将不在测量范围内的数据直接剔除。

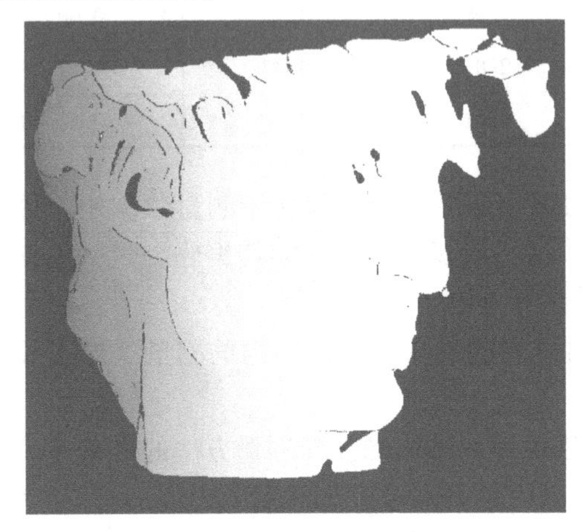

图 3-35　3.6.1 节方法获取的绝对编码图案坐标

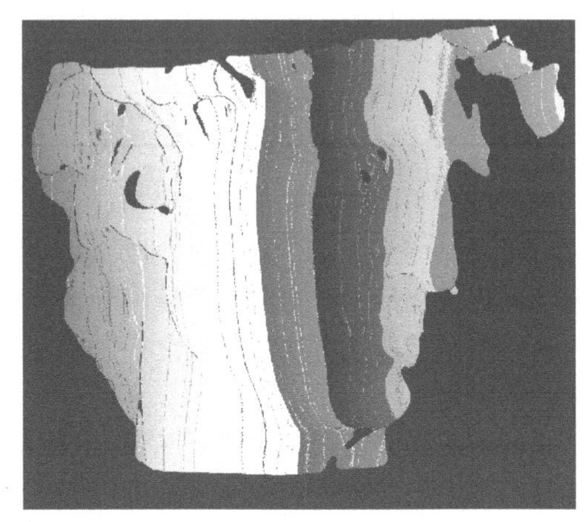

图 3-36　外差法获取的绝对编码图案坐标

图 3-36 中灰度的跳变明显多于 3.6.1 节归一化相位图。这说明外差法抗噪性能较差，同时从外差法的原理可知，这些包裹相位展开误差值与实际测量值区分不明显，只能通过降低包裹相位误差补偿等额外附加方法降低测量误差。

图 3-36 中纵向波纹是由于投影仪-相机非线性响应引入的误差，横向波纹是由于测量过程中编码节距为 36 像素的条纹图像采集灰度失真导致的测量误差。

为清晰对比 3.6.1 节所述方法与外差法的测量结果，分别将测量结果中石膏像耳朵与脸颊处部分放大。3.6.1 节所述方法没有经过误差校正的测量结果如图 3-37 所示，外差法相同位置的测量结果局部放大如图 3-38 所示。

图 3-39 和图 3-40 分别是用 MATLAB 显示的相位误差校正前、后 3.6.1 节方法的测量结果。图 3-41 所示为以点云形式显示的包裹相位误差校正前 3.6.1 节方法测量结果的嘴部局部放大，图 3-42 所示为相同位置相位误差校正后的局部放大。

图 3-38 测量结果中很多位置出现了由于相位展开误差导致的测量误差，表现为三维信息起伏不同的测量误差，而且测量误差已经远远超出被测表面。同时测量结果的白色部分是 O^wZ^w 方向负的测量误差，导致表面信息缺失。这些负的测量误差在图 3-36 中通过归一化相位也可以清晰发现，即在均匀灰度表示的归一化相位图中有明显的灰度值跳变。本节提出的方法从原理上避免了相位误差导致的整数周期跳变，比外差法展容错能力更强。

图 3-39 测量结果中纵向波纹是由于采用三步相移引入的高频谐波在绝对编码图案坐标展开时引起的相位展开误差，横向波纹是编码节距为 36 像素的条纹图像操作不当引起的粗大误差，但仍然在 3.6.1 节所述方法的误差容限内。

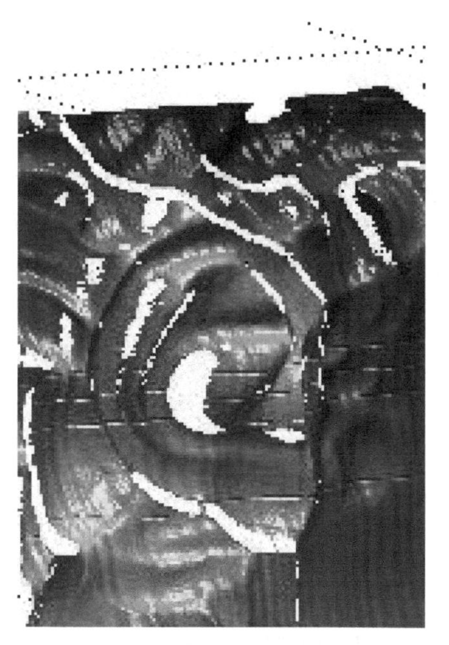

图 3-37　3.6.1 节方法测量结果局部放大

图 3-38　外差法测量结果局部放大

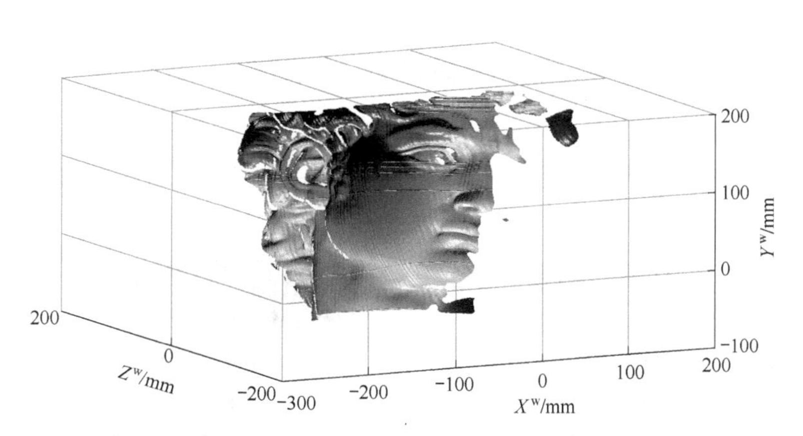

图 3-39　在 MATLAB 中显示的相位误差校正前三维测量结果

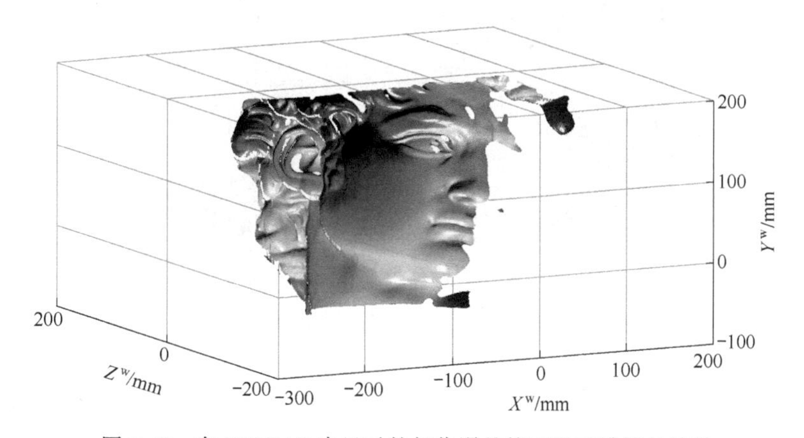

图 3-40　在 MATLAB 中显示的相位误差校正后三维测量结果

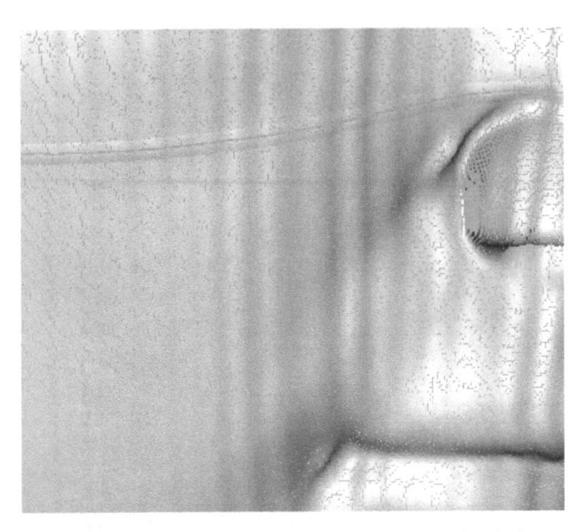

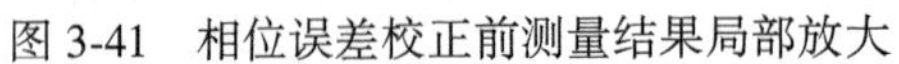

图 3-41　相位误差校正前测量结果局部放大

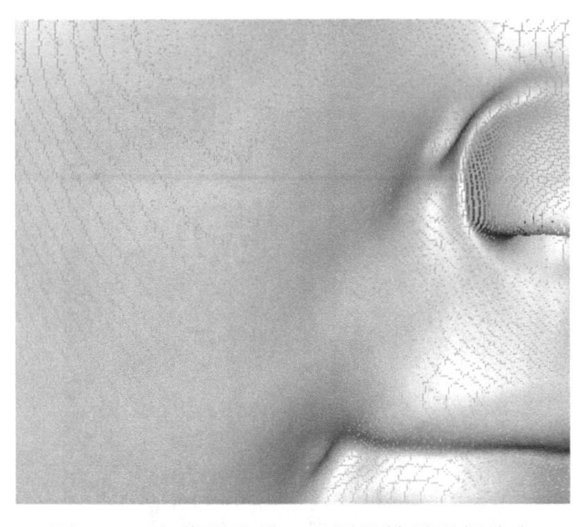

图 3-42　相位误差校正后测量结果局部放大

从图 3-42 中可以看出，3.6.1 节所述的相位校正补偿方法有效校正了测量结果的相位误差和展开误差，测量结果更为光滑细腻，与被测景物逼真程度更为接近。三维测量结果能较准确地反映被测石膏像表面的三维形貌，测量结果光滑细腻，证明提出的方法是一种有效的容错三维测量方法。

3.7.5　基于 CRTEA 的容错梯形编码曲面三维测量

现利用容错梯形相移编码三维测量方法针对图 3-43 所示的目标进行三维测量实验，对折叠编码图案坐标的展开结果如图 3-44 所示；图 3-45 所示为利用外差法的展开结果，该结果无法获取准确的三维信息。

图 3-43　容错梯形相移测量目标

图 3-44 和图 3-45 全暗的部分没有强度比，不是测量的目标。灰度变化表示了采样点相机像平面对应点绝对强度比从 0~1 的逐渐变化。3.6.3 节方法灰度变化均匀，即采样点对应的绝对强度比是连续变化的，与被测景物表面光滑曲面的实际相符；个别位置有灰度的突变，这将导致测量结果存在误差，该强度比的突变源于投影仪-相机非线性响应导致的折

叠强度比误差超过基于 CRT 工程化解法的误差容限，导致相位展开敏感误差。但 CRT 工程化解法中敏感误差都很大，所以可以将不在测量范围内的数据直接剔除。

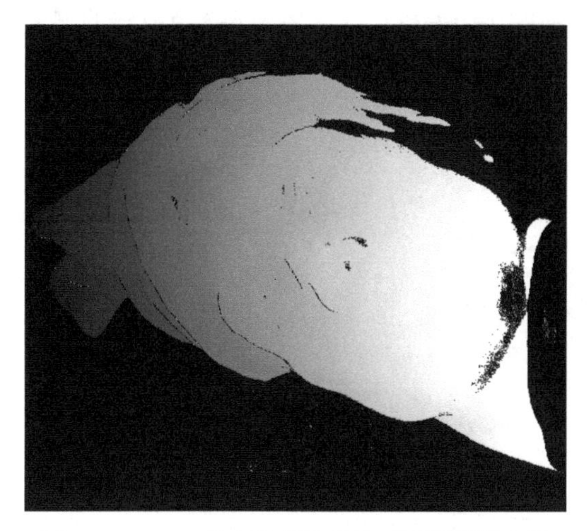

图 3-44　3.6.3 节方法获取的绝对编码图案坐标

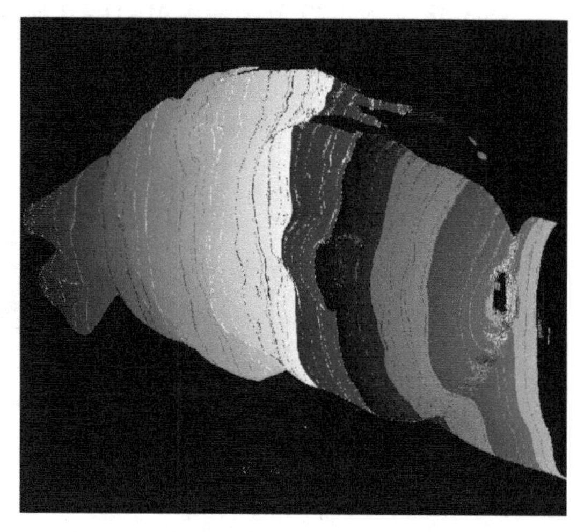

图 3-45　外差法获取的绝对编码图案坐标

图 3-45 中灰度的跳变明显多于图 3-44。这说明外差法抗噪性能较差，同时从外差法的原理可知，这些折叠强度比展开误差值与实际测量值区分不明显，只能通过降低折叠强度比误差补偿等额外方法降低测量误差。

为清晰对比 3.6.3 节方法与外差法的测量结果，分别在测量结果中石膏像耳朵与脸颊处部分放大。3.6.3 节方法没有经过误差校正补偿的测量结果如图 3-46 所示，外差法相同位置的测量结果局部放大如图 3-47 所示。

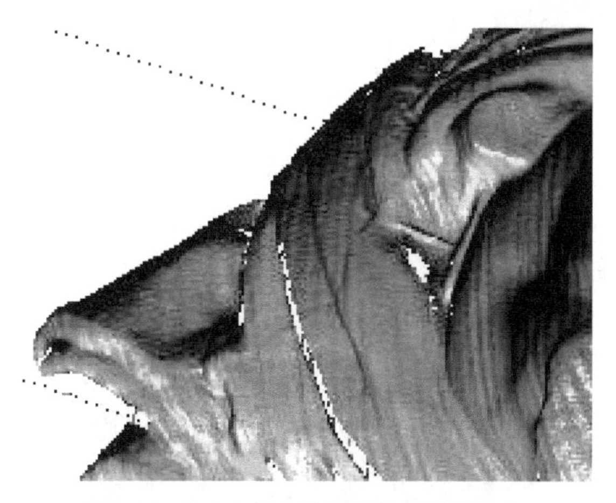

图 3-46　3.6.3 节方法测量结果局部放大

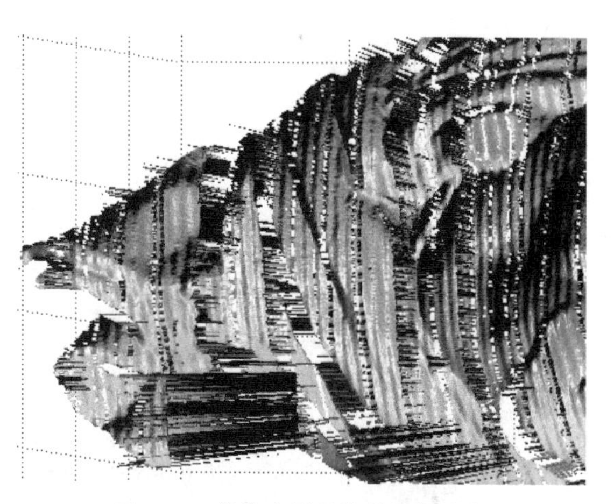

图 3-47　外差法测量结果局部放大

图 3-47 中测量结果存在数值较大的测量误差，表示为起伏方向不同的毛刺。同时测量结果的白色部分是 O^wZ^w 方向负的测量误差，导致表面信息缺失。这些负的测量误差在图 3-45 中通过归一化强度比也可以清晰发现，即在均匀灰度表示的归一化强度比图中有明显的颜色跳变。

通过图 3-46 和图 3-47 的对比分析可知，3.6.3 节提出的方法从原理上避免了强度比误差导致的整数周期跳变，比外差法展抗噪能力更强、展开准确度更高，相同编码节距下展开范围更大。

图 3-48 和图 3-49 分别是用 MATLAB 显示的强度比误差校正前、后 3.6.3 节方法的测量结果。图 3-50 所示为以点云形式显示的 3.6.3 节测量结果，图 3-51 所示为测量结果眼眶部分的局部放大。

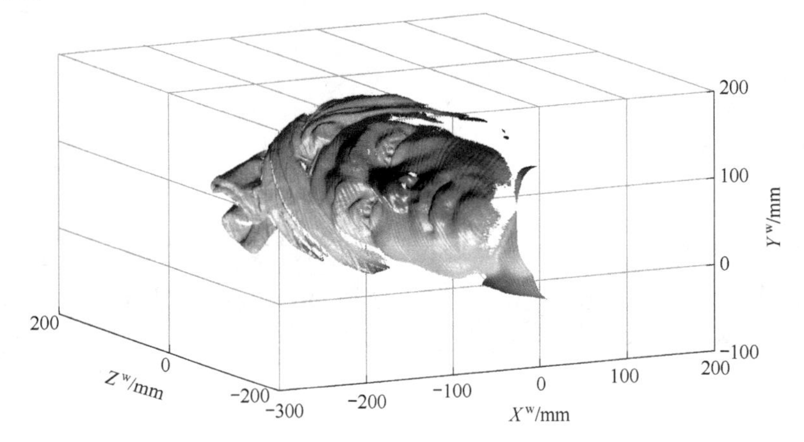

图 3-48　在 MATLAB 中显示的强度比误差校正前三维测量结果

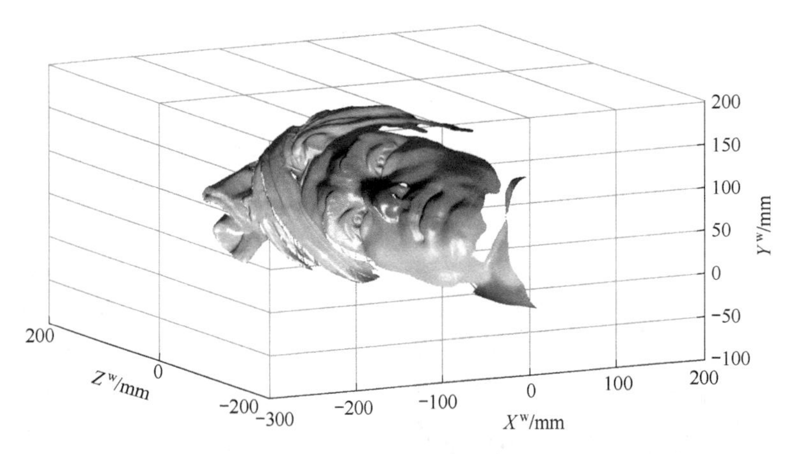

图 3-49　在 MATLAB 中显示的强度比误差校正后三维测量结果

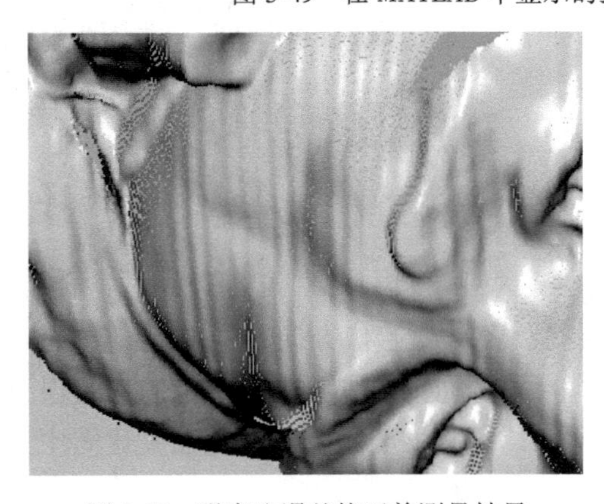

图 3-50　强度比误差校正前测量结果

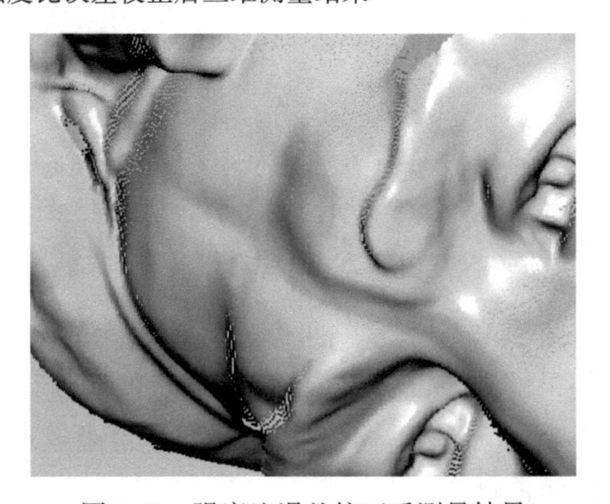

图 3-51　强度比误差校正后测量结果

图 3-48 测量结果中纵向波纹是由于采用三步相移引入的高频谐波在绝对编码图案坐标展开时引起的展开误差，从图 3-50 中可以看出，3.6.3 节提出的强度比校正补偿方法有效校正了强度比误差和展开误差，测量结果更为光滑细腻，与被测景物逼真程度更为接近。

综上所述，采用三角形相移和梯形相移模拟结构光三维测量方法针对不同的石膏像进行三维测量实验，实验结果能较准确地反映被测石膏像表面的三维形貌，测量结果光滑细腻，与视觉效果相同。证明 3.6.3 节提出的基于 CRT 工程化解法模拟结构光三维测量方法是一种有效的三维测量方法。利用提出方法获取的折叠强度比与外差强度比展开法进行的比较实验结果表明，该方法与目前较为成熟的外差法相比，容错性能更优越，展开准确度更高，展开范围更大。

本章首先将中国剩余定理推广到实数域且模数存在最大公约数的情况；其次，通过分析含有测量误差的剩余测量值可以区分的可能情况、对剩余测量值的小数部分进行比较，得到实数同余方程组解不存在敏感误差的条件；提出了以实数剩余小数差是否大于 $0.5d$ 为依据，选择可以无敏感误差的取整方式；最后，在实数域中给出了存在误差和模数存在公约数情况下的 CRT 实数解的计算公式，证明了其误差不超过剩余测量误差。当运算 106 次时，此方法的计算时间约为 1.5s，仅为搜索法的 0.03%，求解准确度与搜索法准确度相同。本章所提出的 CRT 工程化求解算法，具有运算简单、计算速度快、求解准确度高的优点，为工程实际中的相位展开问题提供了一种有效的解决办法。

本章提出了基于 CRT 工程化求解方法的模拟编码结构光三维测量方法，针对其测量过程、编解码方法、编码图案参数确定进行了深入研究，给出了基于 CRT 工程化解法的模拟编码结构光三维测量中编码图案编码节距和编码灰度的设计原则与步骤，并完成了原理验证实验和对比实验。构建了三维测量装置，完成了测量装置标定和三维测量实验。其中，针对包裹相位测量误差的产生原因进行了分析，鉴于目前相位误差校正补偿方法中存在校正范围有限和相位迭代耗时的缺点，提出了编码图案预编码与相位迭代补偿相结合的全量程范围内的包裹相位误差快速校正方法，具有迭代次数少、全量程校正的优点。

针对平面景物进行了三维测量实验，对 700~1200mm 测量相对误差小于 0.60%，表明本章方法和装置具有较高的测量准确度；针对石膏头像等复杂表面进行了三维测量实验，结果表明能获得具有光滑细腻表面的被测景物表面形状；与外差法进行了三维测量对比实验，结果表明本章方法抗噪能力强、准确度高、展开范围大；相位误差校正对比实验结果表明，相位误差校正方法明显减小了相位误差，提高了测量准确度。

第4章 多频模拟编解码原理

4.1 双频条纹时间相位展开方法

4.1.1 单频条纹包裹相位抽取方法

1. 包裹相位抽取原理

在视觉测量编码测量方法中，相移法占有非常重要的地位。当下普遍采用相移法获取模拟编码光相位主值，即向景物投射多幅相互之间具有相位差的周期模拟编码光条纹图案，利用所获得的对应多幅周期模拟编码光条纹图像解调相位而获得相位主值。按照条纹的形状差异，相移法可以分为余弦法、梯形法、三角形法等；按照颜色的差异，相移法可以分为灰度法、彩色法；按照相位差的差异，相移法可以分为等相位差法、变相位差法。

在不同种类的相移法中，余弦相移法获得了广泛的应用。等相位差 N 步余弦法，条纹之间的相位差是固定的，其大小均为 $2\pi/N$，编码方式为

$$I(x,y)=E(x,y)+M(x,y)\cos[\rho(x,y)+\theta] \tag{4-1}$$

式中，(x,y)为相移条纹的坐标；$E(x,y)$为灰度；$M(x,y)$为调制度；$\rho(x,y)$为初始相位。

为了求取被测景物上任意一点的相位主值，可以采用三步余弦相移法，即

$$\rho(x,y)=\arctan\left(\frac{\sqrt{3}I_1-I_3}{2I_2-I_1-I_3}\right)\quad 0\leqslant\rho(x,y)\leqslant 2\pi \tag{4-2}$$

灰度 $E(x,y)$的求解如式（4-3）所示，调制度 $M(x,y)$的求解如式（4-4）所示。

$$E(x,y)=\frac{I_1+I_3-2I_2\cos\theta}{2(1-\cos\theta)} \tag{4-3}$$

$$M(x,y)=\frac{\{[1-\cos\theta(I_1-I_3)]^2+\sin^2\theta(2I_2-I_1-I_3)^2\}^{1/2}}{\sin\theta(I_1+I_3-2I_2\cos\theta)} \tag{4-4}$$

2. 包裹相位抽取误差

按照前述方法，如果景物测量信息对应于1000个像素信息，并且像素灰度在0~255的区间变化，就会出现一个严重问题：目前的相机和投影仪是数字设备，余弦相移法执行单波长编码时，像素灰度信息的模拟值需要进行数字量化，量化过程中，会导致条纹主动编码法测量不准确。不仅如此，受拍摄现场光照条件的限制，相邻像素灰度相同问题也会出

现。在进行编码时，应使相邻像素所赋予的灰度值之差尽可能大，则在进行解码时这两个像素的灰度被量化为同一灰度的可能性就越小，从而提高容错能力。这种大码间距的需求，使得相邻码值的变化率尽可能大。利用极值的必要条件，对式（4-1）求导可得

$$\frac{dI(x,y)}{dx} = -2\pi f M(x,y)\sin(2\pi f x + \theta) \tag{4-5}$$

式中，$-2\pi f M(x,y)$为余弦项的系数。由式（4-5）可知，频率f越大，条纹解算出的灰度变化越大，对应像素的灰度差也就越大。

对于理想的连续余弦波曲线，当投影仪实际投射时，一方面将该曲线灰度值量化为256 个灰度级所形成曲线，另一方面又将像素量化为整数，那么横坐标整数值为像素序号所对应的曲线上的灰度值，即为投影仪各像素点实际投射的灰度值，投影波形为阶梯状。在$f=1/32$ 像素$^{-1}$ 时，只有 1 个像素的灰度值解算为 0，而在$f=1/1024$ 像素$^{-1}$ 时，有32 个像素的灰度值解算为 0，这就是量化误差的具体体现，也将严重影响到测量结果的正确求解。

如果条纹波长减小，最终测量结果的平均误差也会随之按照线性关系减小。在测试实验中，选择标准平面为测试对象，分别考察$f=1/1024$ 像素$^{-1}$ 和$f=1/32$ 像素$^{-1}$ 的情况。当$f=1/1024$ 像素$^{-1}$ 时，测量结果的平均误差分布在［-2.7401,2.6276］范围内；当$f=1/32$ 像素$^{-1}$ 时，测量结果的平均误差分布在［-0.1032,0.0942］范围内。

通过这一对比可以明显看出，条纹频率$f=1/32$ 像素$^{-1}$ 时，测量结果的误差更小、准确度更高，这一结果与式（4-5）吻合。基于这种考虑，应该尽可能地设计更小的条纹波长。向被测物投射条纹图像时采用 N 幅格雷码亮暗交错的条纹图像，再把 3 幅相移图像投射出去，这次投射过程中移相差为$2\pi/3$。

整个操作过程中，还要满足 3 个条件：①格雷码图像和相移图像的波长位置一致，尤其要保证波长开始位置和波长结束位置一致；②格雷码编码方法的波长和相移编码方法的波长在波长码距上也是一致的；③相移图像上所有采样点应在$(-\pi,\pi)$之间调整相位。

为了消除相移法的二义性，上述方法在绝对相位的解算上应该按照格雷码的方法进行，如式（4-6）所示。

$$\xi(x,y) = -2k\pi + \rho(x,y) \tag{4-6}$$

式中，$\xi(x,y)$为绝对相位；k 为格雷码的编码波长；$\rho(x,y)$为相对相位。

为了有效地减少可能出现的量化误差、跳变误差，在单频相位展开方法基本原理的基础上，提出一种新的方法即双频相位展开法，具体理论方法见 4.1.2 节。

4.1.2　双频条纹时间相位展开及其误差

1. 双频条纹时间相位展开原理

采用三步余弦条纹获取包裹相位，为了进行相位展开投射两组不同频率的余弦条纹图案，其中第一组高频余弦条纹的波长大小记为β_{h0}、波长序号记为 n_h，第二组低频余弦条纹的波长大小记为β_{l0}、波长序号记为 n_l。设定余弦条纹投射图案其灰度沿空间坐标 x 方向按照余弦规律分布、沿空间坐标 y 方向不变，表达式为

$$I(x) = E(x) + M(x)\cos\frac{2\pi}{\beta}x \tag{4-7}$$

式中，$E(x)$为背景光；$M(x)$为灰度调制量；β为条纹波长。

投射图案中空间坐标x位置处的包裹相位为$(2\pi x/\beta)\bmod(2\pi)$，可通过三步相移法等相移法得到，定义空间坐标$x$在一个波长内部的大小称为包裹坐标$\rho_0$，则有

$$\rho_0 = \frac{\beta}{2\pi}(2\pi x/\beta)\bmod(2\pi) \tag{4-8}$$

可见包裹坐标与包裹相位两者仅相差一个固定的系数，呈线性关系。

采用一组4幅等相移高频余弦条纹可获得其包裹坐标ρ_{h0}随空间坐标x的变化曲线，如图4-1中浅色实线所示；采用一组4幅等相移低频余弦条纹可获得其包裹坐标ρ_{l0}随空间坐标x的变化曲线，如图4-1中深色实线所示。根据图4-1中曲线关系，空间坐标既位于高频条纹波长序号n_h内，其包裹坐标为ρ_{h0}，又位于低频条纹波长序号n_l内，其包裹坐标为ρ_{l0}，那么根据包裹坐标和波长序号可得到空间坐标x的计算值ξ_0为

$$\xi_0 = n_h\beta_{h0} + \rho_{h0} \tag{4-9}$$

$$\xi_0 = n_l\beta_{l0} + \rho_{l0} \tag{4-10}$$

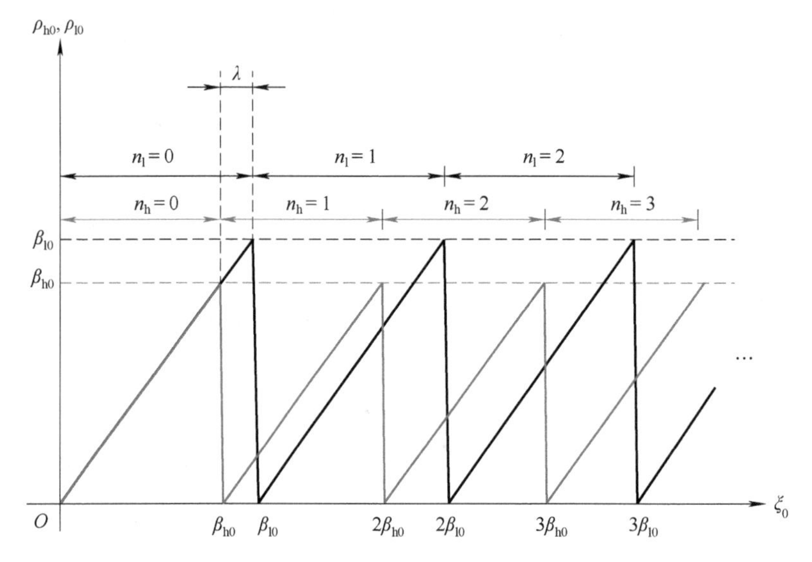

图4-1　高低频条纹包裹坐标的曲线

因为$\beta_{h0} < \beta_{l0}$，那么它们的差值$\lambda = \beta_{h0} < \beta_{l0}$，将式（4-9）和式（4-10）的左右两侧同时乘以$1/\lambda$得到

$$\frac{\xi_0}{\lambda} = n_h\frac{\beta_{h0}}{\lambda} + \frac{\rho_{h0}}{\lambda} \tag{4-11}$$

$$\frac{\xi_0}{\lambda} = n_l\frac{\beta_{l0}}{\lambda} + \frac{\rho_{l0}}{\lambda} \tag{4-12}$$

令

$$\xi = \frac{\xi_0}{\lambda}, \beta_h = \frac{\beta_{h0}}{\lambda}, \beta_l = \frac{\beta_{l0}}{\lambda}, \rho_h = \frac{\rho_{h0}}{\lambda}, \rho_l = \frac{\rho_{l0}}{\lambda} \tag{4-13}$$

设置λ和β_{l0}这两个参数可以使β_h为正整数，此时$\beta_l = \beta_h + 1$，β_l、β_h互质。同时$\rho_h \in$

$[0,\beta_h)$，$\rho_l \in [0,\beta_l)$，$\rho_h \in [0,\beta_l-1)$。联立式（4-11）~式（4-13）可得

$$\xi = n_h \beta_h + \rho_h \tag{4-14}$$

$$\xi = n_l \beta_l + \rho_l \tag{4-15}$$

根据式（4-14）和式（4-15），对图 4-1 执行坐标变换处理，结果如图 4-2 所示。

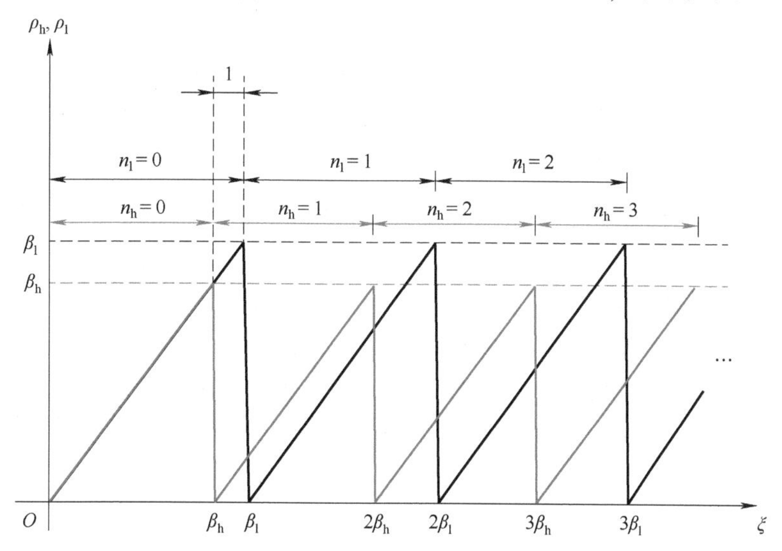

图 4-2　高低频条纹包裹坐标变换后的曲线

图 4-2 中，标号为 h 的条纹用浅实线表示，波长大小为 β_{h0} 及其倍数，波长序号用 n_h 表示；标号为 l 的条纹用深实线表示，波长大小为 β_{l0} 及其倍数，波长序号用 n_l 表示。

当按照上述方法进行坐标变换时，两个标号的条纹波形和位置是不发生变化的，此时如果能计算出 ξ，就可以根据 $\xi=\xi_n/\lambda$ 的关系进一步计算出 ξ_0，如何计算出 ξ 是核心问题。

实质上，ρ 的计算对应于如下 4 个问题：

1）横轴上一点的坐标是要解算的变量，即 ρ。

2）标号为 h 的条纹波长大小为 β_h，波长序号为 n_h，波长序号对应的横坐标为 ρ_h；标号为 l 的条纹波长大小为 β_l，波长序号为 n_l，波长序号对应的横坐标为 ρ_l。

3）参数 β_h 与 β_l 都是已知的，同时 $\beta_l=\beta_h+1$；ρ_h、ρ_l、n_h、n_l 都是未知量。

4）参数 ρ_h、ρ_l 与 n_h、n_l 存在联系，再结合两个标号条纹之间的波长关系可以计算出参数 n_h、n_l，进而可以计算出 ξ。

对于上述问题的求解，首先将式（4-14）和式（4-15）联立，可得

$$\xi = n_h \beta_h + \rho_h = n_l \beta_l + \rho_l \tag{4-16}$$

将 $\beta_l=\beta_h+1$ 代入式（4-16）中，可以得到

$$n_h \beta_h + \rho_h = n_l(\beta_h + 1) + \rho_l \tag{4-17}$$

进一步对式（4-17）进行整理，有

$$(n_l - n_h)\beta_h + n_l = \rho_h - \rho_l \tag{4-18}$$

因为参数 n_h 和 n_l 都是整数，同时考虑两个标号条纹之间的相互位置关系，可以知道 $\rho_h-\rho_l$ 也是整数，进而根据式（4-18），可以得到

$$n_l = \mathrm{mod}(\rho_h - \rho_l, \beta_h) \tag{4-19}$$

这里，mod( )代表取余操作，例如 mod(3,2)= 1。按照同样的方法，将 $\beta_h = \beta_l - 1$ 代入式（4-16），可以得到

$$n_h = \mathrm{mod}(\rho_h - \rho_l, \beta_l) \tag{4-20}$$

式（4-17）~式（4-20）是双频相位展开法的理论基础。参数 ρ_h、ρ_l 可以根据测量得出，参数 n_h、n_l 可以根据理论模型计算得出，得到上述4个参数后，可以计算出 ξ。双频相位展开法的突出优势在于，排除了判断过程和搜索过程，形成了完整的闭式运算过程，可以以更低的复杂度、更快的计算速度获得解析解。

2. 相位展开误差分析

在本节提出的双频相位展开方法理论模型中，参数 ρ_h 和 ρ_l 是通过测量获得的。在两个参数的测量过程中，受到测量条件的限制不可避免地存在测量误差。这两个参数的测量误差，会导致相位展开过程中的计算误差。为了解决这一问题，给出如下方法：

参数 ρ_h 和 ρ_l 的真实值对应的测量值可以表示为 ρ'_h 和 ρ'_l，那么 $\Delta\rho_h = \rho'_h - \rho_h$ 和 $\Delta\rho_h = \rho'_h - \rho_h$ 就表示了这两个参数的测量误差。根据计算过程，参数 n_h 和 n_l 的计算值 n'_h 和参数 n'_l，也随之出现计算误差 $\Delta n_h = n'_h - n_h$ 和 $\Delta n_l = n'_l - n_l$ 。ξ 的实际计算值表示为

$$\xi' = n'_h \beta_h + \rho'_h \tag{4-21}$$

或

$$\xi' = n'_l \beta_l + \rho'_l \tag{4-22}$$

可知 ξ 的真实值和实际计算值也存在误差，为 $\Delta\xi_h = \Delta n_h \beta_h + \Delta\rho_h$ 或 $\Delta\xi_l = \Delta n_l \beta_l + \Delta\rho_l$。当 $\Delta n_h = 0$ 和 $\Delta n_l = 0$ 时，存在 $\Delta\xi_h = \Delta\rho_h$ 和 $\Delta\xi_l = \Delta\rho_l$，即参数 ξ 的测量误差是由横坐标测量误差引起的。当 $\Delta n_h \neq 0$ 或 $\Delta n_l \neq 0$ 时，$\Delta\xi_h$ 或 $\Delta\xi_l$ 的计算误差会比 β_h 或 β_l 大，误差的绝对幅度也会很大。

这里，重点探讨参数 Δn_h 和参数 Δn_l 对误差 $\Delta n_h \beta_h$ 或 $\Delta n_l \beta_l$ 所造成的影响。

从式（4-16）和式（4-17）出发，可以得到

$$n'_l = \mathrm{mod}(\rho_h - \rho_l, \beta_l) \tag{4-23}$$

$$n'_h = \mathrm{mod}(\rho'_h - \rho'_l, \beta_h) \tag{4-24}$$

n'_l、n'_h 的取值范围内包含整数，那么式（4-23）和式（4-24）可改写为

$$n'_l = \mathrm{mod}(\mathrm{round}(\rho'_h - \rho'_l), \beta_h) \tag{4-25}$$

$$n'_h = \mathrm{mod}(\mathrm{round}(\rho'_h - \rho'_l), \beta_l) \tag{4-26}$$

本节提出的双频相位展开法理论模型中，参数 ρ'_h、ρ'_l、n'_h、n'_l 都是含有误差的，这就导致了最终要计算的结果 ξ' 也含有误差。但是理论模型中是以参数 ρ'_h、ρ'_l 都不存在误差为依据的，这就出现了该理论在实际中应用的不一致问题。为此，做如下处理：

从式（4-25）和式（4-26）出发，可以得到

$$\begin{aligned} &\gamma_l = \mathrm{mod}(\mathrm{round}(\rho_h - \rho_l), \beta_l) + \mathrm{mod}(\mathrm{round}(\Delta\rho_h - \Delta\rho_l), \beta_l) \\ &n'_h = \mathrm{mod}(\gamma_h, \beta_l) \end{aligned} \tag{4-27}$$

$$\begin{aligned} &\gamma_h = \mathrm{mod}(\mathrm{round}(\rho_h - \rho_l), \beta_h) + \mathrm{mod}(\mathrm{round}(\Delta\rho_h - \Delta\rho_l), \beta_h) \\ &n'_l = \mathrm{mod}(\gamma_h, \beta_h) \end{aligned} \tag{4-28}$$

这里 $\rho_h - \rho_l$ 是整数，那么联立式（4-19）和式（4-20），可以得到

$$n'_l = \mathrm{mod}(\mathrm{mod}(n_l + \mathrm{round}(\Delta\rho_h - \Delta\rho_l), \beta_h), \beta_h) \tag{4-29}$$

$$n'_h = \mathrm{mod}(\mathrm{mod}(n_h + \mathrm{round}(\Delta\rho_h - \Delta\rho_l), \beta_l), \beta_l) \tag{4-30}$$

所以

$$\begin{aligned}\Delta n_l &= n'_l - n_l \\ &= \mathrm{mod}(\mathrm{mod}(n_l + \mathrm{round}(\Delta\rho_h - \Delta\rho_l), \beta_h), \beta_h) - n_l\end{aligned} \tag{4-31}$$

$$\begin{aligned}\Delta n_h &= n'_h - n_h \\ &= \mathrm{mod}(\mathrm{mod}(n_h + \mathrm{round}(\Delta\rho_h - \Delta\rho_l), \beta_l), \beta_l) - n_h\end{aligned} \tag{4-32}$$

此时得到定理 1：如果 $|\Delta\rho_h - \Delta\rho_l| < 0.5$，那么 $\Delta n_h = 0$，$\Delta n_l = 0$，即有 $\Delta\xi_l = \Delta\rho_l$ 或 $\Delta\xi_h = \Delta\rho_h$，此时 ξ 的测量误差与相位展开过程中横坐标的测量误差是同一个值；如果 $|\Delta\rho_h - \Delta\rho_l| \geqslant 0.5$，那么 $|\Delta n_h| \geqslant 1$，$|\Delta n_l| \geqslant 1$，即有 $|\Delta\xi_l| \geqslant \beta_h$ 或 $|\Delta\xi_h| \geqslant \beta_l$，此时 ξ 的测量误差大小是 β_h 或 β_l 的整数倍，远远大于横坐标的测量误差。

对于定理 1，有一个特殊的问题需要关注。条纹横坐标测量值带有波长属性，而横坐标测量值和横坐标真实值之间的偏差，可能会导致二者位于两个波长内。当横坐标真实值距离波长跳变点很近的时候，横坐标测量值存在很大可能性进入当前波长的相邻波长。

如果出现这种情况，基于双频相位展开方法所得到的定理 1 是否仍然成立，需要进一步给出分析。

如图 4-3 所示，当在 $0 \leqslant \xi < \beta_h\beta_l$ 区间上时，标号为 h 的条纹和标号为 l 的条纹，两者波长跳变点的距离不小于 1，那么条纹 h 和条纹 l 跳变点两侧都会存在一个至少为 1 的区间长度。如果标号为 l 的条纹波长序号不变化，那么参数 ρ_l 无跳变；如果标号为 h 的条纹波长序号不变化，那么参数 ρ_h 无跳变。

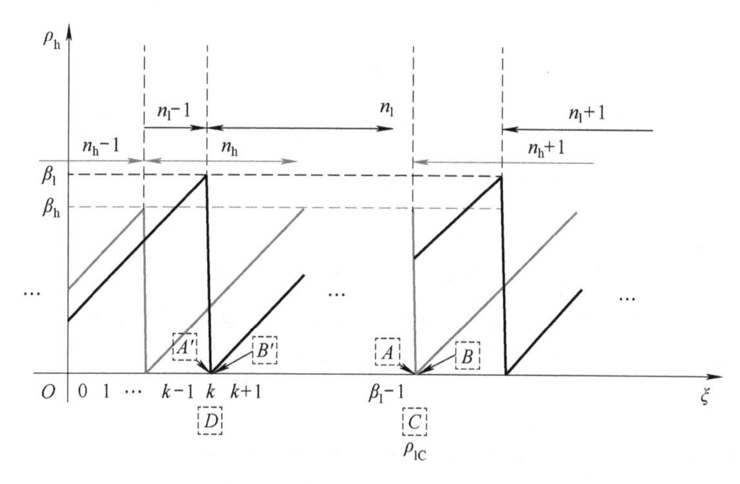

图 4-3　波长为 n_h 的情况示意图

如果两个横坐标测量值误差能够控制在 $|\Delta\rho_h| < 0.5$ 和 $|\Delta\rho_l| < 0.5$，那么就可以保证条纹 h 和条纹 l 不会同时跳变，也就可以保证两个横坐标测量值误差 $\Delta\rho_h$ 和 $\Delta\rho_l$ 最多只有一个越过跳变点，最多只有一个从当前波长进入相邻波长。

仍然参照图 4-2 中的描述，针对波长序号为 n_l 的情况展开分析，结果如图 4-3 所示。图 4-3 中，标号为 h 的条纹用浅实线表示，波长大小为 β_{h0} 及其倍数，波长序号用 n_h 表示；标号为 l 的条纹用深实线表示，波长大小为 β_{l0} 及其倍数，波长序号用 n_l 表示。

从图 4-3 中可以看出，标号为 h 的条纹的跳变点 C，落在波长序号为 n_l 的横轴 m 位置上，其坐标表达为 $\rho_{lC}=m$，这里参数 m 代表自然数同时 $0\leqslant m\leqslant\beta_l-1$。

进一步对标号为 h 的条纹的跳变点 C 的临近区域加以讨论，设定 C 左边点 A 与右边点 B 分别落在标号为 l 的条纹的波长 n_l 内横轴上，$[0,\rho_{lC})$ 与 $[\rho_{lC},\beta_l)$ 范围，同时设定 $\rho_{lA}\in[\rho_{lC}-0.5,\rho_{lC})$、$\rho_{lA}\in[\rho_{lC},\rho_{lC}+0.5)$、$|\Delta\rho_h-\Delta\rho_l|<0.5$。

考察点 A，标号为 l 的条纹的波长内横坐标测量值 ρ'_{lA}，无法越过 l 的跳变点，会一直位于波长序号 n_l 内，对应的测量误差大小是 $\Delta\rho_{lA}$。假设标号为 h 的条纹波长内测量值 ρ'_{hA} 对应的横轴坐标点落在波长序号为 n_l 的 $[0,\rho_{lC})$ 范围之内，而测量值 ρ'_{hA} 依旧落在波长序号 n_h 内，不会出现越过跳变点的情况，那么存在

$$\rho'_{hA}-\rho'_{lA}=\rho_{hA}-\rho_{lA}+\Delta\rho_{hA}-\Delta\rho_{lA} \tag{4-33}$$

从式（4-25）和式（4-26）出发，那么存在

$$\begin{aligned}n'_l&=n_l+\mathrm{mod}(\mathrm{round}(\Delta\rho_h-\Delta\rho_l),\beta_h)\\&=n_l\end{aligned} \tag{4-34}$$

$$\begin{aligned}n'_h&=n_h+\mathrm{mod}(\mathrm{round}(\Delta\rho_h-\Delta\rho_l),\beta_l)\\&=n_h\end{aligned} \tag{4-35}$$

上述结果表明，定理 1 仍然成立。

考察点 A，假设标号为 h 的条纹波长内测量值 ρ'_{hA} 对应的坐标点落在波长序号为 n_l 的 $[\rho_{lC},\beta_l)$ 范围之内，那么从图 4-3 中可以看到 ρ'_{hA} 会越过跳变点从波长序号 n_h 进入相邻波长 n_h+1，此时标号为 h 的条纹波长内横坐标测量值 ρ'_{hA} 重置为 $\rho'_{hA}=\rho_{hA}+\Delta\rho_{lA}-\beta_h$。从式（4-25）和式（4-26）出发，有

$$\begin{aligned}n'_l&=\mathrm{mod}(\mathrm{round}(\rho'_{hA}-\rho'_{lA}),\beta_h)\\&=\mathrm{mod}(\rho_{hA}-\rho_{lA}+\mathrm{round}(\Delta\rho_{hA}-\Delta\rho_{lA}-\beta_h),\beta_h)\\&=n_l+\mathrm{mod}(\mathrm{round}(\Delta\rho_{hA}-\Delta\rho_{lA}),\beta_h)\\&=n_l\end{aligned} \tag{4-36}$$

$$\begin{aligned}n'_h&=\mathrm{mod}(\mathrm{round}(\rho'_{hA}-\rho'_{lA}),\beta_l)\\&=\mathrm{mod}(\rho_{hA}-\rho_{lA}+\mathrm{round}(\Delta\rho_{hA}-\Delta\rho_{lA}-\beta_h),\beta_l)\\&=n_h+1+\mathrm{mod}(\mathrm{round}(\Delta\rho_{hA}-\Delta\rho_{lA}),\beta_h)\\&=n_l+1\end{aligned} \tag{4-37}$$

可见，式（4-36）的情况仍然满足定理 1，但是式（4-37）的情况不满足定理 1。此时，标号为 h 的条纹波长序号测量值出现的误差大小为 $\Delta n_h=1$，并且标号为 h 的条纹波长内横坐标测量误差应该写为 $\rho_{hA}=\rho'_{hA}-\Delta\rho_{lA}+\beta_h$，此时满足

$$\begin{aligned}\xi'_h&=n'_h\beta_h+\rho'_{hA}\\&=n_h\beta_h+\beta_h+\rho_{hA}+\Delta\rho_{hA}-\beta_h\\&=n_h\beta_h+\rho_{hA}+\Delta\rho_{hA}\\&=\xi_h+\Delta\rho_{hA}\end{aligned} \tag{4-38}$$

最终要求解的参数 ξ 的测量误差 $\Delta\xi=\Delta\rho_h$，也就是整个 ξ 的测量误差与标号为 h 的条纹

波长内横坐标测量误差是完全一致的。这表明，上述公式也满足定理 1。

进一步考察点 B，标号为 l 的条纹波长内横坐标测量值 ρ'_{lB} 无法越过跳变点，会一直位于波长序号 n_l 内，那么它的测量误差为 $\Delta\rho_{lB}$。假设标号为 h 的条纹的波长内测量值 ρ'_{hB} 对应的横轴坐标点落在波长序号 n_l 内，即 $[\rho_{lC},\beta_l)$ 范围之内，测量值 ρ'_{hB} 依旧落在波长序号 n_h 内，不会出现越过跳变点的情况，那么存在

$$\rho'_{hB}-\rho'_{lA}=\rho_{hB}-\rho_{lB}+\Delta\rho_{hB}-\Delta\rho_{lB} \tag{4-39}$$

从式（4-25）和式（4-26）出发，有

$$\begin{aligned} n'_l &= n_l+\mathrm{mod}(\mathrm{round}(\Delta\rho_{hB}-\Delta\rho_{lB}),\beta_h) \\ &= n_l \end{aligned} \tag{4-40}$$

$$\begin{aligned} n'_h &= n_h+\mathrm{mod}(\mathrm{round}(\Delta\rho_{hB}-\Delta\rho_{lB}),\beta_l) \\ &= n_h \end{aligned} \tag{4-41}$$

上述结果表明，定理 1 仍然成立。

考察点 B，假设标号为 l 的条纹波长内测量值 ρ'_{hB} 对应的横轴坐标点落在波长序号 n_l 内，即 $[0,\rho_{lC})$ 的范围之内，那么从图 4-3 中可以看到 ρ'_{hB} 越过跳变点从波长 n_h+1 进入相邻波长 n_h，此时标号为 l 的条纹的波长内横坐标测量值 ρ'_{hB} 会随着测量值的波长属性重置为 $\rho'_{hB}=\rho_{hB}+\Delta\rho_{hB}+\beta_h$，从式（4-25）和式（4-26）出发，则有

$$\begin{aligned} n'_l &= \mathrm{mod}(\mathrm{round}(\rho'_{hB}-\rho'_{lB}),\beta_h) \\ &= \mathrm{mod}(\rho_{hB}-\rho_{lB}+\mathrm{round}(\Delta\rho_{hB}-\Delta\rho_{lB})+\beta_h,\beta_h) \\ &= n_l+\mathrm{mod}(\mathrm{round}(\Delta\rho_{hB}-\Delta\rho_{lB}),\beta_h) \\ &= n_l \end{aligned} \tag{4-42}$$

$$\begin{aligned} n'_h &= \mathrm{mod}(\mathrm{round}(\rho'_{hB}-\rho'_{lB}),\beta_l) \\ &= \mathrm{mod}(\rho_{hB}-\rho_{lB}+\mathrm{round}(\Delta\rho_{hB}-\Delta\rho_{lB})+\beta_h,\beta_l) \\ &= n_h-1+\mathrm{mod}(\mathrm{round}(\Delta\rho_{hB}-\Delta\rho_{lB}),\beta_l) \\ &= n_h-1 \end{aligned} \tag{4-43}$$

可见，式（4-42）满足定理 1，但是式（4-43）不满足定理 1。此时，标号为 h 的条纹波长序号测量值会出现误差，在这种情况下标号为 h 的条纹波长内横坐标测量误差重置为 $\Delta\rho_{hB}=\rho'_{hB}-\rho_{hB}-\beta_h$，则有

$$\begin{aligned} \xi'_h &= n'_h\rho_h+\rho'_{hB} \\ &= n_h\beta_h-\beta_h+\rho_{hB}+\Delta\rho_{hB}+\beta_h \\ &= n_h\beta_h+\rho_{hB}+\Delta\rho_{hB} \\ &= \xi_h+\Delta\rho_{hB} \end{aligned} \tag{4-44}$$

此时，最终要解算的 ξ 的测量误差为 $\Delta\xi=\Delta\rho_h$，即 ξ 的测量误差与标号为 h 的条纹波长内横坐标测量误差完全一致。从这个角度看，式（4-44）也满足定理 1。以图 4-3 中波长 n_h 展开分析，如图 4-4 所示。

图 4-4 中，标号为 h 的条纹用浅实线表示，波长大小为 β_{h0} 及其倍数，波长序号用 n_h 表示；标号为 l 的条纹用深实线表示，波长大小为 β_{l0} 及其倍数，波长序号用 n_l 表示。

从图 4-4 可以看出，标号为 l 的条纹的跳变点 D 落在波长序号 n_l 中横轴点 n 的位置，即跳变点 D 的横坐标可以表示为 $\rho_{lD}=n$，这里 n 是自然数且同时满足 $0\leqslant n\leqslant\beta_h-1$。

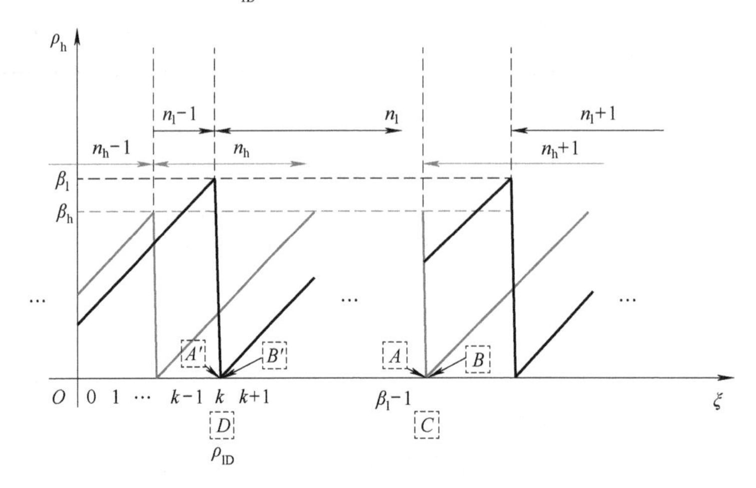

图 4-4　波长 n_h 的情况示意图

针对标号为 l 的条纹的跳变点 D 临近范围展开讨论，设置标号为 l 的条纹跳变点 D 左边点 A'和右边点 B'分别落在波长序号 n_h 内横轴上的 $[0,\rho_{lD})$ 范围和 $[\rho_{lD},\beta_h)$ 范围，进一步设定 $\rho_{hA'}\in[\rho_{hD}-0.5,\rho_{hD})$ 和 $\rho_{hA'}\in[\rho_{hD},\rho_{hD}+0.5)$，同时满足 $|\Delta\rho_h-\Delta\rho_l|<0.5$。

考察点 A'，标号为 h 的条纹的波长内横坐标测量值 $\rho'_{hA'}$ 无法越过跳变点，并且一直位于 n_h 内，它的测量误差大小是 $\Delta\rho'_{hA'}$。假设标号为 l 的条纹波长内测量值 $\rho'_{lA'}$ 的横坐标落在标号为 h 的条纹波长 n_h 内的 $[0,\rho_{lD})$ 范围之内，即测量值 $\rho'_{lA'}$ 依旧位于波长序号 n_l-1，不会出现越过跳变点 D 的情况，此时满足

$$\rho'_{hA'}-\rho'_{lA'}=\rho_{hA'}-\rho_{lA'}+\Delta\rho_{hA'}-\Delta\rho_{lA'} \tag{4-45}$$

从式（4-25）和式（4-26）出发，那么存在

$$\begin{aligned}n'_l&=n_l+\mathrm{mod}(\mathrm{round}(\Delta\rho_h-\Delta\rho_l),\beta_h)\\&=n_l\end{aligned} \tag{4-46}$$

$$\begin{aligned}n'_h&=n_h+\mathrm{mod}(\mathrm{round}(\Delta\rho_h-\Delta\rho_l),\beta_l)\\&=n_h\end{aligned} \tag{4-47}$$

上述结果表明，定理 1 仍然成立。

考察点 A'，假设标号为 h 的条纹波长内测量值 $\rho'_{lA'}$ 对应的横坐标落在波长序号 $n_h[\rho_{lD},\beta_h)$ 的范围之内，从图 4-4 中可以看到 $\rho'_{lA'}$ 越过跳变点从波长序号 n_l-1 进入临近波长序号 n_l，那么标号为 l 的条纹波长内横坐标测量值 $\rho'_{lA'}$ 会随着测量值的波长属性重置为 $\rho'_{lA'}=\rho_{lA'}+\Delta\rho_{lA'}-\beta_l$，从式（4-25）和式（4-26）出发，则有

$$\begin{aligned}n'_l&=\mathrm{mod}(\mathrm{round}(\rho'_{hA'}-\rho'_{lA'}),\beta_h)\\&=\mathrm{mod}(\rho_{hA'}-\rho_{lA'}+\mathrm{round}(\Delta\rho_{hA'}-\Delta\rho_{lA'})+\beta_l,\beta_h)\\&=n_l+1+\mathrm{mod}(\mathrm{round}(\Delta\rho_{hA'}-\Delta\rho_{lA'}),\beta_h)\\&=n_l+1\end{aligned} \tag{4-48}$$

$$
\begin{aligned}
n'_{h} &= \mathrm{mod}(\mathrm{round}(\rho'_{hA'}-\rho'_{lA'}),\beta_{l}) \\
&= \mathrm{mod}(\rho_{hA'}-\rho_{lA'}+\mathrm{round}(\Delta\rho_{hA'}-\Delta\rho_{lA'})+\beta_{l},\beta_{l}) \\
&= n_{h}+\mathrm{mod}(\mathrm{round}(\Delta\rho_{hA'}-\Delta\rho_{lA'}),\beta_{l}) \\
&= n_{h}
\end{aligned} \tag{4-49}
$$

可见，式（4-49）满足定理 1，但是式（4-48）不满足定理 1。此时，标号为 l 的条纹的波长序号测量值的测量误差大小满足 $\Delta n_{l}=1$，并且标号为 l 的条纹波长内横坐标测量误差重置为 $\Delta\rho'_{lA'}=\rho'_{lA'}-\rho_{lA'}+\beta_{l}$，此时满足

$$
\begin{aligned}
\xi'_{2} &= n'_{l}\beta_{l}+\rho'_{lA'} \\
&= n_{l}\beta_{l}-\beta_{l}+\rho_{lA'}+\Delta\rho_{lA'}-\beta_{l} \\
&= n_{l}\beta_{l}+\rho_{lA'}+\Delta\rho_{lA'} \\
&= \xi_{1}+\Delta\rho_{lA'}
\end{aligned} \tag{4-50}
$$

此时，最终要求解的参数 ξ 的测量误差 $\Delta\xi=\Delta\rho_{l}$，即 ξ 的测量误差与标号为 l 的条纹波长内横坐标测量误差完全一致。从这个角度看，式（4-49）也满足定理 1。

考察点 B'，标号为 h 的条纹波长内横坐标测量值 $\rho'_{hB'}$ 无法越过跳变点，会一直落在 n_{h} 内，它的测量误差大小是 $\Delta\rho_{hB}$。假设标号为 l 的条纹波长内测量值 $\rho'_{lB'}$ 对应的横轴坐标点落在波长序号 n_{h} 内的 $[\rho_{lD},\beta_{h})$ 范围之内，此时测量值 $\rho'_{lB'}$ 依旧落在标号为 l 的条纹波长 n_{l}、无法越过跳变点 D，此时满足

$$
\rho'_{hB'}-\rho'_{lB'}=\rho_{hB'}-\rho_{lB'}+\Delta\rho_{hB'}-\Delta\rho_{lB'} \tag{4-51}
$$

从式（4-25）和式（4-26）出发，则有

$$
\begin{aligned}
n'_{l} &= n_{l}+\mathrm{mod}(\mathrm{round}(\Delta\rho_{h}-\Delta\rho_{l}),\beta_{h}) \\
&= n_{l}
\end{aligned} \tag{4-52}
$$

$$
\begin{aligned}
n'_{h} &= n_{h}+\mathrm{mod}(\mathrm{round}(\Delta\rho_{h}-\Delta\rho_{l}),\beta_{l}) \\
&= n_{h}
\end{aligned} \tag{4-53}
$$

上述结果表明，定理 1 仍然成立。

考察点 B'，假设标号为 l 的条纹波长内测量值 $\rho'_{lB'}$ 对应的横轴坐标点落在波长序号 $n_{l}[0,\rho_{lD})$ 的范围之内，从图 4-4 可以看到 $\rho'_{lB'}$ 越过跳变点从波长序号 n_{l} 进入临近波长序号 $n_{l}-1$，那么标号为 l 的条纹的波长内横坐标测量值 $\rho'_{lB'}$ 随着测量值的改变而重置为 $\rho'_{lB'}=\rho_{lB'}+\Delta\rho_{lB'}-\beta_{l}$，从式（4-25）和式（4-26）出发，则有

$$
\begin{aligned}
n'_{l} &= \mathrm{mod}(\mathrm{round}(\rho'_{hB'}-\rho'_{lB'}),\beta_{h}) \\
&= \mathrm{mod}(\rho_{hB'}-\rho_{lB'}+\mathrm{round}(\Delta\rho_{hB'}-\Delta\rho_{lB'})-\beta_{l},\beta_{h}) \\
&= n_{l}-1+\mathrm{mod}(\mathrm{round}(\Delta\rho_{hB'}-\Delta\rho_{lB'}),\beta_{h}) \\
&= n_{l}-1
\end{aligned} \tag{4-54}
$$

$$
\begin{aligned}
n'_{h} &= \mathrm{mod}(\mathrm{round}(\rho'_{hB'}-\rho'_{lB'}),\beta_{l}) \\
&= \mathrm{mod}(\rho_{hB'}-\rho_{lB'}+\mathrm{round}(\Delta\rho_{hB'}-\Delta\rho_{lB'})-\beta_{l},\beta_{l}) \\
&= n_{h}+\mathrm{mod}(\mathrm{round}(\Delta\rho_{hB'}-\Delta\rho_{lB'}),\beta_{l}) \\
&= n_{h}
\end{aligned} \tag{4-55}
$$

可见，式（4-55）满足定理 1，而式（4-52）不满足定理 1。此时，标号为 l 的条纹的

波长序号测量值的测量误差大小满足 $\Delta n_1=-1$，并且标号为 l 的条纹波长内横坐标测量误差重置为 $\Delta\rho_{1B'}=\rho'_{1B'}-\rho_{1B'}+\beta_1$，则有

$$\begin{aligned}\xi'_1&=n'_1\beta_1+\rho'_{1B'}\\&=n_1\beta_1-\beta_1+\rho_{1B'}+\Delta\rho_{1B'}+\beta_1\\&=n_1\beta_1+\rho_{1B'}+\Delta\rho_{1B'}\\&=\xi_1+\Delta\rho_{1B'}\end{aligned}\tag{4-56}$$

此时，最终求解量 ξ 的测量误差 $\Delta\xi=\Delta\rho_1$，即 ξ 的测量误差与标号为 l 的条纹波长内横坐标测量误差完全一致。从这个角度看，式（4-55）也满足定理 1。

按照上面的分析结果，可以得到定理 2：如果 $|\Delta\rho_h-\Delta\rho_1|<0.5$、$|\Delta\rho_h|<0.5$ 和 $|\Delta\rho_1|<0.5$，那么在 $0\leqslant\xi<\beta_h\beta_1$ 区间，最终求解量 ξ 的测量误差 $\Delta\xi$ 和单频相位展开法波长内横坐标测量误差 $\Delta\rho_h$ 或 $\Delta\rho_1$ 完全一致；如果 $|\Delta\rho_h-\Delta\rho_1|<0.5$ 不符合条件，那么最终求解量 ξ 的测量误差 $\Delta\xi$ 肯定是 β_h 或 β_1 的整数倍；如果 $|\Delta\rho_h|<0.5$ 和 $|\Delta\rho_1|<0.5$ 不符合条件，那么最终求解量 ξ 的测量误差 $\Delta\xi$ 可能为 β_h 或 β_1 的整数倍。

要保证最终求解量 ξ 的测量误差 $\Delta\xi$ 和单频相位展开方法波长内横坐标的测量误差 $\Delta\rho_h$ 或 $\Delta\rho_1$ 完全一致，从定理 2 出发可以得到定理 3：如果 $|\Delta\rho_h|<0.25$ 和 $|\Delta\rho_1|<0.25$，符合 $|\Delta\rho_h-\Delta\rho_1|<0.5$、$|\Delta\rho_h|<0.5$ 和 $|\Delta\rho_1|<0.5$，那么在 $0\leqslant\xi<\beta_h\beta_1$ 的区间上，运用双频相位展开方法的理论模型求取 ξ，其误差大小 $\Delta\xi$ 和单频相位展开方法横坐标测量误差 $\Delta\rho_h$ 或 $\Delta\rho_1$ 完全一致；否则，最终求解量 ξ 的误差 $\Delta\xi_h$ 可能为 β_h 或 β_1 的整数倍。

4.1.3 视觉测量与容错能力验证仿真实验

为了对 4.1.2 节提出的双频相位展开方法测量性能进行评价，下面进行仿真实验。首先，在没有任何干扰的条件下，采用双频相位展开法进行标准平面的仿真环境下测量。标准平面距离投射点 480mm，测量过程中的数据包括标准深度、平均测量值、平均测量误差、方差、最大误差、最小误差等，结果见表 4-1。

表 4-1 无干扰情况下测量结果

组　号	标准深度/mm	平均测量值/mm	平均测量误差/mm	方差/mm^2	测量误差/mm	最大误差/mm	最小误差/mm
1	480	480.0003	0.0003	0.0026	0.0506	0.3059	−0.2629
2	480	480.0004	0.0004	0.0030	0.0548	0.3102	−0.2690
3	480	480.0004	0.0004	0.0014	0.0374	0.2334	−0.2249

在表 4-1 中，测量数据共分为 3 组。第 1 组是采用波长标号为 1 的单频相位展开方法测量的结果，第 2 组是采用波长标号为 2 的单频相位展开方法测量的结果，第 3 组是采用 4.1.2 节提出的双频相位展开方法测量的结果。从表 4-1 中可以看出，采用双频相位展开方法，在无干扰的情况下对标准深度平面进行仿真测量，最大测量误差为 0.2334mm，最小测量误差为−0.2249mm，明显优于两组基于单频相位展开方法的测量结果。

为了进一步检验双频相位展开方法的可靠性，从多个位置进行测量实验，测量深度从 280mm 逐步调整到 680mm 处，实验结果见表 4-2。

表 4-2　实验中误差数据统计结果

标准深度/mm	平均测量值/mm	平均测量误差/mm	方差/mm^2	测量误差/mm	最大误差/mm	最小误差/mm
280	280. 0002	0. 0002	0. 00022	0. 0149	0. 0896	−0. 0673
300	300. 0003	0. 0003	0. 00027	0. 0166	0. 0979	−0. 0898
320	320. 0003	0. 0003	0. 00034	0. 0183	0. 0933	−0. 0893
340	340. 0003	0. 0003	0. 00041	0. 0203	0. 1151	−0. 1061
360	360. 0003	0. 0003	0. 00050	0. 0223	0. 1358	−0. 1156
380	380. 0004	0. 0004	0. 00060	0. 0245	0. 1750	−0. 1437
400	400. 0003	0. 0003	0. 00072	0. 0268	0. 1453	−0. 1405
420	420. 0004	0. 0004	0. 00085	0. 0292	0. 1650	−0. 1732
440	440. 0004	0. 0004	0. 00100	0. 0318	0. 1888	−0. 1820
460	460. 0004	0. 0004	0. 00120	0. 0345	0. 2217	−0. 1808
480	480. 0004	0. 0004	0. 00140	0. 0374	0. 2334	−0. 2249
500	500. 0006	0. 0006	0. 00160	0. 0397	0. 2013	−0. 2060
520	520. 0004	0. 0004	0. 00180	0. 0422	0. 2149	−0. 2294
540	540. 0007	0. 0007	0. 00200	0. 0448	0. 2326	−0. 2334
560	560. 0005	0. 0005	0. 00230	0. 0478	0. 2398	−0. 2540
580	580. 0008	0. 0008	0. 00260	0. 0505	0. 2768	−0. 2527
600	600. 0007	0. 0007	0. 00280	0. 0533	0. 2805	−0. 2608
620	620. 0008	0. 0008	0. 00320	0. 0562	0. 3005	−0. 2646
640	640. 0007	0. 0007	0. 00350	0. 0593	0. 3379	−0. 3080
660	660. 0007	0. 0007	0. 00390	0. 0623	0. 3172	−0. 2882
680	680. 0009	0. 0009	0. 00430	0. 0654	0. 3177	−0. 3217

从表 4-2 中的数据可以得到，随着测量深度不断增大，测量误差也随之增大，同时与单频相位展开方法的测量实验比较，双频相位展开方法的测量结果准确度更优。但双频相位展开方法的测量结果，始终优于两种单频相位展开方法的测量结果。

为了进一步测试双频相位展开方法的鲁棒性，在存在干扰的条件下进行测量实验。保持测量深度在 480mm，逐步加入相位干扰，具体设置为：两组条纹波长差为±0. 0500，相当于单个波长的±0. 5000%；两组条纹波长差为±0. 1000，相当于单个波长的±1. 0000%；两组条纹波长差为±0. 2125，相当于单个波长的±2. 1250%；两组条纹波长差为±0. 21875，相当于单个波长的±2. 1875%；两组条纹波长差为±0. 2250，相当于单个波长的±2. 2500%。测量结果见表 4-3。

表 4-3　存在干扰情况的测量误差

标准深度/mm	平均测量值/mm	平均测量误差/mm	方差/mm^2	测量误差/mm	干扰(%)
480. 00	479. 69	−0. 30	0. 06	0. 39	0. 5000
480. 00	479. 69	−0. 30	0. 15	0. 49	1. 0000
480. 00	479. 69	−0. 30	0. 57	0. 81	2. 1250
480. 00	479. 69	−0. 30	0. 58	0. 82	2. 1875
480. 00	479. 77	−0. 22	1.51×10^3	38. 95	2. 2500

从表 4-3 中的结果看出，如果干扰小于±2. 1875%，双频相位展开方法测量误差小于 0. 82mm；这里，随着干扰的不断增大，双频相位展开方法的测量误差也近似线性增加；如果干扰大于或等于±2. 2500%，双频相位展开方法的测量误差达到 38. 95mm，表现为与一个波长接近的相位误差，也就意味着相位跳变，测量结果表现为与一个波长接近的大误差，这是相位跳变出现的开始位置，或者叫临界状态。

当干扰为±2. 2500%时，测量结果表现为与一个波长接近的大误差，这是相位跳变出现的开始位置，或者叫临界状态。

表中的实验数据表明，干扰大小为±2. 1875%附近时，双频相位展开方法只有一个较小的测量误差，这说明此方法的容错能力比较强，性能优于单频相位展开方法。

进一步的实物测量实验也得到了一致的结论，4. 3 节中给出了具体实物实验的过程与结果和分析与结论。

4. 2 三频条纹时间相位展开方法

为了进一步拓展条纹量程，或在同量程范围内提高相位展开方法的容错能力，本节将双频相位展开方法拓展到三频。建立其数学模型，对提出的相位展开方法进行误差分析，推导其误差容限。在上述基础上，设计条纹主动编码法组合的等效波长，给出最优频率组合准则。分别在有干扰和无干扰的条件下，通过仿真开展视觉测量与容错能力验证实验，以期验证三频相位展开数学模型和误差分析的正确性，以及在误差、容错能力方面的有效性。

4. 2. 1 三频条纹相位展开方法

对于单频余弦条纹，进行解相可以直接得到 $-\pi \sim \pi$ 区间的相位值，而对于三频余弦条纹，情况就要复杂一些，虽然解相后相位值也会落入 $-\pi \sim \pi$ 的区间范围，这个区间也是多频余弦编码的相位主值区间，但是针对同一相位值，存在多个对应像素点对应，即该相位值存在多义性。

为了解决三频余弦条纹在相位展开过程中不同于单频余弦条纹的多义性的问题，需要明确某一像素点主值相位 ρ 和波长序号 n，求解参数 ρ 和 n 的过程称为相位展开。在得到参数 ρ 和 n 后，就可以计算出该像素点的绝对相位 ξ，即

$$\xi = n\beta + \rho \tag{4-57}$$

需要说明的是，在式（4-57）中，主值相位 ρ 通过式（4-2）进行求取，在投射余弦条纹时，由于波长 β 已经确定，因此绝对相位 ξ 的求解问题可以简化为波长序号 n 的求解问题。本节应用三频空间相位展开方法来求解波长序号 n。

三频条纹分别记为波长条纹 A、波长条纹 B 和波长条纹 C，各波长条纹的参数见表 4-4。

表 4-4　三频条纹参数列表

条　纹	波　长	波长序号	相　位
A	B_h	n_h	ρ_h
B	B_l	n_l	ρ_l
C	B_k	n_k	ρ_k

在表 4-5 的参数下，任何一个余弦条纹参数均可以表示横轴上的绝对相位 ξ，即

$$\xi = n_h \beta_h + \rho_h \tag{4-58}$$

$$\xi = n_l \beta_l + \rho_l \tag{4-59}$$

$$\xi = n_k \beta_k + \rho_k \tag{4-60}$$

将式（4-58）和式（4-59）进行减法运算，有

$$n_h = \frac{\mathrm{mod}(\rho_h - \rho_l, \beta_l)}{\lambda_h} \tag{4-61}$$

$$n_l = \frac{\mathrm{mod}(\rho_h - \rho_l, \beta_h)}{\lambda_h} \tag{4-62}$$

将式（4-61）和式（4-62）代入式（4-58）和式（4-59），有

$$\rho_{AB} = \frac{\mathrm{mod}(\rho_h - \rho_l, \beta_l) \cdot \beta_h}{\lambda_h} + \rho_h \tag{4-63}$$

$$\rho_{AB} = \frac{\mathrm{mod}(\rho_h - \rho_l, \beta_h) \cdot \beta_l}{\lambda_h} + \rho_l \tag{4-64}$$

将式（4-59）和式（4-60）进行减法运算，有

$$n_l = \frac{\mathrm{mod}(\rho_l - \rho_k, \beta_k)}{\lambda_l} \tag{4-65}$$

$$n_k = \frac{\mathrm{mod}(\rho_l - \rho_k, \beta_l)}{\lambda_l} \tag{4-66}$$

将式（4-65）和式（4-66）代入式（4-59）和式（4-60），有

$$\rho_{BC} = \frac{\mathrm{mod}(\rho_l - \rho_k, \beta_k) \cdot \beta_l}{\lambda_l} + \rho_l \tag{4-67}$$

$$\rho_{BC} = \frac{\mathrm{mod}(\rho_l - \rho_k, \beta_l) \cdot \beta_k}{\lambda_l} + \rho_k \tag{4-68}$$

式中，ρ_{AB} 为条纹 A 和条纹 B 组合后（记为条纹组合 AB）的相位展开值；ρ_{BC} 为条纹 B 和条纹 C 组合后（记为条纹组合 BC）的相位展开值。为了简化表达，对两组条纹组合进行重新表达，各参数记载见表 4-5。

表 4-5　条纹组合参数列表

条纹组合	波　长	波长序号	相　位
AB	γ_h	P_h	Y_h
BC	γ_l	P_l	Y_l

在表 4-5 的参数下，横轴上任意一点的坐标值 ξ 可分别用每个条纹组合的参数来表示，即

$$\xi = P_h \gamma_h + Y_h \tag{4-69}$$

$$\xi = P_l \gamma_l + Y_l \tag{4-70}$$

其中，$\gamma_h = \beta_h \beta_l$，$\gamma_l = \beta_l \beta_k$，$Y_h = \mathrm{mod}(\rho_{AB}, \beta_h \beta_l)$，$Y_l = \mathrm{mod}(\rho_{BC}, \beta_l \beta_k)$。将式（4-69）和

式（4-70）进行减法运算，有 $P_l = [\text{mod}(Y_h - Y_l, \beta_l \beta_k)]/[\beta_k(\lambda_k + \lambda_l)]$，代入式（4-69）和式（4-70）可以得到

$$\xi = \frac{\text{mod}(Y_h - Y_l, \beta_l \beta_k) \cdot \beta_h \beta_l}{\beta_l(\lambda_h + \lambda_l)} + Y_h \tag{4-71}$$

$$\xi = \frac{\text{mod}(Y_h - Y_l, \beta_h \beta_l) \cdot \beta_l \beta_k}{\beta_l(\lambda_h + \lambda_l)} + Y_l \tag{4-72}$$

由于 ρ_{AB} 的取值范围是 $0 \sim \beta_h \beta_l$，ρ_{BC} 的取值范围是 $0 \sim \beta_l \beta_k$，所以有

$$Y_h = \rho_{AB}, Y_l = \rho_{BC} \tag{4-73}$$

推导至此，式（4-71）和式（4-72）分别写作

$$\xi = \frac{\text{mod}(\rho_{AB} - \rho_{BC}, \beta_l \beta_k) \cdot \beta_l \beta_h}{\beta_l(\lambda_h + \lambda_l)} + \rho_{AB} \tag{4-74}$$

$$\xi = \frac{\text{mod}(\rho_{AB} - \rho_{BC}, \beta_h \beta_l) \cdot \beta_h \beta_k}{\beta_l(\lambda_h + \lambda_l)} + \rho_{BC} \tag{4-75}$$

对于三频余弦条纹，只要通过对 3 个波长序号 n_h、n_l、n_k 进行讨论，就能够计算得到 4 组测量结果以供对比，以减少测量次数，避免加入更多未知量引起不必要的误差。

为了方便计算，设定条纹波长为正整数，且 $\beta_l = \beta_h + 1$、$\beta_k = \beta_l + 1$；绝对相位 ξ 由 $\xi = P\gamma + Y$ 求得。这样可以避免因波长序号 P 的跳变而造成对绝对相位 ξ 的影响。在误差理论中，误差等于测量值减去真值，对应到本节为解码相位与相位误差的和为真实相位，即

$$\rho' = \rho + \Delta\rho \tag{4-76}$$

在有误差的情况下，式（4-63）、式（4-64）、式（4-67）和式（4-68）写作

$$\rho'_{AB} = \frac{\text{mod}(\rho_h - \rho_l + \Delta\rho_h - \Delta\rho_l, \beta_l) \cdot \beta_h}{\lambda_h} + \rho_h + \Delta\rho_h \tag{4-77}$$

$$\rho'_{AB} = \frac{\text{mod}(\rho_h - \rho_l + \Delta\rho_h - \Delta\rho_l, \beta_h) \cdot \beta_l}{\lambda_h} + \rho_l + \Delta\rho_l \tag{4-78}$$

$$\rho'_{BC} = \frac{\text{mod}(\rho_l - \rho_k + \Delta\rho_l - \Delta\rho_k, \beta_k) \cdot \beta_l}{\lambda_l} + \rho_l + \Delta\rho_l \tag{4-79}$$

$$\rho'_{BC} = \frac{\text{mod}(\rho_l - \rho_k + \Delta\rho_l - \Delta\rho_k, \beta_l) \cdot \beta_k}{\lambda_l} + \rho_k + \Delta\rho_k \tag{4-80}$$

对式（4-78）与式（4-79）进行分析，有

$$\begin{aligned}\rho'_{AB} &= \beta_l \text{mod}[\text{mod}(\rho_h - \rho_l, \beta_h) + \text{mod}(\Delta\rho_h - \Delta\rho_l, \beta_h), \beta_h] + \rho_l + \Delta\rho_l \\ &= \beta_l \text{mod}(n_l + \Delta n_l, \beta_h) + \rho_l + \Delta\rho_l\end{aligned} \tag{4-81}$$

$$\begin{aligned}\rho'_{BC} &= \beta_l \text{mod}[\text{mod}(\rho_l - \rho_k, \beta_k) + \text{mod}(\Delta\rho_l - \Delta\rho_k, \beta_k), \beta_k] + \rho_l + \Delta\rho_l \\ &= \beta_l \text{mod}(n_l + \Delta n_l, \beta_k) + \rho_l + \Delta\rho_l\end{aligned} \tag{4-82}$$

利用式（4-81）和式（4-82），可以得到三频余弦条纹 ABC 的相位展开式为

$$\begin{aligned}\rho'_{ABC} = {} & \beta_h \text{mod}[\beta_l \text{mod}(n_l + \Delta n_l, \beta_h) + \beta_l \text{mod}(n_l + \Delta n_l, \beta_k), \beta_l \beta_k] + \\ & \text{mod}(n_l + \Delta n_l, \beta_h)\beta_l + \rho_l + \Delta\rho_l\end{aligned} \tag{4-83}$$

4.2.2　可容错展开容限分析

在式（4-83）中，3 个波长已知，解码后相位 ρ 也能通过测量计算得到，同时 $\Delta\rho$ 并非相位展开产生，仅仅是前期测量过程中出现的误差，因此误差的讨论退化成对 n_1 和 Δn_1 的讨论：

1）在 $\Delta n_1 = 0$ 的条件下，有 $\Delta\rho_{ABC} = \Delta\rho_1$，说明展开误差为 0，即不存在展开误差，即测量误差等于解相误差。

2）在 $\Delta n_1 \neq 0$ 的条件下，有 $\Delta\rho_{ABC} \neq \Delta\rho_1$，即测量误差不等于解相误差，这说明在展开操作过程中出现了展开误差。

实际上，在利用三频率余弦条纹等效绝对相位模型来计算 n_1 的过程中，由于波长序数为正整数，再根据解码后相位误差视为零，式（4-62）和式（4-65）可以进一步推导为

$$n_1' = \mathrm{mod}(\mathrm{mod}(\mathrm{round}(\rho_h - \rho_1), \beta_h) + \mathrm{mod}(\mathrm{round}(\Delta\rho_h - \Delta\rho_1), \beta_h), \beta_h) \quad (4\text{-}84)$$

$$n_1' = \mathrm{mod}(\mathrm{mod}(\mathrm{round}(\rho_1 - \rho_k), \beta_k) + \mathrm{mod}(\mathrm{round}(\Delta\rho_1 - \Delta\rho_k), \beta_k), \beta_k) \quad (4\text{-}85)$$

对式（4-84）和式（4-85）进行分析可以发现，在同时满足 $|\Delta\rho_h - \Delta\rho_1| < 0.5$ 和 $|\Delta\rho_1 - \Delta\rho_k| < 0.5$ 的条件下，有 $\Delta n_1 = 0$，这个结果属于上述讨论的第一种情况；在不同时满足 $|\Delta\rho_h - \Delta\rho_1| < 0.5$ 和 $|\Delta\rho_1 - \Delta\rho_k| < 0.5$ 的条件下，条纹主动编码法组合 AB 与 BC 的一级展开过程将会出现错误，这个结果属于上述讨论的第二种情况，即出现 β_1 整数倍的粗大误差。

对 $0 \sim \beta_h\beta_1$ 和 $0 \sim \beta_1\beta_k$ 两个区间进行分析，可以发现组合条纹 AB 和 BC 均保持大于 1 的间隔，针对如下情况：对条纹 B 的波长序号为 n_1，ρ_1 不发生跳变，对条纹 A 和 C 分别给定跳变点 C 和 D，并且限定两个跳变点的两侧区间均大于 1。根据式（4-84）和式（4-85）得出的结论，如果同时限定 $|\Delta\rho_h| < 0.5$ 和 $|\Delta\rho_k| < 0.5$，只有跳变点 C 和 D 可能发生跳变。针对这种情况，对两个跳变点的跳变情况进行分析。

1）分析组合条纹 AB 中波长序号 n_1 的跳变情况。如图 4-5 所示，可以设置相对于条纹 A 的跳变点 C，该跳变点 C 位于条纹 B 的波长序号 n_1 中相位等于 m 的位置，即 $\rho_{1C} = m$，其中 $0 \leqslant m \leqslant \beta_1 - 1$。

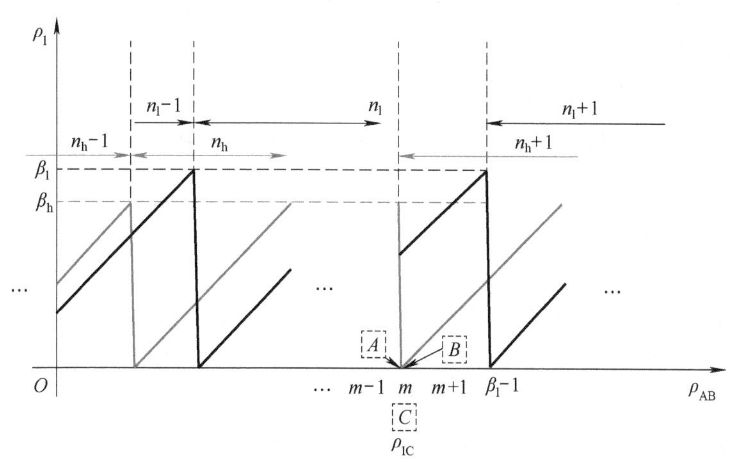

图 4-5　组合条纹 AB 在波长序号 n_1 的容错能力示意图

在满足 $|\Delta\rho_{h} - \Delta\rho_{l}| < 0.5$ 的条件下，令跳变点 C 左侧点 A 落入条纹 B 波长序号 n_{l} 内 $0 \sim \rho_{lC}$ 的区间范围，令右侧点 B 落入条纹 B 波长序号 n_{l} 内 $\rho_{lC} \sim \beta_{l}$ 的区间范围，且 $\rho_{lA} \in [\rho_{lC} - 0.5, \rho_{lC}]$ 和 $\rho_{lA} \in [\rho_{lC}, \rho_{lC} + 0.5]$。

首先分析点 A，波长序号 n_{l} 内的条纹 B 存在 $\Delta\rho_{lA}$ 的测量误差，当位于条纹 B 波长序号 n_{l} 内 $0 \sim \rho_{lC}$ 区间的条纹 A 的相位为 ρ'_{hA} 时，条纹 A 的相位仍处在波长序号 n_{l} 中，显然有

$$\rho'_{hA} - \rho'_{lA} = \rho_{hA} - \rho_{lA} + (\Delta\rho_{hA} - \Delta\rho_{lA}) \tag{4-86}$$

再结合式（4-84），有

$$n'_{l} = n_{l} + \mathrm{round}(\Delta\rho_{hA} - \Delta\rho_{lA})\mathrm{mod}(\beta_{h}) = n_{l} \tag{4-87}$$

这说明条纹 B 不发生跳变。

当位于条纹 B 波长序号 n_{l} 内 $\rho_{lC} \sim \beta_{l}$ 区间范围的条纹 A 的相位为 ρ'_{hA} 时，ρ'_{hA} 已经越过跳变点 C，即越过波长序号 n_{h} 进入波长序号 $n_{h}+1$，此时 ρ'_{hA} 变成 $\rho'_{hA} = \rho_{hA} + \Delta\rho_{hA} - \beta_{h}$，进而有

$$\begin{aligned} n'_{l} &= [\mathrm{round}(\rho'_{hA} - \rho'_{lA})]\mathrm{mod}(\beta_{h}) \\ &= [(\rho_{hA} - \rho_{lA})\mathrm{round}(\Delta\rho_{hA} - \Delta\rho_{lA}) - \beta_{h}]\mathrm{mod}(\beta_{h}) \\ &= n_{l} + [\mathrm{round}(\Delta\rho_{hA} - \Delta\rho_{lA})]\mathrm{mod}(\beta_{h}) \\ &= n_{l} \end{aligned} \tag{4-88}$$

这说明条纹 B 同样也没有发生跳变。

然后分析点 B，如果波长序号 n_{l} 内条纹 B 存在 $\Delta\rho_{lB}$ 的测量误差，由图 4-5 可知，当位于条纹 B 波长序号 n_{l} 内区间 $[\rho_{lC}, \beta_{l})$ 中的条纹 A 的相位为 ρ'_{hB} 时，条纹 A 的相位仍位于波长序号 n_{h} 中，根据这个结论，有

$$\rho'_{hB} - \rho'_{lB} = \rho_{hB} - \rho_{lB} + (\Delta\rho_{hB} - \Delta\rho_{lB}) \tag{4-89}$$

再结合式（4-84），有

$$n'_{l} = n_{l} + [\mathrm{round}(\Delta\rho_{hB} - \Delta\rho_{lB})]\mathrm{mod}(\beta_{h}) = n_{l} \tag{4-90}$$

说明条纹 B 不发生跳变。

再回到图 4-5 可以发现，当位于条纹 B 波长序号 n_{l} 内区间 $[0, \rho_{lC})$ 中条纹 A 的相位为 ρ'_{hB} 时，ρ'_{hB} 已经越过跳变点 C，即越过波长序号 $n_{h}+1$ 进入波长序号 n_{l}，此时则 ρ'_{hB} 变成 $\rho'_{hB} = \rho_{hB} + \Delta\rho_{hB} - \beta_{h}$，进而有

$$\begin{aligned} n'_{l} &= [\mathrm{round}(\rho'_{hB} - \rho'_{lB})]\mathrm{mod}(\beta_{h}) \\ &= [(\rho_{hB} - \rho_{lB}) + \mathrm{round}(\Delta\rho_{hB} - \Delta\rho_{lB}) - \beta_{h}]\mathrm{mod}(\beta_{h}) \\ &= n_{l} + [\mathrm{round}(\Delta\rho_{hB} - \Delta\rho_{lB})]\mathrm{mod}(\beta_{h}) \\ &= n_{l} \end{aligned} \tag{4-91}$$

这说明条纹 B 仍然没有发生跳变。

2）分析组合条纹 BC 中波长序号 n_{l} 是否发生跳变。如图 4-6 所示，可以设置相对于条纹 C 的跳变点 D，该跳变点 D 位于条纹 B 的波长序号 n_{l} 中相位等于 k 的位置，即 $\rho_{lD} = k$，其中 $0 \leqslant k \leqslant \beta_{l} - 1$。

在跳变点 D 邻域内满足 $|\Delta\rho_{l} - \Delta\rho_{k}| < 0.5$ 的条件下，对跳变点 D 左侧点 A' 和右侧点 B' 进行限制。其中，A' 位于条纹 B 波长序号 n_{l} 内的 $[0, \rho_{lD})$ 区间，而 B' 位于条纹 B 波长

序号 n_1 内 $[\rho_{1D},\beta_1)$ 区间，并且满足$\rho'_{1A}\in[\rho_{1D}-0.5,\rho_{1D}]$ 和$\rho'_{1A}\in[\rho_{1D},\rho_{1D}+0.5]$。

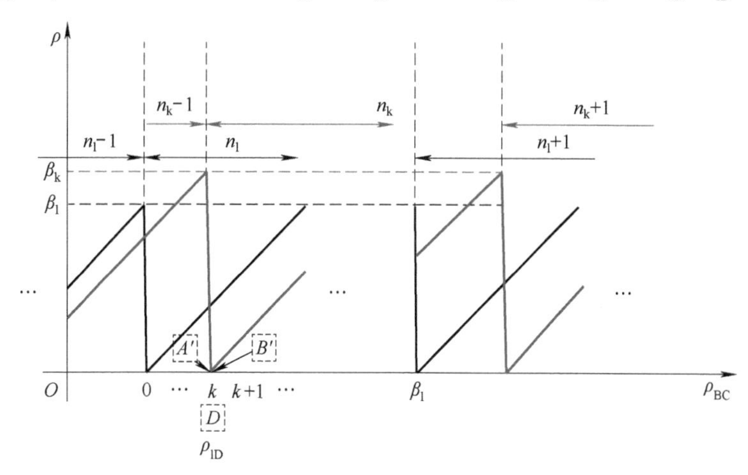

图 4-6　组合条纹 BC 在波长序号 n_1 的容错能力示意图

首先对点 A'进行分析，如果波长序号 n_1 内的条纹 B 存在测量误差，大小为$\rho'_{1A'}$，当位于条纹 B 波长序号 n_1 内的区间 $[0,\rho_{1D})$ 中的条纹 C 的相位为$\rho'_{kA'}$时，由图 4-6 可知，条纹 C 的相位仍处在波长序号 n_k-1 中，此时有

$$\rho'_{1A'}-\rho'_{kA'}=\rho_{1A'}-\rho_{kA'}+\Delta\rho_{1A'}-\Delta\rho_{kA'} \tag{4-92}$$

再结合式（4-85），有

$$n'_1=n_1+[\mathrm{round}(\Delta\rho_{1A'}-\Delta\rho_{kA'})]\mathrm{mod}(\beta_k)=n_1 \tag{4-93}$$

说明条纹 B 没有跳变。

当位于条纹 B 波长序号 n_1 内的区间 $[\rho_{1D},\beta_1)$ 中的条纹 C 的相位为$\rho'_{kA'}$时，由图 4-6 可知，$\rho'_{kA'}$已经越过波长序号 n_k-1 进入波长序号 n_k，则$\rho'_{kA'}$变成$\rho'_{kA'}=\rho_{1A'}+\Delta\rho_{1A'}-\beta_1$，进而有

$$\begin{aligned}n'_1&=[\mathrm{round}(\rho'_{1A'}-\rho'_{kA'})]\mathrm{mod}(\beta_k)\\&=[\rho_{1A'}-\rho_{kA'}+\mathrm{round}(\Delta\rho_{1A'}-\Delta\rho_{kA'})+\beta_k]\mathrm{mod}(\beta_k)\\&=n_1+[\mathrm{round}(\Delta\rho_{1A'}-\Delta\rho_{kA'})]\mathrm{mod}(\beta_k)\\&=n_1\end{aligned} \tag{4-94}$$

说明条纹 B 没有跳变。

再对点 B'进行分析，波长序号 n_1 内的条纹 B 存在测量误差，大小为 $\Delta\rho_{1B'}$，当位于条纹 B 波长序号 n_1 内的区间 $[\rho_{1D},\beta_1)$ 中的条纹 C 的相位为$\rho'_{kB'}$时，由图 4-6 可知，条纹 C 的相位仍处在波长序号 n_k 中，此时有

$$\rho'_{1B'}-\rho'_{kB'}=\rho_{1B'}-\rho_{kB'}+(\Delta\rho_{1B'}-\Delta\rho_{kB'}) \tag{4-95}$$

再结合式（4-85），有

$$n'_1=n_1+[\mathrm{round}(\Delta\rho_{1B'}-\Delta\rho_{kB'})]\mathrm{mod}(\beta_k)=n_1 \tag{4-96}$$

说明条纹 B 发生跳变。

当位于条纹 B 波长序号 n_1 内的区间 $[0,\rho_{1D})$ 中的条纹 C 的相位为$\rho'_{kB'}$时，由图 4-6 可知，$\rho'_{kB'}$已经越过波长序号 n_k 进入波长序号 n_k-1，则$\rho'_{kB'}$变成$\rho'_{kB'}=\rho_{kB'}+\Delta\rho_{kB'}+\beta_k$，进而有

$$
\begin{aligned}
n_1' &= [\mathrm{round}(\rho'_{1B'} - \rho'_{kB'})]\mathrm{mod}(\beta_k) \\
&= [(\rho'_{1B'} - \rho'_{kB'}) + \mathrm{round}(\Delta\rho'_{1B'} - \Delta\rho'_{kB'}) - \beta_k]\mathrm{mod}(\beta_k) \\
&= n_1 + [\mathrm{round}(\rho'_{1B'} - \rho'_{kB'})]\mathrm{mod}(\beta_k) \\
&= n_1
\end{aligned} \tag{4-97}
$$

说明条纹 B 没有跳变。

综上分析可知：如果能够同时满足 $|\Delta\rho_h| < 0.25$、$|\Delta\rho_1|<0.25$、$|\Delta\rho_k| < 0.25$ 的条件，则必然能够同时满足 $|\Delta\rho_h - \Delta\rho_1| < 0.5$ 和 $|\Delta\rho_1 - \Delta\rho_k| < 0.5$，此时不会对两个组合编码中的波长序号造成影响，即在量程范围内不会出现展开误差，进而有效进行容错视觉测量。

4.2.3 等效波长确定与组合波长优化

投射一组条纹的投影方式不仅容错能力差，而且量程短，即等效波长等于投影光波长。针对这个问题，本节将 3 束不同频率条纹进行组合，不仅能够提高容错能力，而且能够扩大量程。本节将在此基础上，进一步研究如何确定 3 组条纹下的等效波长和 3 组条纹的最优频率选择。

1. 3 组条纹等效波长计算

如果投射的 3 个条纹波长分别为正整数 a_1、a_2 和 a_3，对 a_i 进行质因数分解，有

$$
a_i = \prod_{j=1}^{m} b_j^{a_{ij}} \quad i = 1,2,3 \tag{4-98}
$$

其中，b_j 为从 a_i 中分解出来的质因数。此时，等效波长 T 可以按照下式进行计算：

$$
T = \prod_{j=1}^{m} b_j^{\max(a_{1j},a_{2j},\cdots,a_{nj})} \tag{4-99}
$$

在此基础上，从波长入手，对投射的 n 个条纹进行讨论，设条纹的波长分别为 a_1、a_2、…、a_i、…、a_j、…、a_n，其中 $a_j/a_i \in \mathbf{N}$。

按照下式分别对 A_1、A_2、…、A_i、…、A_j、…、A_n 进行质因数分解：

$$
A_i = \prod_{j=1}^{m} B_j^{A_{ij}} \quad i = 1,2,\cdots,n \tag{4-100}
$$

其中，B_1、B_2、…、B_m 为从 A_1、A_2、…、A_i、…、A_j、…、A_n 中分解出来的质因数。由于 B_1、B_2、…、B_m 互不相同，因此要求 $A_jA_{jz} \geqslant A_{iz}(z=1,2,\cdots,m)$；等效波长可以按照下式进行计算：

$$
T = \prod_{j=1}^{m} B_j^{\max(A_{1j},A_{2j},\cdots,A_{nj})} \tag{4-101}
$$

以 $\max(A_{11},A_{21},\cdots,A_{i-11},\cdots,A_{i+11},\cdots,A_{j1},\cdots,A_{n1})$ 来说明，由于 $A_{jz} \geqslant A_{iz}$，那么 $A_{j1} \geqslant A_{i2}$，进而有

$$
\max(A_{11},A_{21},\cdots,A_{i1},\cdots,A_{j1},\cdots,A_{n1}) = \max(A_{11},A_{21},\cdots,A_{i-11},A_{i+11},\cdots,A_{j1},\cdots,A_{n1}) \tag{4-102}
$$

以此类推，有

$$\max(A_{1z},A_{2z},\cdots,A_{iz},\cdots,A_{jz},\cdots,A_{nz})=\max(A_{1z},A_{2z},\cdots,A_{i-1z},A_{i+1z},\cdots,A_{j2},\cdots,A_{n2}) \tag{4-103}$$

式（4-103）说明是否存在波长为 a_i 或 A_i 的条纹都不会改变等效波长，即当两个条纹的波长存在倍数关系时，短波长条纹不影响等效波长。

2. 组合波长优化设计

单频条纹的波长越短，频率越高，量化误差的抑制作用也就越强，同时相位主值求取也就越精确；而对于双频条纹，随着波长差的增大，无误差展开容限会同步增大，容错能力也会同步增强。双频条纹的上述结论说明波长及波长差的组合，能够同时兼顾无误差展开和等效波长扩大两方面问题。现就如何选择组合波长以及波长差进行研究。

限定一组余弦波形中的波长序数有且不超过两个取值与另外一组余弦波形中的一个波长序数相对应。在上述条件下，针对任意相邻波长的余弦波形 β_h、β_l、β_k 的组合，有如下分析：

1）β_l 为奇数，那么有 $\beta_h=\beta_l-1=2k$、$\beta_k=\beta_l+1=2k+2$，则 β_h 和 β_k 一定为偶数，并且 β_h 和 β_k 均与 β_l 互素，那么满量程像素数为

$$\frac{\beta_h\beta_l\beta_k}{\lambda_h+\lambda_l}=k(2k+1)(2k+2) \tag{4-104}$$

在这种情况下，β_h 和 β_k 满足

$$\frac{\beta_h}{\beta_k}=\frac{k}{k+1} \tag{4-105}$$

式（4-105）说明在 β_h、β_l、β_k 之间相差为 1 时，能够保证一组余弦波形中的任意波长序数 k 有且不超过两个取值与另外一组余弦波形中的一个波长序数相对应。

2）β_l 为偶数，那么有 $\beta_h=\beta_l-1=2k-1$、$\beta_k=\beta_l+1=2k+1$，则 β_h 和 β_k 为奇数且 β_h、β_l 和 β_k 两两间互素，那么满量程像素数为

$$\frac{\beta_h\beta_l\beta_k}{\lambda_h+\lambda_l}=k(2k-1)(2k+1) \tag{4-106}$$

在这种情况下，β_h 和 β_k 满足

$$\frac{\beta_h}{\beta_k}=\frac{2k-1}{2k+1} \tag{4-107}$$

从式（4-107）可以很容易看出 $\beta_k-\beta_h=2$，在这种情况下，根据 $P_l=(\beta_h+1)/2$，可知波形 Y_l 中就会出现同时与波形 Y_h 中 3 个连续波长序数相对应的情况，从而导致溢出量程。

通过以上分析可知，如果条纹间波长相差 1 个单位，则 β_l 选奇数。举例说明，如果投影仪的分辨率为 1024，则有

$$\beta_h^3+3\beta_h^2+2\beta_h-\frac{2048}{\lambda}=0 \tag{4-108}$$

利用盛金公式，可以得到式（4-108）的重根判别式为

$$\Delta=B^2-4AC=81\beta^2-12 \tag{4-109}$$

其中

$$A = b^2 - 3ac,\quad B = bc - 9ad,\quad C = c^2 - 3bd \tag{4-110}$$

此时

$$\begin{cases} X_{\mathrm{h}}^{\beta_{\mathrm{h}}} = \dfrac{-b - (\sqrt[3]{Y_{\mathrm{h}}} + \sqrt[3]{Y_{\mathrm{l}}})}{3a} \\ X_{\mathrm{l,k}}^{\beta_{\mathrm{h}}} = \dfrac{-b + \dfrac{1}{2}(\sqrt[3]{Y_{\mathrm{h}}} + \sqrt[3]{Y_{\mathrm{l}}}) \pm \dfrac{\sqrt{3}}{2}(\sqrt[3]{Y_{\mathrm{h}}} + \sqrt[3]{Y_{\mathrm{l}}})i}{3a} \end{cases} \tag{4-111}$$

其中

$$Y_{\mathrm{h,l}} = Ab + 3a\left(\frac{-B \pm \sqrt{\Delta}}{2}\right), i^2 = -1 \tag{4-112}$$

对于β_{l}的取值，可以按照等效波长接近210为指导原则。根据两个条纹的波长存在整数倍关系时，短波长条纹不改变等效波长的结论，给定λ取值为1~9，对各频率条纹波长进行计算。得到的关于各频率条纹波长的取值与计算结果见表4-6。

表4-6　条纹波长计算取值数据

λ	β_{h}	β_{h}取值	β_{l}取值	β_{k}取值	等效波长	$\Delta\rho_{\mathrm{l}}$	$\Delta I_{\Delta\rho\mathrm{l}}$	$\lambda\Delta\rho_{\mathrm{l}}$
1	11.7	12	13	14	1092	0.25	64/13	$13\Delta I_0/64$
2	9.1	9	10	11	990	0.50	64/10	$20\Delta I_0/64$
3	7.8	8	9	10	1080	0.75	64/9	$27\Delta I_0/64$
4	7.0	7	8	9	1008	1.00	64/8	$32\Delta I_0/64$
5	6.4	6	7	8	840	1.25	64/7	$35\Delta I_0/64$
6	6.0	6	7	8	1008	1.50	64/7	$42\Delta I_0/64$
7	5.6	6	7	8	1176	1.75	64/7	$49\Delta I_0/64$
8	5.3	5	6	7	840	2.00	64/6	$48\Delta I_0/64$
9	5.1	5	6	7	945	2.25	64/6	$54\Delta I_0/64$
10	4.9	5	6	7	1050	2.50	64/6	$60\Delta I_0/64$

假定

$$I = \frac{256}{\beta_{\mathrm{l}}}\rho_{\mathrm{l}} \tag{4-113}$$

在条纹B的误差容限不大于0.25的限定条件下，条纹光强误差与条纹B的波长关系为

$$\Delta I < \frac{256}{\beta_{\mathrm{l}}}\Delta\rho_{\mathrm{l}} < \frac{64}{\beta_{\mathrm{l}}} = \Delta I_{\Delta\rho\mathrm{l}} \tag{4-114}$$

将表4-6中条纹光强误差值$\Delta I_{\Delta\rho\mathrm{l}}$与相位误差容限值$\Delta\rho_{10}\lambda$绘制成曲线，如图4-7所示。

从表4-6可以看出，在$\lambda = 7$、$\beta_{\mathrm{h}} = 6$的情况下，不仅拐点变化比较平缓，测量误差变化也比较平缓，这个现象说明在拐点和测量误差变化均平缓的部分选取λ和β_{l}最为合适，对应投影光波长分别为$\beta_{\mathrm{h}} = 42$、$\beta_{\mathrm{l}} = 49$、$\beta_{\mathrm{k}} = 56$。在上述参数下，进行三频投影，并进行相位展开，得到的截断相位和展开结果如图4-8所示。

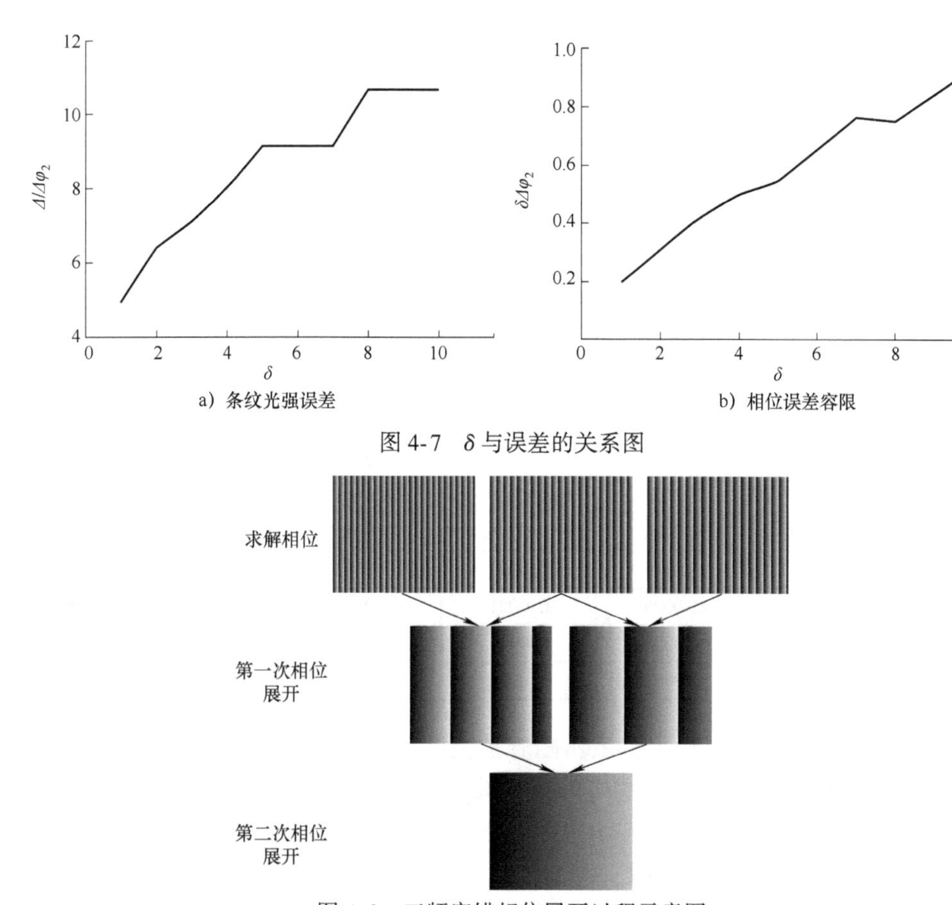

图 4-7　δ 与误差的关系图

图 4-8　三频容错相位展开过程示意图

从图 4-8 可以看出，第一次相位展开和第二次相位展开，能够得到大量程无歧义测量结果，展开结果无相位跳变，验证了三频条纹时间相位展开方法的有效性。

4.2.4　视觉测量与容错能力验证仿真实验

在本节中，首先通过在无干扰情况下针对一个标准平面进行仿真测量实验，对三频三步相移视觉测量方法的测量准确度进行评估。准备被测标准平面，并面向实验系统放置，要求被测标准平面沿轴向方向从 280mm 处以 20mm 为步长移动到 680mm 处，在所有停留位置都完成一次视觉测量实验，统计结果见表 4-7。

表 4-7　无干扰情况下三频三步相移法标准平面多位置测量结果

标准深度/mm	平均测量值/mm	平均测量误差/mm	方差/mm^2	测量误差/mm	最大误差/mm	最小误差/mm
280	280.0002	0.0001	0.0016	0.0147	0.0764	-0.0767
300	300.0003	0.0002	0.0016	0.0152	0.0788	-0.0777
320	320.0003	0.0002	0.0017	0.0177	0.0863	-0.0825
340	340.0003	0.0002	0.0016	0.0195	0.0977	-0.0967
360	360.0004	0.0002	0.0016	0.0201	0.1012	-0.1038
380	380.0003	0.0003	0.0017	0.0202	0.1045	-0.1038

（续）

标准深度/mm	平均测量值/mm	平均测量误差/mm	方差/mm^2	测量误差/mm	最大误差/mm	最小误差/mm
400	400.0004	0.0003	0.0016	0.0200	0.1036	−0.1040
420	420.0004	0.0003	0.0017	0.0247	0.1142	−0.1140
440	440.0005	0.0003	0.0017	0.0299	0.1177	−0.1146
460	460.0004	0.0004	0.0018	0.0318	0.1288	−0.1271
480	480.0004	0.0004	0.0017	0.0315	0.1344	−0.1392
500	500.0005	0.0004	0.0018	0.0333	0.1389	−0.1388
520	520.0005	0.0005	0.0017	0.0375	0.1498	−0.1520
540	540.0006	0.0004	0.0019	0.0398	0.1527	−0.1528
560	560.0006	0.0004	0.0020	0.0364	0.1869	−0.1799
580	580.0007	0.0005	0.0018	0.0401	0.1977	−0.2073
600	600.0007	0.0004	0.0018	0.0458	0.2266	−0.2186
620	620.0006	0.0005	0.0020	0.0442	0.2352	−0.2374
640	640.0007	0.0006	0.0021	0.0451	0.2475	−0.2485
660	660.0008	0.0006	0.0023	0.0500	0.2568	−0.2596
680	680.0008	0.0007	0.0023	0.0504	0.2789	−0.2778

从表4-7的统计结果可以看出，虽然随着被测深度的增加，平均测量误差和方差均缓慢增大，但是测量误差、测量方差和单点测量误差分别小于0.0504mm、0.0023mm和0.2789mm。这3个误差表明，三频三步相移法优于双频三步余弦相移法。

然后通过在有干扰情况下针对一个标准平面进行仿真测量实验。这里将被测标准平面放置到480mm处。在图像中逐点加入随机相位干扰，干扰大小取两频图像波长之差的±0.0500、±0.1000、±0.2100、±0.2125、±0.2188、±0.2250，相当于单个波长的±0.5000%、±1.0000%、±2.1000%、±2.1250%、±2.1880%、±2.2500%。将上述干扰加入每个像素的相位并进行测量。测量结果表明：当干扰不超过±0.2188时，测量误差始终小于0.80mm；但是当干扰达到±0.2250时，测量误差超过35.29mm，这说明出现了一个与波长相当的相位跳变。这也能够说明，在干扰阈值范围内，三频相位展开具有很强的容错能力。

从上述仿真结果可以看出，如果$|\Delta\rho_h|<0.25$、$|\Delta\rho_l|<0.25$、$|\Delta\rho_k|<0.25$，即同时满足$|\Delta\rho_h-\Delta\rho_l|<0.5$和$|\Delta\rho_l-\Delta\rho_k|<0.5$的条件下，组合编码AB和组合编码BC中的波长序号$n_h$不发生跳变，测量误差$\Delta\xi_{ABC}$与相位解码误差$\Delta\rho_l$一致，即不会出现粗大误差，这也验证了理论分析的正确性。

4.3 三维视觉测量实验研究

本节给出了三维视觉测量实验，主要针对复杂表面和典型表面。对于测量均值误差、相位求解精确度、抗干扰性能、绝对相位残差曲线等，相比于双频相位展开法，三频相位展开法和三频外差法更优秀。

4.3.1　平面三维测量实验

为证明三频相位展开法及视觉三维测量装置的实际效果进行实际测量实验，对被测物进行实测，然后得到实测结果和重构的图形，并且给出定性定量的结论。

利用已标定的条纹视觉测量装置，深度范围为 750~840mm，平均分成 10 个位置进行平面测量实验，利用三频相位展开法，在平面的相同位置也用双频相位展开法和三频外差法进行测量，对比分析主要数据。被测的编码图案不完全一致，采用 3 种频率的余弦条纹 $f_1=1/42$、$f_2=1/49$、$f_3=1/56$ 进行编码，两种频率的余弦条纹 $f_1=1/100$、$f_2=1/110$ 进行编码。将采用三频相位展开法、双频相位展开法和三频外差法得到的测试结果与参考值进行比较分析。表 4-8~表 4-10 为测量结果。

表 4-8　三频相位展开法的测量结果

深度/mm	测量误差/mm	最大误差/mm
750	-0. 11	0. 19
760	-0. 14	0. 18
770	0. 52	0. 21
780	0. 67	0. 27
790	0. 31	0. 20
800	0. 14	0. 33
810	-0. 27	0. 27
820	-0. 03	0. 12
830	-0. 45	0. 20
840	0. 12	0. 26

表 4-9　双频相位展开法的测量结果

深度/mm	测量误差/mm	最大误差/mm
750	0. 54	0. 67
760	0. 85	0. 65
770	-0. 24	0. 76
780	0. 30	0. 89
790	0. 28	0. 79
800	-0. 82	0. 78
810	-0. 76	0. 88
820	0. 86	0. 80
830	0. 80	0. 89
840	0. 45	0. 81

表 4-10　三频外差法的测量结果

深度/mm	测量误差/mm	最大误差/mm
750	-0. 12	0. 20
760	-0. 13	0. 20
770	0. 60	0. 21

（续）

深度/mm	测量误差/mm	最大误差/mm
780	0.59	0.22
790	0.33	0.25
800	0.12	0.25
810	−0.28	0.30
820	−0.10	0.33
830	−0.40	0.39
840	0.15	0.26

根据3个表中数据可知：在比较参考值深度后，在所有的位置上，基于三频相位展开法的平均最大误差为0.223mm，平均测量误差为0.076mm；基于双频相位展开法的平均最大误差为0.792mm，平均测量误差为0.226mm；基于三频外差法的平均最大误差为0.261mm，平均测量误差为0.076mm。

根据实验结果可知，通过对比3种测量方法且观察深度平均测量误差，三频相位展开法与三频外差法准确度相近，优于双频相位展开法。对于三频相位展开法和双频相位展开法，由于二者使用不同频率的条纹进行测量，且展开过程均以求解重复波长的波长序号为原则，所以不对解码相位误差有任何影响，由此可以得出这两种方法在平均误差上的差异是由量化误差造成的。用三频相位展开法进行测量时，相比双频相位展开法测量深度平均值误差低了0.15mm，可知通过减小条纹频率可以抑制解相位误差，同时有效降低量化误差，这可以减少由相位误差导致的展开误差，同时提高测量准确度。

为验证并对比双频相位展开法、三频相位展开法、三频外差法的测量准确度进行三维测量实验，重构被测平面，并通过方均根误差定量分析测量准确度。图4-9所示为3种方法重构结果，表4-11所示为3种方法的方均根误差。

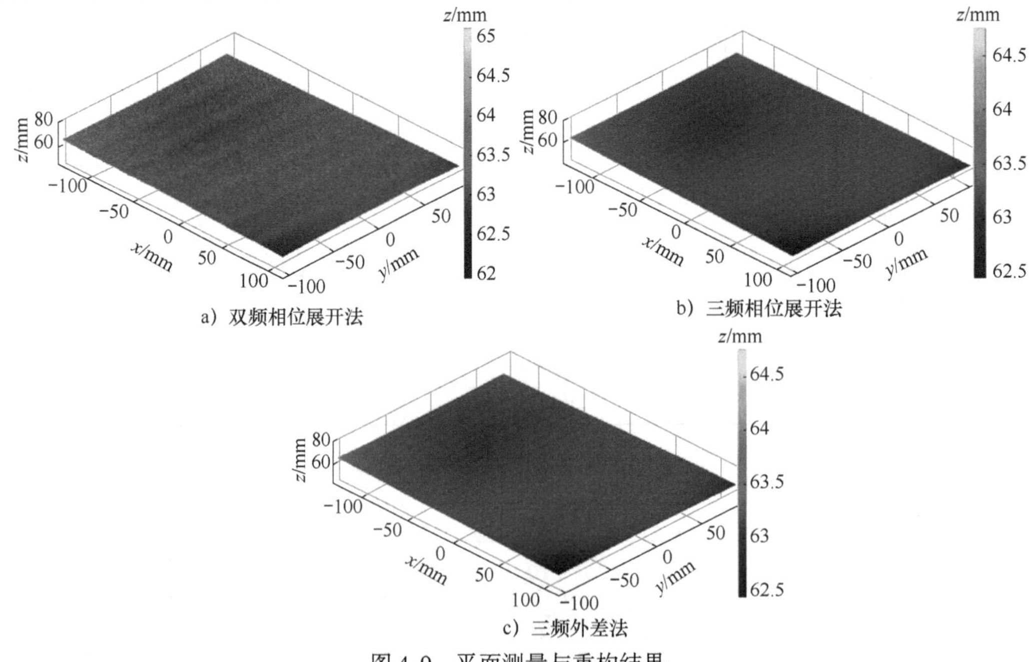

a）双频相位展开法

b）三频相位展开法

c）三频外差法

图4-9　平面测量与重构结果

表 4-11　平面方均根误差

测 量 方 法	方均根误差/mm
双频相位展开法	0.3546
三频相位展开法	0.2483
三频外差法	0.2484

由表 4-11 中数据可知，三频相位展开法和三频外差法的测量准确度相近，高于双频相位展开法。说明在相位展开过程时，在去除环境光、平面表面反射率、量化误差和非线性误差所造成的影响下，三频相位展开法和三频外差法相对具有较高的容错能力，微小的相位误差就会导致双频相位展开法解码错误，造成测量误差。

为了进一步验证实验效果，将多个平面摆放在不同深度构成阶梯，重构结果如图 4-10 所示。

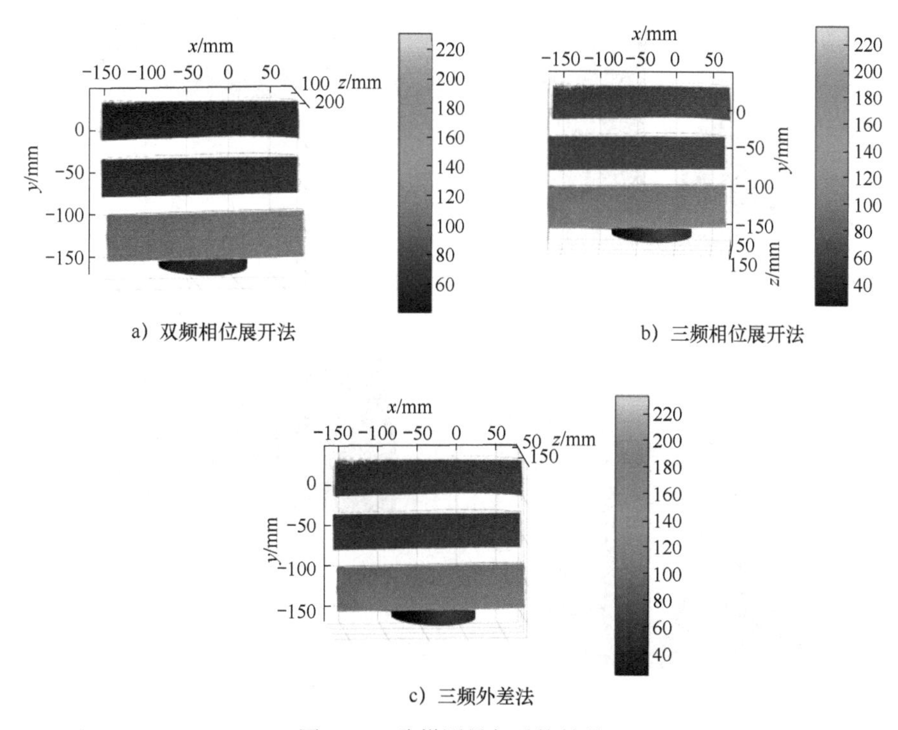

图 4-10　阶梯测量与重构结果

4.3.2　解析物体组合视觉测量实验

现进一步对相对复杂的解析物体组合进行视觉测量并重构，结果如图 4-11 所示。

由图 4-11 可知，3 种方法对石膏表面有着优良的测量能力，重构特征完整。同时，对比 3 种方法的局部重构效果，以方框内的重构部分为例，双频相位展开法重构表面较为粗糙；三频相位展开法和三频外差法水平相近，由于测量准确度较高，因此重构的表面较光滑，符合真实被测表面情况，且三频相位展开法和三频外差法重构出了被测表面的微观裂纹信息。

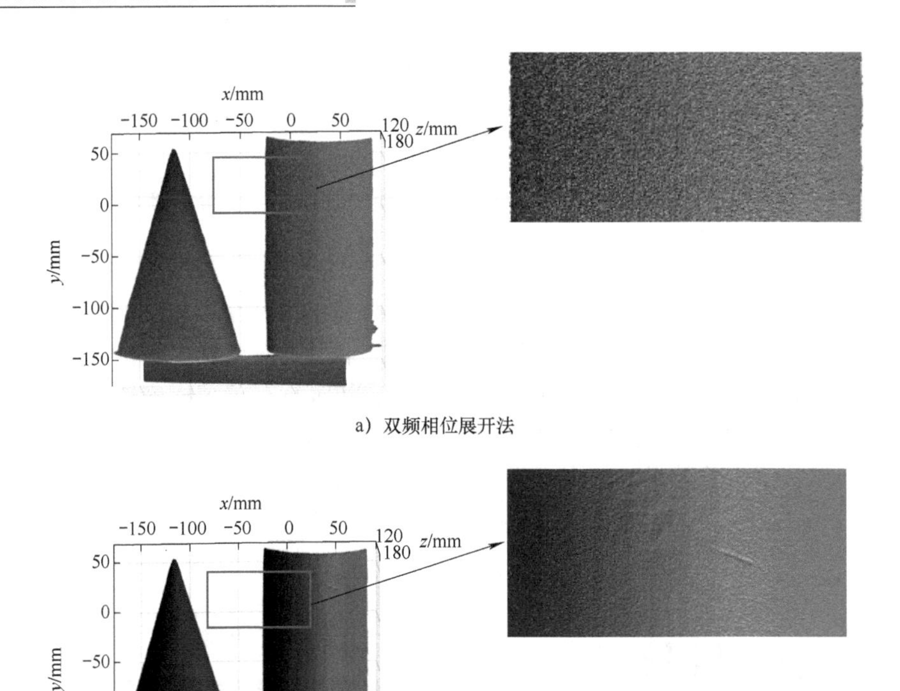

a）双频相位展开法

b）三频相位展开法

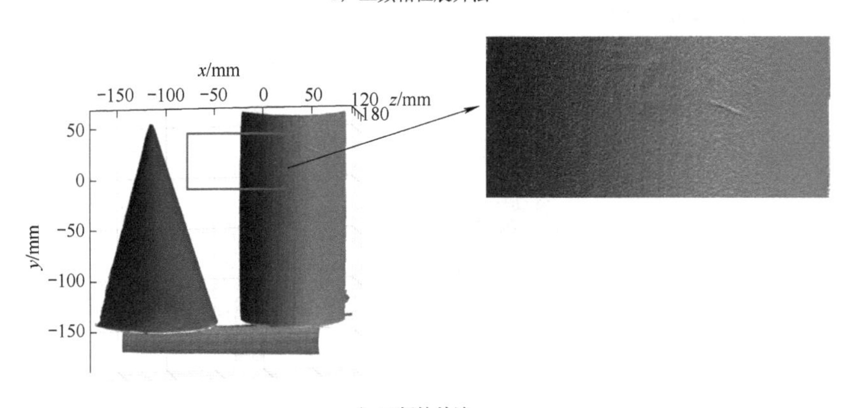

c）三频外差法

图 4-11　解析物体组合视觉测量与重构结果

4.3.3　石膏像视觉测量实验

现进一步对复杂程度更高、存在自遮挡的石膏像进行视觉测量并重构，结果如图 4-12 和图 4-13 所示。由图可知，3 种方法对石膏表面有着优良的测量能力，重构特征完整。同时，对比 3 种方法的局部重构效果，以方框内的重构部分为例，双频相位展开法因为解相位误差，所以重构表面较为粗糙；三频相位展开法和三频外差法水平相近，由于测量准确度较高，因此重构的表面较光滑，符合真实被测表面情况，可以推断出抗干扰性能更优，进而三频相位展开法和三频外差法重构出了被测表面的微观形貌信息。

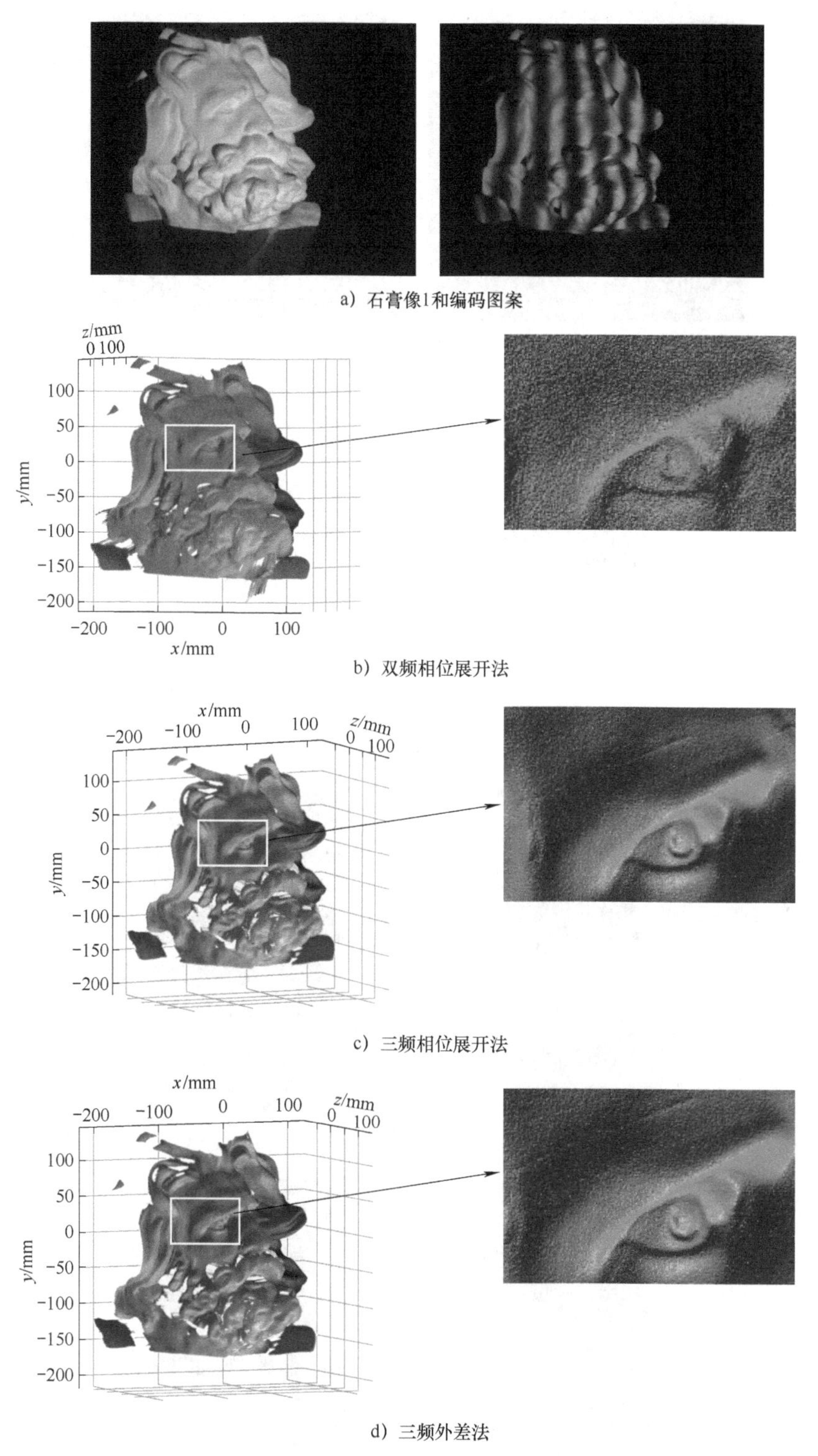

a）石膏像1和编码图案

b）双频相位展开法

c）三频相位展开法

d）三频外差法

图 4-12　石膏像 1 测量与重构结果

需要说明，由于光无法照射而造成自遮挡，无法获取条纹信息，所以得到的测量结果中石膏像耳朵及头发周围均出现不同程度的重构缺失。

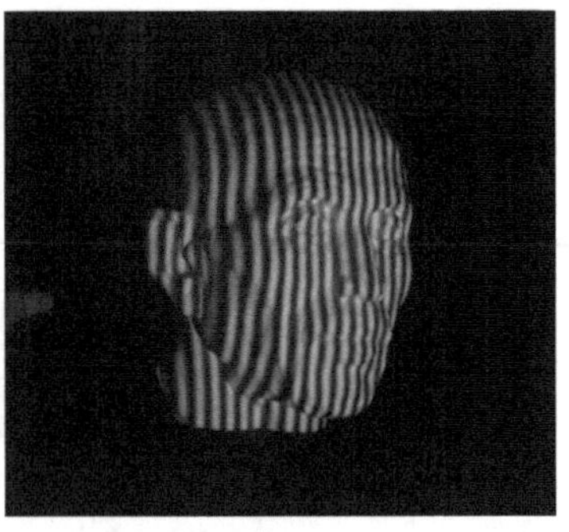

a）石膏像2和编码图案

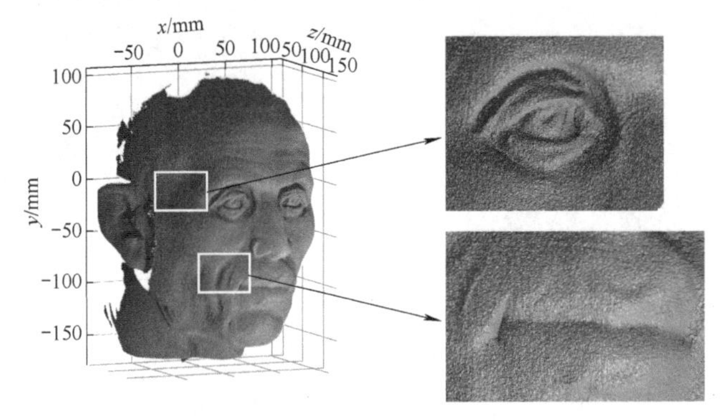

b）双频相位展开法

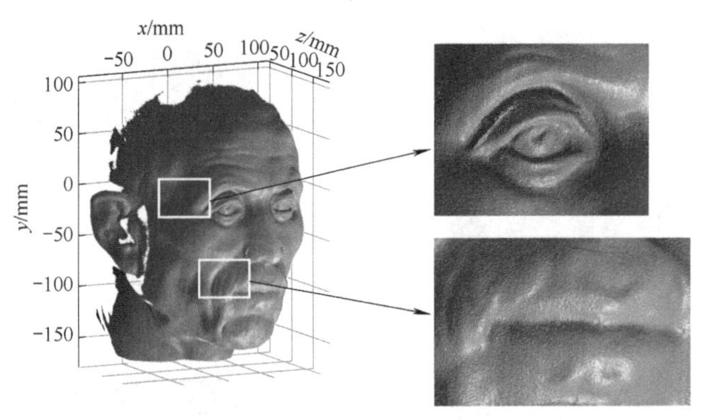

c）三频相位展开法

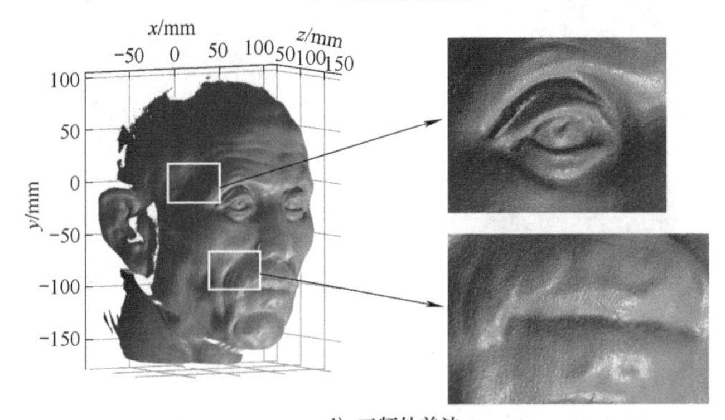

d）三频外差法

图 4-13　石膏像 2 测量与重构结果

4.3.4　微观浮雕视觉测量实验

进一步对复杂程度极高、微观形貌细小，存在自遮挡的微观浮雕进行视觉测量并重构，以评价 3 种方法的极限测量能力，结果如图 4-14 所示。

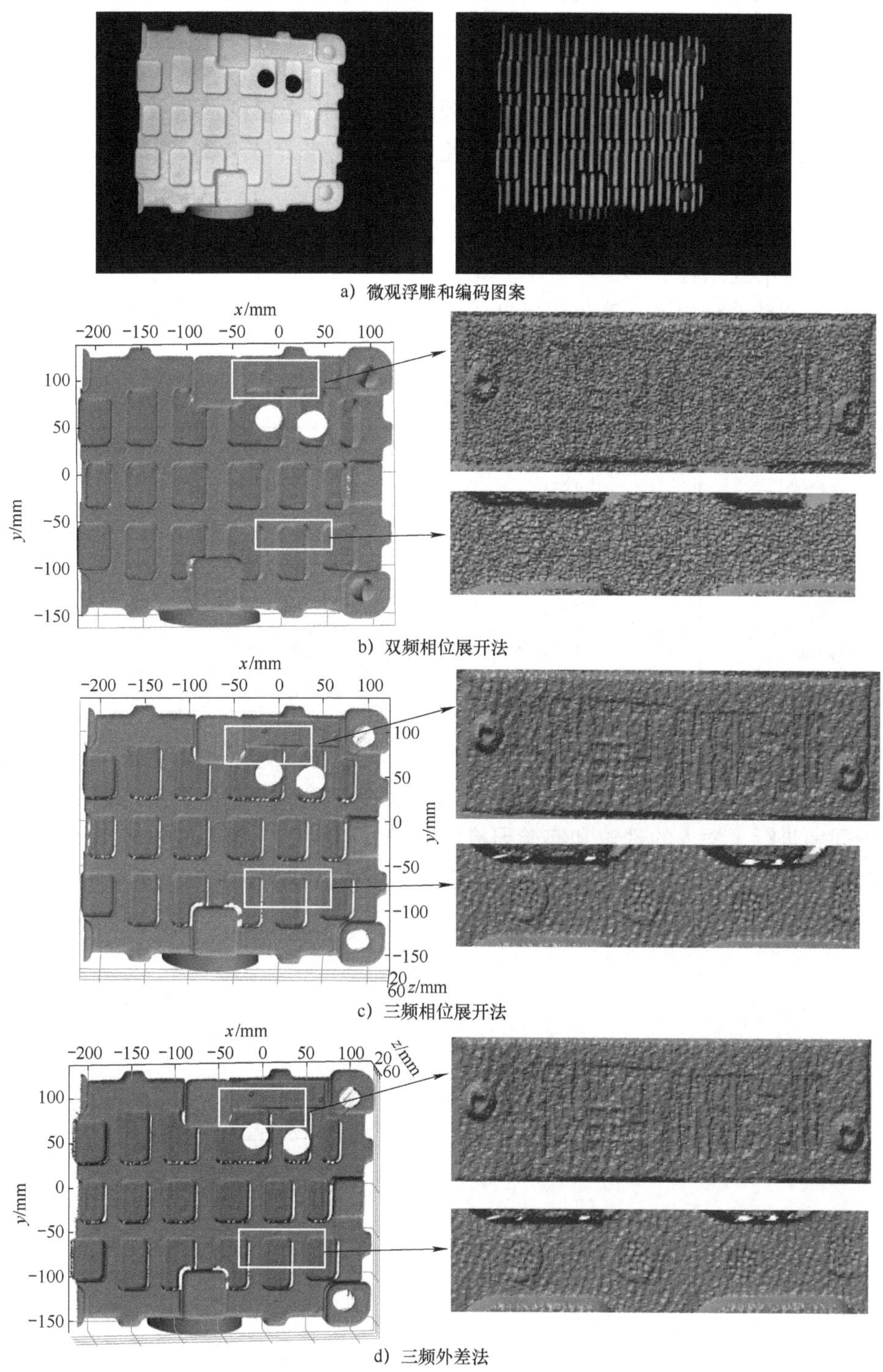

a）微观浮雕和编码图案

b）双频相位展开法

c）三频相位展开法

d）三频外差法

图 4-14　微观浮雕视觉测量与重构结果

由图 4-14 可知，3 种方法对微观浮雕有着优良的测量能力，重构特征完整。同时，对比 3 种方法的局部重构效果，以方框内的重构部分为例，双频相位展开法因为解相位误差，所以重构表面较为粗糙；三频相位展开法和三频外差法水平相近，由于测量准确度较高，因此重构的表面较光滑，符合真实被测表面情况，可以推断出抗干扰性能更优，进而三频相位展开法和三频外差法重构出了被测表面最细致的微观形貌信息，辨识度高、容错性能好。

由实验结果可知，三频相位展开法与三频外差法在同样条纹的条纹波长组合下进行测量，抗干扰性能相近，展开准确度相近，避免了跳变误差。与双频法比较，对相位的求解准确度更好。

在以上对比准确度和视觉效果的基础上，进一步对比 3 种方法的相位展开时间，以评价相位展开方法的复杂程度和运算效率，见表 4-12。由表可知，具有相近准确度的三频相位展开法和三频外差法相比，复杂程度低因而运算效率高，节省约 1/3 运算时间，更加节省系统资源进而适用于动态测量。

表 4-12　相位展开时间

被测对象	三频外差法展开时间/s	三频相位展开法展开时间/s	节省时间百分比（%）
孤立物体	0.1833	0.1329	0.27
老人头	0.1776	0.1287	0.28
泡沫	0.1808	0.1319	0.27
平面	0.1764	0.1278	0.28
石膏像	0.1744	0.1297	0.26
台阶	0.1756	0.1273	0.28

条纹视觉测量技术是三维视觉测量领域的主流发展方向之一，具有十分重要的应用前景。本章面向复杂被测景物，针对条纹主动编码法视觉测量方法，围绕抑制相位展开误差这个关键问题进行了深入的理论和实验研究，形成了双频、三频条纹主动编码法视觉测量方法，提高了相位展开准确度，实现了不连续景物表面的非接触视觉测量。

第5章 格雷码和模拟码结合的编解码原理

5.1 格雷码与模拟码等周期组合三维视觉测量方法

本节介绍余弦相移法编解码原理、格雷码编解码原理、格雷码和模拟码等周期组合三维视觉测量方法；在此基础上，针对格雷码和模拟码等周期组合三维视觉测量方法进行误差分析，提出消除包裹模拟码展开误差的途径；搭建仿真实验系统和实验装置，通过实验阐明等周期组合三维视觉测量方法中存在包裹模拟码展开误差、表现为周期跳变误差的现象。

5.1.1 余弦相移法编解码原理

结构光三维视觉测量系统的基本组成单元包括图案投射单元、图像采集单元和控制处理运算单元，图5-1所示为系统示意图。系统工作步骤依次为：计算机依据程序设定生成编码图案，投影仪将编码图案投射到被测景物表面，相机获取编码图像，计算机接收处理编码图像并依据三角测量原理得到被测景物表面的空间三维坐标。

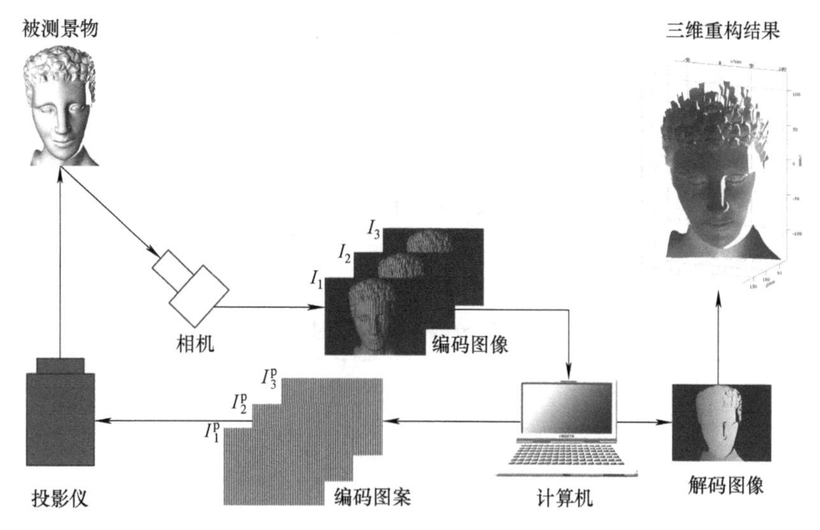

图5-1　结构光三维视觉测量系统

相移法是一种已经广泛应用于三维测量领域的结构光模拟编码方法。该方法中，编码投射图案是多幅周期相同、初始相位不同的余弦条纹图案，并形成对应的余弦条纹编码图像，针对所采集的余弦条纹编码图像进行解码，获得包裹相位，该包裹相位与投影仪图案坐标具有固定的对应关系，由此根据三角测量原理实现三维测量。下面，具体介绍 N 步相移法的编解码原理。

在 N 幅余弦相移条纹投射图案中，像素灰度 $I_v^{\mathrm{p}}(i,j)$ 表示为

$$I_v^{\mathrm{p}}(i,j)=A^{\mathrm{p}}(i,j)+B^{\mathrm{p}}(i,j)\cos\left[\frac{2\pi(j-1)}{T}+\delta_v\right] \tag{5-1}$$

式中，(i,j) 为余弦相移条纹投射图案中像素点的坐标；v 为投射图案的序号，$v=1,2,\cdots,N$；$A^{\mathrm{p}}(i,j)$ 为条纹灰度平均值，$B^{\mathrm{p}}(i,j)$ 为条纹灰度调制量，两者均为设定的常量；T 为条纹周期，为一个设定的常量；δ_v 为第 v 幅正弦相移条纹图案中余弦条纹的初始相位，是与图像序号相对应的一个设定常量，且

$$\delta_v=\frac{2\pi(v-1)}{N} \tag{5-2}$$

相机获取的 N 幅对应正弦相移条纹图像中，像素灰度 $I_v(i,j)$ 表示为

$$I_v(i,j)=A(i,j)+B(i,j)\cos[\varphi''(i,j)+\delta_v] \tag{5-3}$$

式中，$A(i,j)$ 为图像中条纹灰度的直流分量；$B(i,j)$ 为图像中条纹灰度的交流调制量；$\varphi''(i,j)$ 为像素 (i,j) 在其所在条纹周期内不考虑初相位时的相位，其值在所有图像中都是相同的。

根据上述原理，有

$$A(i,j)=\frac{\sum_{v=1}^{N}I_v(i,j)}{N} \tag{5-4}$$

$$B(i,j)=\frac{2}{N}\left\{\left[\sum_{v=1}^{N}I_v(i,j)\sin\delta_v\right]^2+\left[\sum_{v=1}^{N}I_v(i,j)\cos\delta_v\right]^2\right\}^{\frac{1}{2}} \tag{5-5}$$

$$\varphi''(i,j)=\arctan\frac{\sum_{v=1}^{N}-I_v(i,j)\sin\delta_v}{\sum_{v=1}^{N}I_v(i,j)\cos\delta_v} \tag{5-6}$$

式中，$\varphi''(i,j)$ 通过反正切函数运算获得，则相位 $\varphi''(i,j)$ 以 π 为周期包裹在$\pm\pi/2$ 之间。由于正弦函数的周期为 2π 且是连续的，因此根据反正切函数的分子 $\sin\varphi''$和分母 $\cos\varphi''$的正负关系，采用象限法可将相位 $\varphi''(i,j)$ 的范围扩展为 $[0,2\pi)$，从而形成包裹相位 $\varphi'(i,j)$，见表 5-1。

表 5-1　象限法相位范围扩展

符　号		$\sum_{v=1}^{N}-I_v(i,j)\sin\delta_v$	
		+	−
$\sum_{v=1}^{N}I_v(i,j)\cos\delta_v$	+	$\varphi'=\varphi''$	$\varphi'=\varphi''+2\pi$
	−	$\varphi'=\varphi''+\pi$	$\varphi'=\varphi''+\pi$

式（5-6）和表 5-1 联合构成 N 步正弦相移法的包裹相位解码数学模型，由此根据投射图案的设定参数 N、每幅条纹图像像素灰度 $I_v(i,j)$ 就可得到该像素的包裹相位 $\varphi'(i,j)$ 。

N 步相移法中 $N\geqslant 3$，常用的有三步、四步和五步相移法。以三步相移法为例，图 5-2 依次给出一个周期 T 内的 3 幅相移编码图像 $I_v(v=1,2,3)$ 及其中同一行像素灰度 $I_v(j)$、相位 $\varphi''(j)$ 和包裹相位 $\varphi'(j)$ 的曲线及其相互位置关系。

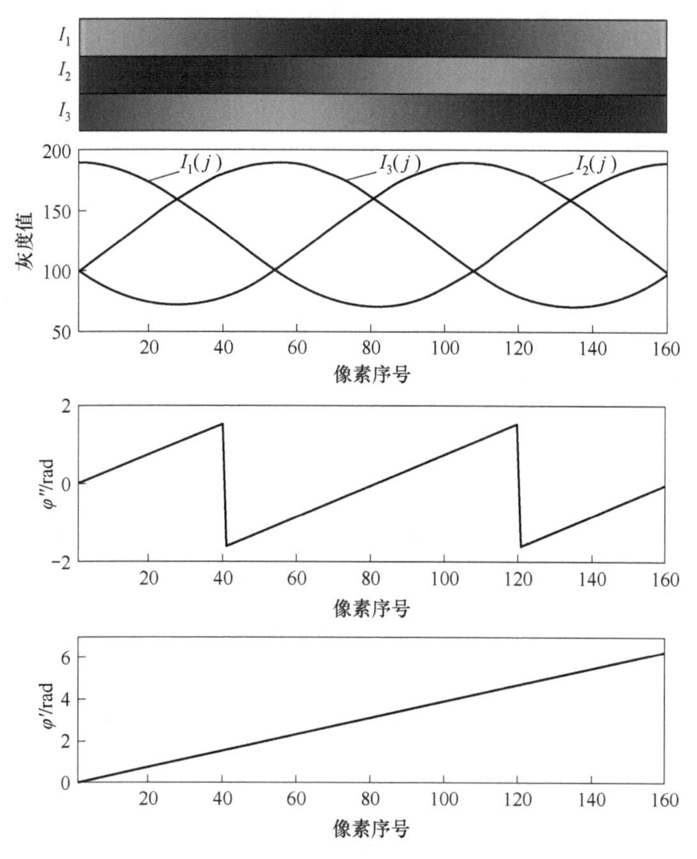

图 5-2　三步相移编码图像、灰度曲线、相位曲线和包裹相位曲线

5.1.2　格雷码编解码原理

N 幅余弦相移条纹投射图案仅能针对一个条纹周期 T 的空间进行解码，被测空间范围大则需要周期大，那么编码图案中相邻像素点的灰度差变小，致使灰度噪声影响增大、编解码准确度降低。结构光数字编码方法则不受被测深度空间限制，其中格雷码编解码方法已经得到广泛应用，但被测空间越大所需投射图案越多。

格雷码通常采用黑色条纹和白色条纹进行编码，黑色条纹对应码值为 0，白色条纹对应码值为 1，且相邻两个的码字之间只有一位不同，抗干扰能力强。一组分辨率为 $P\times Q$ 像素的 M 位格雷码投射图案生成如下：

$$g_w(i,j)=\text{fix}\left(\frac{2^{w-1}(j-1)}{Q}+0.5\right)\text{mod }2 \tag{5-7}$$

式中，$g_w(i,j)$ 为像素 (i,j) 的灰度；fix( )为向零取整函数；w 为格雷码从最高位到最低位的位数，为正整数且 $w=1,2,\cdots,M$； mod 为取余符号。图 5-3 给出一个 4 位格雷码投射图案的例子。

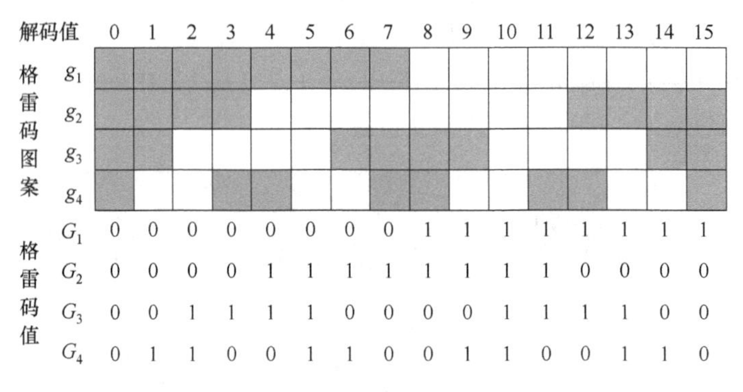

图 5-3　格雷码投射图案

相机获取的 M 幅对应格雷码图像中，像素灰度 $I_w^{g}(i,j)$ 与 $g_w(i,j)$ 相对应。实际中，景物表面物理特性不均匀、几何特性不规则、环境和系统中的系统噪声等导致格雷码图像中像素灰度响应出现差异，因此需要对格雷码图像进行归一化来减小这些影响。为此，增加投射一幅“全暗”图像和一幅“全亮”图案，对原有格雷码图像进行归一化。

$$J_w(i,j)=\frac{I_w^{g}(i,j)-I_{B}(i,j)}{I_{W}(i,j)-I_{B}(i,j)} \tag{5-8}$$

式中，$I_{B}(i,j)$ 、$I_{W}(i,j)$ 分别为“全暗”“全亮”图像的灰度；$J_w(i,j)$ 为归一化格雷码图像的灰度，其范围为 $[0,1]$。然后，对归一化图像进行二值化得到像素格雷码值 $G_w(i,j)$ 为

$$G_w(i,j)=\begin{cases}1 & J_w(i,j)>0.5\\ 0 & J_w(i,j)\leqslant 0.5\end{cases} \tag{5-9}$$

接着，将格雷码值转换为像素的二进制码值 $B_w(i,j)$

$$B_w(i,j)=\sum_{u=1}^{w}G_u(i,j)\bmod 2 \tag{5-10}$$

最后，将二进制码转换为像素的十进制码 $k_{g}(i,j)$，即格雷码解码值。

$$k_{g}(i,j)=\sum_{w=1}^{M}B_w(i,j)2^{M-w} \tag{5-11}$$

式（5-8）~式（5-11）联合构成了 M 位格雷码投射图案的解码数学模型，由此根据格雷码图像的像素灰度 $I_w^{g}(i,j)$、“全暗”和“全亮”图像中的像素灰度 $I_{B}(i,j)$ 和 $I_{W}(i,j)$ 就可得到该像素的格雷码解码值 $k_{g}(i,j)$。

5.1.3　等周期组合方法测量原理

如前所述，模拟码方法具有投射图案少、分辨力高的优点，但其抗干扰能力差、量程小；数字码方法具有抗干扰能力强、量程大的优点，但其投射图案多、分辨力低。鉴于两者各有优缺点，目前普遍将数字码和模拟码结合进行三维视觉测量，其中利用单周期模拟码的高分辨力进行测量，利用数字码的高抗干扰能力进行模拟码周期展开来实现多周期模拟码测量，这样既能测量高度剧烈变化或不连续的表面，又能在较大量程内保持高测量准确度。

等周期组合方法可概况为依次投射码值跳变位置和周期跳变位置重合的周期为 T 的数字码图案和模拟码图案；M 幅数字码图案将测量空间划分为 2^M 个子空间，每个子空间对应唯一的数字码值 k_g，称其为模拟码级数，且 $k_g \in \mathbf{N}$；每个子空间只包含一个周期的相位，通过解码获得的包裹相位 φ'将子空间在理论上无限细分；根据模拟码级数将包裹相位展开，获得绝对相位 ψ'为

$$\psi' = 2\pi k_g + \varphi' \tag{5-12}$$

式（5-12）可表达为

$$\frac{T}{2\pi}\psi' = k_g T + \frac{T}{2\pi}\varphi' \tag{5-13}$$

定义包裹模拟码为 $\varphi=\frac{T}{2\pi}\varphi'$，其主值范围为 $[0,T)$，定义绝对模拟码为 $\psi=\frac{T}{2\pi}\psi'$，则得到等周期组合方法的包裹模拟码展开数学模型为

$$\psi = k_g T + \varphi \tag{5-14}$$

由绝对模拟码 ψ 得到投影仪图案坐标，再根据三角测量原理可得到空间三维坐标。

在等周期组合方法中，以 ψ 为横坐标，k_g、φ 和 ψ 的波形及其相互位置关系如图 5-4 所示。等周期组合三维计算机视觉测量方法总结为：①由投影仪投射等周期的数字码和模拟码组合图案到被测表面上，并通过相机采集受被测表面高度调制的等周期数字码和模拟码组合图像；②通过解码数字码图像获得模拟码级数；③通过解码模拟码图像获得包裹模拟码；④使用模拟码级数进行模拟码展开，获得与被测表面高度变化成比例的连续绝对模拟码；⑤根据预先标定的参数采用三角测量原理将绝对模拟码转换为景物表面的三维坐标。

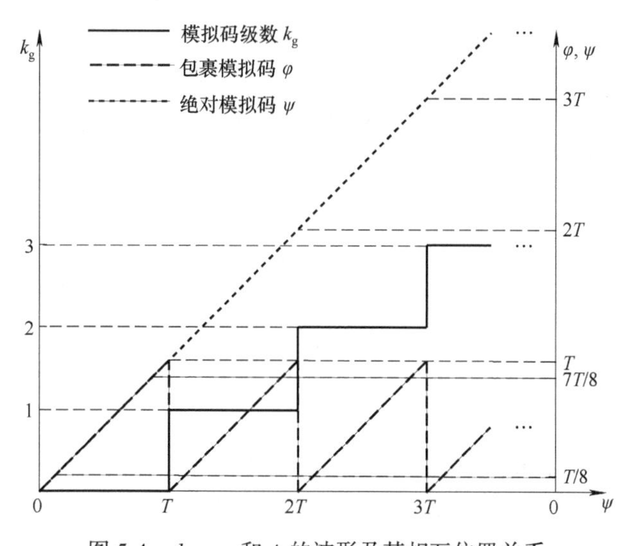

图 5-4　k_g、φ 和 ψ 的波形及其相互位置关系

5.1.4　等周期组合方法误差分析

等周期组合方法的包裹模拟码展开数学模型式（5-14）是在理想情况下推导出来的，但实际测量过程中因环境噪声和器件噪声等导致 k_g、φ 和 ψ 分别产生误差 Δk_g、$\Delta\varphi$ 和 $\Delta\psi$。模拟码级数、包裹模拟码和绝对模拟码的测量值分别记为 k_g^c、φ^c 和 ψ^c，则 $k_g^c = k_g + \Delta k_g$、

$\varphi^c = \varphi + \Delta\varphi$、$\psi^c = \psi + \Delta\psi$，那么

$$\psi^c = k_g^c T + \varphi^c \tag{5-15}$$

$$\Delta\psi^c = \Delta k_g T + \Delta\varphi \tag{5-16}$$

式（5-15）即为等周期组合方法的包裹模拟码展开测量模型。

因为 $\varphi^c \in [0,T)$、$\varphi \in [0,T)$，所以 $\Delta\varphi \in (-T,T)$，因此包裹模拟码会出现接近一个周期的误差，结果导致接近一个周期的绝对模拟码误差。另外，模拟码级数一旦出现误差就会导致整数倍周期的绝对模拟码误差。这样的绝对模拟码误差导致绝对模拟码出现明显的跳变，称为周期跳变误差。显然，周期跳变误差会导致较大的测量误差，限制了等周期组合方法的测量准确度。包裹模拟码解码误差产生的主要原因包括被测表面反射率不均匀、背景光变化、硬件性能不理想和噪声等，除上述因素外，还包括其黑白条纹转换处本身就存在一个过渡区域，黑白条纹转换边界不是锐截断的。

因为 $0 \leqslant \varphi^c < T$、$0 \leqslant \varphi < T$，则 $-T < \Delta\varphi < T$，所以 $\Delta\varphi$ 的取值范围为包裹模拟码量程的 2 倍。为减小包裹模拟码误差的影响，定义剩余模拟码误差 $\Delta\varphi^c$ 为

$$\Delta\varphi^c = \Delta\varphi - kT = \begin{cases} \Delta\varphi + T & (-T < \Delta\varphi \leqslant -\dfrac{T}{2}，此时\ k = -1) \\ \Delta\varphi & (-\dfrac{T}{2} < \Delta\varphi < \dfrac{T}{2}，此时\ k = 0) \\ \Delta\varphi - T & (\dfrac{T}{2} \leqslant \Delta\varphi < T，此时\ k = 1) \end{cases} \tag{5-17}$$

可见，剩余模拟码误差取值范围为 $-T/2 < \Delta\varphi^c < T/2$，其取值范围与包裹模拟码量程相等、仅为包裹模拟码误差取值范围的 1/2，其大小不超过 $\pm T/2$。此时，绝对模拟码误差为

$$\Delta\psi = \Delta k_g T + \Delta\varphi^c + kT \tag{5-18}$$

根据式（5-18），当数字码不存在误差时，$\Delta k_g = 0$。

1）如果 $k=0$ 即 $-T/2 < \Delta\varphi < T/2$，则 $\Delta\psi = \Delta\varphi^c$，那么绝对模拟码误差等于剩余模拟码误差且在 $\pm T/2$ 之内。

2）如果 $k=-1$ 即 $-T < \Delta\varphi \leqslant -T/2$，则 $\Delta\psi = \Delta\varphi^c - T$，那么绝对模拟码误差包括剩余模拟码误差和 1 个周期大小的周期负向跳变误差。

3）如果 $k=1$ 即 $T/2 \leqslant \Delta\varphi < T$，则 $\Delta\psi = \Delta\varphi^c + T$，那么绝对模拟码误差包括剩余模拟码误差和 1 个周期大小的周期正向跳变误差。

当数字码存在误差时，$\Delta k_g \neq 0$。

1）如果 $k=0$ 即 $-T/2 < \Delta\varphi < T/2$，则 $\Delta\psi = \Delta k_g T + \Delta\varphi^c$，那么绝对模拟码误差包括剩余模拟码误差和 Δk_g 个周期大小的周期跳变误差。

2）如果 $k \neq 0$ 即 $-T < \Delta\varphi \leqslant -T/2$ 或 $T/2 \leqslant \Delta\varphi < T$，则 $\Delta\psi = (\Delta k_g + k)T + \Delta\varphi^c$，那么绝对模拟码误差包括剩余模拟码误差和 $\Delta k_g + k$ 个周期大小的周期跳变误差。然而，如果 $\Delta k_g + k = 0$，则 $\Delta\psi = \Delta\varphi^c$，那么绝对模拟码误差仅含有剩余模拟码误差，不存在周期跳变误差，可见，采取措施使 $\Delta k_g + k = 0$ 可成为消除周期跳变误差的途径。

依据上面思路，定义二次剩余模拟码误差为

$$\Delta\varphi^{*} = \Delta\varphi^{c} - l\frac{T}{2} = \begin{cases} \Delta\varphi^{c} + \dfrac{T}{2} & \left(-\dfrac{T}{2} < \Delta\varphi^{c} \leqslant -\dfrac{T}{4}，此时\ l = -1\right) \\ \Delta\varphi^{c} & \left(-\dfrac{T}{4} < \Delta\varphi^{c} < \dfrac{T}{4}，此时\ l = 0\right) \\ \Delta\varphi^{c} - \dfrac{T}{2} & \left(\dfrac{T}{4} \leqslant \Delta\varphi^{c} < \dfrac{T}{2}，此时\ l = 1\right) \end{cases} \tag{5-19}$$

可见，二次剩余模拟码误差取值范围为 $-T/4 < \Delta\varphi^{*} < T/4$，其取值范围为包裹模拟码量程的 1/2、包裹模拟码误差取值范围的 1/4，其大小仅为剩余模拟码误差的 1/2、包裹模拟码误差的 1/4。此时，绝对模拟码误差为

$$\Delta\psi = \Delta k_{g}T + kT + l\frac{T}{2} + \Delta\varphi^{*} \tag{5-20}$$

根据式（5-20），当 $\Delta k_{g} = 0$ 且 $k = 0$ 即 $-T/2 < \Delta\varphi < T/2$ 时，$\Delta\psi = lT/2 + \Delta\varphi^{*}$，那么绝对模拟码误差等于剩余模拟码误差。其中，又分成如下 3 种情况：

1）当 $l = 0$ 即 $-T/4 < \Delta\varphi^{c} < T/4$ 时，$\Delta\psi = \Delta\varphi^{*}$，那么绝对模拟码误差等于二次剩余模拟码误差，其大小不超过 $\pm T/4$。

2）当 $l = -1$ 即 $-T/2 < \Delta\varphi^{c} \leqslant -T/4$ 时，$\Delta\psi = \Delta\varphi^{*} - T/2$，那么绝对模拟码误差包括二次剩余模拟码误差和 $T/2$，且仅为 $T/2$ 的周期负向跳变误差。

3）当 $l = 1$ 即 $T/4 \leqslant \Delta\varphi^{c} < T/2$ 时，$\Delta\psi = \Delta\varphi^{*} + T/2$，那么绝对模拟码误差包括二次剩余模拟码误差和 $T/2$，且仅为 $T/2$ 的周期正向跳变误差。

继续考虑包括 $\Delta k_{g} = 0$ 且 $k \neq 0$ 或 $\Delta k_{g} \neq 0$ 且 $k = 0$ 或 $\Delta k_{g} \neq 0$ 且 $k \neq 0$ 在内的其他情况，绝对模拟码误差为

$$\Delta\psi = \left(\Delta k_{g} + k + \frac{l}{2}\right)T + \Delta\varphi^{*} \tag{5-21}$$

其中 $l = -1,0,1$，$k = -1,0,1$，Δk_{g} 为整数，则 $\Delta k_{g} + k$ 也为整数，那么除非 $\Delta k_{g} + k = 0$ 且 $l = 0$ 即 $-T/4 < \Delta\varphi^{c} < T/4$ 时不存在周期跳变误差，否则必然存在不小于 $T/2$ 的跳变误差。可见，存在周期跳变误差时，不能通过设计实现 $\Delta k_{g} + k + l/2 = 0$ 来消除周期跳变误差。同理，采用更高阶次的剩余模拟码误差表达方式通过该思路也不能实现消除周期跳变误差。

综上所述，考虑采用剩余误差表达方式，采取投射图案设计和模拟码展开算法设计两方面措施，实现 $\Delta k_{g} + k = 0$，达到消除周期跳变误差的目的。

5.1.5　测量实验

1. 仿真测量实验

为验证格雷码与模拟码等周期组合三维视觉测量方法，采用 3DS MAX 软件建立仿真测量系统。仿真测量系统设计如下：投射编码图案共 12 幅，包括 7 幅格雷码图案、3 幅相移条纹图案和黑、白 2 幅图案；条纹周期 $T = 8$ 个像素；投影仪分辨率为 1024×768 像素；摄像机分辨率为 2048×1536 像素；采用三步相移法由相移条纹图像获得包裹模拟码；模拟码级数通过 7 位格雷码图像解码得到；采用等周期组合方法获取绝对模拟码；采用三角测量原理，根据绝对模拟码计算被测表面的三维坐标。

为定量评价格雷码和模拟码等周期组合方法及其周期跳变误差，进行解析表面仿真测量实验。构造一个 200mm×150mm 的解析平面作为标准平面，该平面垂直于深度方向即投影仪光轴方向并沿深度方向移动，移动起点距投影仪镜头中心 760mm 位置处，移动范围为 80mm，移动间距为 20mm。每移动到一个位置，都进行标准平面编码图像采集和处理，得到该标准平面的三维坐标，再处理测量数据、评价测量结果。

作为示例，给出 800mm 深度处平面编码图像中第 768 行像素的测量值曲线及其 1011～1071 列的局部放大图。图 5-5 为包裹模拟码测量值曲线及其局部放大图。图 5-6 为模拟码级数测量值曲线及其局部放大图。图 5-7 为绝对模拟码测量值曲线及其局部放大图。图 5-8 为深度测量误差曲线及其局部放大图。图 5-9 为被测平面的测量结果及其测量误差。

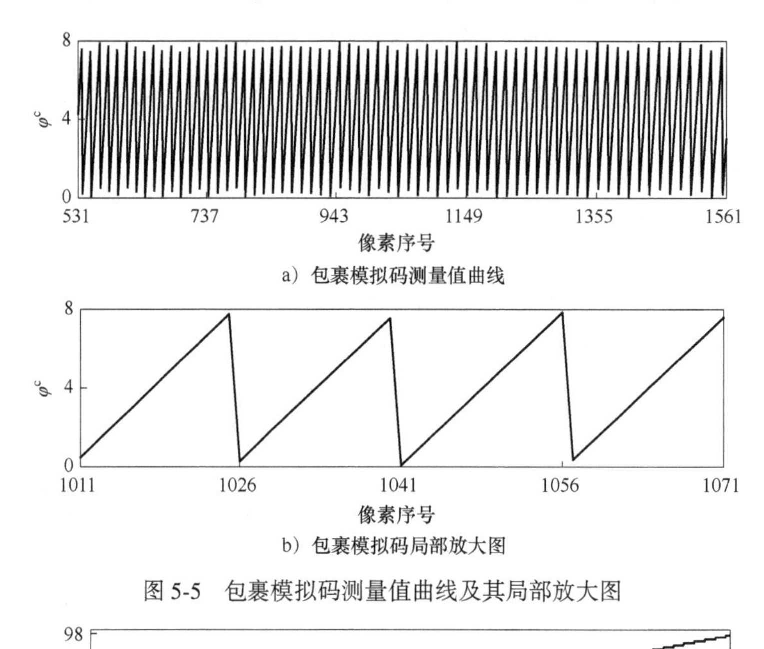

a）包裹模拟码测量值曲线

b）包裹模拟码局部放大图

图 5-5　包裹模拟码测量值曲线及其局部放大图

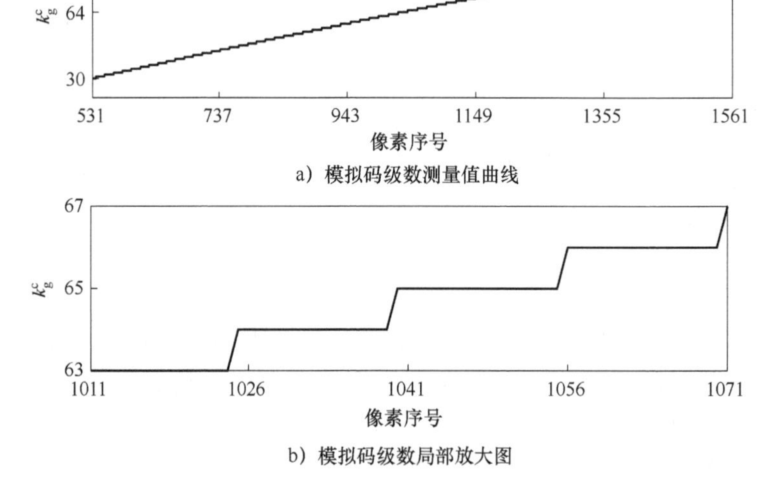

a）模拟码级数测量值曲线

b）模拟码级数局部放大图

图 5-6　模拟码级数测量值曲线及其局部放大图

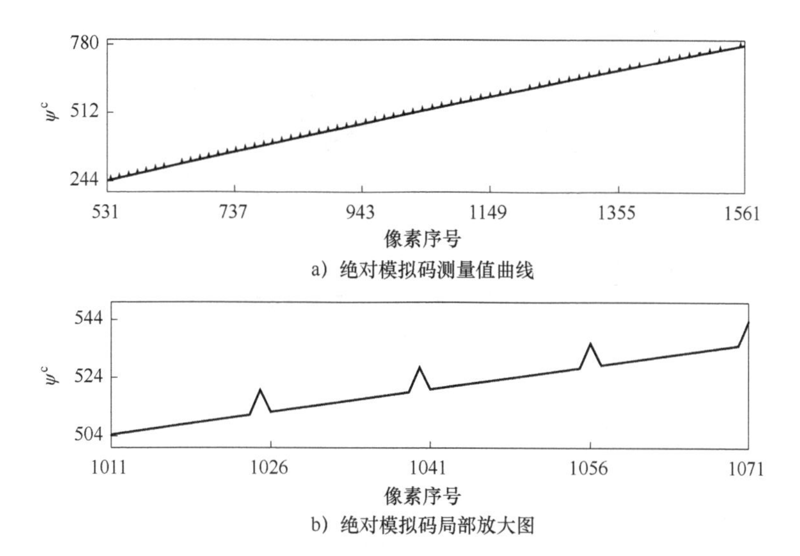

a）绝对模拟码测量值曲线

b）绝对模拟码局部放大图

图 5-7　绝对模拟码测量值曲线及其局部放大图

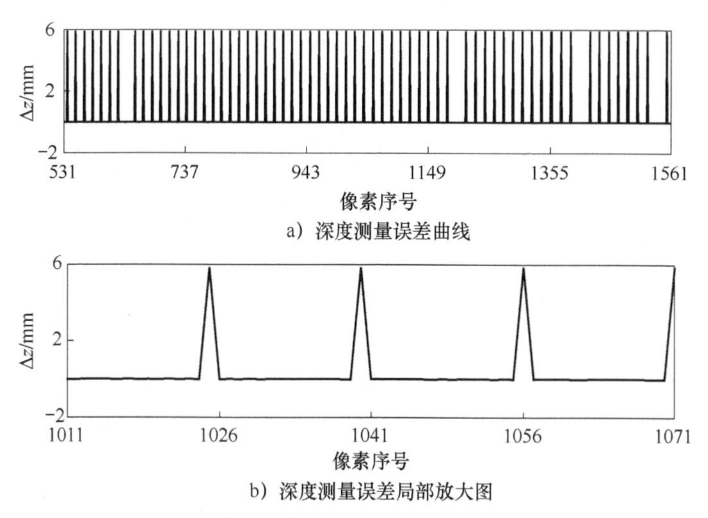

a）深度测量误差曲线

b）深度测量误差局部放大图

图 5-8　深度测量误差曲线及其局部放大图

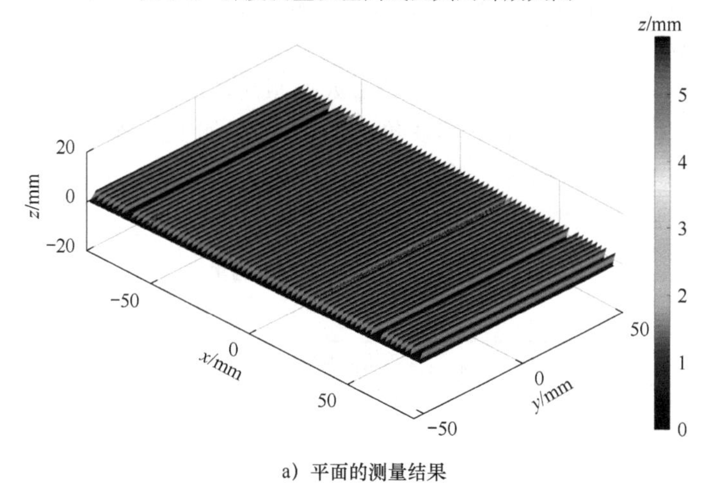

a）平面的测量结果

图 5-9　被测平面的测量结果及其测量误差

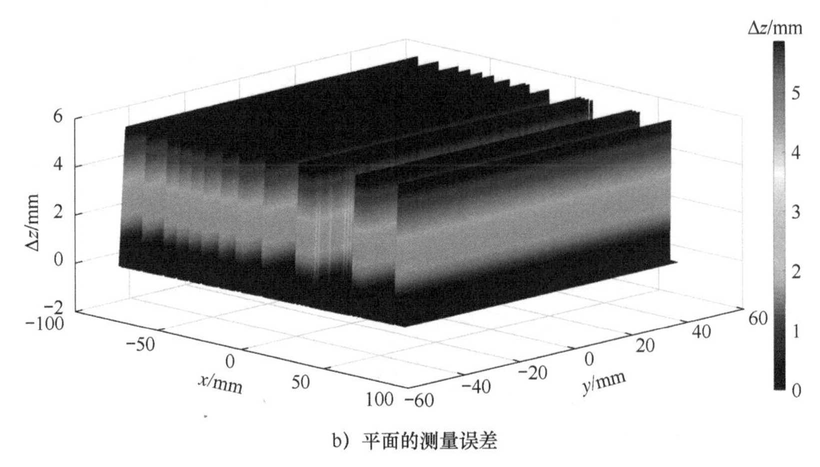

b）平面的测量误差

图 5-9　被测平面的测量结果及其测量误差（续）

图 5-5a 和图 5-6a 表明，包裹模拟码和模拟码级数测量值曲线自身顺序单调变化，曲线本身未出现跳变误差。图 5-5b 和图 5-6b 表明，包裹模拟码测量值曲线跳变位置左侧像素处接近 T、右侧像素处为 0，模拟码级数测量值曲线跳变位置左右两侧像素处的差值为 1，包裹模拟码测量值曲线跳变位置与模拟码级数测量值曲线跳变位置不重合，这必然导致模拟码展开时出现周期跳变误差。图 5-7 中，绝对模拟码测量值曲线为一条存在幅值基本相等的尖峰的单调线性曲线，这表明等周期组合后既实现了包裹模拟码展开又存在周期跳变误差的具体现象。等周期组合后得到相应的深度测量值及其由周期跳变误差导致的粗大误差，如图 5-8 所示，显示出由周期跳变误差导致的粗大误差大小及其出现的位置。

在 800mm 深度处，整个标准平面的测量结果及其测量误差如图 5-9 所示，其中将 800mm 深度作为坐标原点以便于显示。由图 5-9a 可见，重构平面上有规律地出现由周期跳变误差导致的条状棱，该条状棱沿 y 坐标方向即编码图像行方向延长、沿 x 坐标方向即编码图像列方向以约一个周期 T 的间隔呈周期性尖峰，这在图 5-9b 中展示得更加清楚。图 5-9 明确显示出由周期跳变误差导致的粗大误差的大小及其出现位置的规律，该规律产生的原因是因编码图像每行像素状况与第 768 行像素类似而具有类似的测量结果。显然，等周期组合方法在包裹模拟码起止位置处几乎全部出现周期跳变误差，而且周期跳变误差远大于包裹模拟码测量误差。

为定量评价等周期组合方法，在 5 个位置处按照同样的过程完成标准平面测量，对测量数据进行处理后得到测量结果及其评价，见表 5-2。可见，深度测量平均值误差小于 0. 42mm，方均根误差小于 1. 63mm，最大绝对误差小于 6. 35mm。这些测量误差取决于周期跳变误差，其中包裹模拟码测量误差的影响可以忽略不计。

表 5-2　平面的深度测量结果

（单位：mm）

标准深度	测量平均值	平均值误差	方均根误差	最大绝对误差
40. 000	40. 356	0. 356	1. 397	5. 507
20. 000	20. 382	0. 382	1. 467	5. 646
0. 000	0. 372	0. 372	1. 479	5. 882

（续）

标准深度	测量平均值	平均值误差	方均根误差	最大绝对误差
-20.000	-19.623	0.377	1.517	6.106
-40.000	-39.581	0.419	1.630	6.350

针对半径为 150mm 的解析球面和人头像进行仿真测量实验。图 5-10 为重构三维球面及其局部放大图，图 5-11 为图 5-1 中仿真人头像的重构结果及其局部放大图。显然，等周期组合方法的测量结果中存在由周期跳变误差导致的粗大误差，而且周期跳变误差产生的现象与仿真平面类似。

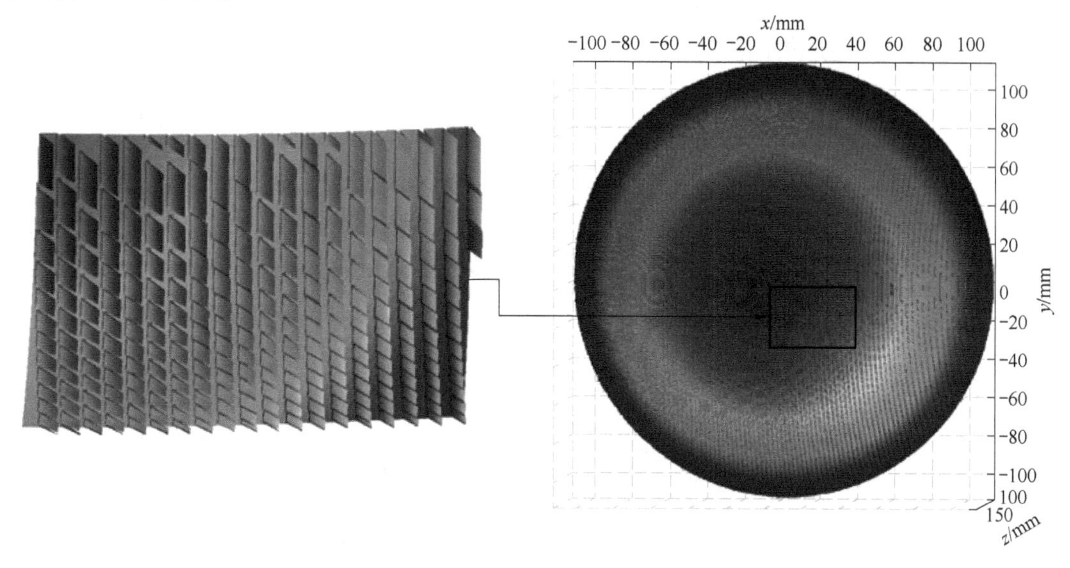

图 5-10　重构三维球面及其局部放大图

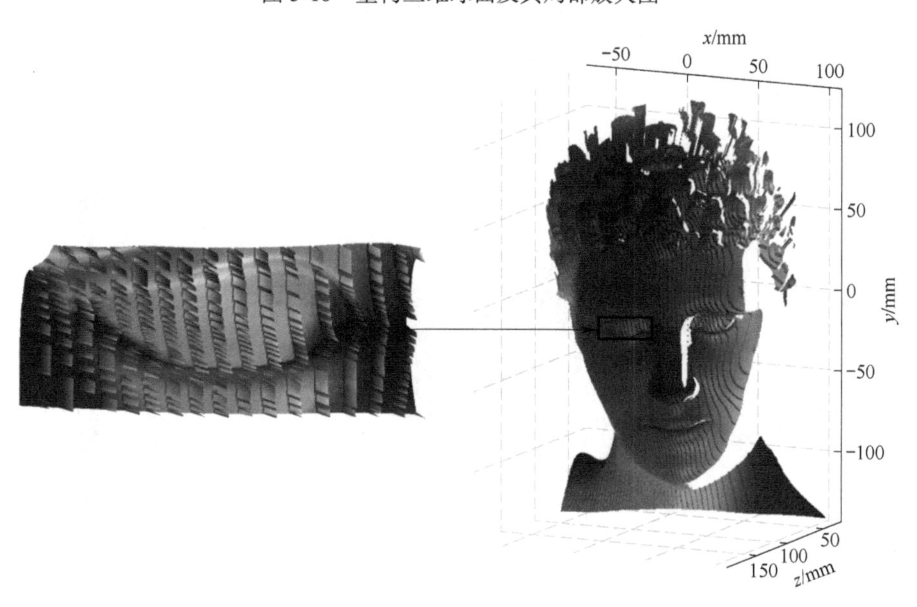

图 5-11　重构人头像及其局部放大图

2. 装置测量实验

为了进行等周期组合三维视觉测量方法的实际测量实验验证，搭建实验装置并针对不同形状的典型表面进行测量实验。实验装置主要包括一台数字投影仪（1024 像素×768 像素）、一台 CMOS 摄像机（2048 像素×1536 像素）和一台计算机，其设计参数与仿真系统相同。

针对一个 200mm ×150mm 的平面进行测量，实验设计和过程与平面仿真实验完全相同。平面在 800mm 深度处的编码图像中 768 行像素的绝对模拟码测量值曲线如图 5-12 所示，其类似于仿真平面的绝对模拟码测量值曲线。平面在 800mm 深度位置的测量结果及测量误差如图 5-13 所示。实际平面及其测量误差与仿真平面测量结果类似，其中由于平面本身存在弯曲和倾斜而导致条状棱走向弯曲。

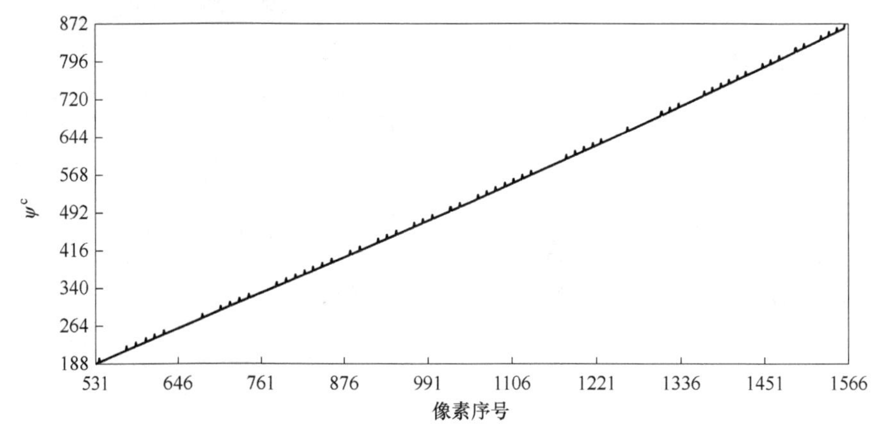

图 5-12　实际平面的绝对模拟码测量值曲线

表 5-3 给出了采用等周期组合方法在 5 个不同深度位置得到的平面深度测量结果，其测量平均值误差小于 0. 47mm，方均根误差小于 1. 88mm，最大绝对误差小于 8. 10mm，略大于仿真平面的测量误差。

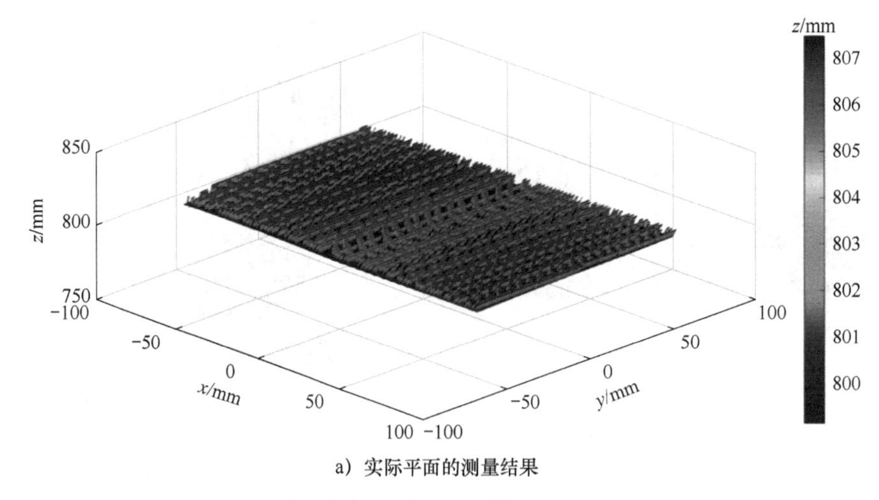

a）实际平面的测量结果

图 5-13　实际平面的测量结果及测量误差

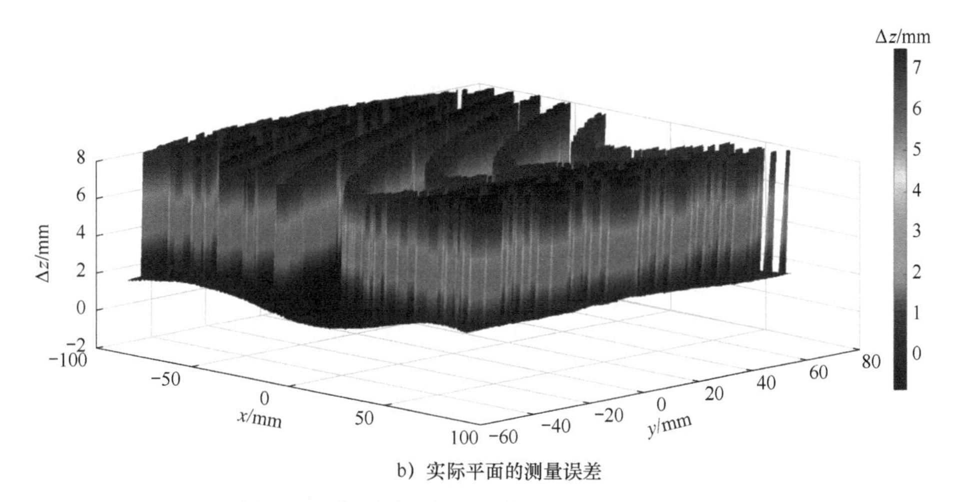

b）实际平面的测量误差

图 5-13　实际平面的测量结果及测量误差（续）

表 5-3　实际平面的深度测量结果

（单位：mm）

标 准 深 度	测量平均值	平均值误差	方均根误差	最大绝对误差
760.000	760.392	0.392	1.603	7.025
780.000	780.395	0.395	1.644	7.202
800.000	800.412	0.412	1.711	7.504
820.000	820.424	0.424	1.764	7.789
840.000	840.462	0.462	1.874	8.101

选择简单平滑且规则的球面、表面复杂但起伏较小的瓷花瓶和表面复杂且起伏较大的石膏像作为被测对象，根据测量结果验证评价等周期组合方法。图 5-14 所示为球面及其测量结果。其中，图 5-14a 为被测球面；图 5-14b 为格雷码图像；图 5-14c 为相移条纹图像；图 5-14d 为包裹模拟码图像，像素点灰度值代表包裹模拟码测量值；图 5-14e 为绝对模拟码图像，像素点灰度值代表绝对模拟码测量值。图 5-15 为采用格雷码和模拟码等周期组合方法重构的三维球面及其局部放大图，其局部放大图明显可见由周期跳变误差导致的条状粗大误差。

图 5-16 所示为瓷花瓶及其测量结果。图 5-17 为采用等周期组合方法重构的三维花瓶，明显可见其存在由周期跳变误差导致的条状粗大误差。

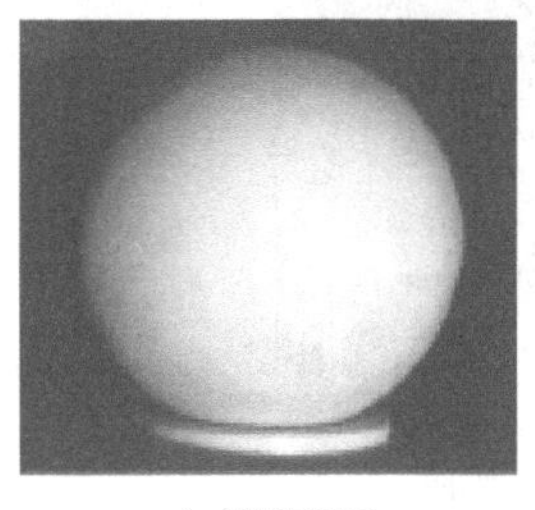

a）被测球面

b）格雷码图像

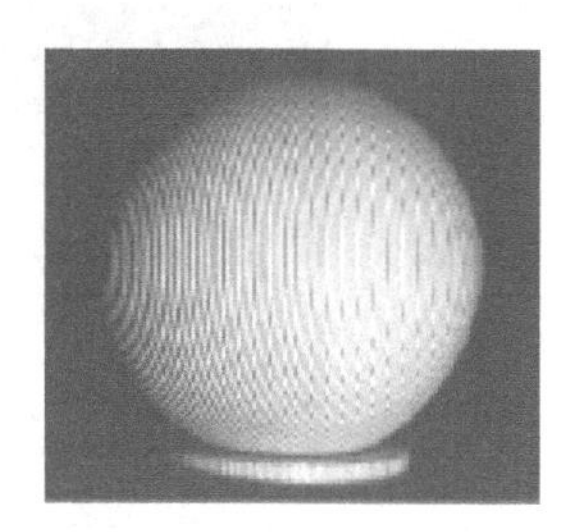

c）相移条纹图像

图 5-14　球面及其测量结果

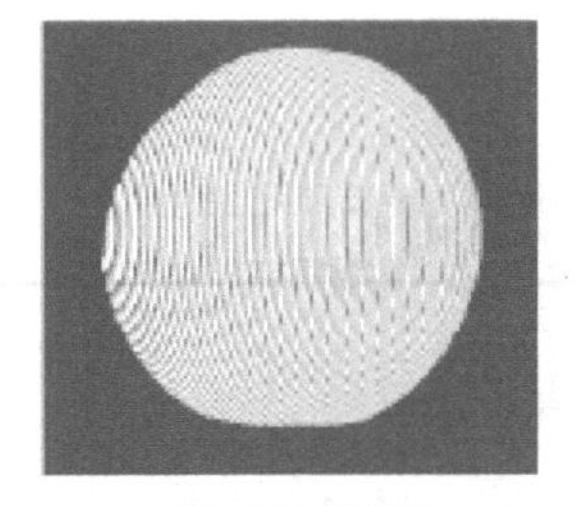

d）包裹模拟码图像

e）绝对模拟码图像

图 5-14　球面及其测量结果（续）

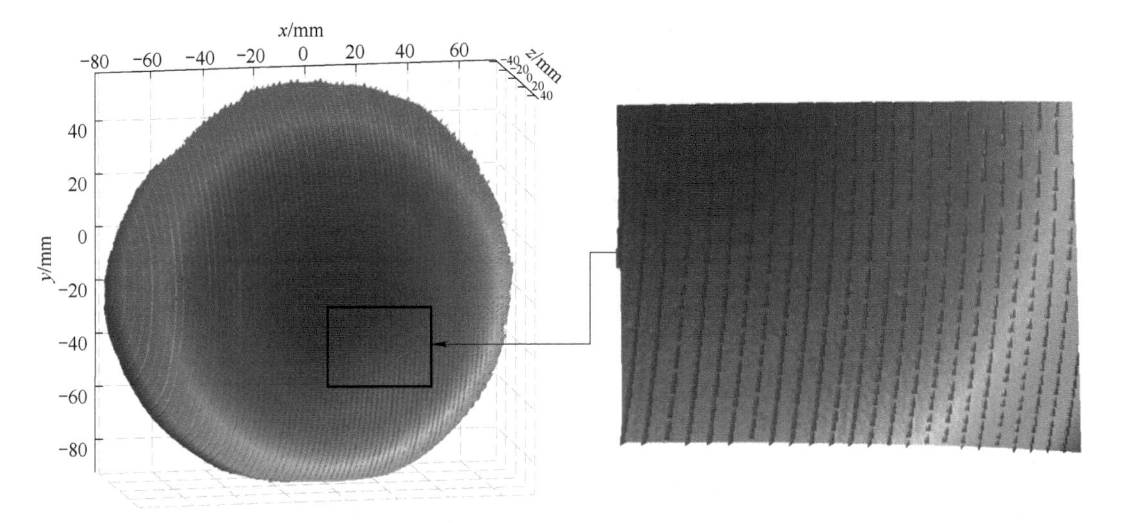

图 5-15　采用等周期组合方法重构的三维球面及其局部放大图

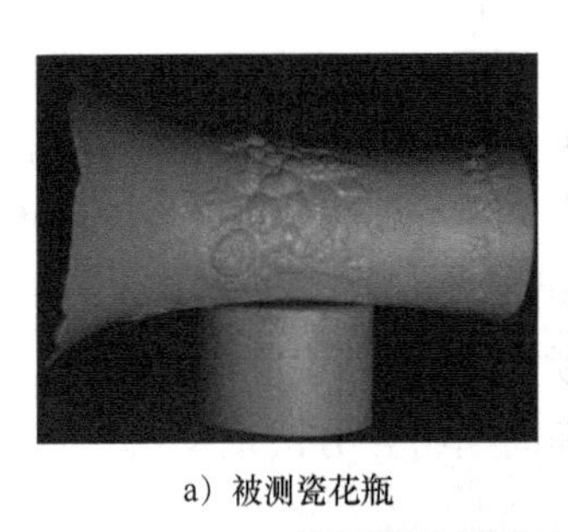

a）被测瓷花瓶

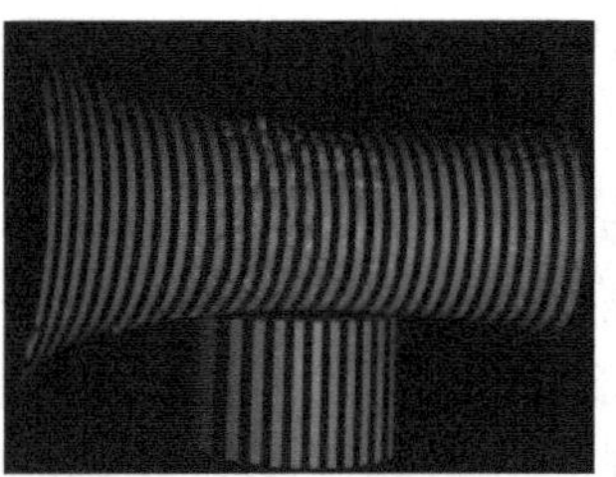

b）格雷码图像

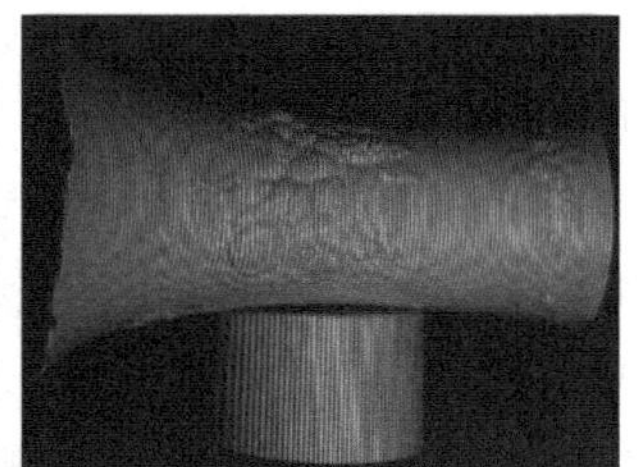

c）相移条纹图像

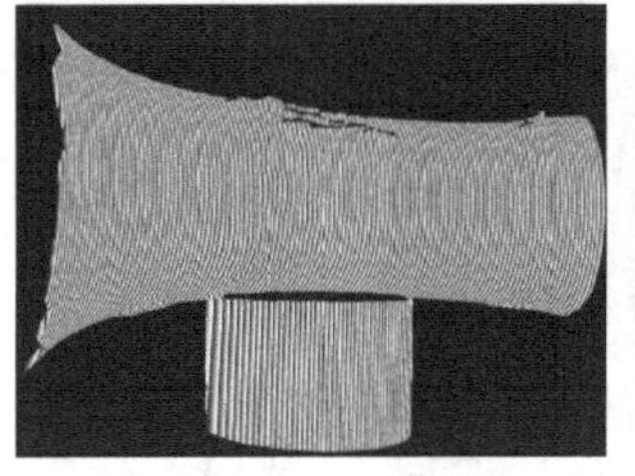

d）包裹模拟码图像

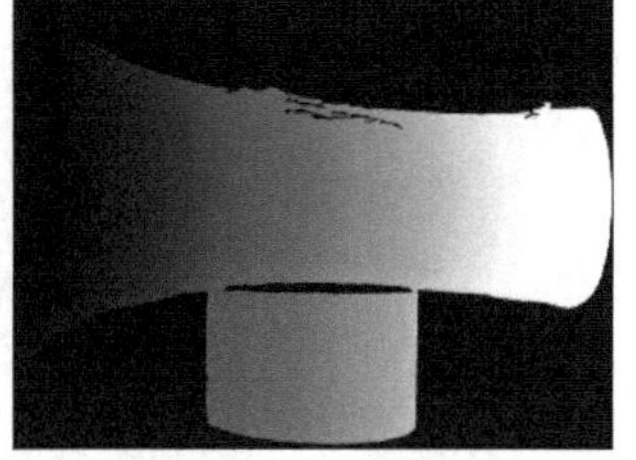

e）绝对模拟码图像

图 5-16　瓷花瓶及其测量结果

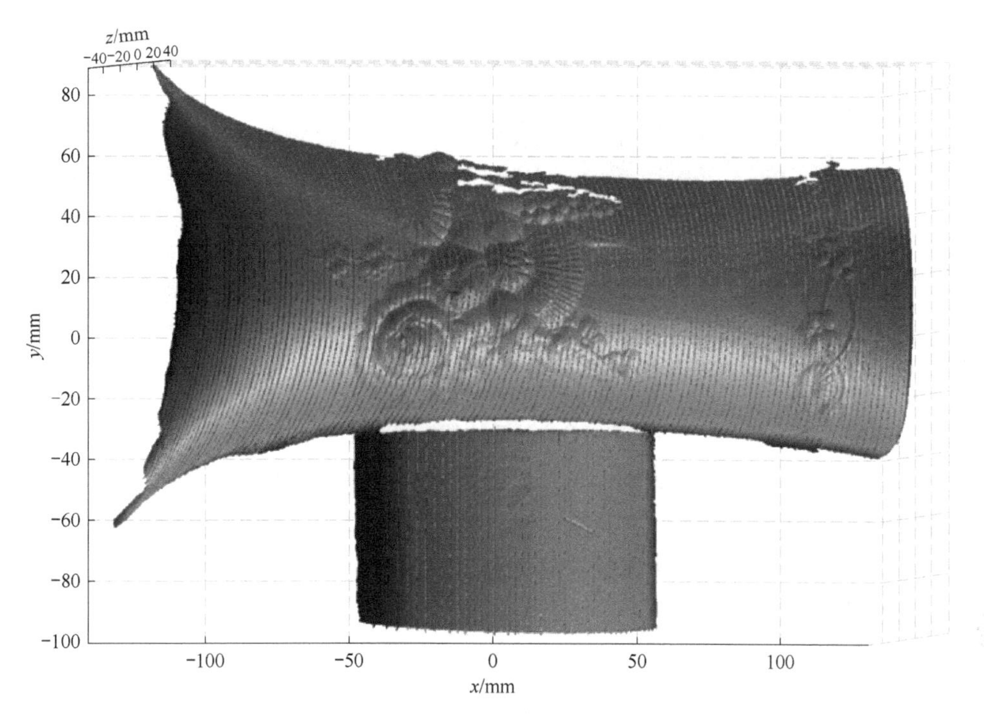

图 5-17　采用等周期组合方法重构的三维花瓶

图 5-18 所示为石膏像及其测量结果。

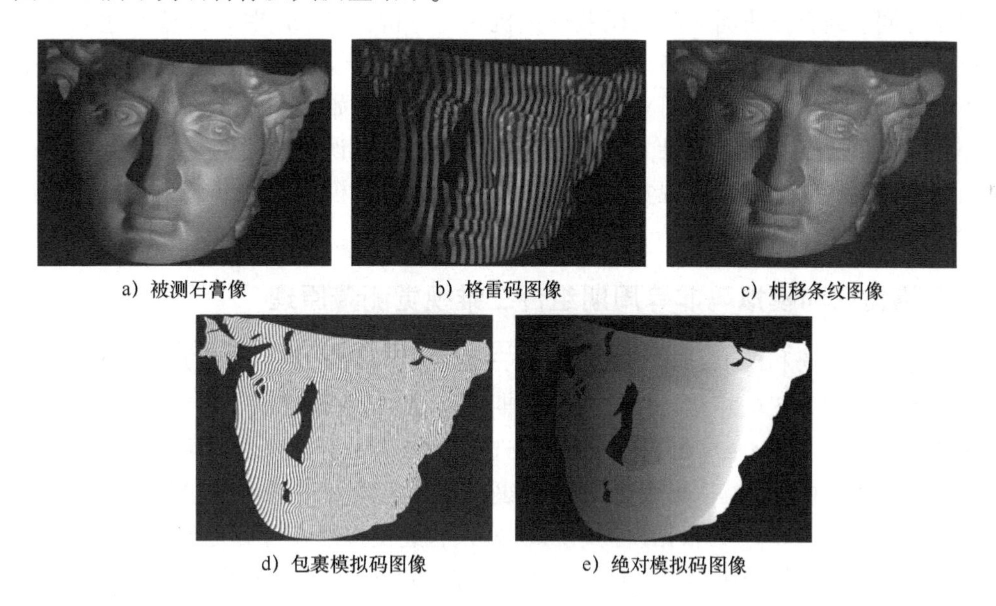

a）被测石膏像　b）格雷码图像　c）相移条纹图像

d）包裹模拟码图像　e）绝对模拟码图像

图 5-18　石膏像及其测量结果

图 5-19 所示为采用等周期组合方法重构的三维石膏像及其局部放大图，其眼部放大图明显可见由周期跳变误差导致的条状和点状的粗大误差，空白之处是因遮挡导致的不可测区域。

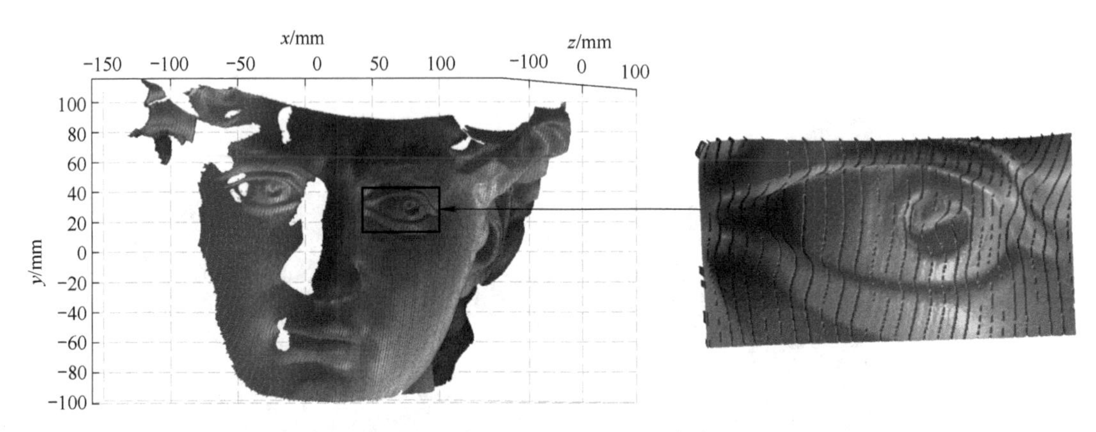

图 5-19　采用等周期组合方法重构的三维石膏像及其局部放大图

上述仿真实验和装置实验结果表明：格雷码和模拟码等周期组合方法的测量结果中在包裹模拟码起止位置普遍存在周期跳变误差；格雷码和模拟码等周期组合方法不考虑周期跳变误差时能够较好地实现景物表面三维测量，获得细腻的三维表面，可用于测量石膏头像这样复杂程度的三维表面。

5.2　格雷码和模拟码非等周期组合三维视觉测量方法

根据等周期组合方法周期跳变误差产生机理的分析，将采用剩余误差表达方式在投射图案设计方面采取措施，一是格雷码投射图案中最低位条纹周期与模拟码投射图案中条纹周期不相等，二是格雷码投射图案与模拟码投射图案的初始相位不相等，形成格雷码和模拟码非等周期组合三维视觉测量方法，实现消除周期跳变误差的目的。本节分析阐述格雷码和模拟码非等周期组合三维视觉测量方法，构建其包裹模拟码展开模型，进行理论论证和实验验证。

5.2.1　格雷码和模拟码非等周期组合三维视觉测量原理

下面介绍格雷码和模拟码非等周期组合三维视觉测量方法（称为方法 A）。在方法 A 中，依次投射周期为 T 的相移条纹图案和周期为 T_m 的格雷码图案，后者比前者超前 φ'_0，且 $T-T_m=\delta>0$，$\varphi'_0/\delta\in(0,1)$，进一步选择 δ 使 T/δ 为正整数，则 $T_m/\delta=T/\delta-1$，$T/\delta\geqslant 2$。格雷码值称为模拟码级数 k_g，包裹模拟码记为 φ，两者曲线及其相互位置关系如图 5-20 所示。图中，k_m 为根据模拟码级数 k_g 及包裹模拟码 φ 计算得到的包裹模拟码所在周期序号，称为第二模拟码级数，且 $k_m\in\mathbf{N}$；φ_g 为格雷码一个编码周期内的虚拟主值，$\varphi_g\in[0,T_m)$，该参数仅用于公式推导，不用于测量。

根据图 5-20 中 k_g 和 φ 的曲线及其相互位置关系，绝对模拟码 ψ 表达为

$$\psi=k_mT+\varphi \tag{5-22}$$

$$\psi=k_gT_m+\varphi_g-\varphi'_0 \tag{5-23}$$

由式（5-22）和式（5-23）可得

$$k_g - k_m + \frac{\varphi_g}{T} = \frac{k_g\delta + \varphi + \varphi_0'}{T} \tag{5-24}$$

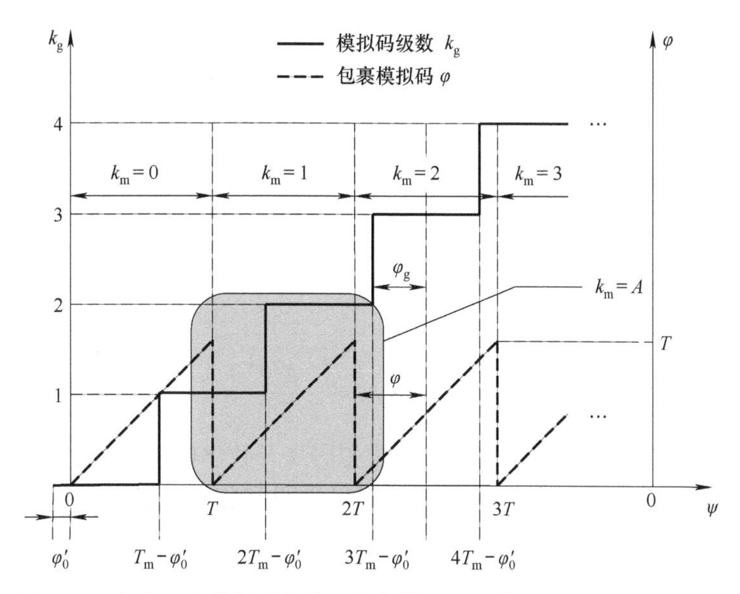

图 5-20　方法 A 中模拟码级数和包裹模拟码的曲线及其相互位置关系

定义 $\alpha_1 = T_m/\delta$、$\alpha_2 = T/\delta$、$\varphi_1 = \varphi_g/\delta$、$\varphi_2 = \varphi/\delta$ 和 $\varphi_0 = \varphi_0'/\delta$，则 $\alpha_1 = \alpha_2 - 1$，$\alpha_2 \geqslant 0$，且 $\varphi_1 \in [0,\alpha_2-1)$、$\varphi_2 \in [0,\alpha_2)$，且令 $\varphi_2 = \mathrm{fix}(\varphi_2) + \varphi_2\mathrm{mod}1$，$\varphi_0 = \mathrm{fix}(\varphi_0) + \varphi_0\mathrm{mod}1$，其中 $0 \leqslant \varphi_2\mathrm{mod}1 < 1$，$0 \leqslant \varphi_0\mathrm{mod}1 < 1$，根据式（5-24）可得

$$k_g - k_m + \frac{\varphi_1}{\alpha_2} = \frac{\mathrm{fix}(\varphi_2) + k_g + \mathrm{fix}(\varphi_0) + \varphi_2\mathrm{mod}1 + \varphi_0\mathrm{mod}1}{\alpha_2} \tag{5-25}$$

式中，fix( )表示向零取整函数。

因为 $0 \leqslant (\varphi_2\mathrm{mod}1 + \varphi_0\mathrm{mod}1) < 2$，分两种情况进行讨论。第一种情况：$0 \leqslant (\varphi_2\mathrm{mod}1 + \varphi_0\mathrm{mod}1) < 1$ 时，式（5-25）两边同时加 $1/\alpha_2$ 并进行向下取整运算有

$$k_g - k_m + \mathrm{fix}\left(\frac{\varphi_1 + 1}{\alpha_2}\right) = \mathrm{fix}\left(\frac{\mathrm{fix}(\varphi_2 + 1) + k_g + \mathrm{fix}(\varphi_0) + \varphi_2\mathrm{mod}1 + \varphi_0\mathrm{mod}1}{\alpha_2}\right) \tag{5-26}$$

因为 $\varphi_1 + 1 < \alpha_2$，则根据式（5-26）有

$$k_g - k_m = \mathrm{fix}\left(\frac{\mathrm{fix}(\varphi_2 + 1) + k_g + \mathrm{fix}(\varphi_0)}{\alpha_2} + \frac{\varphi_2\mathrm{mod}1 + \varphi_0\mathrm{mod}1}{\alpha_2}\right) \tag{5-27}$$

令 $S = \mathrm{fix}(\varphi_2 + 1) + k_g + \mathrm{fix}(\varphi_0)$，因为 S 为整数、α_2 为非零正整数，则有

$$S = \mu\alpha_2 + \tau \tag{5-28}$$

其中，μ 为整数，τ 为正整数且 $0 \leqslant \tau \leqslant \alpha_2 - 1$。那么，式（5-27）可表达为

$$k_g - k_m = \mathrm{fix}\left(\mu + \frac{\tau + \varphi_2\mathrm{mod}1 + \varphi_0\mathrm{mod}1}{\alpha_2}\right) \tag{5-29}$$

考虑到 $0 \leqslant (\varphi_2\mathrm{mod}1 + \varphi_0\mathrm{mod}1) < 1$，则 $0 \leqslant \tau + (\varphi_2\mathrm{mod}1 + \varphi_0\mathrm{mod}1) < \alpha_2$，那么 $k_1 - k_2 = \mathrm{fix}(\mu)$。考虑到

$$\mathrm{fix}\left(\frac{\mathrm{fix}(\varphi_2 + 1) + k_g + \mathrm{fix}(\varphi_0)}{\alpha_2}\right) = \mathrm{fix}\left(\frac{\mu\alpha_2}{\alpha_2} + \frac{\tau}{\alpha_2}\right) = \mathrm{fix}(\mu) \tag{5-30}$$

所以

$$k_m = k_g - \text{fix}\left(\frac{\text{fix}(\varphi_2 + 1) + k_g + \text{fix}(\varphi_0)}{\alpha_2}\right) \tag{5-31}$$

第二种情况：$1 \leqslant (\varphi_2 \text{mod}1 + \varphi_0 \text{mod}1) < 2$ 时，此时 $\varphi_2 \text{mod}1 + \varphi_0 \text{mod}1 = 1 + (\varphi_2 \text{mod}1 + \varphi_0 \text{mod}1) \text{mod}1$，对式（5-25）两边进行向下取整运算有

$$k_g - k_m + \text{fix}\left(\frac{\varphi_1}{\alpha_2}\right) = \text{fix}\left(\frac{\text{fix}(\varphi_2 + 1) + k_g + \text{fix}(\varphi_0) + (\varphi_2 \text{mod}1 + \varphi_0 \text{mod}1) \text{mod}1}{\alpha_2}\right) \tag{5-32}$$

因为 $0 \leqslant (\varphi_2 \text{mod}1 + \varphi_0 \text{mod}1) \text{mod}1 < 1$，$S = \text{fix}(\varphi_2 + 1) + k_g + \text{fix}(\varphi_0)$ 为整数，同理可得式（5-31），又因为 $\varphi_0 \in (0,1)$，则 $\text{fix}(\varphi_0) = 0$，那么由式（5-31）可得第二模拟码级数表达式为

$$k_m = k_g - \text{fix}\left(\frac{k_g + \text{fix}((\varphi/\delta) + 1)}{T/\delta}\right) \tag{5-33}$$

式（5-22）和式（5-33）即为方法 A 的包裹模拟码展开数学模型。

方法 A 总结为：①由投影仪投射非等周期格雷码和相移条纹组合图案到被测表面上，并通过相机采集受被测表面高度调制的非等周期格雷码和相移条纹组合图像；②通过解码格雷码图像获得模拟码级数；③采用相移法计算包裹模拟码；④利用模拟码级数和包裹模拟码计算第二模拟码级数；⑤使用第二模拟码级数进行模拟码展开获得表达被测表面高度的绝对模拟码；⑥根据预先标定的参数通过三角测量原理获得被测表面三维坐标。

5.2.2 格雷码和模拟码非等周期组合方法误差分析

现对所提方法 A 进行误差分析。首先讨论测量模型，式（5-22）和式（5-33）是在理想情况下推导出来的，但实际测量过程中因环境噪声和器件噪声等导致 k_g 和 φ 产生误差 Δk_g 和 $\Delta\varphi$，进而导致 k_m 和 ψ 产生误差 Δk_m 和 $\Delta\psi$。模拟码级数、包裹模拟码、第二模拟码级数和绝对模拟码的测量值分别记为 k_g^c、φ^c、k_m^c 和 ψ^c，则

$$k_g^c = k_g + \Delta k_g \tag{5-34}$$

$$\varphi^c = \varphi + \Delta\varphi \tag{5-35}$$

$$k_m^c = k_m + \Delta k_m \tag{5-36}$$

$$\psi^c = \psi + \Delta\psi \tag{5-37}$$

采用式（5-17）定义剩余模拟码误差 $\Delta\varphi^c$，则包裹模拟码测量误差取值范围为 $-T < \Delta\varphi < T$，剩余模拟码误差取值范围为 $-T/2 < \Delta\varphi^c < T/2$。那么，根据式（5-22）和式（5-33）可得

$$k_m^c = k_g^c - \text{fix}\left(\frac{k_g^c + \text{fix}((\varphi^c/\delta) + 1)}{T/\delta}\right) \tag{5-38}$$

$$\psi^c = k_m^c T + \varphi^c \tag{5-39}$$

在实际测量中，测量值 k_g^c 通过对格雷码图像解码获得，测量值 φ^c 利用相移条纹图像通过相移法获得，周期 T 为已知的设计参数，则根据式（5-38）和式（5-39）分别计算得到测量值 k_m^c 和 ψ^c。由此实现包裹模拟码展开，则式（5-38）和式（5-39）构成方法 A 的包裹模拟码展开测量模型。

下面分析方法 A 的测量误差。根据方法 A 的包裹模拟码展开数学模型和测量模型，可得到绝对模拟码测量误差 $\Delta\psi$ 为

$$\Delta\psi = \psi^{c} - \psi = (\Delta k_{m} + k)T + \Delta\varphi^{c} \tag{5-40}$$

定义组合级数误差 $m' = \Delta k_{m} + k$，则有

$$\Delta\psi = m'T + \Delta\varphi^{c} \tag{5-41}$$

其中，误差 $m'T$ 在 $m' \neq 0$ 时为 T 的整数倍，则 $m'T$ 为周期跳变误差。

为对图 5-20 中 $k_{m} = A$ 区域进行误差分析，首先设定 T 为 δ 的整数倍，即 $T = M\delta$ 且 $M \in \mathbf{N}$，然后规定 $\varphi_{0}' \in (0,\delta)$。那么，$T_{m} = (M-1)\delta$，则 $M \geqslant 2$。将图 5-20 中 $k_{m} = A$ 区域放大后，形成如图 5-21 所示的模拟码级数与包裹模拟码的曲线及其相互位置关系，该区域包裹模拟码只存在一个模拟码级数跳变点，其对应的包裹模拟码理论值为 φ_{c}，则存在 $\varphi_{c} \in (m''\delta,(m''+1)\delta)$，其中 m''为整数且 $0 \leqslant m'' < M-1$。

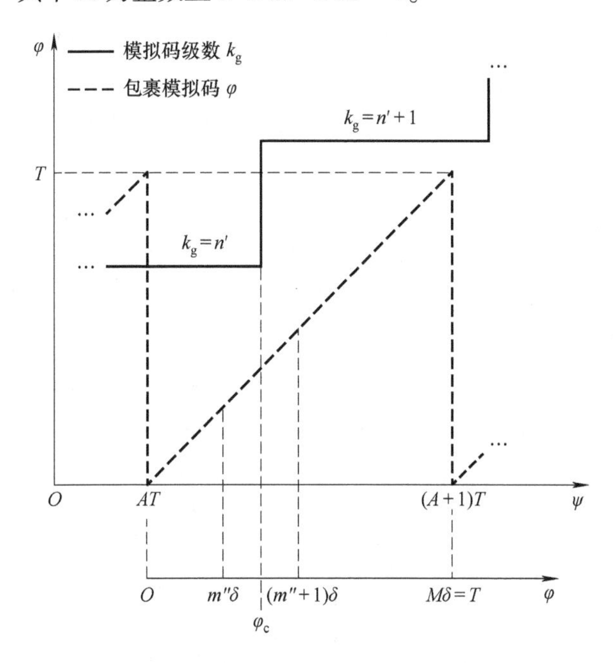

图 5-21　模拟码级数和包裹模拟码的曲线及其相互位置关系

为了便于分析讨论，首先在图 5-21 中 $\varphi \in [m''\delta,(m''+1)\delta)$ 范围内进行分析。

当 $\varphi \in [m''\delta,(m''+1)\delta)$ 时，如果 $\Delta\varphi = 0$ 且 $\Delta k_{g} = 0$，则 $\mathrm{fix}(\varphi/\delta + 1) = m'' + 1$，且 $k_{g} = n'$ 或 $k_{g} = n' + 1$，那么根据式（5-33）可得

$$k_{m} = n' - \mathrm{fix}\left(\frac{n' + m'' + 1}{T/\delta}\right) \tag{5-42}$$

或

$$k_{m} = n' + 1 - \mathrm{fix}\left(\frac{n' + 1 + m'' + 1}{T/\delta}\right)$$

当 $\varphi \in [m''\delta, \varphi_{c})$ 时，$k_{g} = n'$，如果 $k = 0$ 且 $\Delta k_{g} = 0$ 或 $\Delta k_{g} = 1$，只要保证 $\mathrm{fix}((\varphi + \Delta\varphi^{c})/\delta) = m''$，即 $\varphi + \Delta\varphi^{c} \in [m''\delta,(m''+1)\delta)$，根据式（5-38）可得

$$k_{m}^{c} = n' - \mathrm{fix}\left(\frac{n' + m'' + 1}{T/\delta}\right)$$

或
$$k_{\mathrm{m}}^{\mathrm{c}}=n'+1-\mathrm{fix}\left(\frac{n'+1+m''+1}{T/\delta}\right) \tag{5-43}$$

此时 $\Delta k_{\mathrm{m}}=0$，根据式（5-40）可得 $\Delta\psi=\Delta\varphi^{\mathrm{c}}$，展开结果中不存在周期跳变误差。

当 $\varphi\in[\varphi_{\mathrm{c}},(m''+1)\delta)$ 时，$k_{\mathrm{g}}=n'+1$，如果 $k=0$ 且 $\Delta k_{\mathrm{g}}=0$ 或 $\Delta k_{\mathrm{g}}=-1$，只要保证 $\mathrm{fix}((\varphi+\Delta\varphi^{\mathrm{c}})/\delta)=m''$，即 $\varphi+\Delta\varphi^{\mathrm{c}}\in[m''\delta,(m''+1)\delta)$，根据式（5-38）仍然得到式（5-43）。此时 $\Delta k_{\mathrm{m}}=0$，根据式（5-40）可得 $\Delta\psi=\Delta\varphi^{\mathrm{c}}$，展开结果中不存在周期跳变误差。

为保证式（5-43）成立，设定允许模拟码级数出错的范围为 $[\varphi_{\mathrm{c}}-\varphi_{\mathrm{g}}',\ \varphi_{\mathrm{c}}+\varphi_{\mathrm{g}}')$，其中 $\varphi_{\mathrm{g}}'=\min(\varphi_{\mathrm{c}}-m''\delta,(m''+1)\delta-\varphi_{\mathrm{c}})$，min( ) 为取最小值函数，当 $\varphi_{\mathrm{c}}=(m''+0.5)\delta$ 时，$\varphi_{\mathrm{g}}'=0.5\delta$ 为最大值，则 $\varphi_0'=0.5\delta$ 时允许模拟码级数出错的范围最大；进一步分析，为保证式（5-43）成立，允许包裹模拟码存在误差 $\Delta\varphi^{\mathrm{c}}$ 的范围为 $[m''\delta+|\Delta\varphi^{\mathrm{c}}|,(m''+1)\delta-|\Delta\varphi^{\mathrm{c}}|)$，但允许模拟码级数出错的范围减小为 $[(m''+0.5)\delta-\varphi_{\mathrm{m}},(m''+0.5)\delta+\varphi_{\mathrm{m}})$，其中 $\varphi_{\mathrm{m}}=0.5\delta-|\Delta\varphi^{\mathrm{c}}|$。则当 $|\Delta\varphi^{\mathrm{c}}|\leqslant 0.25\delta$ 时，允许包裹模拟码出错和允许模拟码级数出错的范围相重合，均为模拟码级数跳变点左右 0.25δ 的范围内，此时兼顾了包裹模拟码允许误差的大小 $|\Delta\varphi^{\mathrm{c}}|$、允许包裹模拟码出错的范围、允许模拟码级数出错的范围，最为合理，因此限定 $|\Delta\varphi^{\mathrm{c}}|\leqslant 0.25\delta$。

基于上述分析，在满足 $\varphi_0'=0.5\delta$、$|\Delta\varphi^{\mathrm{c}}|\leqslant 0.25\delta$，模拟码级数跳变点左 0.25δ 范围内 $\Delta k_{\mathrm{g}}\in\{0,1\}$，模拟码级数跳变点右 0.25δ 范围内 $\Delta k_{\mathrm{g}}\in\{-1,0\}$，在其他范围内 $\Delta k_{\mathrm{g}}=0$ 的条件下，将第二模拟码级数 $k_{\mathrm{m}}=A$ 中的包裹模拟码主值范围分为几个子区间，分别进行误差分析。

1）在子区间 $\varphi\in[0,0.25\delta)$ 内，如果 $k=0$ 且 $\Delta k_{\mathrm{g}}=0$，则 $\mathrm{fix}(\varphi/\delta+1)=1$，$\mathrm{fix}((\varphi+\Delta\varphi^{\mathrm{c}})/\delta)=0$，且 $k_{\mathrm{g}}=n'$，那么根据式（5-33）和式（5-38）可得
$$k_{\mathrm{m}}=k_{\mathrm{m}}^{\mathrm{c}}=n'-\mathrm{fix}\left(\frac{n'+1}{M}\right)=A \tag{5-44}$$

此时 $\Delta k_{\mathrm{m}}=0$，根据式（5-40）可得 $\Delta\psi=\Delta\varphi^{\mathrm{c}}$，展开结果中不存在周期跳变误差。如果 $k=1$ 且 $\Delta k_{\mathrm{g}}=0$，则 $\mathrm{fix}((\varphi+T+\Delta\varphi^{\mathrm{c}})/\delta)=M-1$，且 $k_{\mathrm{g}}=n'$，那么根据式（5-38）可得
$$k_{\mathrm{m}}^{\mathrm{c}}=n'-\mathrm{fix}\left(\frac{n'+M}{M}\right)=A-1 \tag{5-45}$$

此时 $\Delta k_{\mathrm{m}}=-1$，根据式（5-40）可得 $\Delta\psi=\Delta\varphi^{\mathrm{c}}$，展开结果中不存在周期跳变误差。

2）在子区间 $\varphi\in[0.25\delta,(m''+0.25)\delta)$ 内，因为 $k=0$ 且 $\Delta k_{\mathrm{g}}=0$，则 $\mathrm{fix}(\varphi/\delta+1)\in[1,m''+1]$，$\mathrm{fix}((\varphi+\Delta\varphi^{\mathrm{c}})/\delta)\in[0,m'']$，且 $k_{\mathrm{g}}=n'$，那么根据式（5-33）和式（5-38）可得
$$k_{\mathrm{m}}=k_{\mathrm{m}}^{\mathrm{c}}=n'-\mathrm{fix}\left(\frac{n'+a+1}{M}\right)=A \tag{5-46}$$

其中，$a\in[0,m'']$，此时 $\Delta k_{\mathrm{g}}=0$，根据式（5-40）可得 $\Delta\psi=\Delta\varphi^{\mathrm{c}}$，展开结果中不存在周期跳变误差。

3）在子区间 $\varphi\in[(m''+0.25)\delta,(m''+0.5)\delta)$ 内，如果 $\Delta k_{\mathrm{g}}=0$ 且 $k=0$，则 $\mathrm{fix}(\varphi/\delta+1)=m''+1$，$\mathrm{fix}((\varphi+\Delta\varphi^{\mathrm{c}})/\delta)=m''$，且 $k_{\mathrm{g}}=n'$，那么根据式（5-33）和式（5-38）可得
$$k_{\mathrm{m}}=k_{\mathrm{m}}^{\mathrm{c}}=n'-\mathrm{fix}\left(\frac{n'+m''+1}{M}\right)=A \tag{5-47}$$

此时 $\Delta k_{\mathrm{m}}=0$，根据式（5-40）可得 $\Delta\psi=\Delta\varphi^{\mathrm{c}}$，展开结果中不存在周期跳变误差。如果 $\Delta k_{\mathrm{g}}=1$ 且 $k=0$，则 $\mathrm{fix}((\varphi+\Delta\varphi^{\mathrm{c}})/\delta)=m''$，且 $k_{\mathrm{g}}=n'$，那么根据式（5-38）可得

$$k_{\mathrm{m}}^{\mathrm{c}}=n'-\mathrm{fix}\left(\frac{n'+m''+1}{M}\right)=A \tag{5-48}$$

此时 $\Delta k_{\mathrm{m}}=0$，根据式（5-40）可得 $\Delta\psi=\Delta\varphi^{\mathrm{c}}$，展开结果中不存在周期跳变误差。

4）在子区间 $\varphi\in[(m''+0.5)\delta,(m''+0.75)\delta)$ 内，如果 $\Delta k_{\mathrm{g}}=0$ 且 $k=0$，则 $\mathrm{fix}(\varphi/\delta+1)=m''+1$，$\mathrm{fix}((\varphi+\Delta\varphi^{\mathrm{c}})/\delta)=m''$，且 $k_{\mathrm{g}}=n'+1$，那么根据式（5-33）和式（5-38）可得

$$k_{\mathrm{m}}=k_{\mathrm{m}}^{\mathrm{c}}=n'+1-\mathrm{fix}\left(\frac{n'+1+m''+1}{M}\right)=A \tag{5-49}$$

此时 $\Delta k_{\mathrm{m}}=0$，根据式（5-40）可得 $\Delta\psi=\Delta\varphi^{\mathrm{c}}$，展开结果中不存在周期跳变误差。如果 $\Delta k_{\mathrm{g}}=-1$ 且 $k=0$，则 $\mathrm{fix}((\varphi+\Delta\varphi^{\mathrm{c}})/\delta)=m''$，且 $k_{\mathrm{g}}=n'+1$，那么根据式（5-38）可得

$$k_{\mathrm{m}}^{\mathrm{c}}=n'+1-\mathrm{fix}\left(\frac{n'+1+m''+1}{M}\right)=A \tag{5-50}$$

此时 $\Delta k_{\mathrm{m}}=0$，根据式（5-40）可得 $\Delta\psi=\Delta\varphi^{\mathrm{c}}$，展开结果中不存在周期跳变误差。

5）在子区间 $\varphi\in[(m''+0.75)\delta,T-0.25\delta)$ 内，因为 $\Delta k_{\mathrm{g}}=0$ 且 $k=0$，则 $\mathrm{fix}(\varphi/\delta+1)\in[m''+1,M]$，$\mathrm{fix}((\varphi+\Delta\varphi^{\mathrm{c}})/\delta)=[m'',M-1]$，且 $k_{\mathrm{g}}=n'+1$，那么根据式（5-33）和式（5-38）可得

$$k_{\mathrm{m}}=k_{\mathrm{m}}^{\mathrm{c}}=n'+1-\mathrm{fix}\left(\frac{n'+1+b+1}{M}\right)=A \tag{5-51}$$

其中，$b\in[m'',M-1]$，此时 $\Delta k_{\mathrm{m}}=0$，根据式（5-40）可得 $\Delta\psi=\Delta\varphi^{\mathrm{c}}$，展开结果中不存在周期跳变误差。

6）在子区间 $\varphi\in[T-0.25\delta,T)$ 内，如果 $k=0$ 且 $\Delta k_{\mathrm{g}}=0$，则 $\mathrm{fix}(\varphi/\delta+1)=M$，$\mathrm{fix}((\varphi+\Delta\varphi^{\mathrm{c}})/\delta)=M-1$，且 $k_{\mathrm{g}}=n'+1$，那么根据式（5-33）和式（5-38）可得

$$k_{\mathrm{m}}=k_{\mathrm{m}}^{\mathrm{c}}=n'+1-\mathrm{fix}\left(\frac{n'+1+M}{M}\right)=A \tag{5-52}$$

此时 $\Delta k_{\mathrm{m}}=0$，根据式（5-40）可得 $\Delta\psi=\Delta\varphi^{\mathrm{c}}$，展开结果中不存在周期跳变误差。如果 $k=-1$ 且 $\Delta k_{\mathrm{g}}=0$，则 $\mathrm{fix}((\varphi-T+\Delta\varphi^{\mathrm{c}})/\delta)=0$，且 $k_{\mathrm{g}}=n'+1$，那么根据式（5-38）可得

$$k_{\mathrm{m}}^{\mathrm{c}}=n'+1-\mathrm{fix}\left(\frac{n'+2}{M}\right)=A+1 \tag{5-53}$$

此时 $\Delta k_{\mathrm{m}}=1$，根据式（5-40）可得 $\Delta\psi=\Delta\varphi^{\mathrm{c}}$，展开结果中不存在周期跳变误差。

方法 A 的周期跳变误差分析过程及结果总结在表 5-4 中。其中，第 1 列将 φ 的主值范围分成 6 个子区间；针对每个子区间，根据前述分析可得到 Δk_{g} 和 k 可能出现的值及其可能的组合关系，参见第 2 和 3 列；因为 $\Delta k_{\mathrm{m}}=k_{\mathrm{m}}^{\mathrm{c}}-k_{\mathrm{m}}$，根据 Δk_{g}、φ 和 k 的值以及限定条件 $|\Delta\varphi^{\mathrm{c}}|\leqslant 0.25\delta$，则由式（5-33）和式（5-38）可得到 Δk_{m} 的值，参见第 4 列；根据式（5-40），由 Δk_{m} 和 k 的值可计算出 $\Delta\psi$，参见第 5 列。第 5 列表明展开结果中不存在周期跳变误差。

表 5-4　方法 A 的周期跳变误差分析过程及结果

子　区　间	模拟码级数测量误差 Δk_g	剩余模拟码系数 k	第二模拟码级数测量误差 Δk_m	绝对模拟码测量误差 $\Delta\psi$
$\varphi\in[0,0.25\delta)$	0	0	0	$\Delta\varphi^c$
	0	1	-1	$\Delta\varphi^c$
$\varphi\in[0.25\delta,(m''+0.25)\delta)$	0	0	0	$\Delta\varphi^c$
$\varphi\in[(m''+0.25)\delta,(m''+0.5)\delta)$	0	0	0	$\Delta\varphi^c$
	1	0	0	$\Delta\varphi^c$
$\varphi\in[(m''+0.5)\delta,(m''+0.75)\delta)$	0	0	0	$\Delta\varphi^c$
	-1	0	0	$\Delta\varphi^c$
$\varphi\in[(m''+0.75)\delta,T-0.25\delta)$	0	0	0	$\Delta\varphi^c$
$\varphi\in[T-0.25\delta,T)$	0	0	0	$\Delta\varphi^c$
	0	-1	1	$\Delta\varphi^c$

综上所述，方法 A 总结如下：

1）适用条件 A 为 $\delta=T-T_m$，$T=M\delta$ 且 $M\in\mathbf{N}$；$\varphi_0=0.5\delta$，$|\Delta\varphi^c|\leqslant0.25\delta$；在模拟码级数跳变点左 0.25δ 范围内满足 $\Delta k_g\in\{0,1\}$，在模拟码级数跳变点右 0.25δ 范围内满足 $\Delta k_g\in\{-1,0\}$，在其他范围内满足 $\Delta k_g=0$。

2）包裹模拟码展开测量模型为式（5-38）和式（5-39）联立。

3）在适用条件 A 下，绝对模拟码不存在周期跳变误差，仅含有剩余模拟码误差 $\Delta\varphi^c$，且 $|\Delta\varphi^c|\leqslant0.25\delta$，远小于 T。

为了进行对比，针对适用条件 A 下等周期组合方法的周期跳变误差进行分析。在等周期组合方法中，模拟码级数跳变点所对应的包裹模拟码 $\varphi=0$，与方法 A 绝对模拟码误差分析类似，将包裹模拟码的主值范围分为几个子区间，分别进行误差分析。

1）在子区间 $\varphi\in[0,0.25\delta)$ 内，如果 $k=0$ 且 $\Delta k_g=0$，则根据式（5-18）可得 $\Delta\psi=\Delta\varphi^c$，展开结果中不存在周期跳变误差；如果 $k=0$ 且 $\Delta k_g=-1$，则根据式（5-18）可得 $\Delta\psi=-T+\Delta\varphi^c$，展开结果中存在周期跳变误差；如果 $k=1$ 且 $\Delta k_g=-1$，则根据式（5-18）可得 $\Delta\psi=\Delta\varphi^c$，展开结果中不存在周期跳变误差；如果 $k=1$ 且 $\Delta k_g=0$，则根据式（5-18）可得 $\Delta\psi=T+\Delta\varphi^c$，展开结果中存在周期跳变误差。

2）在子区间 $\varphi\in[0.25\delta,T-0.25\delta)$ 内，因为 $k=0$ 且 $\Delta k_g=0$，则根据式（5-18）可得 $\Delta\psi=\Delta\varphi^c$，展开结果中不存在周期跳变误差。

3）在子区间 $\varphi\in[T-0.25\delta,T)$ 内，如果 $k=0$ 且 $\Delta k_g=0$，则根据式（5-18）可得 $\Delta\psi=\Delta\varphi^c$，展开结果中不存在周期跳变误差；如果 $k=0$ 且 $\Delta k_g=1$，则根据式（5-18）可得 $\Delta\psi=T+\Delta\varphi^c$，展开结果中存在周期跳变误差；如果 $k=-1$ 且 $\Delta k_g=1$，则根据式（5-18）可得 $\Delta\psi=\Delta\varphi^c$，展开结果中不存在周期跳变误差；如果 $k=-1$ 且 $\Delta k_g=0$，则根据式（5-18）可得 $\Delta\psi=-T+\Delta\varphi^c$，展开结果中存在周期跳变误差。

等周期组合方法的周期跳变误差分析总结在表 5-5 中。其中，第 1 列将一个周期内的包裹模拟码 φ 取值分成 3 个子区间；针对每个子区间，第 2 和 3 列根据方法 A 中的适用条件

A 给出 Δk_g 和 k 的可能值及其可能的组合关系；根据式（5-18），由 Δk_g 和 k 的值可计算出 $\Delta\psi$，参见第 4 列。第 4 列表明展开结果中可能存在周期跳变误差。

表 5-5　等周期组合方法的周期跳变误差分析

子　区　间	模拟码级数测量误差 Δk_g	剩余模拟码系数 k	绝对模拟码测量误差 $\Delta\psi$
$\varphi\in[0,0.25\delta)$	0	0	$\Delta\varphi^c$
	0	1	$T+\Delta\varphi^c$
	-1	0	$-T+\Delta\varphi^c$
	-1	1	$\Delta\varphi^c$
$\varphi\in[0.25\delta,T-0.25\delta)$	0	0	$\Delta\varphi^c$
$\varphi\in[T-0.25\delta,T)$	0	0	$\Delta\varphi^c$
	0	-1	$-T+\Delta\varphi^c$
	1	0	$T+\Delta\varphi^c$
	1	-1	$\Delta\varphi^c$

总结上述分析，采用等周期组合方法，在满足适用条件 A 的情况下，其绝对模拟码测量值中可能存在周期跳变误差。而同样在适用条件 A 下，方法 A 能消除等周期组合方法中可能存在的周期跳变误差。

5.2.3　优化的非等周期组合方法周期跳变误差分析

根据前述，方法 A 中剩余模拟码误差的允许范围为 $|\Delta\varphi^c|\leqslant 0.25\delta$，模拟码级数误差的允许出现范围为 $[\varphi^c-0.25\delta,\varphi^c+0.25\delta)$，那么 δ 越大包裹模拟码测量时的抗干扰能力就越强，模拟码级数测量时的抗干扰能力也越强。因此，优化选取 δ 是必须考虑的问题。

对于确定的 T 而言，因为 $\delta=T/M$、$M\in\mathbf{N}$ 且 $M\geqslant 2$，那么 $M=2$ 时，$\delta=T/2$ 为最大值，此时 $\varphi_0'=T/4$，剩余模拟码误差的允许范围为 $|\Delta\varphi^c|\leqslant T/8$，模拟码级数误差的允许出现范围为 $[\varphi_c-T/8,\varphi_c+T/8)$。因此，方法 A 优化总结如下：

1）最优相移条纹周期为 $T=2\delta$，最优格雷码周期为 $T_m=\delta$，$\varphi_0'=T/4$。

2）剩余模拟码误差允许范围最大为 $|\Delta\varphi^c|\leqslant T/8$、模拟码级数误差的允许出现范围最大为 $[\varphi_c-T/8,\varphi_c+T/8)$。

优化后，模拟码级数与包裹模拟码的曲线及其相互位置关系如图 5-22 所示，此时该方法的抗干扰能力最强。根据式（5-33），模拟码级数 k_m 可以表达为

$$k_m=k_g-\mathrm{fix}\left(\frac{k_g+\mathrm{fix}(2\varphi/T+1)}{2}\right) \tag{5-54}$$

式（5-22）和式（5-54）即为优化的方法 A 中包裹模拟码展开数学模型。根据式（5-38），模拟码级数测量值 k_m^c 可以表达为

$$k_m^c=k_g^c-\mathrm{fix}\left(\frac{k_g^c+\mathrm{fix}(2\varphi^c/T+1)}{2}\right) \tag{5-55}$$

式（5-39）和式（5-55）即为优化的方法 A 中包裹模拟码展开测量模型。本章后面研究中，方法 A 均指优化后的方法 A。

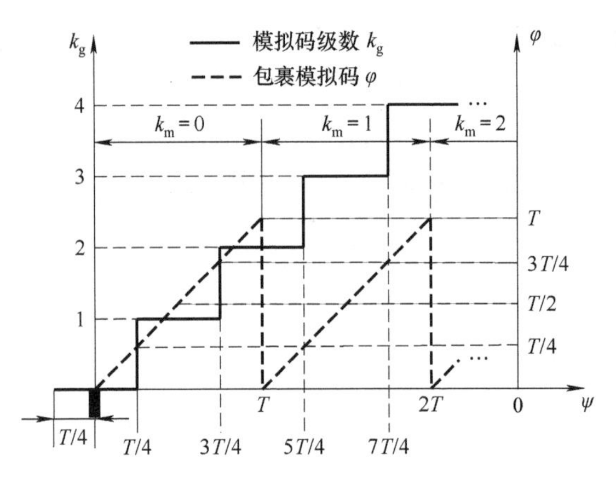

图 5-22　优化的模拟码级数和包裹模拟码的曲线及其相互位置关系

参见图 5-22，包裹模拟码 φ 依据模拟码级数 k_g 取值不同可划分为 3 个取值区间，由式（5-54）得到不同取值区间的第二模拟码级数 k_m 为

$$k_m=\begin{cases}\dfrac{k_g}{2} & \varphi\in\left[0,\dfrac{T}{4}\right)\\ \dfrac{k_g-1}{2} & \varphi\in\left[\dfrac{T}{4},\dfrac{3T}{4}\right)\\ \dfrac{k_g}{2}-1 & \varphi\in\left[\dfrac{3T}{4},T\right)\end{cases}\tag{5-56}$$

优化后的适用条件 A 为：$T=2T_m$，$\varphi_0'=T/4$，$|\Delta\varphi^c|\leqslant T/8$；在模拟码级数跳变点左$T/8$范围内满足 $\Delta k_g\in\{0,1\}$，在模拟码级数跳变点右 $T/8$ 范围内满足 $\Delta k_g\in\{-1,0\}$，在其他范围内满足 $\Delta k_g=0$。在该适用条件下，优化的方法 A 的周期跳变误差分析过程及结果参见表 5-6。

表 5-6　优化的方法 A 的周期跳变误差分析过程及结果

子　区　间	模拟码级数 k_g	模拟码级数测量误差 Δk_g	剩余模拟码系数 k	包裹模拟码测量值 $\varphi+kT+\Delta\varphi^c$	第二模拟码级数测量值 k_m^c	第二模拟码级数测量误差 Δk_m	绝对模拟码测量误差 $\Delta\psi$
$\varphi\in[0,T/4)$	偶数	0	0	$<T/2$	$k_g/2$	0	$\Delta\varphi^c$
		0	1	$>T/2$	$k_g/2$	-1	$\Delta\varphi^c$
		1	0	$<T/2$	$k_g/2$	0	$\Delta\varphi^c$
$\varphi\in[T/4,T/2)$	奇数	0	0	$<T/2$	$(k_g-1)/2$	0	$\Delta\varphi^c$
		0	0	$\geqslant T/2$	$(k_g-1)/2$	0	$\Delta\varphi^c$
		-1	0	$<T/2$	$(k_g-1)/2$	0	$\Delta\varphi^c$
$\varphi\in[T/2,3T/4)$	奇数	0	0	$\geqslant T/2$	$(k_g-1)/2$	0	$\Delta\varphi^c$
		0	0	$<T/2$	$(k_g-1)/2$	0	$\Delta\varphi^c$
		1	0	$\geqslant T/2$	$(k_g-1)/2$	0	$\Delta\varphi^c$
$\varphi\in[3T/4,T)$	偶数	0	0	$>T/2$	$k_g/2-1$	0	$\Delta\varphi^c$
		0	-1	$<T/2$	$k_g/2-1$	1	$\Delta\varphi^c$
		-1	0	$>T/2$	$k_g/2-1$	0	$\Delta\varphi^c$

表 5-6 中，第 1 列将 φ 的主值范围分成 4 个子区间；针对每个子区间，根据图 5-22 中 k_g 和 φ 的曲线对应关系可确定出 k_g 的奇偶性，参见第 2 列；针对每个子区间，根据方法 A 的适用条件可得到 Δk_g 和 k 可能出现的值及其可能的组合关系，参见第 3 和 4 列；根据 φ 和 k 的值以及 $|\Delta\varphi^c| \leqslant T/8$，得到 $\varphi+kT+\Delta\varphi^c$ 的取值范围，参见第 5 列；根据 $\varphi+kT+\Delta\varphi^c$ 的取值范围、Δk_g 的值和 k_g 的奇偶性，通过式（5-55）可得到由 k_g 表达 k_m^c 的公式，参见第 6 列；因为 $\Delta k_m = k_m^c - k_m$，则由式（5-56）和第 6 列中 k_m^c 的表达式可得到 Δk_m 的值，参见第 7 列；根据式（5-40），由 Δk_m 和 k 的值可计算出 $\Delta\psi$，参见第 8 列。第 8 列表明绝对模拟码误差 $\Delta\psi = \Delta\varphi^c$，其中不存在周期跳变误差。

5. 2. 4　测量实验

为验证方法 A，采用第 5. 1 节建立的仿真系统和实验装置，针对不同形状的典型表面进行测量实验。实验中，采用 13 幅编码图案，包括 8 幅格雷码图案、3 幅相移条纹图案和黑、白 2 幅图案；格雷码周期 $T_m = 4$ 个像素，相移条纹周期 $T = 8$ 个像素，$\varphi_0 = 2$ 个像素；根据相移条纹图像通过相移法获得包裹模拟码；根据格雷码图像解码得到模拟码级数；绝对模拟码采用格雷码与模拟码非等周期方法获取；根据三角测量原理将绝对模拟码转换为被测表面的三维坐标。

1. 仿真测量实验

为定量评价方法 A，针对解析表面进行测量实验。构造一个 200mm×150mm 的解析平面作为标准平面，垂直于深度方向即投影仪光轴方向，并从距投影仪镜头中心 760mm 位置处开始沿深度方向依次移动 20mm 直到 840mm 位置处，在每个位置采集标准平面编码图像，对该平面进行测量，获得其表面三维坐标值，最后处理平面测量数据，分析评价方法 A。

作为与等周期组合方法的对比，给出 800mm 深度处平面景物编码图像中 768 行像素的测量值曲线及其从 1011～1071 列的局部放大图。图 5-23 给出其包裹模拟码测量值曲线及其局部放大图，图 5-24 给出其第二模拟码级数测量值曲线及其局部放大图，图 5-25 给出其绝对模拟码测量值曲线及其局部放大图，图 5-26 给出其深度测量误差曲线及其局部放大图。图 5-27 给出该平面的测量结果及其测量误差。

比较图 5-5 和图 5-23，两者的包裹模拟码测量值曲线及其局部放大完全相同，曲线本身不存在跳变误差。比较图 5-6 和图 5-24，第二模拟码级数曲线与模拟码级数曲线以及两者的局部放大相一致，但第二模拟码级数值和模拟码级数值对应跳变位置不一致，这正是方法 A 的预期效果，因为方法 A 就是通过修正模拟码级数的跳变位置形成第二模拟码级数，采用第二模拟码级数进行包裹模拟码展开，达到消除周期跳变误差的目的。图 5-23b 和图 5-24b 表明，包裹模拟码测量值曲线跳变位置左侧像素处接近 T，右侧像素处为 0，第二模拟码级数测量值曲线跳变位置左右两侧像素处的差值为 1。通过对比图 5-23b 和图 5-24b 中曲线跳变点相互之间的位置关系可见，包裹模拟码测量值曲线跳变位置与第二模拟码级数测量值曲线跳变位置完全重合，这保证非等周期组合时不会出现周期跳变误差。图 5-25 和图 5-26 中，绝对模拟码测量值曲线和深度测量误差曲线不存在由周期跳变误差导致的粗大误差，仅为剩余模拟码误差导致的测量误差，表明方法 A 消除周期跳变误差的机理正确有效。

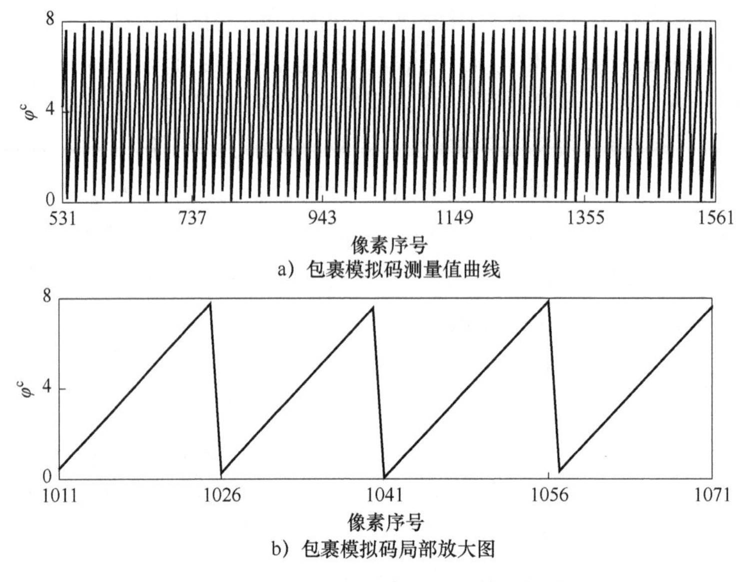

a）包裹模拟码测量值曲线

b）包裹模拟码局部放大图

图 5-23 包裹模拟码测量值曲线及其局部放大图

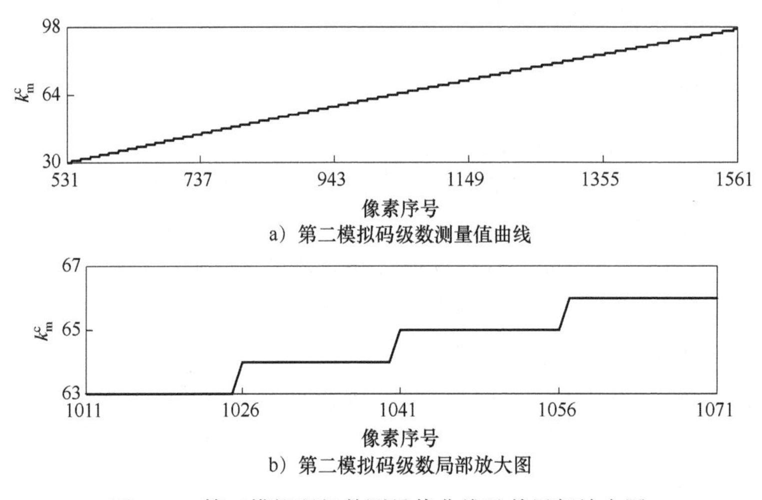

a）第二模拟码级数测量值曲线

b）第二模拟码级数局部放大图

图 5-24 第二模拟码级数测量值曲线及其局部放大图

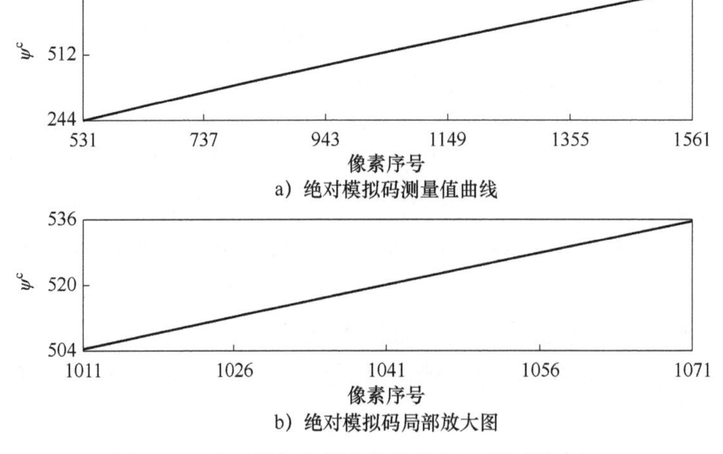

a）绝对模拟码测量值曲线

b）绝对模拟码局部放大图

图 5-25 绝对模拟码测量值曲线及其局部放大图

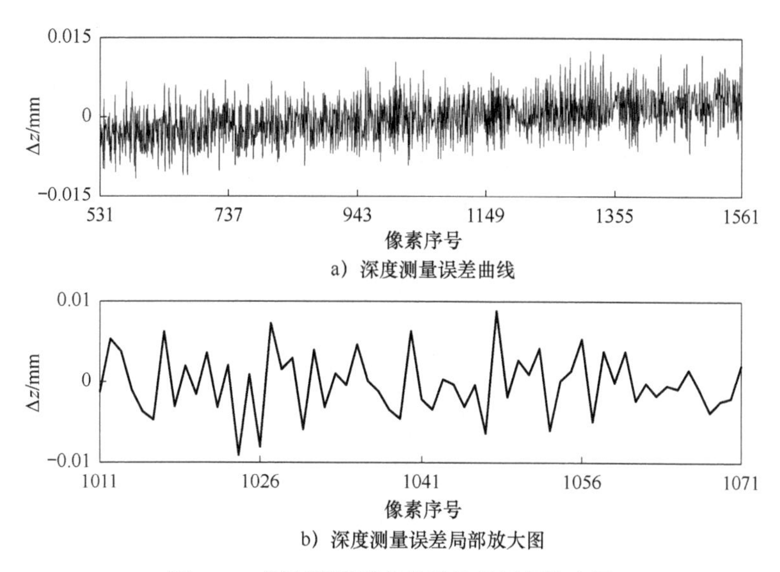

图 5-26　深度测量误差曲线及其局部放大图

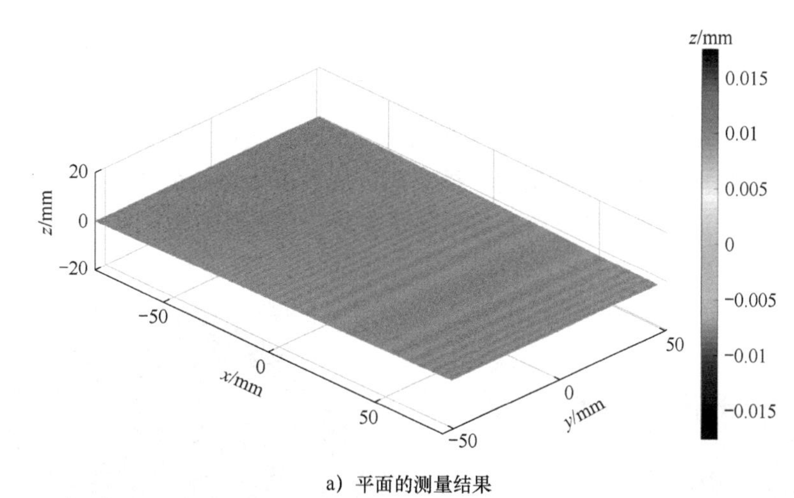

a）平面的测量结果

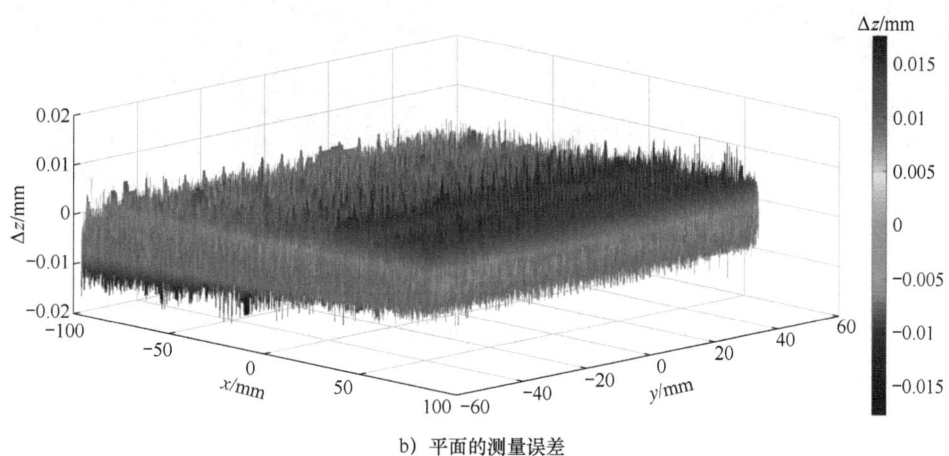

b）平面的测量误差

图 5-27　该平面的测量结果及其测量误差

图 5-27 中，平面测量结果的规律与单行像素测量结果一致，不存在图 5-9 中由周期跳变误差导致的条状棱，仅存在由剩余模拟码误差导致的测量误差，其远远小于由周期跳变误差导致的粗大误差。

为定量评价方法 A，在 5 个位置处对标准平面进行仿真测量，对测量数据进行处理后得到测量结果，见表 5-7。可见，深度测量平均值误差为 0.00mm，方均根误差小于 0.01mm，最大绝对误差小于 0.03mm。显然，相比于等周期组合方法，方法 A 能消除周期跳变误差，其测量误差仅为由剩余模拟码误差导致的测量误差，远远小于由周期跳变误差导致的粗大误差。

表 5-7 采用方法 A 的深度测量结果

（单位：mm）

标准深度	测量平均值	平均值误差	方均根误差	最大绝对误差
40.000	40.000	0.000	0.004	0.017
20.000	20.000	0.000	0.004	0.017
0.000	0.000	0.000	0.004	0.018
-20.000	-20.000	0.000	0.004	0.020
-40.000	-40.000	0.000	0.005	0.022

针对半径为 150mm 的解析球面和仿真人头像进行仿真测量实验。图 5-28 所示为重构球面及其局部放大图，图 5-29 所示为重构人头像及其局部放大图。显然，方法 A 消除了周期跳变误差，重构出光滑细腻的被测景物三维表面，放大图中显示的方格状条纹是由曲面重构算法本身形成的，这既表明该条纹不是测量误差又表明测量误差非常小。

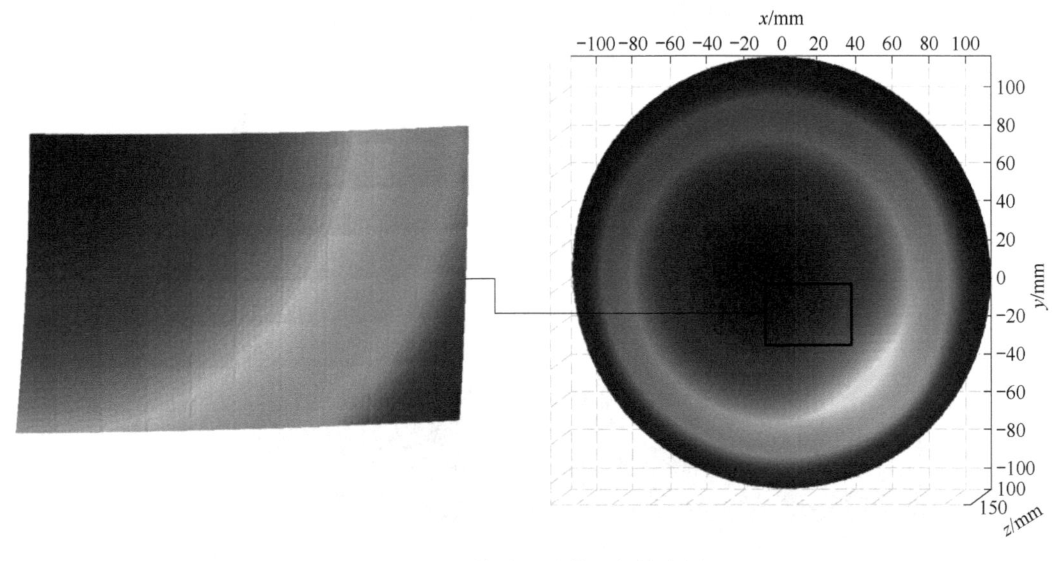

图 5-28 重构球面及其局部放大图

2. 装置测量实验

针对 200mm ×150mm 的实际平面进行测量，装置实验设计和过程与平面仿真实验完全相同。在 800mm 深度处，平面编码图像中第 768 行像素的绝对模拟码测量值曲线如图 5-30

所示，与图 5-12 相比，其上不存在由周期跳变误差导致的尖峰跳变；整个平面的测量结果及其测量误差如图 5-31 所示。在 5 个位置处对实际平面进行测量，测量结果见表 5-8，深度测量平均值误差为 0.00mm，方均根误差小于 0.40mm，最大绝对误差小于 1.12mm。可见，方法 A 能消除周期跳变误差，其测量误差仅为由剩余模拟码误差导致的测量误差，远远小于周期跳变误差；相比与等周期组合方法，其测量误差非常小；其装置实验中的测量误差明显大于仿真实验中的测量误差。

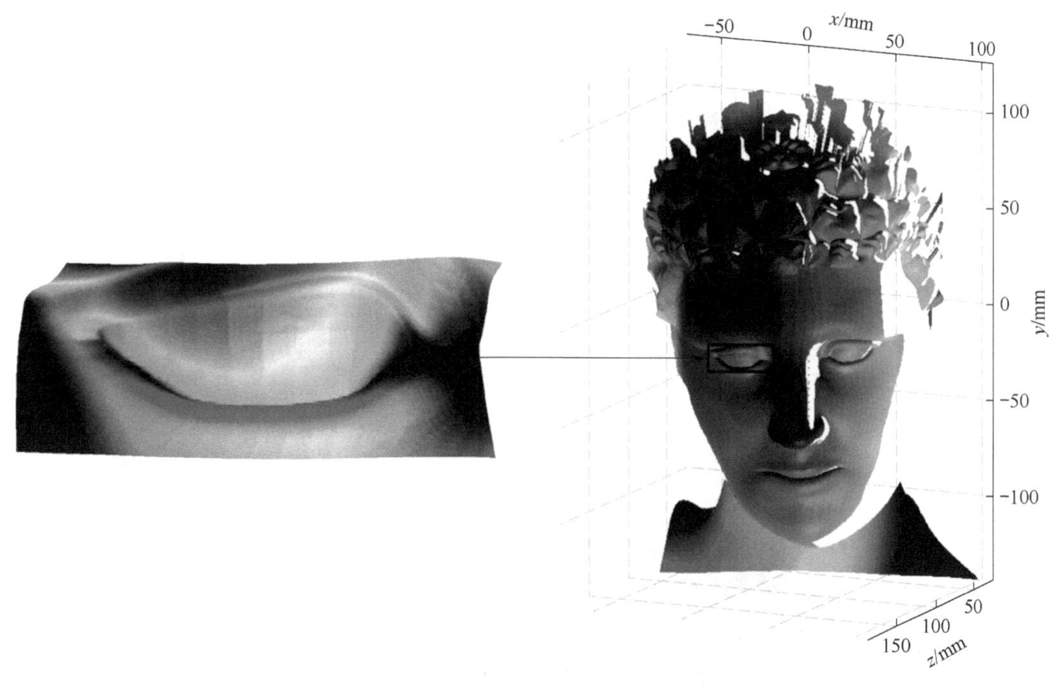

图 5-29　重构人头像及其局部放大图

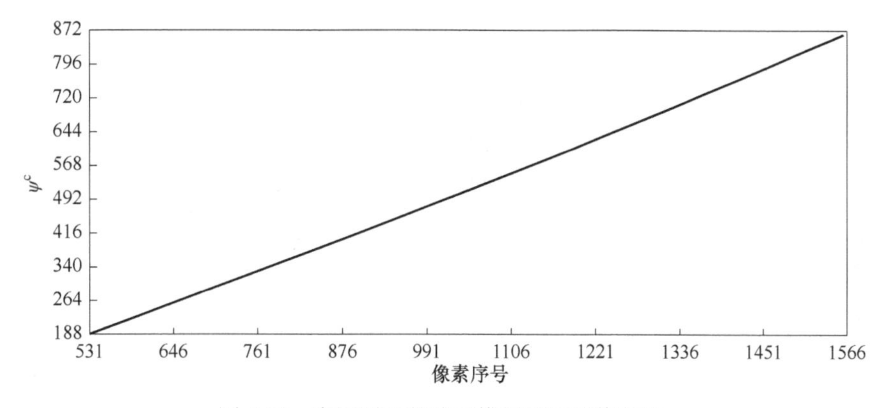

图 5-30　实际平面的绝对模拟码测量值曲线

针对球面、具有复杂表面的瓷花瓶和石膏像进行了装置测量实验。图 5-32 为图 5-14a 所示球面的三维重建结果及其局部放大图。图 5-33 为图 5-16a 所示瓷花瓶的三维重建结果。图 5-34 为图 5-18a 所示石膏像的三维重建结果及其局部放大图。

根据图 5-32～图 5-34，并对比图 5-15、图 5-17 和图 5-19 可知，采用方法 A 的装置测量结果与仿真测量结果类似，不存在由周期跳变误差导致的粗大误差，得到了光滑细腻的三维重构表面；尽管装置测量误差明显大于仿真测量误差，但远小于等周期组合方法中对应的测量误差。实际上，图 5-34 中的鼻根侧面和眼窝处各有一个极小区域存在由周期跳变误差导致的粗大误差，但视觉上观察不到，这将在 5. 3 节中详细讨论。

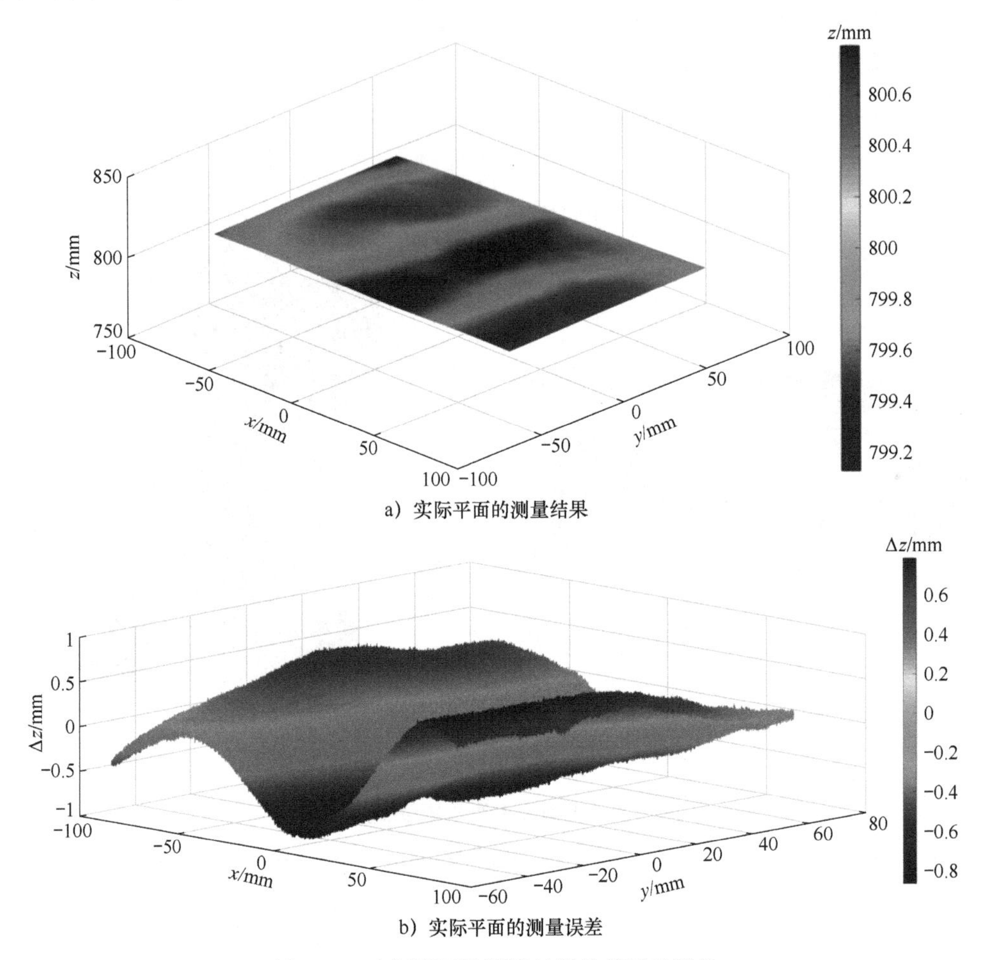

a）实际平面的测量结果

b）实际平面的测量误差

图 5-31　实际平面的测量结果及其测量误差

表 5-8　实际平面的深度测量结果

（单位：mm）

标 准 深 度	测量平均值	平均值误差	方均根误差	最大绝对误差
760. 000	760. 000	0. 000	0. 390	1. 113
780. 000	780. 000	0. 000	0. 388	0. 924
800. 000	800. 000	0. 000	0. 382	0. 874
820. 000	820. 000	0. 000	0. 350	0. 851
840. 000	840. 000	0. 000	0. 322	0. 825

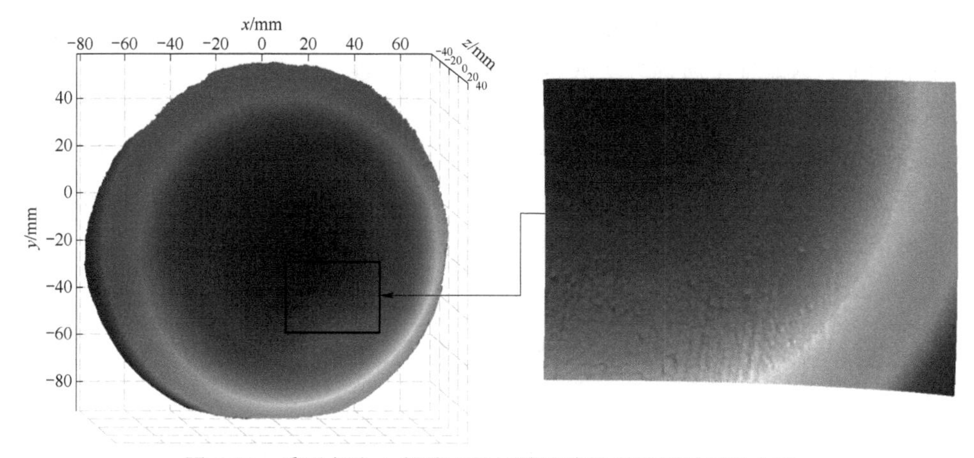

图 5-32　采用方法 A 的球面的三维重建结果及其局部放大图

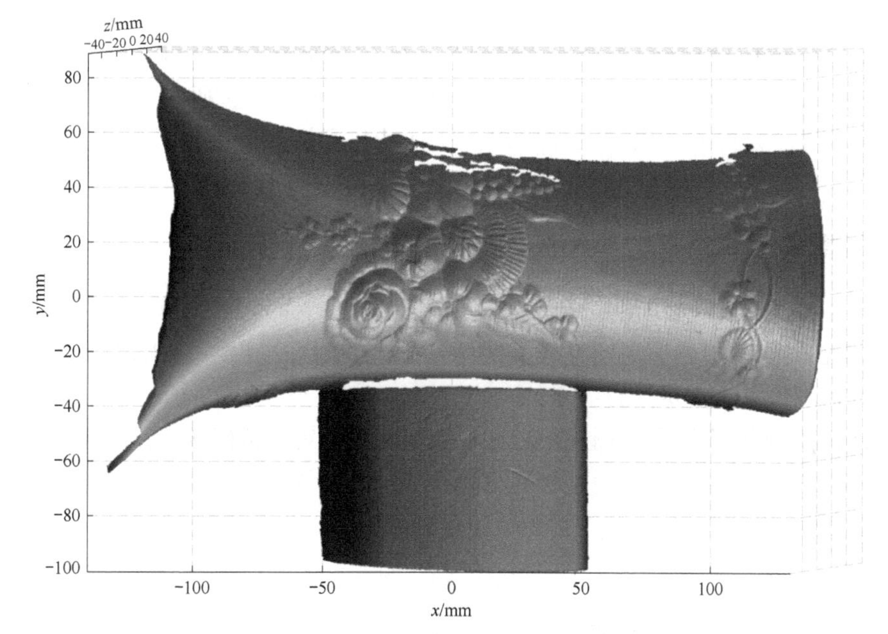

图 5-33　采用方法 A 的瓷花瓶的三维重建结果

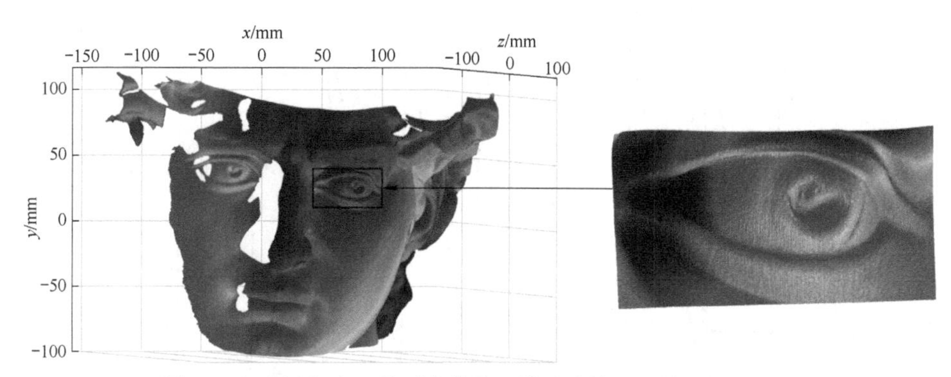

图 5-34　采用方法 A 的石膏像的三维重建结果及其局部放大图

采用方法 A 分别针对标准平面、球面及人头像完成了仿真实验，分别针对实际平面、球面及具有复杂表面的瓷花瓶和石膏像等完成装置测量实验。仿真实验结果和装置实验结果表明，所提方法 A 能够有效地消除周期跳变误差，实现可靠的包裹模拟码展开，明显提高了测量准确度，这验证了所提方法 A 的正确性和有效性。

在格雷码和模拟码等周期组合三维测量方法的投射图案中，格雷码和模拟码两者跳变点设计为在同一位置，但实际中难以完全对准，则必然出现周期跳变误差，导致粗大测量误差。本节将投射图案设计为格雷码和模拟码两者跳变点出现在不同位置且相距最远，则在原理上避免了两者跳变点对准的问题和周期跳变误差的产生。

5.3 格雷码和双频模拟码等周期组合三维视觉测量方法

本节在包裹模拟码展开算法方面采取措施，在格雷码和模拟码等周期组合方法的基础上，附加投射一组低频相移图案，由等周期组合方法获得的高频绝对模拟码结合由相移法获得的低频包裹模拟码和低频相移条纹周期产生低频绝对模拟码，再结合高频包裹模拟码和高频相移条纹周期并产生校正后的高频绝对模拟码，形成格雷码和双频模拟码等组合三维视觉测量方法。分析该方法的工作原理，建立其包裹模拟码展开数学模型和测量模型，通过测量实验和误差分析进行验证。

5.3.1 格雷码和双频模拟码等周期组合三维视觉测量原理

格雷码与双频模拟码等周期组合三维视觉测量方法（称为方法 B）描述如下：

1）在格雷码与模拟码等周期组合方法的基础上，附加投射一组周期为 $T_1=NT$ 的低频相移条纹图案，其中 N 为奇数且 $N\geqslant 3$。

2）根据格雷码与模拟码等周期组合方法获得高频绝对模拟码 ψ，其曲线见图 5-4。

3）利用低频相移条纹图案通过相移法获得其包裹相位 φ_1'，称为低频包裹相位，进而获得其包裹模拟码 $\varphi_1=T_1\varphi_1'/(2\pi)$，称为低频包裹模拟码，其主值范围为 $[0,T_1)$，其曲线如图 5-35 所示。

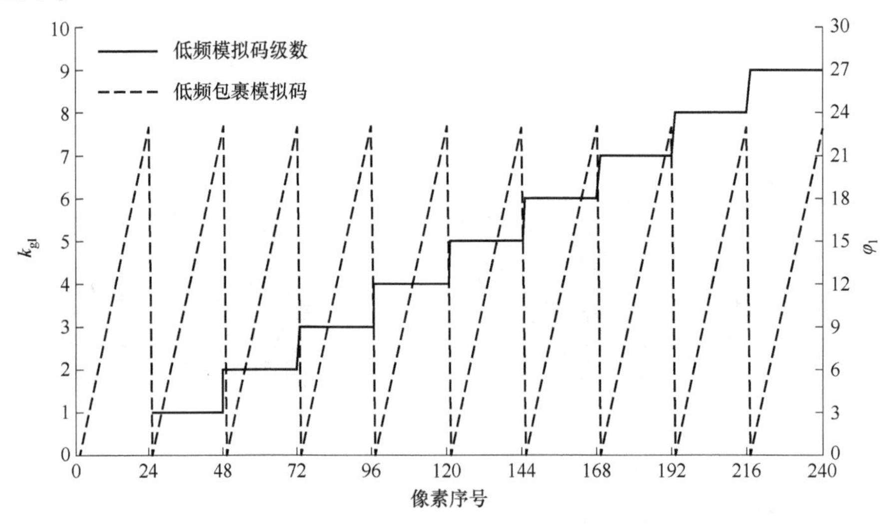

图 5-35　低频模拟码级数 k_{gl} 及低频包裹模拟码 φ_1 曲线

4）根据高频绝对模拟码 ψ 和低频包裹模拟码 φ_1，通过式（5-57）可获得低频相移条纹图像的模拟码级数 k_{gl}，称为低频模拟码级数，其曲线如图5-35所示，其中横坐标像素序号的物理意义为图5-4中的横坐标，即绝对模拟码真值。

$$k_{gl} = \mathrm{round}\left(\frac{\psi - \varphi_1}{T_1}\right) \tag{5-57}$$

式中，round( )为四舍五入取整函数。

5）根据 k_{gl}，通过式（5-58）可将低频包裹模拟码 φ_1 展开为绝对模拟码 ψ_1，称为低频绝对模拟码，其曲线如图5-36所示。

$$\psi_1 = k_{gl} T_1 + \varphi_1 \tag{5-58}$$

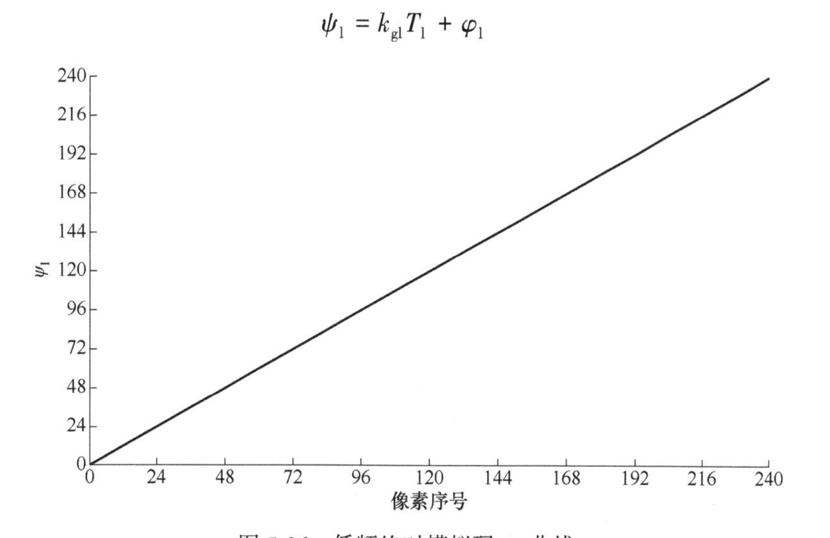

图5-36 低频绝对模拟码 ψ_1 曲线

6）根据 ψ_1 和 φ，通过式（5-59）又可获得一个新的模拟码级数 k_m，称为校正后的模拟码级数，其曲线如图5-37所示。

$$k_m = \mathrm{round}\left(\frac{\psi_1 - \varphi}{T}\right) \tag{5-59}$$

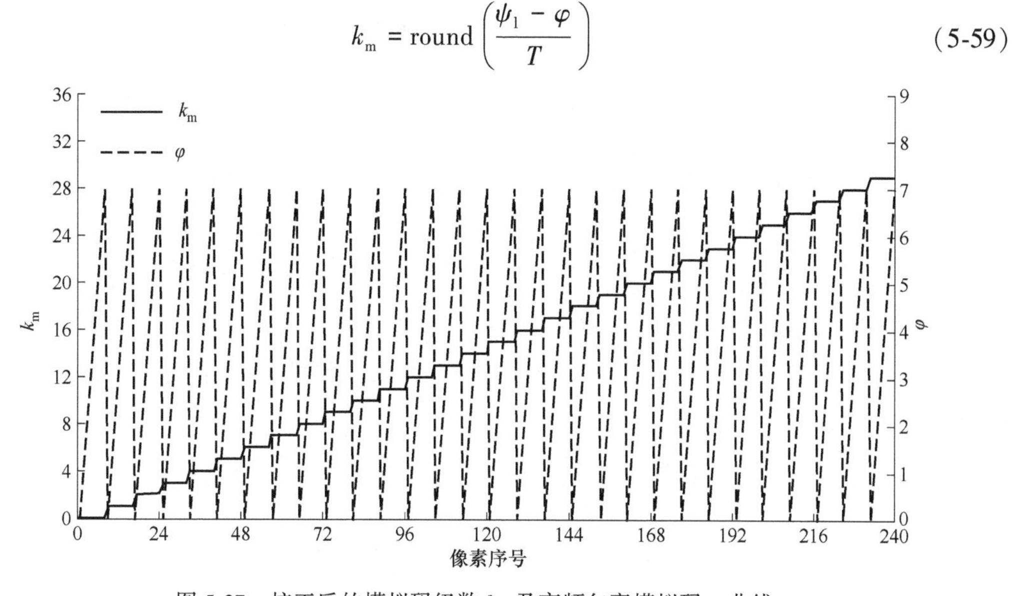

图5-37 校正后的模拟码级数 k_m 及高频包裹模拟码 φ 曲线

7）根据 k_m，通过式（5-60）可将高频包裹模拟码 φ 展开为一个新的绝对模拟码 ψ_c，称为校正后的高频绝对模拟码，其波形如图 5-38 所示。

$$\psi_c = k_m T + \varphi \tag{5-60}$$

8）利用 ψ_c 依据三角测量原理得到被测表面的三维坐标值。

图 5-35~图 5-38 描述了方法 B 中绝对模拟码校正的过程，联立式（5-14）和式（5-57）~式（5-60）就构成了方法 B 的绝对模拟码展开数学模型。不存在误差的理想情况下，$k_m = k_g$，$\psi_c = \psi_1 = \psi$。

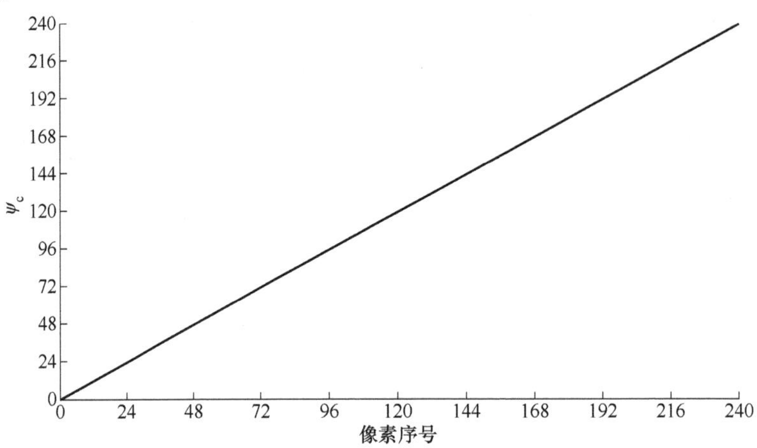

图 5-38　校正后的高频绝对模拟码 ψ_c 曲线

5.3.2　格雷码和双频模拟码等周期组合方法误差分析

在实际测量过程中，方法 B 首先采用格雷码和模拟码等周期组合方法由格雷码测量值 k_g^c 和高频包裹模拟码测量值 φ^c 根据式（5-15）获得高频绝对模拟码测量值 ψ^c，然后利用低频相移条纹图像通过相移法获得低频包裹模拟码测量值 φ_1^c，其中存在测量误差 $\Delta\varphi_1 = \varphi_1^c - \varphi_1$。因为 $\varphi_1^c \in [0, T_1)$，根据式（5-17）得到低频剩余模拟码误差 $\Delta\varphi_1^c$ 为

$$\Delta\varphi_1^c = \Delta\varphi_1 - k_1 T_1 = \begin{cases} \Delta\varphi_1 + T_1 & \left(-T_1 < \Delta\varphi \leqslant -\dfrac{T_1}{2}，\text{此时 } k_1 = -1\right) \\ \Delta\varphi_1 & \left(-\dfrac{T_1}{2} < \Delta\varphi < \dfrac{T_1}{2}，\text{此时 } k_1 = 0\right) \\ \Delta\varphi_1 - T_1 & \left(\dfrac{T_1}{2} \leqslant \Delta\varphi < T_1，\text{此时 } k_1 = 1\right) \end{cases} \tag{5-61}$$

其中，剩余模拟码误差取值范围为 $-T_1/2 < \Delta\varphi_1^c < T_1/2$。

根据式（5-57）由高频绝对模拟码测量值 ψ^c 和低频包裹模拟码测量值 φ_1^c 可得低频模拟码级数测量值 k_{gl}^c 为

$$\begin{aligned} k_{gl}^c &= \text{round}\left(\frac{\psi^c - \varphi_1^c}{T_1}\right) = \text{round}\left[\frac{\psi + (\Delta k_g + k)T + \Delta\varphi^c - \varphi_1^c}{T_1}\right] \\ &= \text{round}\left[\frac{\psi + m_h T + \Delta\varphi^c - (\varphi_1 + k_1 T_1 + \Delta\varphi_1^c)}{T_1}\right] \end{aligned} \tag{5-62}$$

式中，m_h 为高频组合级数误差，$m_h=\Delta k_g+k$。进一步根据式（5-58）由 φ_1^c 和 k_{gl}^c 可得到低频绝对模拟码测量值 ψ_1^c 为

$$\begin{aligned}\psi_1^c &= k_{gl}^c T_1 + \varphi_1^c \\ &= (k_{gl} + \Delta k_{gl} + k_1) T_1 + \varphi_1 + \Delta\varphi_1^c\end{aligned} \tag{5-63}$$

式中，$k_{gl}^c=k_{gl}+\Delta k_{gl}$，$\Delta k_{gl}$ 为低频模拟码级数测量误差。

另外，根据式（5-58）和式（5-63）还可得到低频绝对模拟码测量误差 $\Delta\psi_1$ 为

$$\begin{aligned}\Delta\psi_1 &= \psi_1^c - \psi_1 \\ &= (\Delta k_{gl} + k_1) T_1 + \Delta\varphi_1^c = m_1 T_1 + \Delta\varphi_1^c\end{aligned} \tag{5-64}$$

式中，m_1 为低频组合级数误差，$m_1=\Delta k_{gl}+k_1$。

那么，根据式（5-59）由低频绝对模拟码测量值 ψ_1^c 和高频包裹模拟码测量值 φ^c 得到校正后的模拟码级数测量值 k_m^c 为

$$\begin{aligned}k_m^c &= \mathrm{round}\left(\frac{\psi_1^c - \varphi^c}{T}\right) \\ &= \mathrm{round}\left(\frac{\psi_1 + m_1 T_1 + \Delta\varphi_1^c - (\varphi + kT + \Delta\varphi^c)}{T}\right)\end{aligned} \tag{5-65}$$

最后，根据式（5-60）由 φ^c 和 k_m^c 得到校正后的高频绝对模拟码测量值 ψ_c^c 为

$$\begin{aligned}\psi_c^c &= k_m^c T + \varphi^c \\ &= (k_m + \Delta k_m + k) T + \varphi + \Delta\varphi^c\end{aligned} \tag{5-66}$$

式中，Δk_m 为校正后的模拟码级数测量误差，$k_m^c=k_m+\Delta k_m$。式（5-15）、式（5-62）、式（5-63）、式（5-65）和式（5-66）联立就构成了方法 B 的绝对模拟码展开测量模型。

依据方法 B 的绝对模拟码展开数学模型和测量模型，进行如下误差分析。

根据式（5-60）和式（5-66）可得到校正后的高频绝对模拟码测量误差 $\Delta\psi_c$ 为

$$\begin{aligned}\Delta\psi_c &= \psi_c^c - \psi_c = (\Delta k_m + k) T + \Delta\varphi^c \\ &= m_h^c T + \Delta\varphi^c\end{aligned} \tag{5-67}$$

式中，m_h^c 为校正后的组合级数误差，$m_h^c=\Delta k_m+k$。可见，当 $\Delta k_m=-k$ 即 $m_h^c=0$ 时，$\Delta\psi_c=\Delta\varphi^c$，$\psi_c^c$ 中不存在周期跳变误差，显然 $\Delta k_m=-k$ 为 ψ_c^c 中不存在周期跳变误差的充要条件。

下面从保证充要条件 $\Delta k_m=-k$ 成立出发，分析给出方法 B 中对模拟码级数测量误差 Δk_g 的限定。一方面根据式（5-59）和式（5-65）可得

$$\begin{aligned}\Delta k_m &= k_m^c - k_m \\ &= \mathrm{round}\left(\frac{m_1 T_1 - kT + \Delta\varphi_1^c - \Delta\varphi^c}{T}\right)\end{aligned} \tag{5-68}$$

另一方面，依据以往分析结果，限定 $|\Delta\varphi^c|<T/8$，$|\Delta\varphi_1^c|<T_1/8$，考虑到 $T_1=NT$ 且 $N\geqslant 3$，则有 $|\Delta\varphi_1^c|<3T/8$，那么

$$\left|\frac{\Delta\varphi^c - \Delta\varphi_1^c}{T}\right| < 0.5 \tag{5-69}$$

根据式（5-68）和式（5-69），$\Delta k_m=-k$ 的充要条件是 $m_1=0$，即 $\Delta k_{gl}=k_1$。当该充要条

件得到满足时，ψ_1^c 中不存在周期跳变误差，且 $\Delta\psi_1=\Delta\varphi_1^c$。

再根据式（5-57）和式（5-62）可得

$$\begin{aligned}\Delta k_{g1} &= k_{g1}^c - k_{g1} \\ &= \text{round}\left(\frac{m_h T - k_1 T_1 + \Delta\varphi^c - \Delta\varphi_1^c}{T_1}\right)\end{aligned} \tag{5-70}$$

可见，$\Delta k_{g1}=-k_1$ 成立的充要条件是

$$\left|\frac{m_h T + \Delta\varphi^c - \Delta\varphi_1^c}{T_1}\right| < 0.5 \tag{5-71}$$

根据式（5-69）和式（5-71）可推导出如下充要条件：

$$|m_h| \leqslant \frac{N-1}{2} \tag{5-72}$$

根据式（5-72）和限定条件 $|\Delta\varphi^c|<T/8$ 可推导出对应的模拟码级数 Δk_g 的取值范围，见表 5-9。表中，第 1 列将高频包裹模拟码的主值范围划分为 3 个子区间，针对每个子区间，第 2 列根据限定条件 $|\Delta\varphi^c|<T/8$ 给出 k 的可能值；由 k 的值可获得以 Δk_g 为自变量的高频组合级数误差 m_h 的表达式，参见第 3 列；根据式（5-72）和 m_h 的表达式得到 Δk_g 的限定范围，参见第 4 列。

表 5-9　Δk_g 的取值范围

子　区　间	剩余模拟码系数 k	高频组合级数误差 m_h	模拟码级数测量误差 Δk_g
$\varphi\in[0,T/8)$	0	Δk_g	$\Delta k_g\in[(1-N)/2,(N-1)/2]$
	1	Δk_g+1	$\Delta k_g\in[-(1+N)/2,(N-3)/2]$
$\varphi\in[T/8,7T/8)$	0	Δk_g	$\Delta k_g\in[(1-N)/2,(N-1)/2]$
$\varphi\in[7T/8,T)$	0	Δk_g	$\Delta k_g\in[(1-N)/2,(N-1)/2]$
	-1	Δk_g-1	$\Delta k_g\in[(3-N)/2,(N+1)/2]$

综上所述，方法 B 总结如下：

1）适用条件 B 为：$T_1=NT$、$N\geqslant 3$、N 为奇数；$|\Delta\varphi^c|<T/8$，$|\Delta\varphi_1^c|\leqslant 3T/8$；$\Delta k_g$ 的限定范围见表 5-9。

2）包裹模拟码测量模型为式（5-15）、式（5-62）、式（5-63）、式（5-65）和式（5-66）联立。

3）在适用条件 B 下，绝对模拟码中不存在周期跳变误差，仅含有剩余模拟码误差 $\Delta\varphi^c$ 且 $|\Delta\varphi^c|<T/8$。

与方法 A 相比，方法 B 在模拟码级数误差允许范围和模拟码误差的允许出现范围两方面均有明显提高。一方面，前者仅能消除 $\Delta k_g=\pm 1$ 导致的周期跳变误差，而后者能消除 $|\Delta k_g|\leqslant(N-1)/2$ 导致的周期跳变误差，具体取决于 N 的取值；另一方面，前者仅能消除在格雷码跳变点两侧 $T/8$ 范围内出现的周期跳变误差，而后者能消除所有范围内出现的周期跳变误差。可见，后者消除周期跳变误差的能力明显优于前者，但前者仅附加投射一幅格雷码图案，而后者附加投射三幅低频相移条纹图案，其测量效率较前者有所降低。

5.3.3　测量实验

为验证方法 B，并与方法 A 进行对比，采用 5.1 节实验装置针对图 5-18a 中所示石膏像进行测量实验。实验中，采用 15 幅编码图案，包括 7 幅格雷码图案、6 幅相移条纹图案和黑、白 2 幅图案；$T=8$ 个像素，$T_1=24$ 个像素，$N=3$；根据相移条纹图像通过相移法分别获得高频包裹模拟码 φ 和低频包裹模拟码 φ_1；根据格雷码图像解码得到模拟码级数 k_g；校正后的高频绝对模拟码由格雷码与双频模拟码等周期方法获取；根据三角测量原理将绝对模拟码转换为被测表面的三维坐标。

方法 A 的测量结果如图 5-39～图 5-45 所示，方法 B 的测量结果如图 5-46～图 5-52 所示。分别在两种方法的测量结果中截取两个小区域，再进行放大，鼻子上小区域在两种方法的测量结果中依次标识为 C 和 D，眼睛上小区域在两种方法的测量结果中依次标识为 A 和 B，如图 5-39 和图 5-46 所示。观察图 5-40 所示区域 C 放大后的区域 C_1 内，明显可见存在一个条纹状异常区域，如图 5-42 中区域 C_1 放大图所示，表明该条纹区域出现由周期跳变误差导致的粗大误差；因为粗大误差向后面方向跳变，所以图 5-44 所示区域 C_1 后表面放大图清晰地显示出该条纹区域的粗大误差。

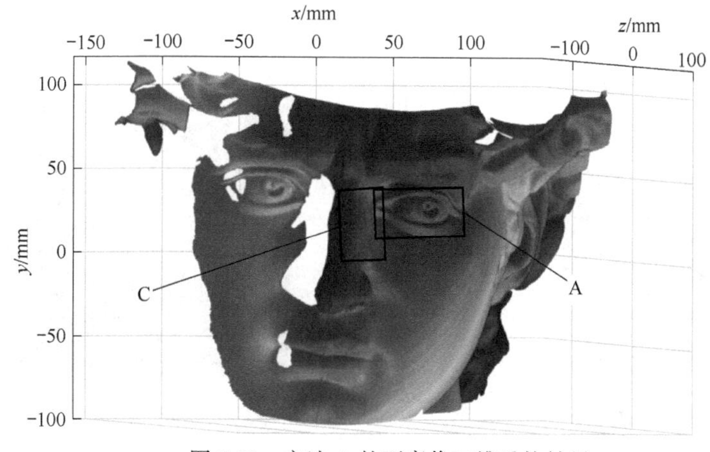

图 5-39　方法 A 的石膏像三维重构结果

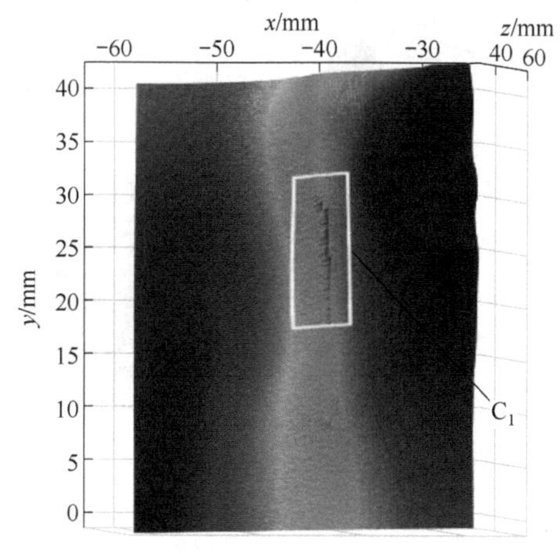

图 5-40　区域 C 放大图

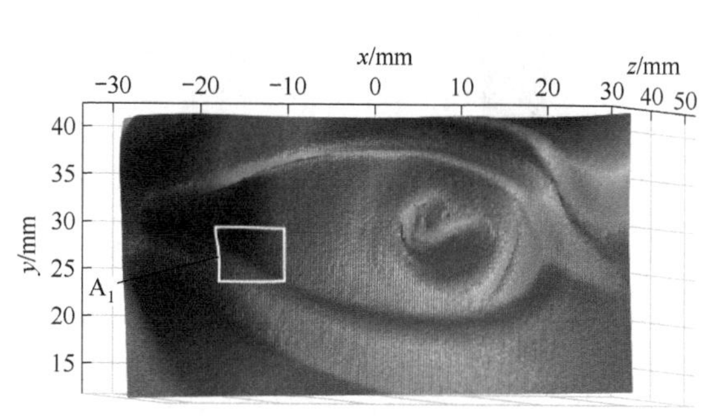

图 5-41　区域 A 放大图

观察图 5-41 所示区域 A 放大后的区域 A_1 内，明显可见存在 5 个点状很小的异常区域，如图 5-43 中区域 A_1 放大图所示，表明这 5 个点状区出现由周期跳变误差导致的粗大误差；同样，图 5-45 所示区域 A_1 后表面放大图清晰地显示出该 5 个点状区域的粗大误差。

对应观察图 5-47 所示区域 D 放大后的区域 D_1 内，显然不存在异常区域，如图 5-49 中区域 D_1 放大图所示，表明其中不存在由周期跳变误差导致的粗大误差；图 5-51 所示区域 D_1 后表面放大图清晰地显示该区域不存在粗大误差。

对应观察图 5-48 所示区域 B 放大后的区域 B_1 内，显然不存在异常区域，如图 5-50 中区域 B_1 放大图所示，表明其中不存在由周期跳变误差导致的粗大误差；图 5-52 所示区域 B_1 后表面放大图清晰地显示该区域不存在粗大误差。

分别对比图 5-44 与图 5-51、图 5-45 与图 5-52，显然方法 B 消除了方法 A 中残留的周期跳变误差；观察图 5-51 和图 5-52，所显示的方法 B 测量结果的细节，清楚表明该方法仅存在由剩余模拟码误差导致的测量误差，其值很小。

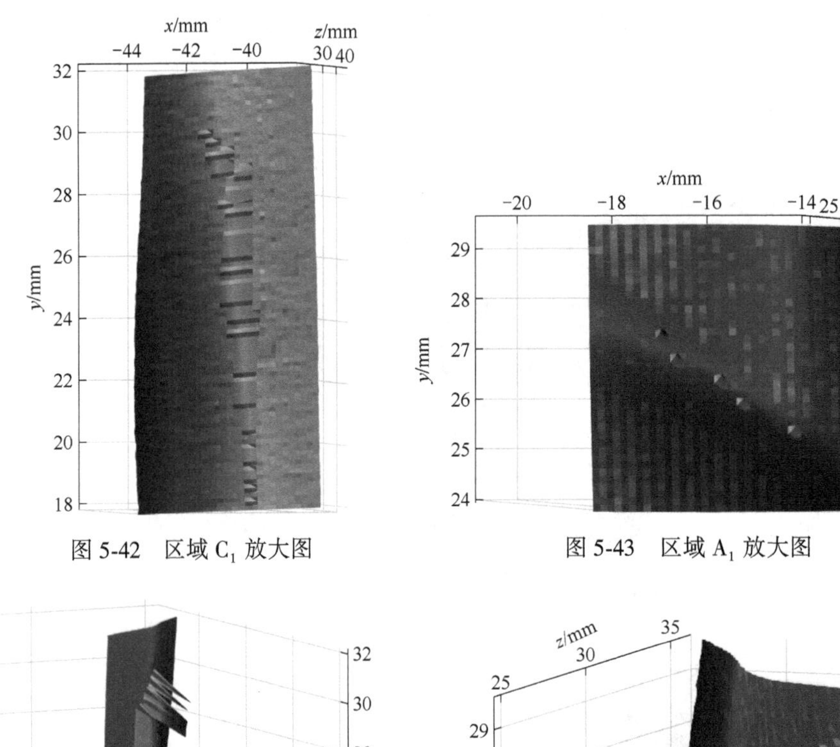

图 5-42　区域 C_1 放大图

图 5-43　区域 A_1 放大图

图 5-44　区域 C_1 后表面放大图

图 5-45　区域 A_1 后表面放大图

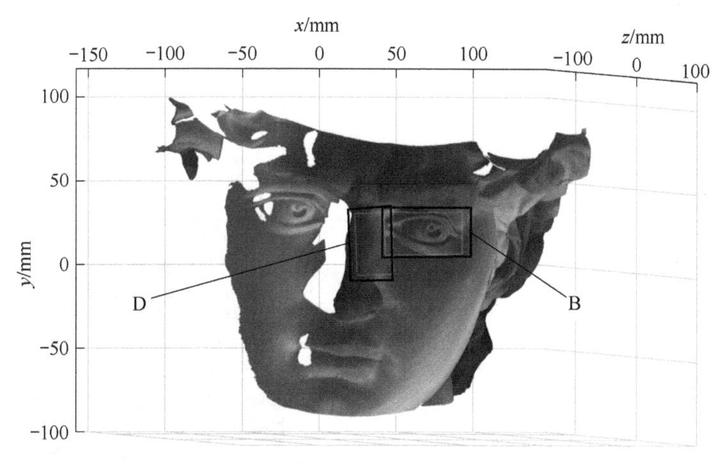

图 5-46　方法 B 的石膏像三维重构结果

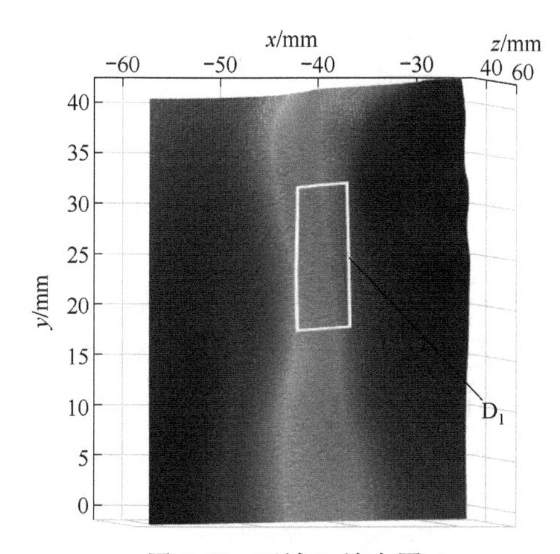

图 5-47　区域 D 放大图

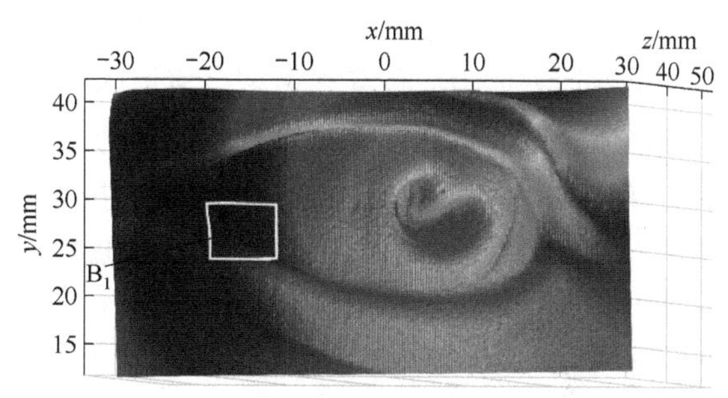

图 5-48　区域 B 放大图

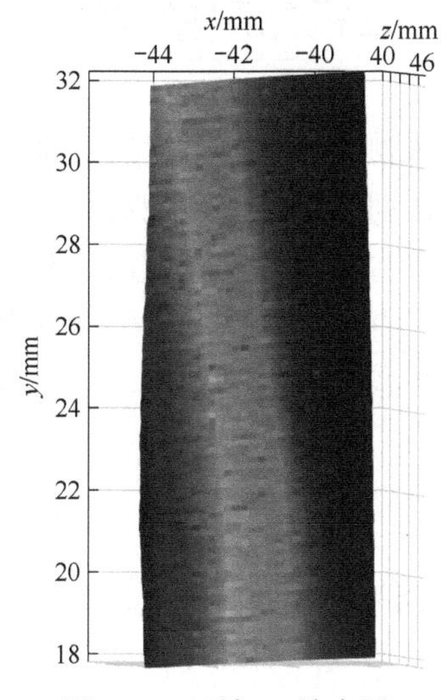

图 5-49　区域 D_1 放大图

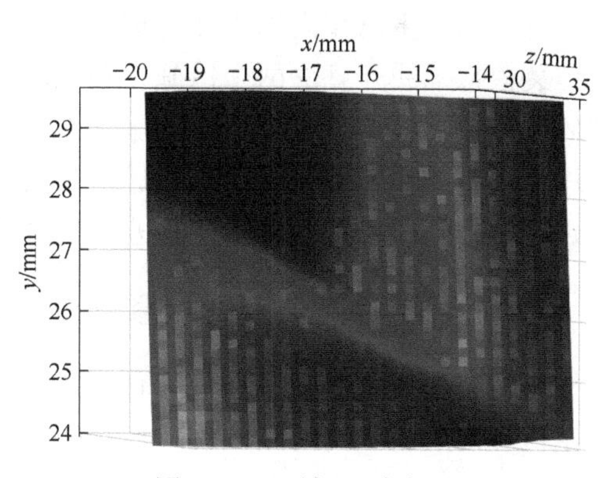

图 5-50　区域 B_1 放大图

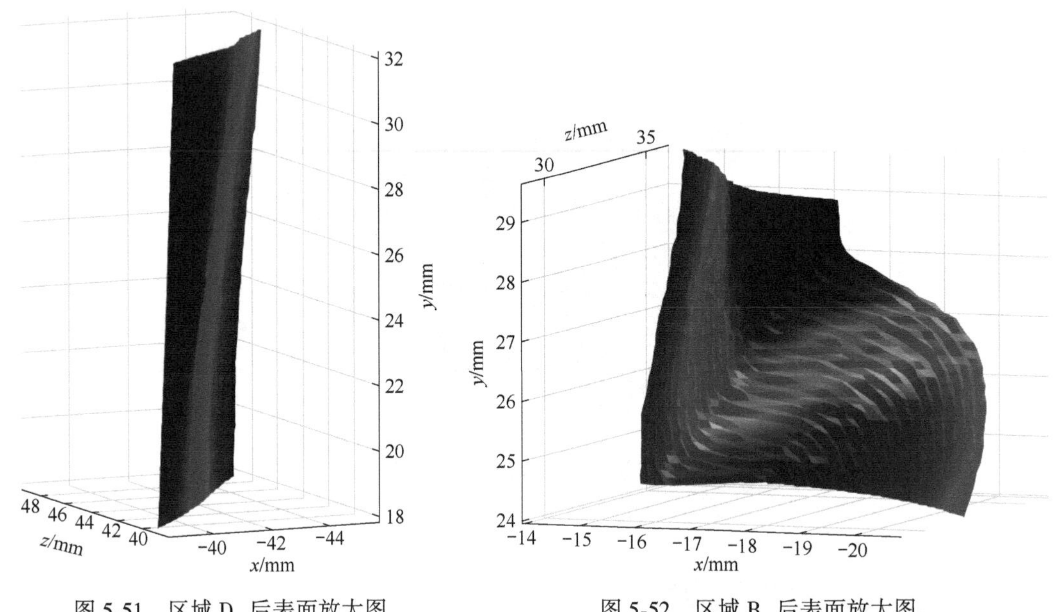

图 5-51　区域 D_1 后表面放大图　　　　图 5-52　区域 B_1 后表面放大图

综上所述，实验结果表明，方法 B 能消除方法 A 残留的周期跳变误差，具有更强的消除周期跳变误差能力，仅存在由剩余模拟码误差导致的很小的测量误差。

在格雷码和模拟码组合三维视觉测量方法中，无论格雷码和模拟码两者的跳变点是否需要对准，只要格雷码出错就可能导致产生周期跳变误差。因此，本节在格雷码和模拟码等周期组合方法的基础上，附加投射一组低频相移条纹图案，通过增加展开约束条件和转换运算可在一定程度上避免在包裹模拟码主值范围内所有位置的格雷码误差的影响，抑制周期跳变误差的出现。

5.4　格雷码和双频模拟码非等周期组合三维视觉测量方法

本节提出格雷码和双频模拟码非等周期组合三维视觉测量方法，该方法分别投射一组高频和一组低频的格雷码和模拟码非等周期组合图案，同时采取非等周期组合投射图案设计和双频包裹模拟码展开算法两个措施，利用非等周期组合方法分别得到高频和低频两个绝对模拟码测量值，根据两者之差来消除周期跳变误差。本节进一步分析非等周期组合方法在非适用条件下的周期跳变误差，阐述格雷码和双频模拟码非等周期组合三维视觉测量原理，构建其包裹模拟码展开模型，并进行实验验证。

5.4.1　非等周期组合方法非适用条件下误差分析

本章提出的方法 A 不满足其适用条件 A 时会出现周期跳变误差，为此从分析其周期跳变误差产生机理出发，找到消除周期跳变误差的途径，以形成周期跳变误差消除效果更好的组合方法。

在仅限定 $|\Delta\varphi^{c}|<T/8$ 的条件下，将包裹模拟码划分为 4 个子区间分别进行如下误差分析。

(1) 在 $\varphi\in[0,T/4)$ 子区间内，k_g 为偶数

1) 如果 $k=0$ 且 Δk_g 为偶数，则 $\varphi+\Delta\varphi^c<T/2$，根据式(5-55) 得 $k_m^c=(k_g+\Delta k_g)/2$，则 $\Delta k_m=\Delta k_g/2$，根据式(5-40) 可得 $\Delta\psi=\Delta k_g T/2+\Delta\varphi^c$。当 $\Delta k_g=0$ 时，绝对模拟码测量值中不存在周期跳变误差，当 $\Delta k_g\neq 0$ 时，存在周期跳变误差。

2) 如果 $k=1$ 且 Δk_g 为偶数，则 $\varphi+T+\Delta\varphi^c>T/2$，根据式(5-55) 得 $k_m^c=(k_g+\Delta k_g)/2-1$，则 $\Delta k_m=\Delta k_g/2-1$，根据式(5-40) 可得 $\Delta\psi=\Delta k_g T/2+\Delta\varphi^c$。当 $\Delta k_g=0$ 时，绝对模拟码测量值中不存在周期跳变误差，当 $\Delta k_g\neq 0$ 时，存在周期跳变误差。

3) 如果 $k=0$ 且 Δk_g 为奇数，则 $\varphi+\Delta\varphi^c<T/2$，根据式(5-55) 得 $k_m^c=(k_g+\Delta k_g-1)/2$，则 $\Delta k_m=(\Delta k_g-1)/2$，根据式(5-40) 可得 $\Delta\psi=(\Delta k_g-1)T/2+\Delta\varphi^c$。当 $\Delta k_g=1$ 时，绝对模拟码测量值中不存在周期跳变误差，当 $\Delta k_g\neq 1$ 时，存在周期跳变误差。

4) 如果 $k=1$ 且 Δk_g 为奇数，则 $\varphi+T+\Delta\varphi^c>T/2$，根据式(5-55) 得 $k_m^c=(k_g+\Delta k_g-1)/2$，则 $\Delta k_m=(\Delta k_g-1)/2$，根据式(5-40) 可得 $\Delta\psi=(\Delta k_g+1)\,T/2+\Delta\varphi^c$。当 $\Delta k_g=-1$ 时，绝对模拟码测量值中不存在周期跳变误差，当 $\Delta k_g\neq -1$ 时，存在周期跳变误差。

(2) 在 $\varphi\in[T/4,T/2)$ 子区间内，k_g 为奇数且 $k=0$

1) 如果 $\varphi+\Delta\varphi^c<T/2$ 且 Δk_g 为偶数，根据式(5-55) 得 $k_m^c=(k_g+\Delta k_g-1)/2$，则 $\Delta k_m=\Delta k_g/2$，根据式(5-40) 可得 $\Delta\psi=\Delta k_g T/2+\Delta\varphi^c$。当 $\Delta k_g=0$ 时，绝对模拟码测量值中不存在周期跳变误差，当 $\Delta k_g\neq 0$ 时，存在周期跳变误差。

2) 如果 $\varphi+\Delta\varphi^c\geqslant T/2$ 且 Δk_g 为偶数，根据式(5-55) 得 $k_m^c=(k_g+\Delta k_g-1)/2$，则 $\Delta k_m=\Delta k_g/2$，根据式(5-40) 可得 $\Delta\psi=\Delta k_g T/2+\Delta\varphi^c$。当 $\Delta k_g=0$ 时，绝对模拟码测量值中不存在周期跳变误差，当 $\Delta k_g\neq 0$ 时，存在周期跳变误差。

3) 如果 $\varphi+\Delta\varphi^c<T/2$ 且 Δk_g 为奇数，根据式(5-55) 得 $k_m^c=(k_g+\Delta k_g)/2$，则 $\Delta k_m=(\Delta k_g+1)/2$，根据式(5-40) 可得 $\Delta\psi=(\Delta k_g+1)T/2+\Delta\varphi^c$。当 $\Delta k_g=-1$ 时，绝对模拟码测量值中不存在周期跳变误差，当 $\Delta k_g\neq -1$ 时，存在周期跳变误差。

4) 如果 $\varphi+\Delta\varphi^c\geqslant T/2$ 且 Δk_g 为奇数，根据式(5-55) 得 $k_m^c=(k_g+\Delta k_g)/2-1$，则 $\Delta k_m=(\Delta k_g-1)/2$，根据式(5-40) 可得 $\Delta\psi=(\Delta k_g-1)T/2+\Delta\varphi^c$。当 $\Delta k_g=1$ 时，绝对模拟码测量值中不存在周期跳变误差，当 $\Delta k_g\neq 1$ 时，存在周期跳变误差。

(3) 在 $\varphi\in[T/2,3T/4)$ 子区间内，k_g 为奇数且 $k=0$

1) 如果 $\varphi+\Delta\varphi^c\geqslant T/2$ 且 Δk_g 为偶数，根据式(5-55) 得 $k_m^c=(k_g+\Delta k_g-1)/2$，则 $\Delta k_m=\Delta k_g/2$，根据式(5-40) 可得 $\Delta\psi=\Delta k_g T/2+\Delta\varphi^c$。当 $\Delta k_g=0$ 时，绝对模拟码测量值中不存在周期跳变误差，当 $\Delta k_g\neq 0$ 时，存在周期跳变误差。

2) 如果 $\varphi+\Delta\varphi^c<T/2$ 且 Δk_g 为偶数，根据式(5-55) 得 $k_m^c=(k_g+\Delta k_g-1)/2$，则 $\Delta k_m=\Delta k_g/2$，根据式(5-40) 可得 $\Delta\psi=\Delta k_g T/2+\Delta\varphi^c$。当 $\Delta k_g=0$ 时，绝对模拟码测量值中不存在周期跳变误差，当 $\Delta k_g\neq 0$ 时，存在周期跳变误差。

3) 如果 $\varphi+\Delta\varphi^c\geqslant T/2$ 且 Δk_g 为奇数，根据式(5-55) 得 $k_m^c=(k_g+\Delta k_g)/2-1$，则 $\Delta k_m=(\Delta k_g-1)/2$，根据式(5-40) 可得 $\Delta\psi=(\Delta k_g-1)\,T/2+\Delta\varphi^c$。当 $\Delta k_g=1$ 时，绝对模拟码测量值中不存在周期跳变误差，当 $\Delta k_g\neq 1$ 时，存在周期跳变误差。

4）如果 $\varphi+\Delta\varphi^{c}<T/2$ 且 Δk_{g} 为奇数，根据式(5-55)得 $k_{m}^{c}=(k_{g}+\Delta k_{g})/2$，则 $\Delta k_{m}=(\Delta k_{g}+1)/2$，根据式(5-40)可得 $\Delta\psi=(\Delta k_{g}+1)T/2+\Delta\varphi^{c}$。当 $\Delta k_{g}=-1$ 时，绝对模拟码测量值中不存在周期跳变误差，当 $\Delta k_{g}\neq-1$ 时，存在周期跳变误差。

（4）在 $\varphi\in[3T/4,T)$ 子区间内，k_{g} 为偶数

1）如果 $k=0$ 且 Δk_{g} 为偶数，则 $\varphi+\Delta\varphi^{c}>T/2$，根据式(5-55)得 $k_{m}^{c}=(k_{g}+\Delta k_{g})/2-1$，则 $\Delta k_{m}=\Delta k_{g}/2$，根据式(5-40)可得 $\Delta\psi=\Delta k_{g}T/2+\Delta\varphi^{c}$。当 $\Delta k_{g}=0$ 时，绝对模拟码测量值中不存在周期跳变误差，当 $\Delta k_{g}\neq 0$ 时，存在周期跳变误差。

2）如果 $k=-1$ 且 Δk_{g} 为偶数，则 $\varphi-T+\Delta\varphi^{c}<T/2$，根据式(5-55)得 $k_{m}^{c}=(k_{g}+\Delta k_{g})/2$，则 $\Delta k_{m}=\Delta k_{g}/2+1$，根据式(5-40)可得 $\Delta\psi=\Delta k_{g}T/2+\Delta\varphi^{c}$。当 $\Delta k_{g}=0$ 时，绝对模拟码测量值中不存在周期跳变误差，当 $\Delta k_{g}\neq 0$ 时，存在周期跳变误差。

3）如果 $k=0$ 且 Δk_{g} 为奇数，则 $\varphi+\Delta\varphi^{c}>T/2$，根据式(5-55)得 $k_{m}^{c}=(k_{g}+\Delta k_{g}-1)/2$，则 $\Delta k_{m}=(\Delta k_{g}+1)/2$，根据式(5-40)可得 $\Delta\psi=(\Delta k_{g}+1)T/2+\Delta\varphi^{c}$。当 $\Delta k_{g}=-1$ 时，绝对模拟码测量值中不存在周期跳变误差，当 $\Delta k_{g}\neq-1$ 时，存在周期跳变误差。

4）如果 $k=-1$ 且 Δk_{g} 为奇数，则 $\varphi-T+\Delta\varphi^{c}<T/2$，根据式(5-55)得 $k_{m}^{c}=(k_{g}+\Delta k_{g}-1)/2$，则 $\Delta k_{m}=(\Delta k_{g}+1)/2$，根据式(5-40)可得 $\Delta\psi=(\Delta k_{g}-1)T/2+\Delta\varphi^{c}$。当 $\Delta k_{g}=1$ 时，绝对模拟码测量值中不存在周期跳变误差，当 $\Delta k_{g}\neq 1$ 时，存在周期跳变误差。

在 $|\Delta\varphi^{c}|<T/8$ 条件下，方法A的周期跳变误差分析过程及结果总结在表5-10中。表中，第1列将 φ 的主值范围分成4个子区间；针对每个子区间，根据图5-22中 k_{g} 和 φ 的曲线对应关系可确定出 k_{g} 的奇偶性，参见第2列；第3列给出 Δk_{g} 可能的奇偶性；针对每个子区间，第4列根据 $|\Delta\varphi^{c}|<T/8$ 给出 k 的可能值；第3列和第4列给出了 Δk_{g} 可能的奇偶性和 k 的可能值之间的可能对应关系；根据 φ 和 k 的值以及 $|\Delta\varphi^{c}|<T/8$，得到 $\varphi+kT+\Delta\varphi^{c}$ 的取值范围，参见第5列；根据 $\varphi+kT+\Delta\varphi^{c}$ 的取值范围以及 Δk_{g} 和 k_{g} 的奇偶性，通过式(5-55)可得到由 k_{g} 和 Δk_{g} 表达 k_{m}^{c} 的公式，参见第6列；因为 $\Delta k_{m}=k_{m}^{c}-k_{m}$，则由式(5-56)和第6列中 k_{m}^{c} 的表达式可得到由 Δk_{g} 表达 Δk_{m} 的公式，参见第7列；根据式(5-40)，由 Δk_{m} 的表达式和 k 的值可获得以 Δk_{g} 为自变量的 $\Delta\psi$ 的表达式，参见第8列。

表5-10中第8列表明展开结果中可能存在周期跳变误差，而且给出了在 $|\Delta\varphi^{c}|<T/8$ 限定下方法A中绝对模拟码测量误差的表达式。那么，根据该表达式与表5-10中其他参数的对应关系可以推导出 $m'=\Delta k_{m}+k$ 与 Δk_{g} 之间的数学关系式，则为通过设计 m' 实现消除周期跳变误差提供了基础。

表5-10 $|\Delta\varphi^{c}|<T/8$ 条件下方法A的周期跳变误差分析过程及结果

子区间	k_g	Δk_g	k	$\varphi+kT+\Delta\varphi^c$	k_m^c	Δk_m	$\Delta\psi$
$\varphi\in[0,T/4)$	偶数	偶数	0	$<T/2$	$(k_g+\Delta k_g)/2$	$\Delta k_g/2$	$\Delta k_g T/2+\Delta\varphi^c$
			1	$>T/2$	$(k_g+\Delta k_g)/2-1$	$\Delta k_g/2-1$	$\Delta k_g T/2+\Delta\varphi^c$
		奇数	0	$<T/2$	$(k_g+\Delta k_g-1)/2$	$(\Delta k_g-1)/2$	$(\Delta k_g-1)T/2+\Delta\varphi^c$
			1	$>T/2$	$(k_g+\Delta k_g-1)/2$	$(\Delta k_g-1)/2$	$(\Delta k_g+1)T/2+\Delta\varphi^c$

（续）

子　区　间	k_g	Δk_g	k	$\varphi+kT+\Delta\varphi^c$	k_m^c	Δk_m	$\Delta\psi$
$\varphi\in[T/4,T/2)$	奇数	偶数	0	$<T/2$	$(k_g+\Delta k_g-1)/2$	$\Delta k_g/2$	$\Delta k_g T/2+\Delta\varphi^c$
			0	$\geqslant T/2$	$(k_g+\Delta k_g-1)/2$	$\Delta k_g/2$	$\Delta k_g T/2+\Delta\varphi^c$
		奇数	0	$<T/2$	$(k_g+\Delta k_g)/2$	$(\Delta k_g+1)/2$	$(\Delta k_g+1)T/2+\Delta\varphi^c$
			0	$\geqslant T/2$	$(k_g+\Delta k_g)/2-1$	$(\Delta k_g-1)/2$	$(\Delta k_g-1)T/2+\Delta\varphi^c$
$\varphi\in[T/2,3T/4)$	奇数	偶数	0	$\geqslant T/2$	$(k_g+\Delta k_g-1)/2$	$\Delta k_g/2$	$\Delta k_g T/2+\Delta\varphi^c$
			0	$<T/2$	$(k_g+\Delta k_g-1)/2$	$\Delta k_g/2$	$\Delta k_g T/2+\Delta\varphi^c$
		奇数	0	$\geqslant T/2$	$(k_g+\Delta k_g)/2-1$	$(\Delta k_g-1)/2$	$(\Delta k_g-1)T/2+\Delta\varphi^c$
			0	$<T/2$	$(k_g+\Delta k_g)/2$	$(\Delta k_g+1)/2$	$(\Delta k_g+1)T/2+\Delta\varphi^c$
$\varphi\in[3T/4,T)$	偶数	偶数	0	$>T/2$	$(k_g+\Delta k_g)/2-1$	$\Delta k_g/2$	$\Delta k_g T/2+\Delta\varphi^c$
			-1	$<T/2$	$(k_g+\Delta k_g)/2$	$\Delta k_g/2+1$	$\Delta k_g T/2+\Delta\varphi^c$
		奇数	0	$>T/2$	$(k_g+\Delta k_g-1)/2$	$(\Delta k_g+1)/2$	$(\Delta k_g+1)T/2+\Delta\varphi^c$
			-1	$<T/2$	$(k_g+\Delta k_g-1)/2$	$(\Delta k_g+1)/2$	$(\Delta k_g-1)T/2+\Delta\varphi^c$

5.4.2　格雷码和双频模拟码非等周期组合三维视觉测量原理

由第 5.2.3 节误差分析可知，如果 $m'=\Delta k_m+k=0$，式（5-41）表明可消除周期跳变误差。基于此，将表 5-10 中第 1 和第 5 列的所有 6 种组合划分为两种情况，一种情况称为 case（Ⅰ），包括

$$\left[\varphi\in\left[0,\frac{T}{4}\right)\text{且}\ (\varphi+kT+\Delta\varphi^c)<\frac{T}{2}\right]$$

$$\text{或}\left[\varphi\in\left[\frac{T}{4},\frac{3T}{4}\right)\text{且}\ (\varphi+kT+\Delta\varphi^c)\geqslant\frac{T}{2}\right]$$

$$\text{或}\left[\varphi\in\left[\frac{3T}{4},T\right)\text{且}\ (\varphi+kT+\Delta\varphi^c)<\frac{T}{2}\right]$$

另一种情况称为 case（Ⅱ），包括

$$\left[\varphi\in\left[0,\frac{T}{4}\right)\text{且}\ (\varphi+kT+\Delta\varphi^c)>\frac{T}{2}\right]$$

$$\text{或}\left[\varphi\in\left[\frac{T}{4},\frac{3T}{4}\right)\text{且}\ (\varphi+kT+\Delta\varphi^c)<\frac{T}{2}\right]$$

$$\text{或}\left[\varphi\in\left[\frac{3T}{4},T\right)\text{且}\ (\varphi+kT+\Delta\varphi^c)>\frac{T}{2}\right]$$

对于表 5-10，将第 4 列中 k 和第 7 列中 Δk_m 对应相加得到相应的 $m'=\Delta k_m+k$，根据同一行中的 m' 与 φ、$(\varphi+kT+\Delta\varphi^c)$ 的对应关系，同时考虑 Δk_g 的奇偶性，可得到 m' 的表达式为

$$m' = \begin{cases} \dfrac{\Delta k_g}{2} & \Delta k_g \in \text{偶数} \\ \dfrac{\Delta k_g - 1}{2} & \Delta k_g \in \text{奇数且 case(I)} \\ \dfrac{\Delta k_g + 1}{2} & \Delta k_g \in \text{奇数且 case(II)} \end{cases} \tag{5-73}$$

根据式（5-73），基于 $m'=0$ 来消除周期跳变误差的思想，提出一种格雷码和双频模拟码非等周期组合三维视觉测量方法，称为方法 C。该方法分别投射一组高频和一组低频的格雷码和相移条纹非等周期组合图案；采用非等周期组合方法的包裹模拟码展开测量模型式（5-39）和式（5-55），分别获得高频的绝对模拟码测量值 ψ_h^c 和低频的绝对模拟码测量值 ψ_l^c，通过两者之差 $\Delta\psi^c=\psi_h^c-\psi_l^c$ 来消除周期跳变误差，实现包裹模拟码的可靠展开。

在方法 C 中，根据方法 A 采用式（5-54）和式（5-22）可得到高频的绝对模拟码 ψ_h 为

$$k_{mh} = k_{gh} - \text{fix}\left(\frac{k_{gh} + \text{fix}\left(\dfrac{2\varphi_h}{T_h} + 1\right)}{2}\right) \tag{5-74}$$

$$\psi_h = k_{mh} T_h + \varphi_h \tag{5-75}$$

式中，k_{mh} 为高频的第二模拟码级数；k_{gh} 为高频的模拟码级数；φ_h 为高频的包裹模拟码；T_h 为高频的相移条纹周期。

同理，采用式（5-54）和式（5-22）可得到低频的绝对模拟码 ψ_l 为

$$k_{ml} = k_{gl} - \text{fix}\left(\frac{k_{gl} + \text{fix}\left(\dfrac{2\varphi_l}{T_l + 1}\right)}{2}\right) \tag{5-76}$$

$$\psi_l = k_{ml} T_l + \varphi_l \tag{5-77}$$

式中，k_{ml} 为低频的第二模拟码级数；k_{gl} 为低频的模拟码级数；φ_l 为低频的包裹模拟码；T_l 为低频的相移条纹周期；且 $\psi_h=\psi_l$，$T_l=NT_h$，规定 N 为奇数，$N\geqslant3$。

在实际测量过程中，根据式（5-55）得到高频组合图像的第二模拟码级数测量值 k_{mh}^c 为

$$\begin{aligned} k_{mh}^c &= k_{gh}^c - \text{fix}\left(\frac{k_{gh}^c + \text{fix}\left(\dfrac{2\varphi_h^c}{T_h} + 1\right)}{2}\right) \\ &= k_{gh} + \Delta k_{gh} - \text{fix}\left(\frac{k_{gh} + \Delta k_{gh} + \text{fix}\left(\dfrac{2(\varphi_h + k_h T_h + \Delta\varphi_h^c)}{T_h} + 1\right)}{2}\right) \end{aligned} \tag{5-78}$$

式中，k_{mh}^c 为高频的第二模拟码级数测量值；k_{gh}^c 为高频的模拟码级数测量值；Δk_{gh} 为高频的模拟码级数误差；φ_h^c 为高频的包裹模拟码测量值；$\Delta\varphi_h^c$ 为高频的剩余模拟码误差；k_h 为

高频的剩余模拟码误差系数。

根据式（5-39）得到高频组合图像的绝对模拟码测量值 $\psi_{\mathrm{h}}^{\mathrm{c}}$ 为

$$
\begin{aligned}
\psi_{\mathrm{h}}^{\mathrm{c}} &= k_{\mathrm{mh}}^{\mathrm{c}} T_{\mathrm{h}} + \varphi_{\mathrm{h}}^{\mathrm{c}} \\
&= (k_{\mathrm{mh}} + \Delta k_{\mathrm{mh}}) T_{\mathrm{h}} + \varphi_{\mathrm{h}} + k_{\mathrm{h}} T_{\mathrm{h}} + \Delta\varphi_{\mathrm{h}}^{\mathrm{c}}
\end{aligned}
\tag{5-79}
$$

式中，Δk_{mh} 为高频的第二模拟码级数误差。

根据式（5-55）得到低频组合图像的第二模拟码级数测量值 $k_{\mathrm{ml}}^{\mathrm{c}}$ 为

$$
\begin{aligned}
k_{\mathrm{ml}}^{\mathrm{c}} &= k_{\mathrm{gl}}^{\mathrm{c}} - \mathrm{fix}\left(\frac{k_{\mathrm{gl}}^{\mathrm{c}} + \mathrm{fix}\left(\dfrac{2\varphi_{\mathrm{l}}^{\mathrm{c}}}{T_{\mathrm{l}}} + 1\right)}{2}\right) \\
&= k_{\mathrm{gl}} + \Delta k_{\mathrm{gl}} - \mathrm{fix}\left(\frac{k_{\mathrm{gl}} + \Delta k_{\mathrm{gl}} + \mathrm{fix}\left(\dfrac{2(\varphi_{\mathrm{l}} + k_{\mathrm{l}} T_{\mathrm{l}} + \Delta\varphi_{\mathrm{l}}^{\mathrm{c}})}{T_{\mathrm{l}}} + 1\right)}{2}\right)
\end{aligned}
\tag{5-80}
$$

式中，$k_{\mathrm{ml}}^{\mathrm{c}}$ 为低频的第二模拟码级数测量值；$k_{\mathrm{gl}}^{\mathrm{c}}$ 为低频的模拟码级数测量值；Δk_{gl} 为低频的模拟码级数误差；$\varphi_{\mathrm{l}}^{\mathrm{c}}$ 为低频的包裹模拟码测量值；$\Delta\varphi_{\mathrm{l}}^{\mathrm{c}}$ 为低频的剩余模拟码误差；k_{l} 为低频的剩余模拟码误差系数。

根据式（5-39）得到低频组合图像的绝对模拟码测量值 $\psi_{\mathrm{l}}^{\mathrm{c}}$ 为

$$
\begin{aligned}
\psi_{\mathrm{l}}^{\mathrm{c}} &= k_{\mathrm{ml}}^{\mathrm{c}} T_{\mathrm{l}} + \varphi_{\mathrm{l}}^{\mathrm{c}} \\
&= (k_{\mathrm{ml}} + \Delta k_{\mathrm{ml}}) T_{\mathrm{l}} + \varphi_{\mathrm{l}} + k_{\mathrm{l}} T_{\mathrm{l}} + \Delta\varphi_{\mathrm{l}}^{\mathrm{c}}
\end{aligned}
\tag{5-81}
$$

式中，Δk_{ml} 为高频的第二模拟码级数误差。

令 m_{h}' 和 m_{l}' 分别为从高频组合图像和低频组合图像中得到的组合级数误差 m'，则 $m_{\mathrm{h}}' = \Delta k_{\mathrm{mh}} + k_{\mathrm{h}}$、$m_{\mathrm{l}}' = \Delta k_{\mathrm{ml}} + k_{\mathrm{l}}$。那么，根据式（5-79）和式（5-81）有

$$
\psi_{\mathrm{h}}^{\mathrm{c}} = \psi_{\mathrm{h}} + m_{\mathrm{h}}' T_{\mathrm{h}} + \Delta\varphi_{\mathrm{h}}^{\mathrm{c}} \tag{5-82}
$$

$$
\psi_{\mathrm{l}}^{\mathrm{c}} = \psi_{\mathrm{l}} + m_{\mathrm{l}}' T_{\mathrm{l}} + \Delta\varphi_{\mathrm{l}}^{\mathrm{c}} \tag{5-83}
$$

则高、低频绝对模拟码测量值之差 $\Delta\psi^{\mathrm{c}}$ 为

$$
\begin{aligned}
\Delta\psi^{\mathrm{c}} &= \psi_{\mathrm{h}}^{\mathrm{c}} - \psi_{\mathrm{l}}^{\mathrm{c}} \\
&= (m_{\mathrm{h}}' - m_{\mathrm{l}}' N) T_{\mathrm{h}} + \Delta\varphi_{\mathrm{h}}^{\mathrm{c}} - \Delta\varphi_{\mathrm{l}}^{\mathrm{c}}
\end{aligned}
\tag{5-84}
$$

进一步讨论之前，需要给出所提方法 C 的适用条件。适用条件从剩余模拟码误差和模拟码级数误差两个方面进行考虑，就剩余模拟码误差而言，设定 $|\Delta\varphi_{\mathrm{h}}^{\mathrm{c}}| < T_{\mathrm{h}}/8$ 和 $|\Delta\varphi_{\mathrm{l}}^{\mathrm{c}}| < T_{\mathrm{l}}/8$，因为本节讨论开始就已经设定 $|\Delta\varphi^{\mathrm{c}}| < T/8$，而且 $|\Delta\varphi^{\mathrm{c}}| < T/8$ 在实际测量中容易得到满足；就模拟码级数误差而言，设定高频模拟码级数测量误差 $|\Delta k_{\mathrm{gh}}| \leqslant N-1$，由于低频模拟码级数抗干扰能力远高于高频模拟码级数，所以设定低频模拟码级数测量误差 $|\Delta k_{\mathrm{gl}}| \leqslant 2$。在该适用条件下，根据式（5-73）可得 $|m_{\mathrm{h}}'| \leqslant (N-1)/2$，$|m_{\mathrm{l}}'| \leqslant 1$。另外，因为 $|\Delta\varphi_{\mathrm{h}}^{\mathrm{c}}| < T_{\mathrm{h}}/8$ 和 $|\Delta\varphi_{\mathrm{l}}^{\mathrm{c}}| < T_{\mathrm{l}}/8$，且 $T_{\mathrm{l}} = NT_{\mathrm{h}}$，$N \geqslant 3$，则有 $|\Delta\varphi_{\mathrm{l}}| < 3T_{\mathrm{h}}/8$，那么 $|(\Delta\varphi_{\mathrm{h}}^{\mathrm{c}} - \Delta\varphi_{\mathrm{l}}^{\mathrm{c}})/T_{\mathrm{h}}| < 0.5$。

根据式（5-84），定义一个单位差 k_{c} 为

$$
k_{\mathrm{c}} = \mathrm{round}\left(\frac{\Delta\psi^{\mathrm{c}}}{T_{\mathrm{h}}}\right)
$$

$$= \text{round}\left((m'_{\text{h}} - m'_{\text{l}}N) + \frac{\Delta\varphi_{\text{h}}^{\text{c}} - \Delta\varphi_{\text{l}}^{\text{c}}}{T_{\text{h}}}\right) \tag{5-85}$$

式中，round( )为四舍五入取整函数；T_{h} 为已知参数；$\Delta\psi^{\text{c}}$ 可通过实际测量得到。因为 m'_{h} 和 m'_{l} 均为整数，又因为 $|(\Delta\varphi_{\text{h}}^{\text{c}}-\Delta\varphi_{\text{l}}^{\text{c}})/T_{\text{h}}|<0.5$，所以由式（5-85）可得

$$k_{\text{c}} = m'_{\text{h}} - m'_{\text{l}}N \tag{5-86}$$

根据上述分析构建 m'_{h} 的数学表达式，其分析过程及结果见表 5-11。第 1 列根据式 $|m'_{\text{h}}| \leqslant (N-1)/2$ 给出了 m'_{h} 的两个取值子区间，第 2 列根据式 $|m'_{\text{l}}| \leqslant 1$ 给出了 m'_{l} 的可能值，第 3 列根据式（5-86）由 m'_{h} 和 m'_{l} 的取值得到 k_{c} 的对应取值区间，第 4 列根据 k_{c} 的可能值与 m'_{h} 的可能值的对应关系且考虑 N 为一个奇数，给出了相应 m'_{h} 的数学表达式。

表 5-11　m'_{h} 的数学表达式

子　区　间	低频组合级数误差 m'_{l}	单位差 k_{c}	高频组合级数误差 m'_{h}
$m'_{\text{h}}\in[0, (N-1)/2]$	-1	$k_{\text{c}}\in[N, (3N-1)/2]$	$k_{\text{c}}\bmod N$
	0	$k_{\text{c}}\in[0, (N-1)/2]$	
	1	$k_{\text{c}}\in[-N, -(N+1)/2]$	
$m'_{\text{h}}\in[(N-1)/2, -1]$	-1	$k_{\text{c}}\in[(1+N)/2, N-1]$	$k_{\text{c}}\bmod N-N$
	0	$k_{\text{c}}\in[(1-N)/2, -1]$	
	1	$k_{\text{c}}\in[(1-3N)/2,-(N+1)]$	

根据表 5-11 中 k_{c} 的取值区间与对应的 m'_{h} 数学表达式之间的关系，m'_{h} 可总结为

$$m'_{\text{h}}=\begin{cases} k_{\text{c}} \bmod N & k_{\text{c}}\in\left[N,\dfrac{3N-1}{2}\right] \text{或} k_{\text{c}}\in\left[0,\dfrac{N-1}{2}\right] \\ & \text{或} k_{\text{c}}\in\left[-N,\dfrac{-(N+1)}{2}\right] \\ k_{\text{c}} \bmod N - N & k_{\text{c}}\in\left[\dfrac{(N+1)}{2},N-1\right] \text{或} k_{\text{c}}\in\left[\dfrac{1-N}{2},-1\right] \\ & \text{或} k_{\text{c}}\in\left[\dfrac{1-3N}{2},-(N+1)\right] \end{cases} \tag{5-87}$$

根据式（5-87），可由 k_{c} 得到 m'_{h}。那么，联立式（5-84）、式（5-85）和式（5-87）可由高、低频的绝对模拟码测量值 $\psi_{\text{h}}^{\text{c}}$、$\psi_{\text{l}}^{\text{c}}$ 得到 m'_{h}。根据式（5-82），可利用已知的 m'_{h} 对高频绝对模拟码测量值 $\psi_{\text{h}}^{\text{c}}$ 进行校正，校正后的高频绝对模拟码测量值 $\psi_{\text{hc}}^{\text{c}}$ 为

$$\psi_{\text{hc}}^{\text{c}} = \psi_{\text{h}}^{\text{c}} - m'_{\text{h}}T_{\text{h}} = \psi_{\text{h}} + \Delta\varphi_{\text{h}}^{\text{c}} \tag{5-88}$$

则校正后高频绝对模拟码测量误差 $\Delta\psi_{\text{hc}}$ 为

$$\Delta\psi_{\text{hc}} = \psi_{\text{hc}}^{\text{c}} - \psi_{\text{h}} = \Delta\varphi_{\text{h}}^{\text{c}} \tag{5-89}$$

其中仅包括高频剩余模拟码误差 $\Delta\varphi_{\text{h}}^{\text{c}}$，消除了周期跳变误差 $m'_{\text{h}}T_{\text{h}}$ 。

最后，根据三角测量原理将校正后的高频绝对模拟码测量值转换为被测表面的三维坐标值。

综上所述，方法 C 总结如下：

1）适用条件 C 为 $T_1=NT_h$、$N\geqslant 3$、N 为奇数，$|\Delta k_{gh}|\leqslant N-1$、$|\Delta k_{gl}|\leqslant 2$，$|\Delta\varphi_h^c|<T_h/8$、$|\Delta\varphi_l^c|<T_l/8$。

2）校正后的高频包裹模拟码展开测量模型为式（5-78）~式（5-81）、式（5-84）、式（5-85）、式（5-87）和式（5-88）联立。

3）在适用条件 C 下，校正后的高频绝对模拟码测量值中不存在周期跳变误差，仅含有高频剩余模拟码误差 $|\Delta\varphi_h^c|$，且 $|\Delta\varphi_h^c|<T_h/8$。

该方法与方法 A 相比，将模拟码级数的跳变位置偏离由 $\pm T/8$ 扩展到 $\pm T$、将其跳变幅度由 1 扩展到 $N-1$，极大地扩展了适用条件，对复杂表面可具有良好的适用性。

与方法 B 相比，方法 C 的模拟码级数误差值允许范围扩展 1 倍，方法 B 在 $\varphi_h\in[T/8,7T/8)$ 范围内能消除 $|\Delta k_{gh}|\leqslant(N-1)/2$ 导致的周期跳变误差，在 $\varphi_h\in[0,T/8)$ 范围内仅能消除 $\Delta k_{gh}\in[(1-N)/2,(N-3)/2]$ 导致的周期跳变误差，在 $\varphi_h\in[T/8,7T/8]$ 范围内仅能消除 $\Delta k_{gh}\in[(3-N)/2,(N-1)/2]$ 导致的周期跳变误差，而方法 C 对任意包裹模拟码均能消除 $|\Delta k_{gh}|\leqslant(N-1)$ 导致的周期跳变误差。可见，方法 C 消除周期跳变误差的能力得到显著提高，但方法 B 相对于格雷码和模拟码等周期组合测量方法仅附加投射三幅相移条纹图案，而方法 C 相对于方法 A 投射码图案增加将近 1 倍，其测量效率较方法 B 明显降低。

5.4.3　测量实验

采用已建立的仿真系统和实验装置对方法 C 进行实验验证。投射图案共计 23 幅编码图案，其中高频组合包括 8 幅格雷码图案和 3 幅相移条纹图案，低频组合包括 7 幅格雷码图案、3 幅相移条纹图案和黑、白 2 幅图案。投射图案参数设计如下：低频相移条纹周期 $T_l=24$ 个像素，高频相移条纹周期为 $T_h=8$ 个像素，低、高频相移条纹周期比 $N=3$，低频格雷码周期为 $T_{ml}=12$ 个像素，高频格雷码周期为 $T_{mh}=4$ 个像素，低频格雷码图案超前相移条纹图案 $\varphi'_{0l}=6$ 个像素，高频格雷码图案超前相移条纹图案 $\varphi'_{0h}=2$ 个像素。

由 5.3 节可知，方法 B 针对石膏像的测量结果中已经不存在由周期跳变误差导致的粗大误差，所以方法 C 难以通过实物测量进行定量验证。为此，设计仿真实验控制加入已知的模拟码级数误差实现定量评价。

仿真实验中采用前述仿真平面作为被测平面，完全重复相同的测量过程，但在测量运算程序中针对低频模拟码级数测量值 k_{gl}^c 和高频模拟码级数测量值 k_{gh}^c 均加入了一个随机误差 k_{rand}。首先，令随机误差为

$$k_{rand1}=\begin{cases}-1 & (\text{出现概率为 }10\%)\\ 0 & (\text{出现概率为 }80\%)\\ 1 & (\text{出现概率为 }10\%)\end{cases}\tag{5-90}$$

方法 A 的平面测量结果如图 5-53 所示，周期跳变误差消除了 49.7%，由周期跳变误差导致的粗大误差为±5mm 左右。方法 B 的平面测量结果如图 5-54 所示，周期跳变误差消除了 96.9%，由周期跳变误差导致的粗大误差为 15mm 左右。方法 C 的平面测量误差如图 5-55 所示，周期跳变误差消除了 100.0%，测量误差仅为由剩余模拟码误差导致的小误差，其大小及分布与图 5-27b 完全相同。

令随机误差为

$$k_{\mathrm{rand2}} = \begin{cases} -2 & (\text{出现概率为 } 10\%) \\ 0 & (\text{出现概率为 } 80\%) \\ 2 & (\text{出现概率为 } 10\%) \end{cases} \tag{5-91}$$

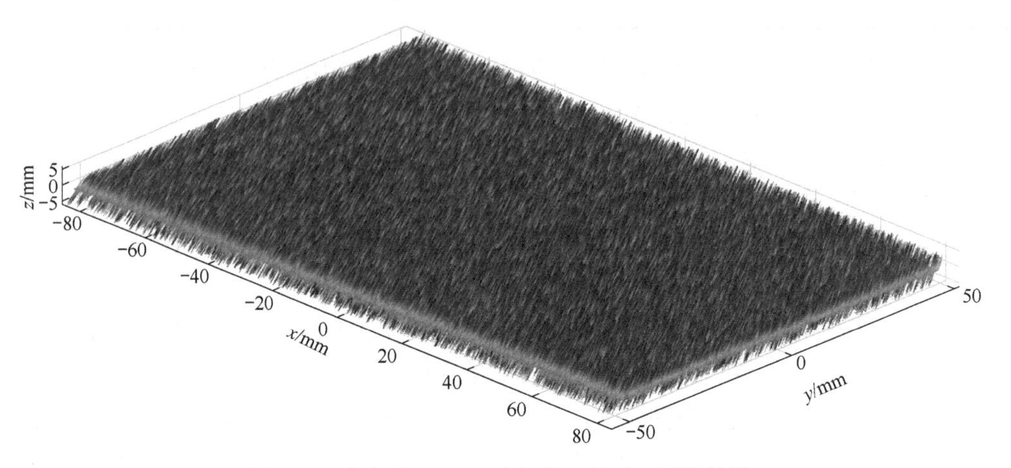

图 5-53　存在误差 k_{rand1} 时方法 A 的平面测量结果

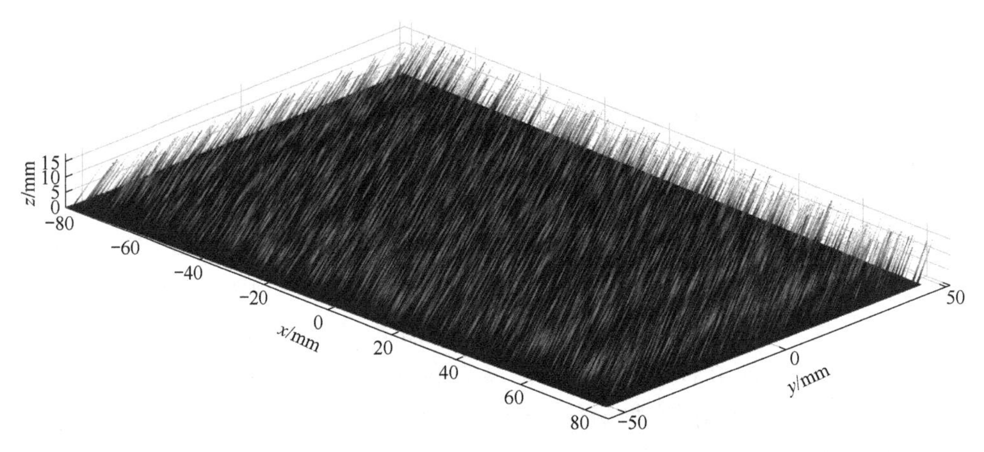

图 5-54　存在误差 k_{rand1} 时方法 B 的平面测量结果

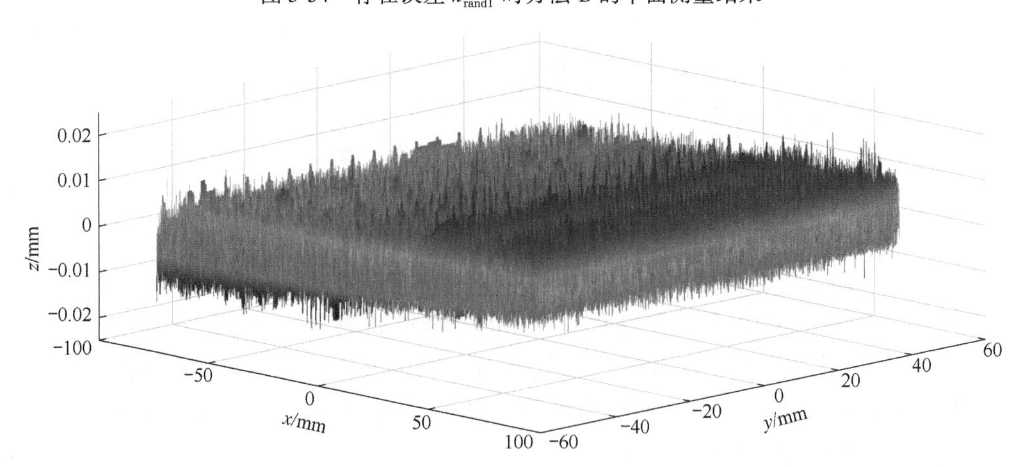

图 5-55　存在误差 k_{rand1} 时方法 C 的平面测量误差

方法 A 的平面测量结果如图 5-56 所示，周期跳变误差消除了 0.0%，由周期跳变误差导致的粗大误差为±5mm 左右。方法 B 的平面测量结果如图 5-57 所示，周期跳变误差消除了 3.2%，由周期跳变误差导致的粗大误差为±15mm 左右。方法 C 的平面测量误差如图 5-58 所示，周期跳变误差消除了 100.0%，测量误差仅为由剩余模拟码误差导致的小误差，其大小及分布与图 5-55 完全相同。

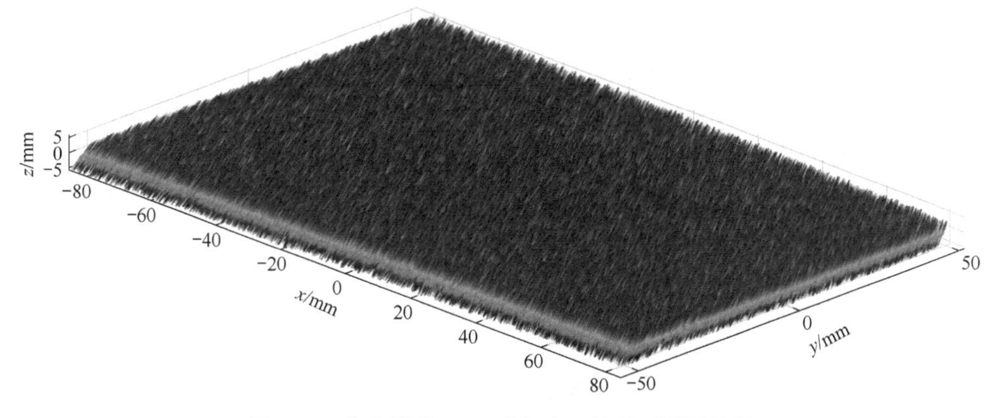

图 5-56　存在误差 k_{rand2} 时方法 A 的平面测量结果

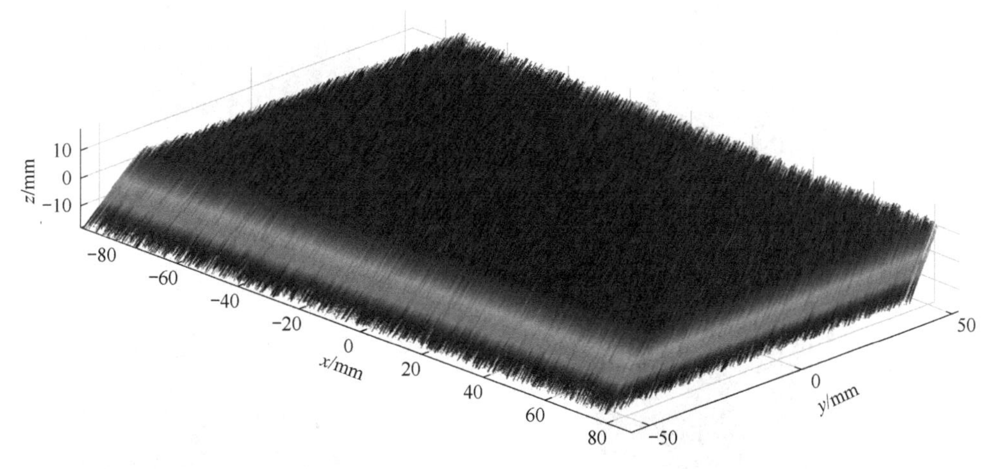

图 5-57　存在误差 k_{rand2} 时方法 B 的平面测量结果

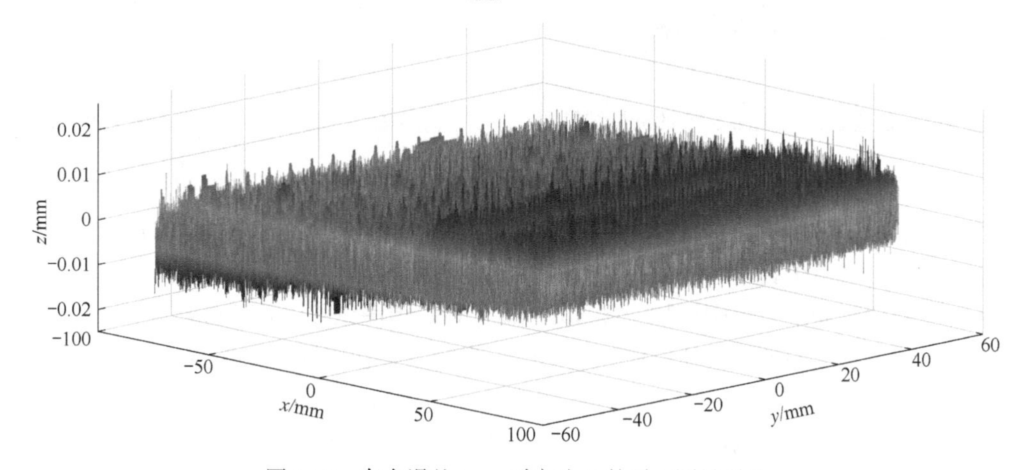

图 5-58　存在误差 k_{rand2} 时方法 C 的平面测量误差

上述 $N=3$ 时的实验结果表明，如果 $\Delta k_{gl}=\pm 2$ 且 $\Delta k_{gh}=\pm 2$，方法 C 能消除全部的周期跳变误差，方法 B 只能消除很少的周期跳变误差，方法 A 根本不能消除周期跳变误差；如果 $\Delta k_{gl}=\pm 1$ 且 $\Delta k_{gh}=\pm 1$，方法 C 能消除全部的周期跳变误差，方法 B 能消除绝大部分的周期跳变误差，方法 A 仅能消除一半左右的周期跳变误差。这与理论分析结论一致。

当所加误差为 k_{rand1} 时，实验装置采用方法 B 测量石膏像的测量结果如图 5-59 所示，其侧视图如图 5-60 所示；采用方法 C 的测量结果如图 5-61 所示，其侧视图如图 5-62 所示。由装置测量结果可得出与仿真实验结果一致的结论，图 5-59 所示石膏像三维图像左边缘明显可见由周期跳变误差导致的粗大误差，石膏像表面均匀分布的小黑点均为由周期跳变误差导致的粗大误差，而图 5-61 所示图像则不存在这些现象；由图 5-60 所示石膏像三维图像侧视图可见石膏像表面尤其是区域边缘处明显存在密集的短横条即由周期跳变误差导致的粗大误差，而图 5-62 所示图像中则不存在，所见的长横条是因遮挡而导致的。

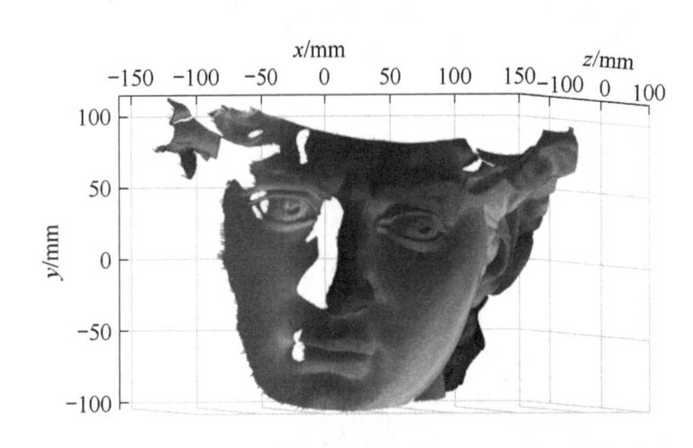

图 5-59　误差为 k_{rand1} 时方法 B 的测量结果

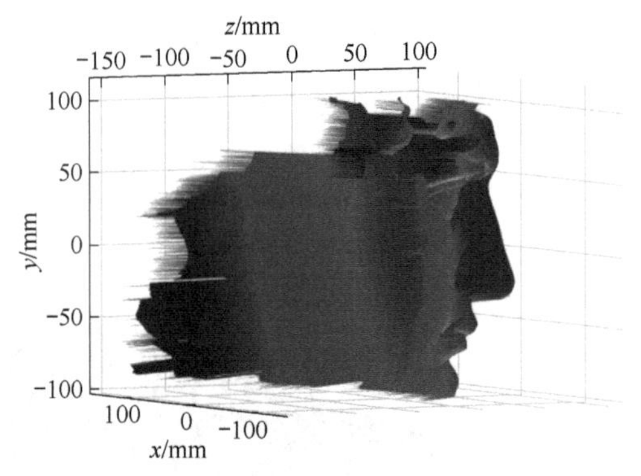

图 5-60　图 5-59 所示三维图像的侧视图

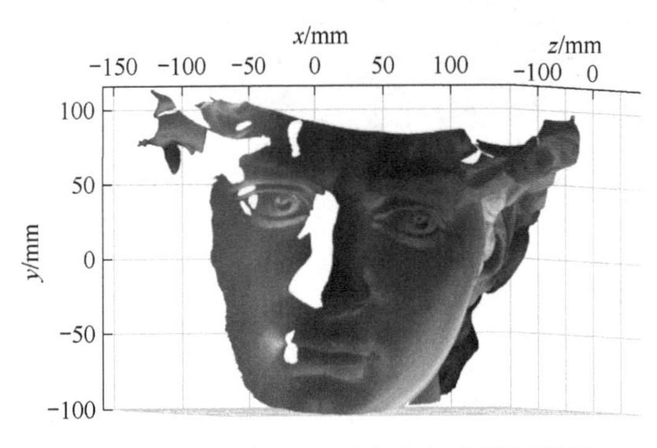

图 5-61　误差为 k_{rand1} 时方法 C 的测量结果

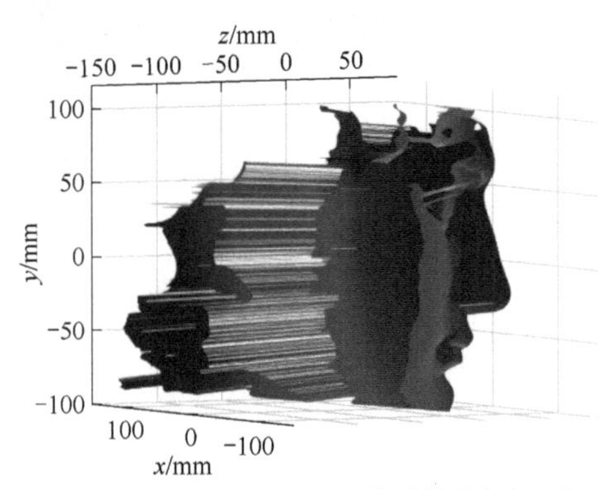

图 5-62　图 5-61 所示三维图像的侧视图

当所加误差为 k_{rand2} 时，实验装置采用方法 B 测量石膏像的测量结果如图 5-63 所示，其侧视图如图 5-64 所示；采用方法 C 的测量结果如图 5-65 所示，其侧视图如图 5-66 所示。由测量结果可得出与仿真实验一致的结论，相比之下图 5-63 和图 5-64 中极其密集的点云和短横条表明周期跳变误差急剧增加；图 5-65 和图 5-66 中图像除上边缘处出现少量由周期跳变误差导致的粗大误差外，其他区域完全不变，表明不存在周期跳变误差。

图 5-67～图 5-74 所示为针对真实人脸依次采用 4 种方法获得的测量实验结果。图 5-67 为采用等周期组合方法重构的三维人脸，其上明显可见较粗竖条纹，其中条纹暗区域全部为

跳向后表面的由周期跳变误差导致的粗大误差；图 5-68 为其贴上纹理的三维人脸。图 5-69 为采用方法 A 重构的三维人脸，其上可见非常稀疏的由周期跳变误差导致的粗大误差，在脸部和鼻子右侧的边缘处存在较密集粗大误差；图 5-70 为其贴上纹理的三维人脸。图 5-71 为采用方法 B 重构的三维人脸，其上不存在由周期跳变误差导致的粗大误差；图 5-72 为其贴上纹理的三维人脸。图 5-73 为采用方法 C 重构的三维人脸，其上不存在由周期跳变误差导致的粗大误差；图 5-74 为其贴上纹理的三维人脸。

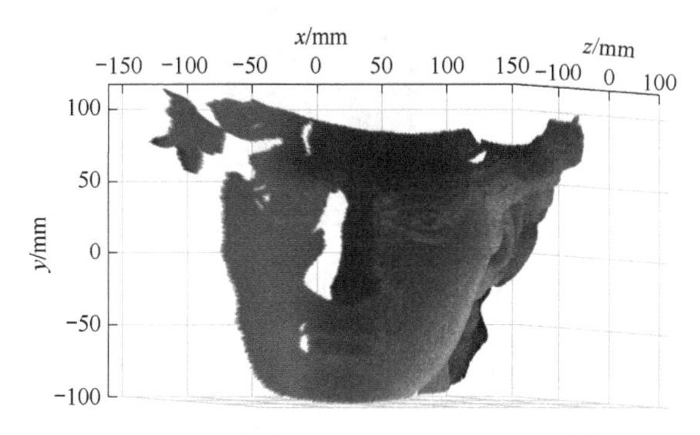

图 5-63　误差为 k_{rand2} 时方法 B 的测量结果

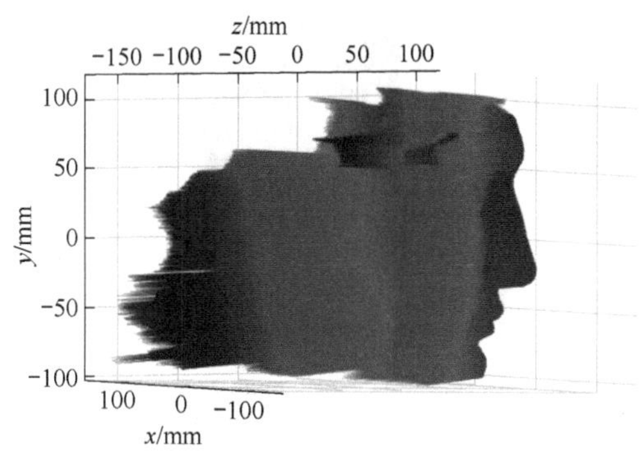

图 5-64　图 5-63 所示三维图像的侧视图

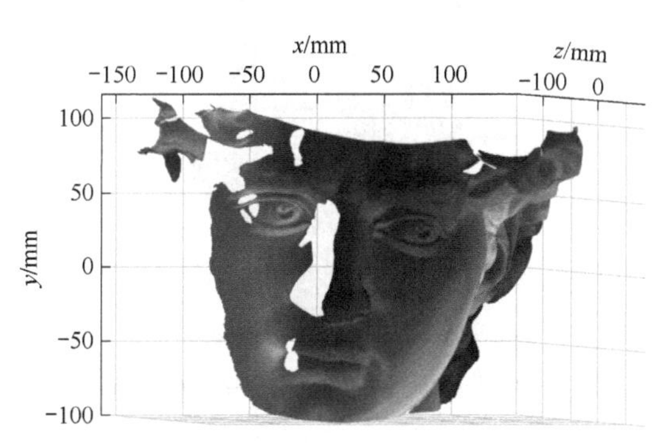

图 5-65　误差为 k_{rand2} 时方法 C 的测量结果

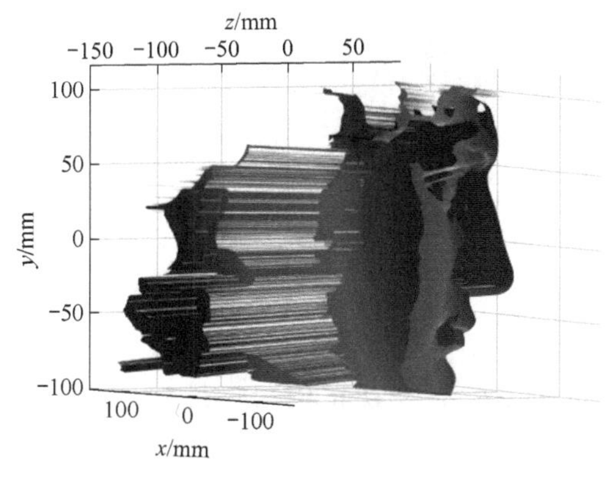

图 5-66　图 5-65 所示三维图像的侧视图

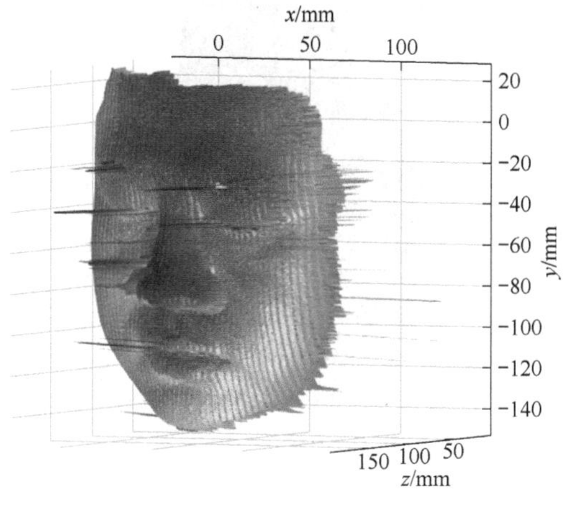

图 5-67　等周期组合法重构的三维人脸

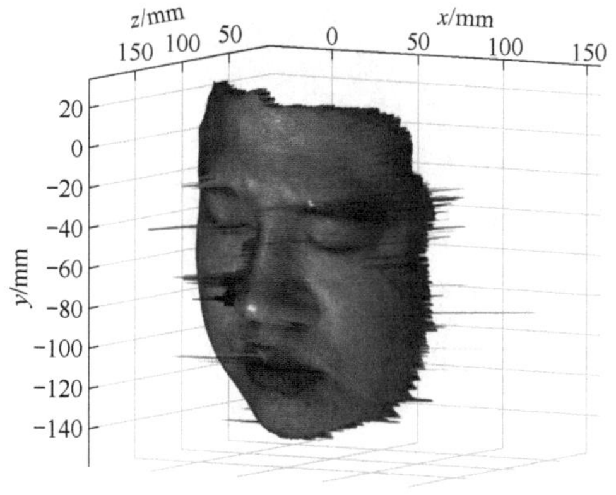

图 5-68　贴纹理后的图 5-67 中三维人脸

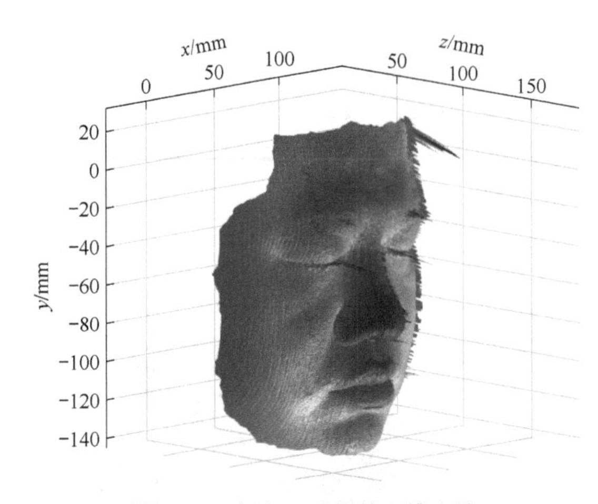

图 5-69　方法 A 重构的三维人脸

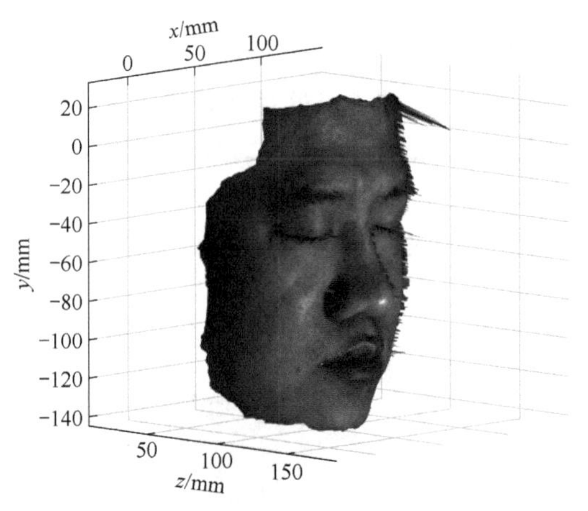

图 5-70　贴纹理后的图 5-69 中三维人脸

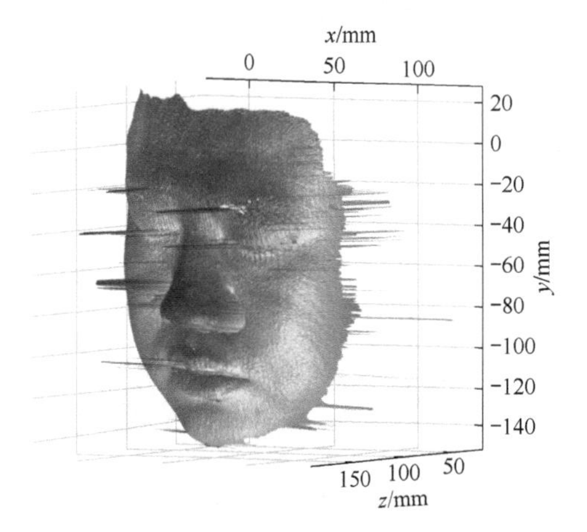

图 5-71　方法 B 重构的三维人脸

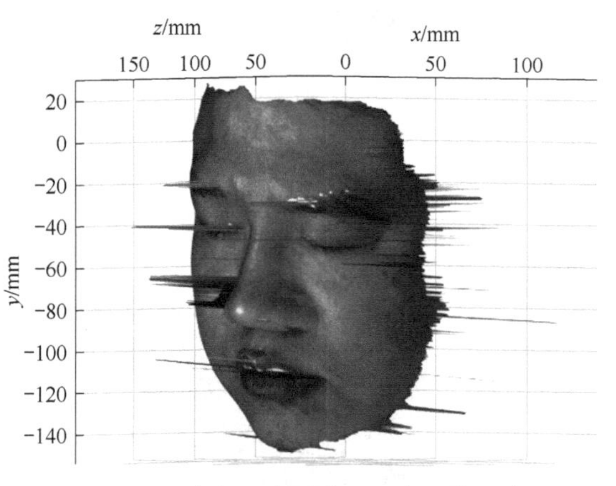

图 5-72　贴纹理后的图 5-71 中三维人脸

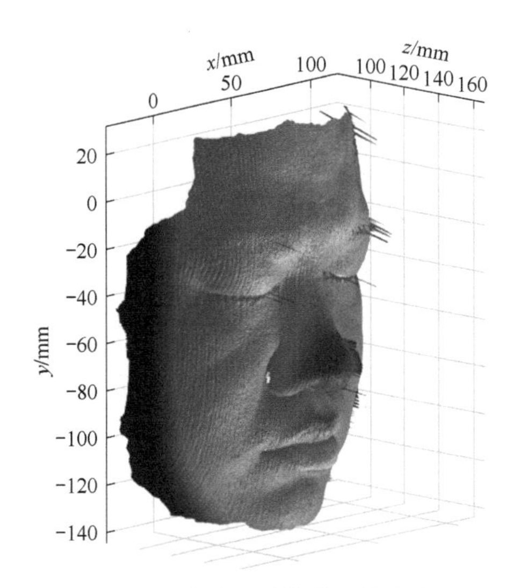

图 5-73　方法 C 重构的三维人脸

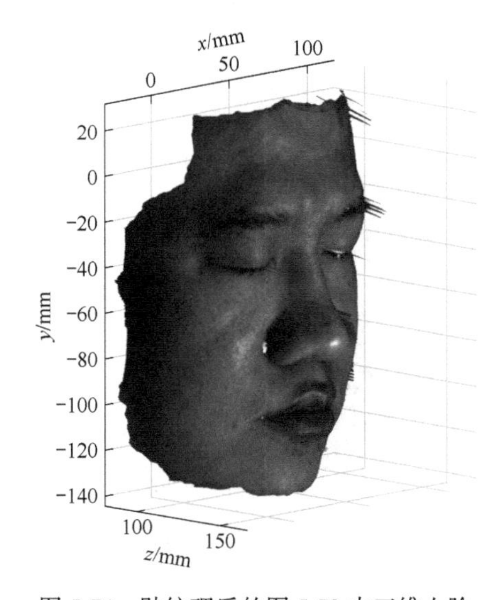

图 5-74　贴纹理后的图 5-73 中三维人脸

在 4 种方法的测量结果中，始终存在由剩余模拟码误差导致的较细的竖条纹，但在图 5-67 中该较细的竖条纹被由周期跳变误差导致的粗条纹所淹没；面部边缘和不可测区域存在少量粗大测量误差，但方法 C 中的粗大测量误差明显减少。从面部实验结果中仍然得出与其前面实验结果一致的结论。

上面分别采用方法 A、方法 B 和方法 C，通过加入可控随机误差，针对平面进行了仿真验证对比实验，结果表明：对于模拟码级数误差±1 导致的周期跳变误差，方法 A 仅能消除一半，方法 B 能消除绝大部分，方法 C 能完全消除；对于模拟码级数误差±2 导致的周期跳变误差，方法 A 不能消除，方法 B 仅能消除极少部分，方法 C 能完全消除。

分别采用方法 B 和方法 C，通过加入可控随机误差，针对石膏人头像进行了验证对比实验，结果表明：对于模拟码级数误差±1 导致的周期跳变误差，方法 B 取得了明显的误差消除效果，但局部仍然存在明显的周期跳变误差，方法 C 取得了非常理想的消除效果，视觉上观察不到周期跳变误差；对于模拟码级数误差±2 导致的周期跳变误差，方法 B 具有误差消除能力，但视觉观察其上布满周期跳变误差，方法 C 取得了理想的误差消除效果，仅在外轮廓边缘存在少量周期跳变误差。

分别采用格雷码和模拟码等周期方法、格雷码和模拟码非等周期组合方法、格雷码和双频模拟码等周期组合方法以及格雷码和双频模拟码非等周期组合方法，针对人脸进行了实测验证对比实验，结果表明：4 种方法均能实现人脸三维测量，测量结果的视觉效果依次变好，其中等周期方法效果最差，明显可见布满代表周期跳变误差的粗条纹，格雷码和双频模拟码非等周期组合方法最好，仅在人脸外轮廓边缘的局部存在少量周期跳变误差。总之，本章所提方法能有效展开包裹模拟码，实现了人脸等复杂景物表面的三维测量，取得了良好的视觉效果。

本章方法 C 投射不同频率的两组格雷码和模拟码非等周期组合图案，在方法 A 的基础上通过增加低频组合展开约束条件和高低频参数差动运算可在所有位置消除周期跳变误差，同时采用投射图案和展开算法两个优化途径得到了最佳的周期跳变误差消除效果。

第 6 章 傅里叶条纹分析三维视觉测量编解码原理

三维视觉测量以图形、图像为基础来恢复三维形状，因具有非接触、高效、高速、高度自动化、低价格等优点而得到广泛应用，同时又因数据处理量大致使其应用受到限制。因此，三维视觉测量技术始终沿着两个主要方向发展，一个方向是追求高测量准确度，其显著特征是利用多幅图像提供更多的信息实现高准确度测量，正如前述章节所讨论的，普遍采用格雷码与余弦条纹组合方式或者多频余弦条纹组合方式来提供高测量准确度，另一个方向是追求高测量速度，其显著特征是利用尽可能少的图像实现成像，最理想的情况是仅利用一幅图像且投射图案固定不变，主要包括空间编码光、空间相位检测、变换域轮廓术等方法。空间编码光方法需借助邻域像素进行编解码，致使其测量分辨力受限，而且表面高度跃变或遮挡等会导致测量失败。空间相位检测方法虽然在信号域中计算速度快，但因测量准确度较低而较少被采用。相比之下，变换域轮廓术能抑制噪声和实现全场测量，具有明显优势，最具实用性和发展潜力。

变换域轮廓术将获取的变形条纹图像转换到变换域中进行处理，获取投射条纹的包裹相位，然后进行相位解包裹获取绝对相位，再借助绝对相位得到被测物体表面的三维坐标。其中，傅里叶变换条纹分析三维测量方法最经典且应用最广泛，其他的变换域条纹分析方法还有小波变换条纹分析、窗口傅里叶条纹分析、S 变换条纹分析、Gabor 小波变换条纹分析等。本章在介绍一维和二维傅里叶变换条纹分析的基础上，将傅里叶变换条纹分析拓展为三维傅里叶变换条纹分析，形成基于三维傅里叶条纹分析的三维视觉测量方法，实现快速三维测量，用于人体胸腹表面呼吸运动的全场帧频三维测量。

6.1 傅里叶条纹分析三维视觉测量系统

6.1.1 系统硬件组成及其位置姿态

测量系统硬件主要包括图案投射器、图像传感器和计算机，其放置位置与姿态如图 6-1 所示。图中，被测景物坐标系为 $OXYZ$，其中 a'为被测物点，a 为物点 a'在坐标面 XOZ 上的投影点；图案投射器坐标系为 $o_0x_0y_0$，其光轴 o_0g 位于物坐标系的平面 XOZ 中，其中 g 为投射器镜头中心且位于物坐标系 OX 轴上，照射物点的主光线 ga'从投射图案上点 P 发射，点 P 在投射器坐标系中的坐标为（x_0, y_0）；图像传感器坐标系为 oxy，其光轴 oh 位于

物坐标系 XOZ 平面中，其中 h 为传感器镜头中心且位于物坐标系 OX 轴上且与投射器光轴相交于点 Z_0'、两者夹角为 2θ，来自物点的反射主光线 $a'h$ 在传感器像面上点 I 成像，点 I 在传感器坐标系中的坐标为（x,y）。坐标系 $o_0x_0y_0$ 和 oxy 都垂直于坐标系 $OXYZ$ 的平面 XOZ，图案投射器和图像传感器两者的光轴与物坐标系 $OXYZ$ 中轴 OZ 的夹角相等，均为 θ，两者的镜头中心距离称为基线 $B_L=\overline{gh}$，两者的焦距分别为 f_0 和 f。

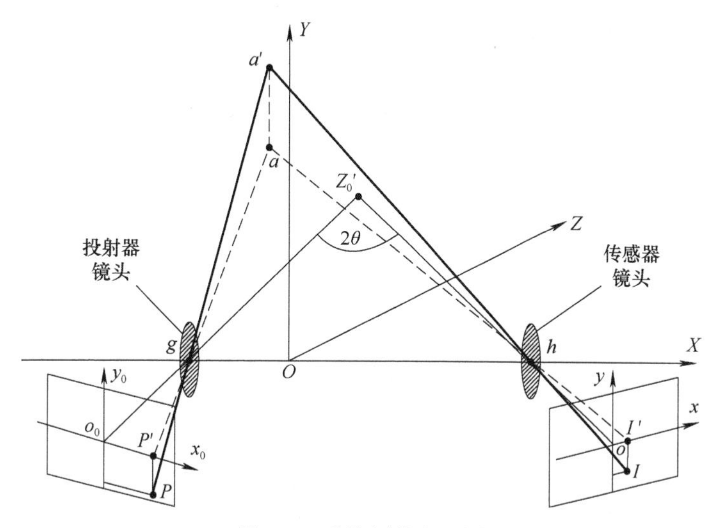

图 6-1　系统硬件安置图

6.1.2　系统数学模型

根据图 6-1 中图案投射器和图像传感器及被测景物相互之间的位置姿态，得到其在物坐标系 XOZ 平面上的投影如图 6-2 所示。图 6-2 中，o_0x_0 为图案投射器坐标系投影，ox 为传感器坐标系投影，XOZ 为景物坐标系投影；点 g 为图案投射器镜头中心，点 h 为图像传感器镜头中心；点 a 为被测物点，其坐标值为（X,Z）；x_0a 为投射主光线，它与投射器光轴 o_0gZ_0 夹角为 α，x_0 为主光线投射坐标即投射图案坐标；ax 为成像主光线，它与传感器光轴 ohZ_0 夹角为 β，x 为主光线成像坐标即图像像点坐标；投射器光轴 o_0gZ_0 与传感器光轴 ohZ_0 相交于点 Z_0，且两者与 OZ 轴夹角均为 θ；直线 ade 平行于 OX 轴、与投射器光轴相交于点 d、与传感器光轴相交于点 e；直线 bd 垂直于投射器光轴且相交于点 d、与投射主光线的延长线相交于点 b；直线 cdf 垂直于传感器光轴且相交于点 f、与投射器光轴相交于点 d、与成像主光线相交于点 c；投射器镜头中心与传感器镜头中心的间距 $\overline{gh}$ 为基线长度，记为

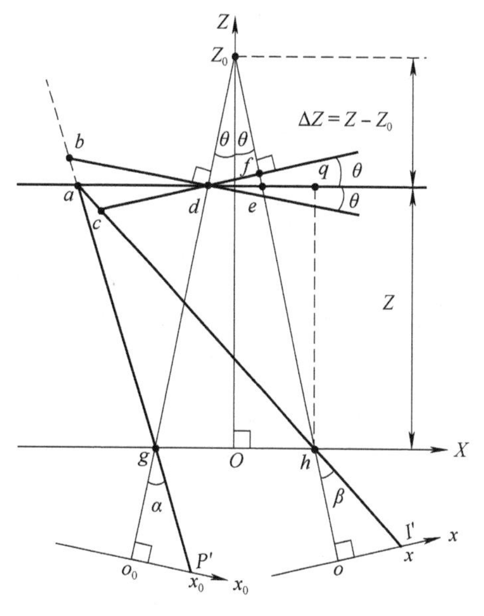

图 6-2　投射图案和编码图像及物点在平面 XOZ 上的投影

B_L，投射器焦距 $\overline{o_0g}$ 记为 f_0，传感器焦距 $\overline{oh}$ 记为 f。

依据图 6-2 中的几何关系进行分析，首先根据三角形 o_0gx_0 和 gbd 可得到

$$\tan\alpha = \frac{x_0}{f_0} = \frac{K}{H} \tag{6-1}$$

式中，$K = \overline{bd}$；$H = \overline{gd}$。

然后，依次根据三角形 ohx、Z_0de、def 和 hcf，可得

$$\tan\beta = \frac{x}{f} = \frac{R}{H + 2\Delta Z\tan\theta\sin\theta} \tag{6-2}$$

式中，$\Delta Z = Z_0 - Z$；$R = \overline{cf}$。

再根据三角形 abd，可得

$$\frac{L}{\sin(90° - \alpha)} = \frac{K}{\sin(90° + \alpha - \theta)} \tag{6-3}$$

式中，$L = \overline{ad}$。

最后，根据三角形 cad、dfe 和 dZ_0e，可得

$$\frac{L}{\sin(90° + \beta)} = \frac{R - \dfrac{\sin 2\theta}{\cos\theta}\Delta Z}{\sin(90° - \beta - \theta)} \tag{6-4}$$

那么，根据式（6-3）可得

$$\frac{L}{\cos\alpha} = \frac{K}{\cos(\alpha - \theta)} \tag{6-5}$$

根据式（6-4）可得

$$\frac{L}{\cos\beta} = \frac{R - \dfrac{\sin 2\theta}{\cos\theta}\Delta Z}{\cos(\beta + \theta)} \tag{6-6}$$

联立式（6-5）和式（6-6）有

$$\frac{K}{\cos\theta + \tan\alpha\sin\theta} = \frac{R - \dfrac{\sin 2\theta}{\cos\theta}\Delta Z}{\cos\theta - \tan\beta\sin\theta} \tag{6-7}$$

再联立式（6-1）、式（6-2）和式（6-7），可得

$$\frac{\dfrac{x_0}{f_0}\dfrac{Z}{\cos\theta}}{1 + \dfrac{x_0}{f_0}\tan\theta} = \frac{\dfrac{x}{f}\dfrac{Z}{\cos\theta} + 2\dfrac{x}{f}(Z_0 - Z)\tan\theta\sin\theta - \dfrac{\sin 2\theta}{\cos\theta}(Z_0 - Z)}{1 - \dfrac{x}{f}\tan\theta} \tag{6-8}$$

整理式（6-8）为

$$A\frac{x_0}{f_0} + B = C\frac{x}{f} + D\frac{x_0}{f_0}\frac{x}{f} \tag{6-9}$$

式中，A、B、C、D 为 4 个中间变量，且

$$A = [Z + (Z_0 - Z)\tan\theta\sin 2\theta] \tag{6-10}$$

$$B=(Z_0-Z)\sin2\theta \tag{6-11}$$

$$C=A \tag{6-12}$$

$$D=2Z\tan\theta+(Z_0-Z)\tan^2\theta\sin2\theta \tag{6-13}$$

因为系统硬件位置姿态是固定的，那么参数 θ 和 Z_0 是固定的，则基线 $B_L=2Z_0\tan\theta$ 也是固定的。因此，式（6-9）定量地描述了投射图案主光线坐标 x_0、物点深度 Z 和像点坐标 x 三者之间的映射关系，只要已知其中的任意 2 个变量值就可得到第 3 个变量值，这构成了系统数学模型，为系统设计和理论分析及仿真实验等提供了理论基础和数学手段。

根据式（6-9）~式（6-13），如果已知像点坐标 x，则可得到由投射图案坐标 x_0 获取被测物点深度坐标 Z 的数学公式为

$$Z=Z_0\frac{\tan^2\theta\sin2\theta\left(\frac{x_0}{f_0}\frac{x}{f}\right)-\tan\theta\sin2\theta\left(\frac{x_0}{f_0}-\frac{x}{f}\right)-\sin2\theta}{(\tan^2\theta\sin2\theta-2\tan\theta)\frac{x_0}{f_0}\frac{x}{f}+(1-\tan\theta\sin2\theta)\left(\frac{x_0}{f_0}-\frac{x}{f}\right)-\sin2\theta} \tag{6-14}$$

在式（6-14）中，参数 θ、Z_0、f_0 和 f 是固定不变的设计值，像点坐标 x 在测量中可根据条纹图像直接得到，而投射图案坐标 x_0 尚不得而知，为此采用余弦条纹作为投射图案，建立余弦条纹初相位、被测物点深度坐标 Z 和像点坐标 x 三者之间的数学关系式，由此可将深度测量问题转化为余弦条纹初相位测量问题。

6.1.3　系统测量模型

设计一幅余弦条纹投射图案，在投射图案坐标上其光强沿 x_0 轴方向分布为

$$i_0(x_0)=a+b\cos(2\pi f_0x_0) \tag{6-15}$$

式中，a 为投射图案的光强直流分量；b 为投射图案的光强交流调制量；f_0 为投射图案光强沿 x_0 轴方向的空间频率。

在理想情况下，投射图案光强在投射、传播、反射和拍摄过程中不发生变化。那么，光强 $i_0(x_0)$ 经过投影仪投射到景物表面深度 Z 处，然后经过相机反射到编码图像坐标中的 x 处，则编码图像坐标上 x 点处的光强 $i_x(x)$ 为

$$i_x(x)=a+b\cos(2\pi f_0x_0) \tag{6-16}$$

根据式（6-9）~ 式（6-13），可以推导出投射图案坐标与像点坐标的映射关系为

$$x_0=f_0\frac{\frac{x}{f}[Z+(Z_0-Z)\tan\theta\sin2\theta]-(Z_0-Z)\sin2\theta}{[Z+(Z_0-Z)\tan\theta\sin2\theta]-\frac{x}{f}[2Z\tan\theta+(Z_0-Z)\tan^2\theta\sin2\theta]} \tag{6-17}$$

式（6-17）表明：投射图案坐标系中点 x_0 处光强 $i_0(x_0)$ 投射到景物表面后反射到编码图像坐标系中点 x 处并表达为 $i_x(x)$。

在非理想情况下，投射图案表达式仍然如式（6-15），但投影仪投射图案时光强发生变化，光线在传播路径上其光强发生变化，光线在景物表面反射时其光强发生变化，图像传感器获取拍摄图像时光强也发生变化。因此，非理性情况下投射图案在投射、传播、反射和拍摄各过程中其光强均会发生改变，表现为光强直流分量和光强交流调制量两者发生变化，则投射图案 x_0 处光强在拍摄图像上其对应的 x 处的光强 $i_x(x)$ 为

$$i_x(x) = a(x) + b(x)\cos(2\pi f_0 x_0) \tag{6-18}$$

式中，$a(x)$ 为编码图像 x 处的光强直流分量；$b(x)$ 为编码图像 x 处的光强交流调制量；f_0 为编码图像沿 x 轴方向的空间频率。

在编码图像 x 轴上令

$$\Delta x = x_0 - x \tag{6-19}$$

将式（6-19）代入式（6-18）有

$$i_x(x) = a(x) + b(x)\cos[2\pi f_0(x + \Delta x)] \tag{6-20}$$

将式（6-17）代入式（6-19）有

$$\Delta x = f_0 \frac{\frac{x}{f}[Z + (Z_0 - Z)\tan\theta\sin 2\theta] - (Z_0 - Z)\sin 2\theta}{[Z + (Z_0 - Z)\tan\theta\sin 2\theta] - \frac{x}{f}[2Z\tan\theta + (Z_0 - Z)\tan^2\theta\sin 2\theta]} - x \tag{6-21}$$

可见，Δx 是以 x 为自变量的函数，根据式（6-20）有

$$i_x(x) = a(x) + b(x)\cos(2\pi f_0 x + 2\pi f_0 \Delta x) \tag{6-22}$$

令

$$\phi(x) = 2\pi f_0 \Delta x \tag{6-23}$$

则图像沿 x 轴方向的光强分布为

$$i_x(x) = a(x) + b(x)\cos[2\pi f_0 x + \phi(x)] \tag{6-24}$$

式中，x 为编码图像 x 轴方向的坐标值，可根据图像直接读取得到；$\phi(x)$ 为 $i_x(x)$ 在 x 处的初始相位，是以 x 和 Z 为自变量的函数，需要根据编码图像 $i_x(x)$ 求取。

联立式（6-21）和式（6-23），则得到基于初相位的深度测量模型为

$$Z = Z_0 \frac{\left(\frac{x}{f}2\sin^2\theta - \sin 2\theta\right) - \left[\frac{\phi(x)}{2\pi f_0} + x\right]\left(\frac{1}{f_0}2\sin^2\theta - \frac{x}{f}\frac{1}{f_0}\tan^2\theta\sin 2\theta\right)}{\frac{1}{f_0}\left[\frac{\phi(x)}{2\pi f_0} + x\right]\left[1 + \tan\theta\left(\frac{x}{f}2\sin^2\theta - \sin 2\theta - 2\frac{x}{f}\right)\right] - \frac{x}{f}(1 - 2\sin^2\theta) - \sin 2\theta} \tag{6-25}$$

下面，根据被测物点深度坐标 Z 求取其 X 坐标值和 Y 坐标值。分析图 6-2 中几何关系，根据三角形 dZ_0e 得到

$$\overline{de} = 2(Z_0 - Z)\tan\theta \tag{6-26}$$

再根据三角形 dfe 得到

$$\begin{aligned}\overline{df} &= \overline{de}\cos\theta \\ &= 2(Z_0 - Z)\tan\theta\cos\theta\end{aligned} \tag{6-27}$$

$$\begin{aligned}\overline{fe} &= \overline{de}\sin\theta \\ &= 2(Z_0 - Z)\tan\theta\sin\theta\end{aligned} \tag{6-28}$$

则有

$$\begin{aligned}\overline{fh} &= \overline{fe} + \overline{eh} \\ &= 2(Z_0 - Z)\tan\theta\sin\theta + \frac{Z}{\cos\theta}\end{aligned} \tag{6-29}$$

根据三角形 cfh 有

$$\begin{aligned}\overline{cf} &= \overline{fh}\tan\beta \\ &= \frac{x}{f}\left[2(Z_0 - Z)\tan\theta\sin\theta + \frac{Z}{\cos\theta}\right]\end{aligned} \tag{6-30}$$

则有

$$\begin{aligned}\overline{cd} &= \overline{cf} - \overline{df} \\ &= \frac{x}{f}\left[2(Z_0 - Z)\tan\theta\sin\theta + \frac{Z}{\cos\theta}\right] - 2(Z_0 - Z)\tan\theta\cos\theta\end{aligned} \tag{6-31}$$

然后，根据三角形 cad 有

$$\frac{-X-(Z_0 - Z)\tan\theta}{\sin(90° + \beta)} = \frac{\overline{cd}}{\sin(90° - \beta - \theta)} \tag{6-32}$$

将式（6-26）和式（6-29）代入式（6-32）并整理得

$$X = \frac{(Z_0 - Z)\tan\theta\cos\theta - \dfrac{x}{f}\left[(Z_0 - Z)\tan\theta\sin\theta + \dfrac{Z}{\cos\theta}\right]}{\cos\theta - \dfrac{x}{f}\sin\theta} \tag{6-33}$$

如果已知被测物点深度坐标 Z，根据式（6-33）就可得到其横向坐标 X。

分析图 6-1 中几何关系，根据三角形 ohI' 有

$$\overline{hI'} = \sqrt{x^2 + f^2} \tag{6-34}$$

根据三角形 aqh 有

$$\overline{ah} = \sqrt{Z^2 + (Z_0\tan\theta - X)^2} \tag{6-35}$$

再分析图 6-1 中几何关系，同时考虑三角形 haa' 和 IhI' 有

$$\frac{\overline{aa'}}{\overline{II'}} = \frac{\overline{ah}}{\overline{hI'}} \tag{6-36}$$

将式（6-32）和式（6-33）以及 $\overline{aa'} = Y$ 和 $\overline{II'} = -y$ 代入式（6-36）并整理得

$$Y = \frac{-\sqrt{Z^2 + (Z_0\tan\theta - X)^2}}{\sqrt{x^2 + f^2}}y \tag{6-37}$$

因为式（6-37）中像点纵向坐标值 y 可在条纹图像上直接得到，则得到被测物点坐标 Z 和 X 后，根据式（6-37）就可得到其坐标 Y。因此，式（6-25）、式（6-33）和式（6-37）联立就形成了系统测量模型，利用该模型可由被测物点处条纹初相位 $\phi(x)$ 得到被测物点的三维坐标，这将被测物点三维坐标测量问题转化为被测物点处条纹初相位测量的问题。

6.1.4　系统数学模型验证

系统数学模型式（6-9）定量地描述了投射图案主光线坐标 x_0、物点深度 Z 和像点坐标 x 三者之间的映射关系，为系统设计、理论分析和仿真实验等提供了理论基础和数学手段。下面将其数值仿真理论结果与系统实测结果进行对比，对系统数学模型进行验证。首先，生成一个余弦条纹图案，其一行像素的强度曲线如图 6-3 中粗虚线所示，将其通过图案投射

器投射到一个虚拟斜面后在图像传感器上成像，根据系统数学模型通过数值仿真得到条纹图像，其对应行像素强度曲线如图 6-3 中细虚线所示。然后在实际测量系统中，相同的余弦条纹图案通过投影仪投射到一个实际斜面后在工业相机像面上形成条纹图像如图 6-4 所示，图 6-4a 为投射条纹图像，图 6-4b 为相机得到的条纹图像。与图 6-3 相对应，图 6-5 中粗实线为图 6-4a 中一行的像素强度曲线，细实线为图 6-4b 中同一行的像素强度曲线。

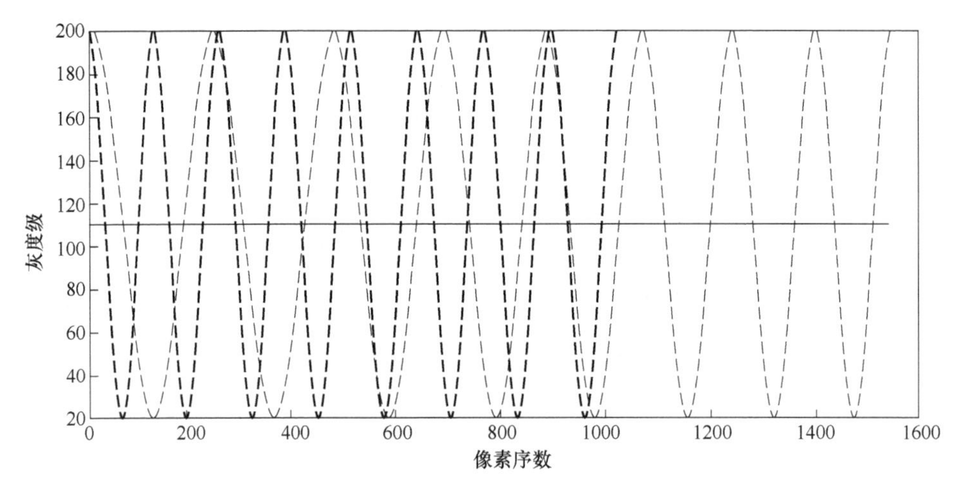

图 6-3　条纹图像中一行像素强度曲线

图 6-4　数值仿真条纹图像

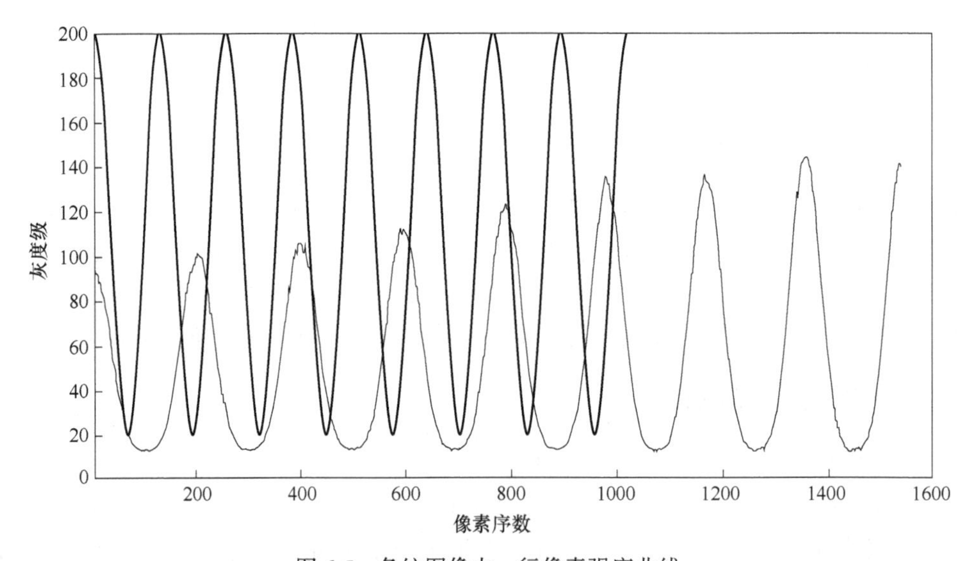

图 6-5　条纹图像中一行像素强度曲线

对比分析图 6-3 和图 6-5 中的单行像素强度曲线。粗实线和虚线两条曲线视觉上是一致的；细实线光滑度明显低，但这是符合实际的，因为实际中系统硬件和环境中必然存在噪声；再者，细实线强度由左向右线性递增，但这也是符合实际的，因为投射主光线在斜面上由右向左其反射光与进入传感器主光线的偏离近似线性增加。因此，若忽略实际情况中的不理想因素，则图 6-5 中两条曲线之间的大小形状及其相互对应关系与图 6-3 中两条虚线之间完全一致，这验证了系统数学模型的正确性。

6.2 傅里叶条纹分析

6.2.1 一维和二维傅里叶变换条纹分析

傅里叶条纹分析（Fourier Fringe Analysis，FFA）也称为傅里叶变换条纹分析（Fourier Transform Fringe Analysis，FTFA）或傅里叶变换轮廓术（FTP），自 1982 年一维傅里叶条纹分析（1D-FFA）方法被采用进行包裹相位提取以来，该方法被逐渐应用于三维形貌测量的许多领域。采用傅里叶条纹分析方法的最终目的是提取条纹图像的包裹相位，其包裹相位提取流程如图 6-6 所示。

图 6-6 傅里叶条纹分析方法包裹相位提取流程

利用条纹图像的二维性质可将傅里叶条纹分析方法从一维扩展到二维，二维傅里叶条纹分析（2D-FFA）方法能够将 1D-FFA 方法中分离出的信号在第二维方向上进一步分离，从而滤除混叠在有用信号中的第二维干扰信号频率成分，这能显著提高傅里叶变换轮廓术的准确度。目前，2D-FFA 方法已经广泛应用于静态物体以及表面随时间变化的动态物体的三维测量。针对动态景物，增加时间维有望将 2D-FFA 方法扩展为三维傅里叶条纹分析（3D-FFA）方法，通过增加利用相邻条纹图像之间的关系，以进一步减少频谱泄露与混叠，使包裹相位的提取更加准确。

鉴于投射条纹图案强度仅沿一维列方向变化，1D-FFA 方法从条纹图像强度值（灰度值）中提取每一列的包裹相位 $\varphi(x)$，如图 6-7 所示。条纹图像中每一列的强度值函数可表示为

$$q(x)=a+b\cos[2\pi\alpha x+\varphi(x)] \tag{6-38}$$

式中，a 为背景强度大小；b 为条纹强度调制度；α 为条纹空间频率。

式（6-38）中的条纹图像强度可进一步表达为

$$q(x)=a+\frac{1}{2}b\left[e^{i[2\pi\alpha x+\varphi(x)]}+e^{-i[2\pi\alpha x+\varphi(x)]}\right] \tag{6-39}$$

令 $c(x)=b(x)e^{i\varphi(x)}/2$，对式（6-39）进行一维傅里叶变换，得到其一维傅里叶变换 $Q(f_x)$ 为

$$Q(f_x)=A(f_x)+C(f_x-\alpha)+C^*(f_x+\alpha) \tag{6-40}$$

式中，$A(f_x)$ 为条纹背景的频谱；$C(f_x-\alpha)$ 为变形条纹的频谱；$C^*(f_x+\alpha)$ 为 $C(f_x-\alpha)$ 的共轭复数。

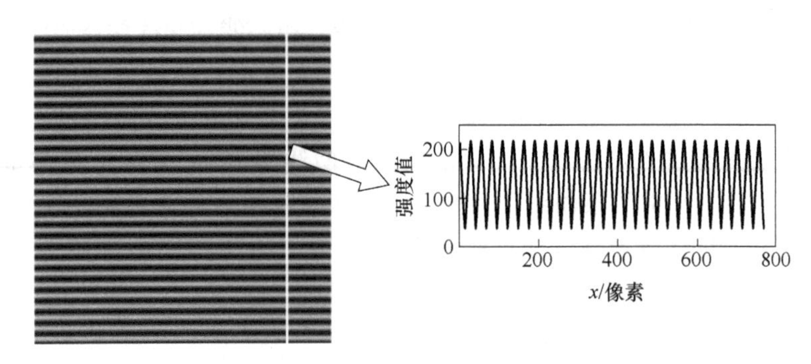

图 6-7 条纹图像及某一列的强度值大小

条纹 $q(x)$ 的频谱 $Q(f_x)$ 的幅值谱如图 6-8 所示，因含有直流而在零频处出现峰值，因含有交流而在 α 处出现峰值。针对频域函数 $Q(f_x)$，采用中心频率为 α 的窗口函数 $H(f)$ 滤除 $A(f_x)$ 即直流和低频分量以及高频干扰，然后将所得到的 $C(f_x-\alpha)$ 移回频域原点，实现解调而得到 $C(f_x)$，再采用一维傅里叶逆变换将 $C(f_x)$ 转换回空域得到 $c(x)$，则 $c(x)$ 的实部 $\mathrm{Re}\{c(x)\}$ 和虚部 $\mathrm{Im}\{c(x)\}$ 的函数表达式分别为

$$\mathrm{Re}\{c(x)\}=b(x)\cos[\varphi(x)] \tag{6-41}$$

$$\mathrm{Im}\{c(x)\}=b(x)\sin[\varphi(x)] \tag{6-42}$$

将式（6-42）与式（6-41）相除，即可得到该列的包裹相位 $\varphi(x)$ 为

$$\varphi(x)=\arctan\frac{\mathrm{Im}\{c(x)\}}{\mathrm{Re}\{c(x)\}} \tag{6-43}$$

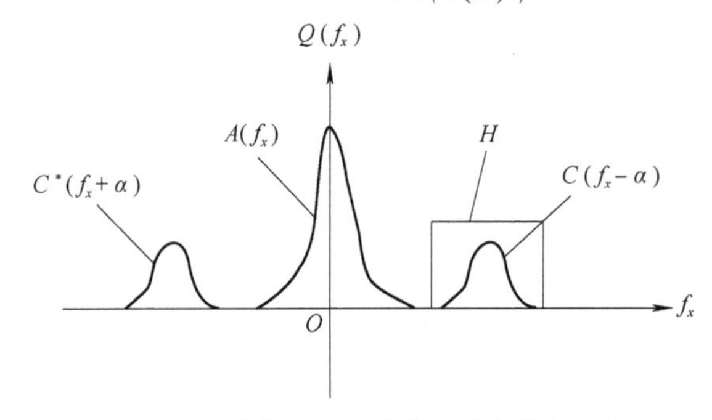

图 6-8 一维条纹的一维傅里叶变换幅值谱

由于环境、被测物、测量系统本身等均存在干扰，而且信号截断导致频谱泄露等因素，因此包裹相位出现误差，进而引起三维测量出现误差。为此，采用一维高斯滤波器对条纹图像的每一列进行频域滤波：一是提取出条纹图像每一列的正一级频谱，二是尽可能滤除干扰。采用的一维高斯滤波函数 $H(f)$ 为

$$H(f)=\mathrm{e}^{-(f_x-f_1)^2/(2\sigma^2)} \tag{6-44}$$

式中，f_1 为滤波器的中心频率；σ 为滤波器的带宽。

一维高斯滤波器的频谱如图 6-9 所示，图中 $|H|$ 表示归一化后的强度值。高斯滤波器具有振铃效应小、消除频谱泄露效果好等特点，因而通过使用高斯滤波器进行频域滤波后，可提高包裹相位提取准确度。采用 1D-FFA 方法提取条纹图像的每一列包裹相位，即可得到图 6-7 中条纹图像的包裹相位，如图 6-10 所示。从图中可以看出，包裹相位包裹在（$-\pi$， π）范围内，这需要采用合适的相位解包裹方法进行包裹相位展开。

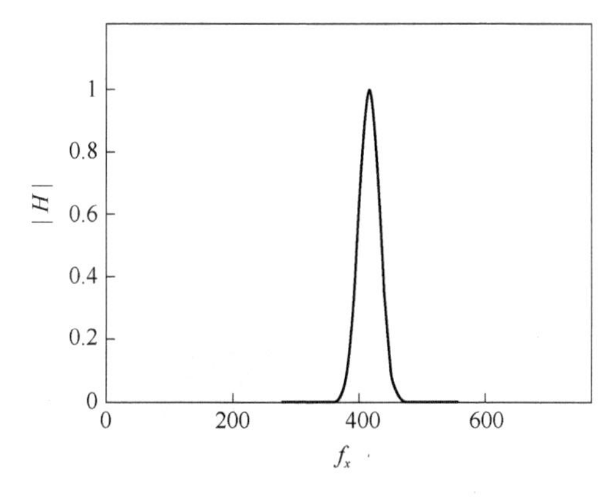

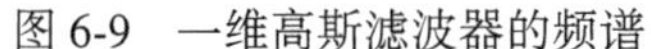
图 6-9　一维高斯滤波器的频谱

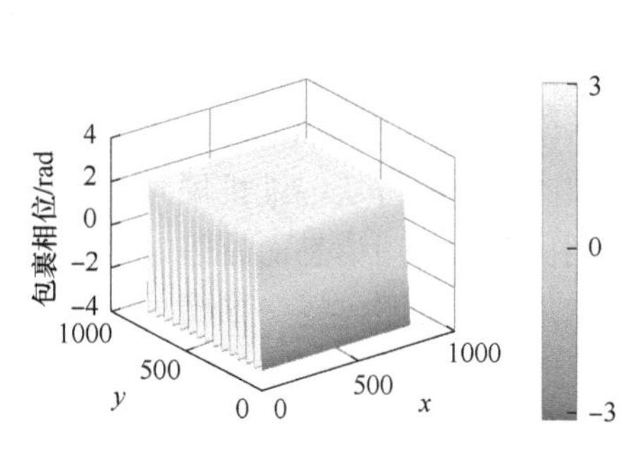

图 6-10　包裹相位图像

因为条纹图像受到被测景物表面高度的调制，其强度沿行列二维方向变化，所以 2D-FFA 方法根据条纹图像强度分布提取包裹相位 $\varphi(x,y)$。条纹图像强度 $q(x,y)$ 表达为

$$q(x,y)=a(x,y)+b(x,y)\cos[2\pi(\alpha x+\beta y)+\varphi(x,y)] \tag{6-45}$$

式中，$a(x,y)$ 为条纹背景强度；$b(x,y)$ 为条纹强度调制度；α 为条纹沿列方向 x 的空间频率；β 为条纹沿行方向 y 的空间频率。

式（6-45）进一步可表达为

$$q(x,y)=a(x,y)+\frac{1}{2}b(x,y)\left[\mathrm{e}^{\mathrm{i}[2\pi(\alpha x+\beta y)+\varphi(x,y)]}+\mathrm{e}^{-\mathrm{i}[2\pi(\alpha x+\beta y)+\varphi(x,y)]}\right] \tag{6-46}$$

令 $c(x,y)=b(x,y)\mathrm{e}^{\mathrm{i}\varphi(x,y)}/2$，对式（6-46）进行傅里叶变换，则得到其二维傅里叶变换 $Q(f_x,f_y)$ 为

$$Q(f_x,f_y)=A(f_x,f_y)+C(f_x-\alpha,f_y-\beta)+C^*(f_x+\alpha,f_y+\beta) \tag{6-47}$$

式中，$A(f_x,f_y)$ 为条纹背景的频谱；$C(f_x-\alpha,f_y-\beta)$ 为变形条纹的频谱；$C^*(f_x+\alpha,f_y+\beta)$ 为 $C(f_x-\alpha,f_y-\beta)$ 的共轭复数。

选取频域窗函数 $H(f_x,f_y)$ 对 $Q(f_x,f_y)$ 进行滤波得到正一级频谱 $C(f_x-\alpha,f_y-\beta)$，并将正一级频谱移到频域原点得到 $C(f_x,f_y)$。采用二维傅里叶逆变换将 $C(f_x,f_y)$ 转换到空域中得到 $c(x,y)$，其实部和虚部的表达式分别为

$$\mathrm{Re}\{c(x,y)\}=b(x,y)\cos[\varphi(x,y)] \tag{6-48}$$

$$\mathrm{Im}\{c(x,y)\}=b(x,y)\sin[\varphi(x,y)] \tag{6-49}$$

进而得到条纹图像的包裹相位 $\varphi(x,y)$ 为

$$\varphi(x,y)=\arctan\frac{\mathrm{Im}\{c(x,y)\}}{\mathrm{Re}\{c(x,y)\}} \tag{6-50}$$

由于 2D-FFA 方法转换到频域后，包含两个方向的信息，因此这里频域窗函数采用二维高斯滤波器 $H(f_x,f_y)$，其表达式为

$$H(f_x,f_y)=\mathrm{e}^{-[(f_x-f_{0x})^2/(2\sigma_x^2)+(f_y-f_{0y})^2/(2\sigma_y^2)]} \tag{6-51}$$

式中，f_{0x} 为滤波器在 x 方向的中心频率；f_{0y} 为滤波器在 y 方向的中心频率；σ_x 为滤波器在 x 方向的带宽；σ_y 为滤波器在 y 方向的带宽。

二维高斯滤波器幅频特性如图 6-11 所示。二维高斯滤波器通过在频域 f_x 方向和 f_y 方向上的滤波，可从频域中两个方向上限制频谱泄露和混叠，从而提高包裹相位提取的准确度。采用 2D-FFA 方法对条纹图像进行包裹相位提取后，可得到类似图 6-10 所示的包裹相位。

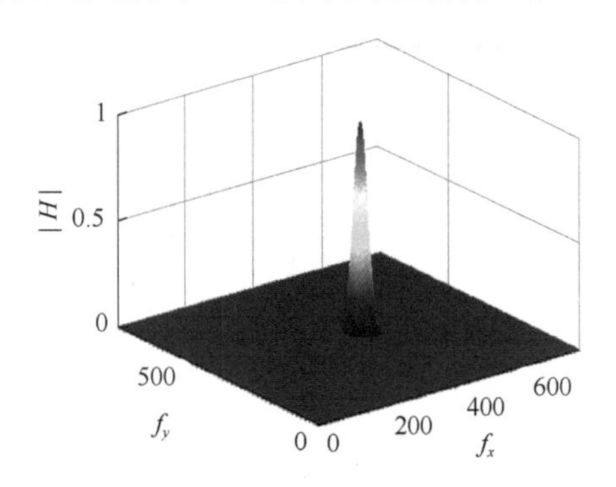

图 6-11　二维高斯滤波器幅频特性

采用傅里叶变换条纹分析提取包裹相位时，其主要存在的问题是频谱泄露和混叠，致使一维傅里叶条纹分析实际应用进展甚微。利用条纹图像二维性质，将傅里叶条纹分析从一维扩展到二维后，更好地分离了有用信息和无用信息而处理时间却增加不多。已有研究结果已经证明，将一维傅里叶条纹分析扩展到二维傅里叶条纹分析后，相位提取的准确性得到了显著提高。然而，二维傅里叶分析独立地分析每幅二维图像，分析处理当前图像时既未利用先前图像信息也未利用后续图像信息，完全没有利用相邻条纹图像之间的任何关系。下面为提高傅里叶条纹分析获取包裹相位的准确性，利用动态表面在时间维变化信息，将二维傅里叶条纹分析扩展为三维傅里叶条纹分析。

6.2.2　三维傅里叶条纹分析

如果被测景物表面处于动态变化状态中，相机按固定时间间隔采集的条纹图像序列，在时间维方向上是离散的。如图 6-12 所示，该条纹图像序列构成一个三维条纹图像序列，条纹图像强度 $q(x,y,t)$ 沿列方向 x、行方向 y 和时间方向 t 变化，针对该三维条纹图像序列进行傅里叶分析可得到条纹图像的包裹相位 $\varphi(x,y,t)$。该三维条纹图像序列的强度 $q(x,y,t)$ 可表达为

$$q(x,y,t)=a(x,y,t)+b(x,y,t)\cos[2\pi(\alpha x+\beta y+\gamma t)+\varphi(x,y,t)] \tag{6-52}$$

式中，$a(x,y,t)$ 为条纹背景强度；$b(x,y,t)$ 为条纹强度调制度；α 为条纹沿列方向 x 的空间频率；β 为条纹沿行方向 y 的空间频率；γ 为条纹沿时间方向 t 的时间频率。

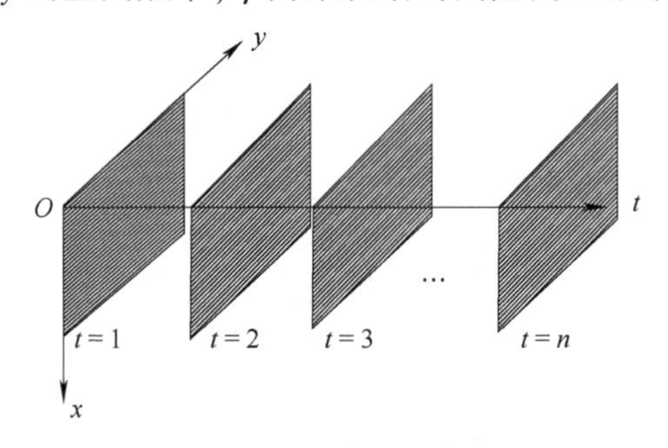

图 6-12　三维条纹图像序列

式（6-52）进一步可表达为

$$q(x,y,t)=a(x,y,t)+c(x,y,t)\mathrm{e}^{\mathrm{i}2\pi(\alpha x+\beta y+\gamma t)}+c^*(x,y,t)\mathrm{e}^{-\mathrm{i}2\pi(\alpha x+\beta y+\gamma t)} \tag{6-53}$$

式中，$c(x,y,t)=b(x,y,t)\mathrm{e}^{\mathrm{i}\varphi(x,y,t)}/2$，$c^*(x,y,t)=b(x,y,t)\mathrm{e}^{-\mathrm{i}\varphi(x,y,t)}/2$。针对式（6-53）进行傅里叶变换，则得到其三维傅里叶变换 $Q(f_x,f_y,f_t)$ 为

$$Q(f_x,f_y,f_t)=A(f_x,f_y,f_t)+C(f_x-\alpha,f_y-\beta,f_t-\gamma)+C^*(f_x+\alpha,f_y+\beta,f_t+\gamma) \tag{6-54}$$

式中，$A(f_x,f_y,f_t)$ 为条纹背景的频谱；$C(f_x-\alpha,f_y-\beta,f_t-\gamma)$ 为变形条纹的频谱；$C^*(f_x+\alpha,f_y+\beta,f_t+\gamma)$ 为 $C(f_x-\alpha,f_y-\beta,f_t-\gamma)$ 的共轭复数。

条纹图像序列 $q(x,y,t)$ 的频谱 $Q(f_x,f_y,f_t)$ 的幅值谱如图 6-13 所示，其频率成分主要分为两个部分，其中颜色深浅代表幅值的大小，幅值分别在直流成分中心频率 (0,0,0) 和交流成分中心频率 (α,β,γ) 处出现极大值。

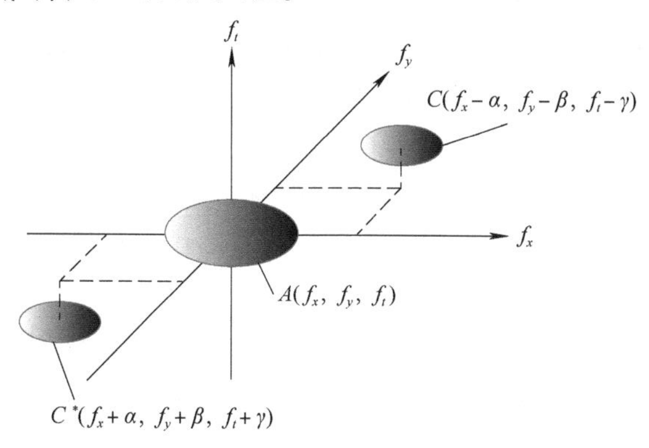

图 6-13　三维图像序列的三维傅里叶变换幅值谱

因为条纹图像序列的包裹相位被包含在共轭的正一级频谱成分 $C(f_x-\alpha,f_y-\beta,f_t-\gamma)$ 和 $C^*(f_x+\alpha,f_y+\beta,f_t+\gamma)$ 中，所以采用三维带通滤波器滤除直流及低频成分 $A(f_x,f_y,f_t)$ 和高频干扰成分，则得到包含被测表面时间和空间信息的频谱 $C(f_x-\alpha,f_y-\beta,f_t-\gamma)$，如图 6-14 所示，再将 $C(f_x-\alpha,f_y-\beta,f_t-\gamma)$ 平移到原点，则得到去除三维载频 (α,β,γ) 的包含被测表面时空信息的信号频谱 $C(f_x,f_y,f_t)$，如图 6-15 所示。

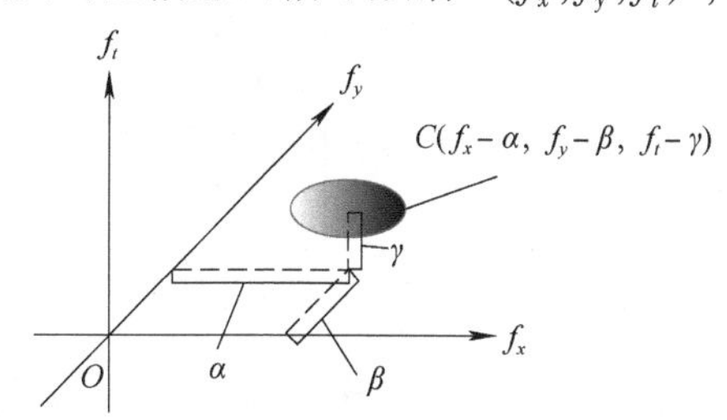

图 6-14　使用三维频域滤波得到所需频谱成分

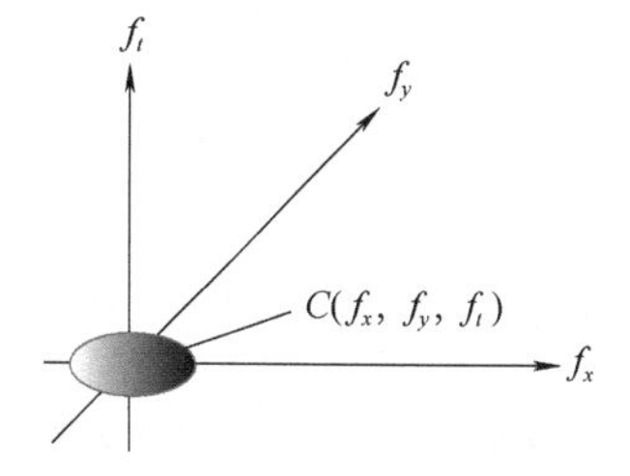

图 6-15　将所需频谱成分移回频域原点

针对 $C(f_x,f_y,f_t)$ 进行三维傅里叶逆变换，则得到 $c(x,y,t)$。那么，条纹图像序列的包裹相位 $\varphi(x,y,t)$ 被包含在 $c(x,y,t)$ 的实部 $\mathrm{Re}\{c(x,y,t)\}$ 和虚部 $\mathrm{Im}\{c(x,y,t)\}$ 中，其中

$$\mathrm{Re}\{c(x,y,t)\}=b(x,y,t)\cos[\varphi(x,y,t)]/2 \tag{6-55}$$

$$\mathrm{Im}\{c(x,y,t)\}=b(x,y,t)\sin[\varphi(x,y,t)]/2 \tag{6-56}$$

则条纹图像序列的包裹相位 $\varphi(x,y,t)$ 为

$$\varphi(x,y,t)=\arctan\frac{\mathrm{Im}\{c(x,y,t)\}}{\mathrm{Re}\{c(x,y,t)\}} \tag{6-57}$$

由此实现 3D-FFA 方法。需要指出，3D-FFA 方法中的包裹相位也包裹在 $(-\pi,\pi)$ 范围内，同样需要采用相位解包裹方法进行包裹相位展开。

以往研究与应用表明，将 1D-FFA 方法扩展为 2D-FFA 方法显著地提高了抗干扰能力。同样，将 2D-FFA 方法扩展为 3D-FFA 方法能进一步提高抗干扰能力，下面以三维冲击干扰信号为例进行分析。三维冲击干扰信号 $\delta(x,y,t)$ 的三维傅里叶变换频谱幅值为 1，频谱定义域涵盖整个三维频域空间。

对于 1D-FFA 方法，将条纹图像沿一维方向进行一维傅里叶变换转换到频域中，并采用一维高斯滤波器 $H_G(f_x)=\mathrm{e}^{-(f_x-f_{0x})^2/(2\sigma_x^2)}$ 进行频域滤波，其第一维方向中心频率为 f_{0x}，截止频率分别为 $f_{x1}=f_{0x}-\sigma_x/2$ 和 $f_{x2}=f_{0x}+\sigma_x/2$。在频域空间进行一维滤波后，干扰信号中低于 f_{x1} 和高于 f_{x2} 的频率成分均被滤除，有用信号的频谱定义域变为如图 6-16 所示的垂直于 f_x 轴的截止频率为 f_{x1} 所在平面和截止频率为 f_{x2} 所在平面之间的区域，也涵盖了有用信号的频率范围。

然而，该区间内的干扰信号频率成分因与有用信号的频率成分混叠在一起而无法滤除，而且其频率成分涵盖整个三维频域空间，并不仅仅是一维频域空间 f_x，还包含了 f_y 和 f_t 的所有频率成分。

对于 2D-FFA 方法，将条纹图像进行二维傅里叶变换转化到频域，并采用二维高斯滤波器 $H_G(f_x,f_y)=\mathrm{e}^{-[(f_x-f_{0x})^2/(2\sigma_x^2)+(f_y-f_{0y})^2/(2\sigma_y^2)]}$，其第二维方向中心频率为 f_{0y}，截止频率分别为 $f_{y1}=f_{0y}-\sigma_y/2$ 和 $f_{y2}=f_{0y}+\sigma_y/2$。在频域空间进行二维滤波后，干扰信号中低于 f_{y1} 和高于 f_{y2} 的频率成分进一步被滤除，有用信号的频谱定义域变为如图 6-17 所示的由区间为 $[f_{x1},f_{x2}]$ 和 $[f_{y1},f_{y2}]$ 所构成的无限长的长条区域，也涵盖了有用信号的频率范围。

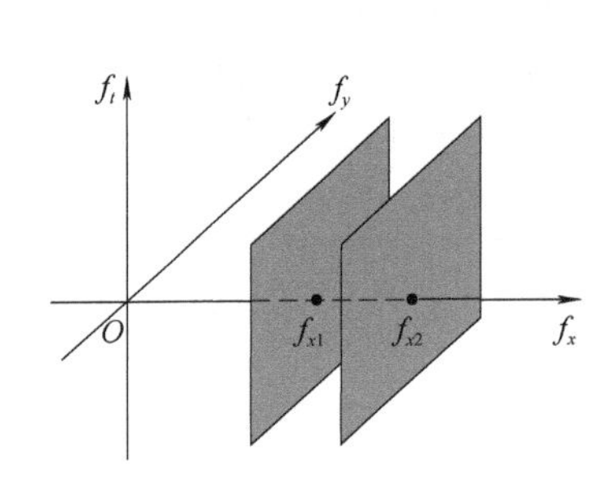

图 6-16　1D-FFA 方法频域滤波示意图

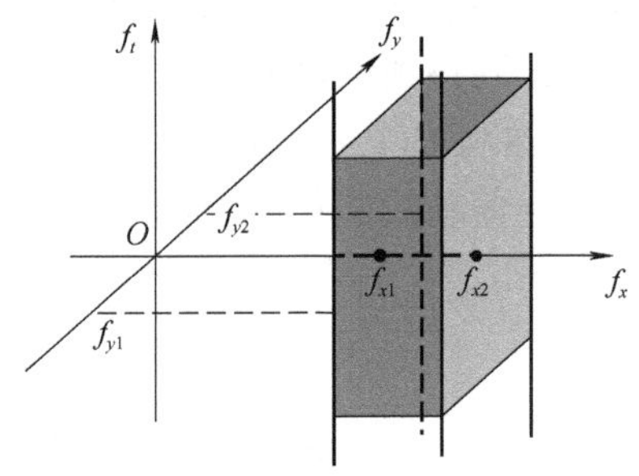

图 6-17　2D-FFA 方法频域滤波示意图

然而，该区域内的干扰信号频率成分因与有用信号频率成分混叠在一起而无法滤除，而且其频率成分涵盖整个三维频域空间，并不仅仅是二维频域空间，还包含了 f_t 的所有频率成分。

对于 3D-FFA 方法，当条纹图像随时间变化时，可以将条纹图像序列看作一个三维整体，进行三维傅里叶变换后转换到频域中，并采用三维高斯滤波器，其第三维方向中心频率为 f_{0t}，截止频率分别为 $f_{t1}=f_{0t}-\sigma_t/2$ 和 $f_{t2}=f_{0t}+\sigma_t/2$。在频域空间进行三维滤波后，干扰信号中低于 f_{t1} 和高于 f_{t2} 的频率成分进一步被滤除，有用信号的频谱定义域变为如图 6-18 所示的由区间 $[f_{x1},f_{x2}]$、$[f_{y1},f_{y2}]$ 和 $[f_{t1},f_{t2}]$ 所构成的长方体区域，也涵盖了有用信号的频率范围。

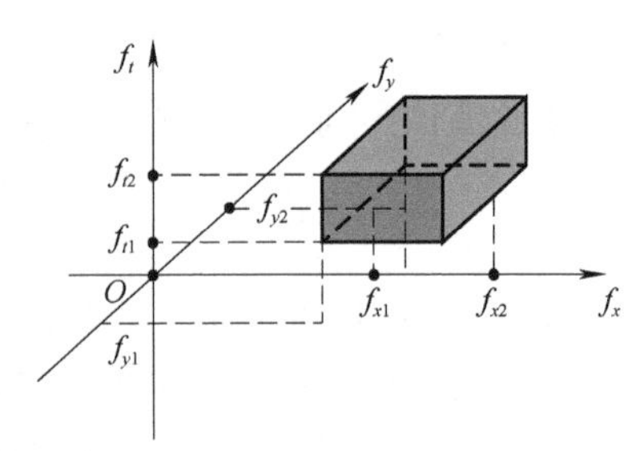

图 6-18　3D-FFA 方法频域滤波示意图

对比图 6-16 和图 6-17 可见，二维频域滤波后大大减少了干扰信号的频率成分。对比图 6-17 和图 6-18 可见，三维频域滤波后又进一步显著减少了干扰信号的频率成分。所以，理论分析表明 3D-FFA 方法的抗干扰能力明显高于 2D-FFA 方法，2D-FFA 方法的抗干扰能力远高于 1D-FFA 方法。

另外，频域滤波是傅里叶条纹分析技术中至关重要的一部分，其包裹相位提取误差的大小主要取决于滤波器的设计。相比现有 3D-FFA 方法中所采用的三维长方体滤波器和三维巴特沃斯滤波器，三维高斯滤波器具有振铃效应小和频谱泄露少等特点。因此，设计并采用一种三维高斯滤波器进行三维频域滤波，将三维傅里叶变换与三维高斯滤波器相结合，形成一种 3D-FFA 三维视觉测量方法。三维高斯滤波器的幅值谱函数 $H_G(f_x, f_y, f_t)$ 为

$$H_G(f_x, f_y, f_t) = e^{-\left[\frac{(f_x - f_{0x})^2}{2\sigma_x^2} + \frac{(f_y - f_{0y})^2}{2\sigma_y^2} + \frac{(f_t - f_{0t})^2}{2\sigma_t^2}\right]} \tag{6-58}$$

式中，f_{0x} 为 x 轴方向的空间中心频率；f_{0y} 为 y 轴方向的空间中心频率；f_{0t} 为 t 轴方向的时间中心频率；σ_x 为 f_{0x} 轴方向的滤波器宽度；σ_y 为 f_{0y} 轴方向的滤波器宽度；σ_t 为 f_{0t} 轴方向的滤波器宽度。

6.3 傅里叶变换条纹分析三维测量实验

6.3.1 傅里叶条纹分析三维测量仿真实验结果及对比

下面通过仿真实验验证三维傅里叶变换条纹分析三维视觉测量方法，其中第一个实验是分别采用一维、二维和三维傅里叶变换条纹分析提取包裹相位。

由前文描述可知，3D-FFA 方法进行包裹相位提取时使用的是随时间变化的一系列条纹图像。为模拟类似于人体胸腹表面这种近似周期性的往复运动，采用余弦条纹图像序列进行仿真实验。余弦条纹图像的分辨率设为 768×768 像素、周期长度 p 取 27 像素，时间维方向的周期长度设为 20，取时间维方向 60 个时刻的余弦条纹图像强度为

$$q(x, y, t) = 128 + 90\cos[2\pi x/p + \pi(t - 1)/10] \tag{6-59}$$

无干扰情况下 20 个时刻组成的余弦条纹图像序列如图 6-19a 所示，加入三维随机干扰后的条纹图像序列如图 6-19b 所示。

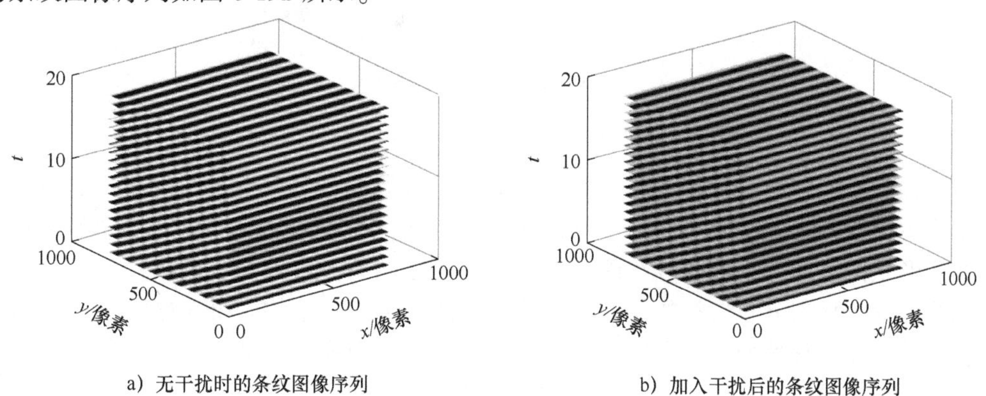

a）无干扰时的条纹图像序列　　b）加入干扰后的条纹图像序列

图 6-19　余弦条纹图像序列

采用1D-FFA、2D-FFA和3D-FFA 3种包裹相位提取方法分别对无干扰时的条纹图像序列进行包裹相位提取，并取第30帧图像的包裹相位提取结果进行比较，得到3种方法的包裹相位提取误差，如图6-20所示。从图中可以看出，由于截断和抽样导致3种方法均存在包裹相位提取误差，且误差近似相等，具体数值可参见表6-1。可见，这3种方法在原理上均可有效进行包裹相位提取。

表6-1 无干扰时条纹图像的包裹相位提取误差

方　　法	1D-FFA	2D-FFA	3D-FFA
峰谷值误差/rad	0.0040	0.0040	0.0040
方均根误差/rad	0.0012	0.0012	0.0011

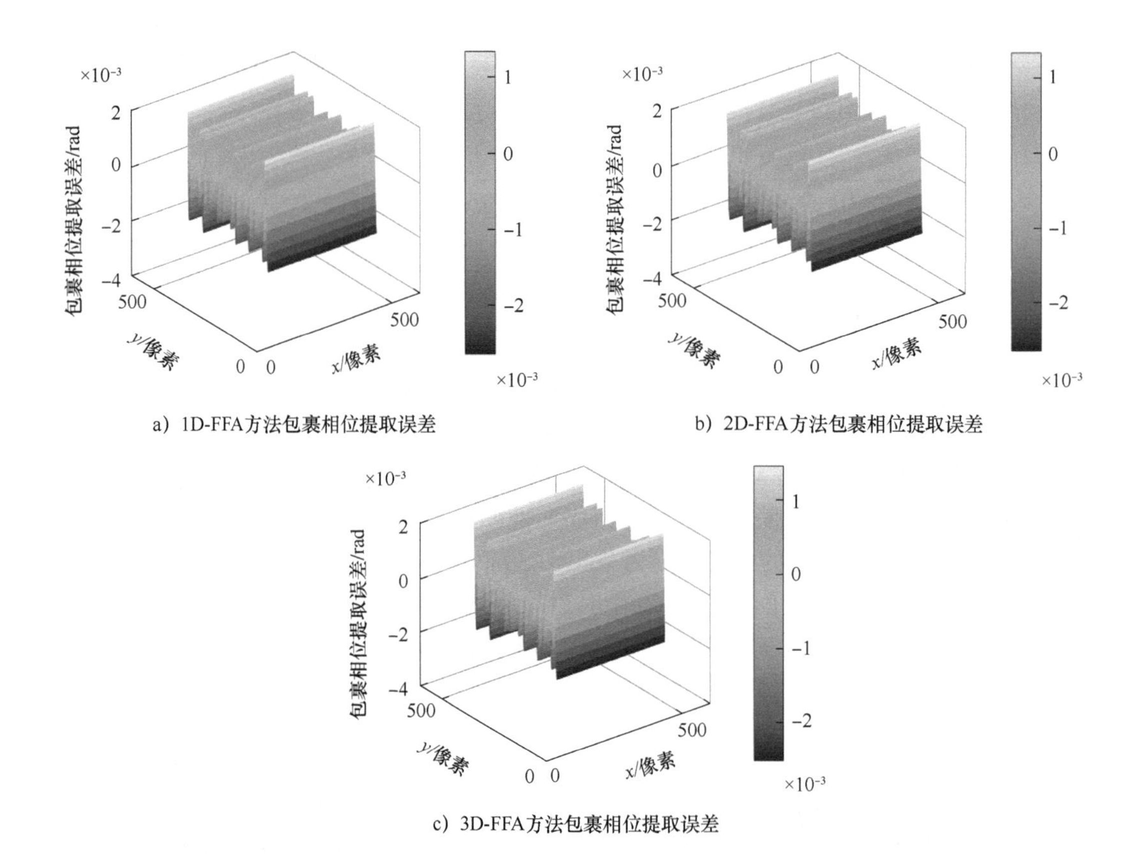

a) 1D-FFA方法包裹相位提取误差

b) 2D-FFA方法包裹相位提取误差

c) 3D-FFA方法包裹相位提取误差

图6-20 无干扰时3种方法的包裹相位提取误差

由于在后续实际测量时，对获得的条纹图像进行数据分析后发现，所采集的条纹图像中，干扰主要表现为椒盐噪声和高斯噪声两种。因此，为模拟真实测量环境中的干扰，将高斯曲线形状的高斯噪声概率分布曲线和高低幅值处两条垂直线形状的椒盐噪声概率分布曲线修改为一个均匀分布形状的均匀噪声概率曲线，形成一个均匀分布的随机干扰信号并作为本章的仿真干扰信号。该干扰信号能同时体现出高斯噪声和椒盐噪声的影响，而且其影响超过两者直接叠加，这样也能反映出其他噪声的影响，能够充分模拟出实际测量实验中噪声的影响。施加的三维随机干扰信号ϑ为

$$\vartheta = 75N_{\mathrm{p}}[2 \times \mathrm{rand}(768,768,60) - 1] \tag{6-60}$$

式中，rand( )为［0,1］内的随机函数；N_p 为干扰信号的强度值与余弦条纹调制度 75 的比值。

当条纹图像序列中加入 40%的三维随机干扰后，如图 6-19b 所示，采用 3 种方法对余弦光图像序列进行包裹相位提取，并取第 30 帧图像的包裹相位提取结果进行比较，结果如图 6-21 所示。

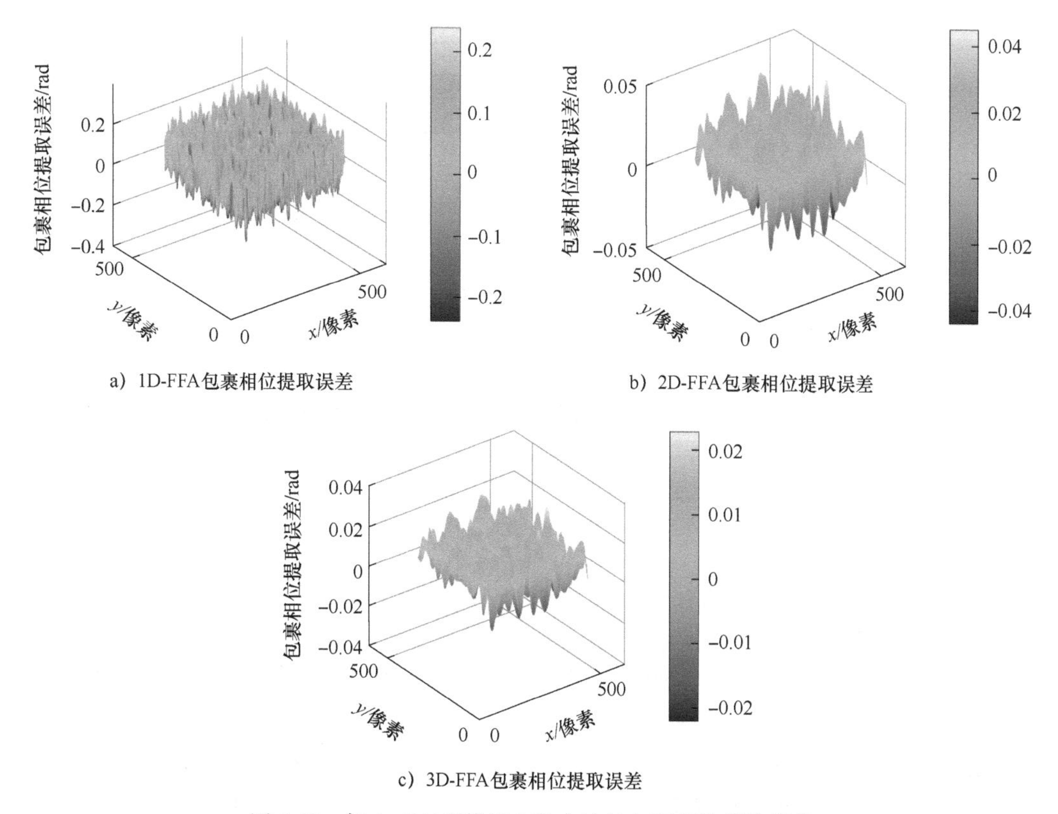

图 6-21　加入 40%干扰后 3 种方法的包裹相位提取误差

由图 6-21 可以看出，当加入 40%干扰后，3D-FFA 方法的包裹相位提取误差要小于 1D-FFA 方法和 2D-FFA 方法，表明其抗干扰能力要优于 1D-FFA 方法和 2D-FFA 方法。

为进一步验证所提 3D-FFA 方法的抗干扰能力，选取当干扰百分比分别为 5%、10%、20%、40%、60%、80%和 100%时，同样采用 3 种方法对加入干扰后的余弦光图像序列进行包裹相位提取，并都取第 30 帧图像的包裹相位提取结果进行比较，得到 3 种方法在不同干扰百分比时的包裹相位提取误差，如图 6-22 所示。

由图 6-22 可以看出，就包裹相位的方均根误差和峰谷值误差而言，一是都随着干扰的增大而增大；二是在干扰百分比相同的情况下，采用 2D-FFA 方法的包裹相位提取误差显著低于采用 1D-FFA 方法的包裹相位提取误差，采用 3D-FFA 方法的包裹相位提取误差明显低于采用 2D-FFA 方法的包裹相位提取误差；三是采用 1D-FFA 方法的包裹相位提取误差在整个干扰增加的过程中近似线性地快速增长。

为更加直观地描述 3 种方法之间的包裹相位提取误差，图 6-23 给出了不同干扰百分比时 1D-FFA 方法与 2D-FFA 方法的包裹相位提取误差比值曲线、2D-FFA 方法与 3D-FFA 方法的包裹相位提取误差比值曲线，曲线表明 2D-FFA 方法的抗干扰能力强于 1D-FFA 方法，当干扰超过 10%以后，1D-FFA 方法的方均根误差和峰谷值误差均为 2D-FFA 方法的 5 倍以上；3D-FFA 方法的抗干扰能力强于 2D-FFA 方法，当干扰超过 10%以后，2D-FFA 方法的方均根误差和峰谷值误差均为 3D-FFA 方法的 2 倍左右。综上所述，3D-FFA 方法的抗干扰能力最强。

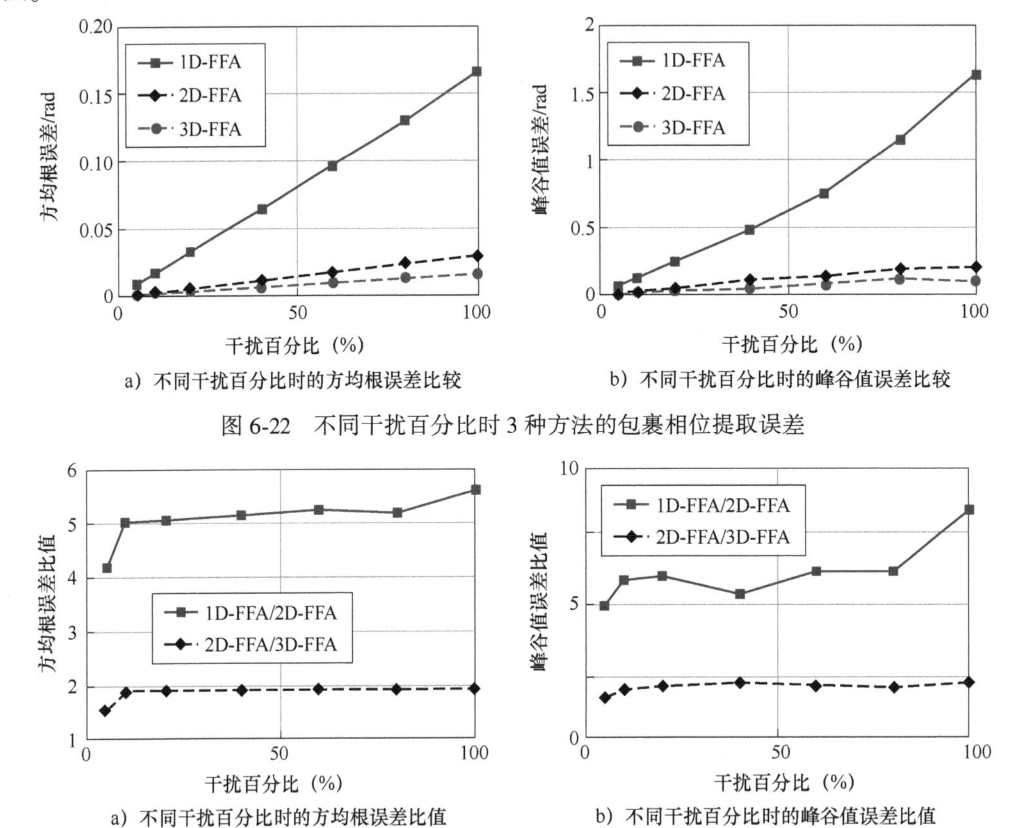

a）不同干扰百分比时的方均根误差比较　b）不同干扰百分比时的峰谷值误差比较

图 6-22　不同干扰百分比时 3 种方法的包裹相位提取误差

a）不同干扰百分比时的方均根误差比值　b）不同干扰百分比时的峰谷值误差比值

图 6-23　不同干扰百分比时 3 种方法包裹相位提取误差的比值

第二个实验是采用三维傅里叶变换条纹分析分别结合三维高斯滤波器（3D-FFA-G 方法）、巴特沃斯滤波器（3D-FFA-B 方法）和长方体滤波器（3D-FFA-C 方法）提取包裹相位。先在无干扰时采用前述条纹图像序列及这 3 种滤波器提取条纹图像序列的包裹相位，然后与包裹相位真值相减得到这 3 种方法的包裹相位提取误差，并选取第 30 帧图像的包裹相位提取误差进行比较，结果见表 6-2。由表 6-2 可知，采用 3D-FFA-C 方法时的误差明显大于其他两种滤波器；采用 3D-FFA-G 方法时的误差小于采用 3D-FFA-B。

表 6-2　条纹图像的包裹相位提取误差

方　法	方均根误差/rad	峰谷值误差/rad
3D-FFA-G	0. 0011	0. 0040
3D-FFA-B	0. 0016	0. 0062
3D-FFA-C	0. 0056	0. 0221

同前面一样，当在条纹图像序列中加入 40%的三维随机干扰后，分别采用 3D-FFA-G、3D-FFA-B 和 3D-FFA-C 方法进行包裹相位提取，并取第 30 帧图像的包裹相位提取结果进行

比较，得到 3 种滤波器的包裹相位提取误差，如图 6-24 所示。从图中可以看出，采用 3D-FFA-G 方法时包裹相位提取误差要明显小于采用 3D-FFA-B 和 3D-FFA-C 方法，表明其抗干扰能力最强。

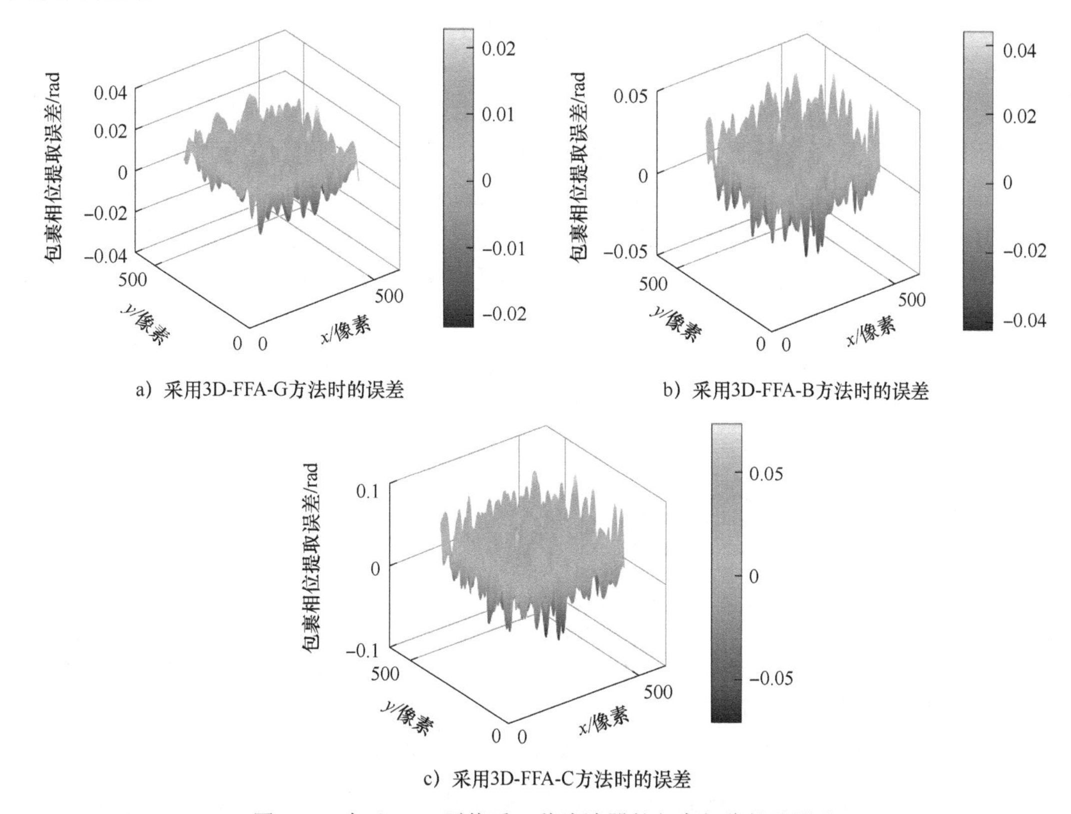

a）采用3D-FFA-G方法时的误差

b）采用3D-FFA-B方法时的误差

c）采用3D-FFA-C方法时的误差

图 6-24　加入 40%干扰后 3 种滤波器的包裹相位提取误差

当干扰百分比分别为 5%、10%、20%、40%、60%、80%和 100%时，分别采用 3D-FFA-G、3D-FFA-B 和 3D-FFA-C 方法获得图像序列的包裹相位及其误差，并同样选取第 30 帧图像的包裹相位提取误差进行比较，结果如图 6-25 所示。

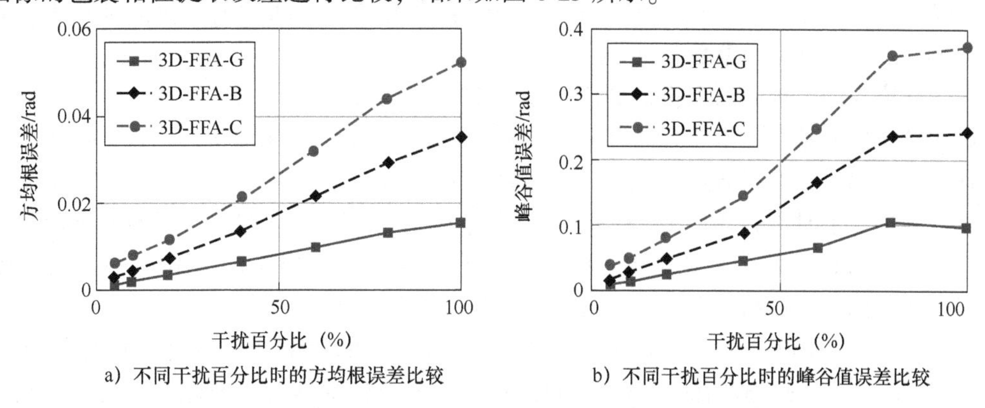

a）不同干扰百分比时的方均根误差比较

b）不同干扰百分比时的峰谷值误差比较

图 6-25　不同干扰百分比与 3 种方法包裹相位提取误差的关系

由图 6-25 可以看出，就包裹相位提取的方均根误差和峰谷值误差而言，一是 3 种方法的误差都随干扰百分比的增大而增大；二是 3D-FFA-G 方法的误差明显小于其他两种方法，且干扰越大其差别越明显；三是在干扰小于 10%时 3 种方法的误差本身变化较小，但当干扰超过 10%后随干扰增加而近似线性增加。相比之下，3D-FFA-G 方法的准确度最高、抗干扰能力最强。

为更加直观地描述 3D-FFA-G、3D-FFA-B 与 3D-FFA-C 3 种方法之间的包裹相位提取误差，图 6-26 给出了不同干扰百分比时 3D-FFA-B 方法与 3D-FFA-G 方法的包裹相位提取误差比值曲线、3D-FFA-C 方法与 3D-FFA-B 方法的包裹相位提取误差比值曲线，图中的方均根误差比值曲线和峰谷值误差比值曲线表明 3D-FFA-G 方法的抗干扰能力强于 3D-FFA-B 方法，且 3D-FFA-B 方法的误差始终为 3D-FFA-G 方法的 2 倍左右；3D-FFA-B 方法的抗干扰能力强于 3D-FFA-C 方法，且随着干扰的增大，两者的方均根误差比值和峰谷值误差比值都在减小。当干扰超过 50%后，3D-FFA-C 方法的误差为 3D-FFA-B 方法的 1.5 倍左右，进一步验证了 3D-FFA-G 方法的有效性和优势。

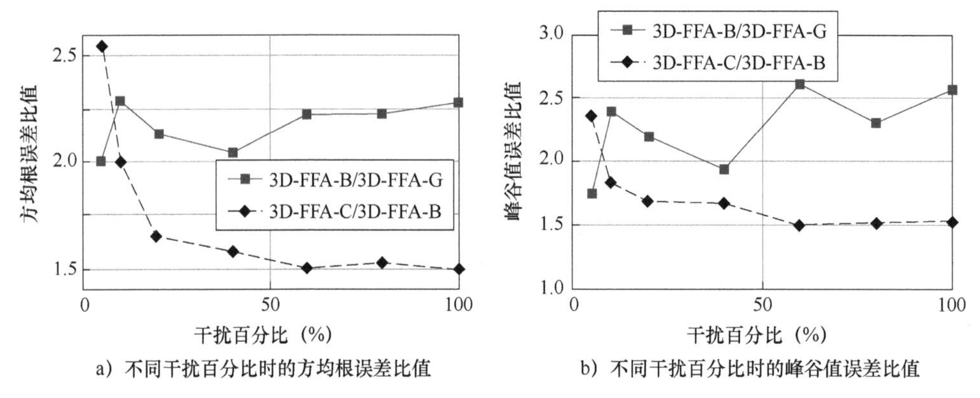

a）不同干扰百分比时的方均根误差比值　　b）不同干扰百分比时的峰谷值误差比值

图 6-26　不同干扰百分比时 3 种滤波器包裹相位提取误差的比值

第 3 个实验是半球三维仿真测量实验，分别采用 3D-FFA-G、3D-FFA-B 和 3D-FFA-C 3 种方法，针对半径逐渐变大的半球进行三维仿真测量实验。被测半球曲面时空高度 $h(x,y,t)$ 表达式为

$$h(x,y,t)=\sqrt{r^2(t)-\{[X(x,y)-384]^2+[Y(x,y)-384]^2\}} \tag{6-61}$$

式中，$X(x,y)$ 和 $Y(x,y)$ 的取值范围为 $[1,768]$；半球的半径随时间变化的函数表达式为 $r(t)=200+t$，其中 t 为整数，且 $t\in[1,60]$。

在逐渐增大的半球曲面上投射周期长度为 27 像素的余弦条纹图案，将 60 个时刻的变形条纹图像组成的条纹图像序列分别采用 3D-FFA-C、3D-FFA-B 和 3D-FFA-G 方法求取该图像序列的包裹相位，然后通过相位展开，采用三角法得到不同时刻构成的半球三维图像序列。选取其中 3 个时刻 $t=10$、$t=30$ 和 $t=50$ 时半球的三维重构图像并与标准半球曲面进行比较，结果如图 6-27 所示。从图中可以看出，3D-FFA-C、3D-FFA-B 和 3D-FFA-G 方法都能得到半球曲面的三维形状，但无法从视觉上直接区分重构结果的好坏。

为定量比较 3D-FFA-G、3D-FFA-B 与 3D-FFA-C 方法的测量结果，使用截面 $h=150$ 截取图 6-27 所示半球的球冠曲面，将每个重构球冠曲面与标准球冠曲面进行对比，得到的测量误差如图 6-28 所示。可见，采用 3D-FFA-G 方法得到的球冠曲面的方均根误差和峰谷值误差明显小于采用 3D-FFA-C 方法，小于采用 3D-FFA-B 方法，表明 3D-FFA-G 方法的准确度要优于其他两种方法。

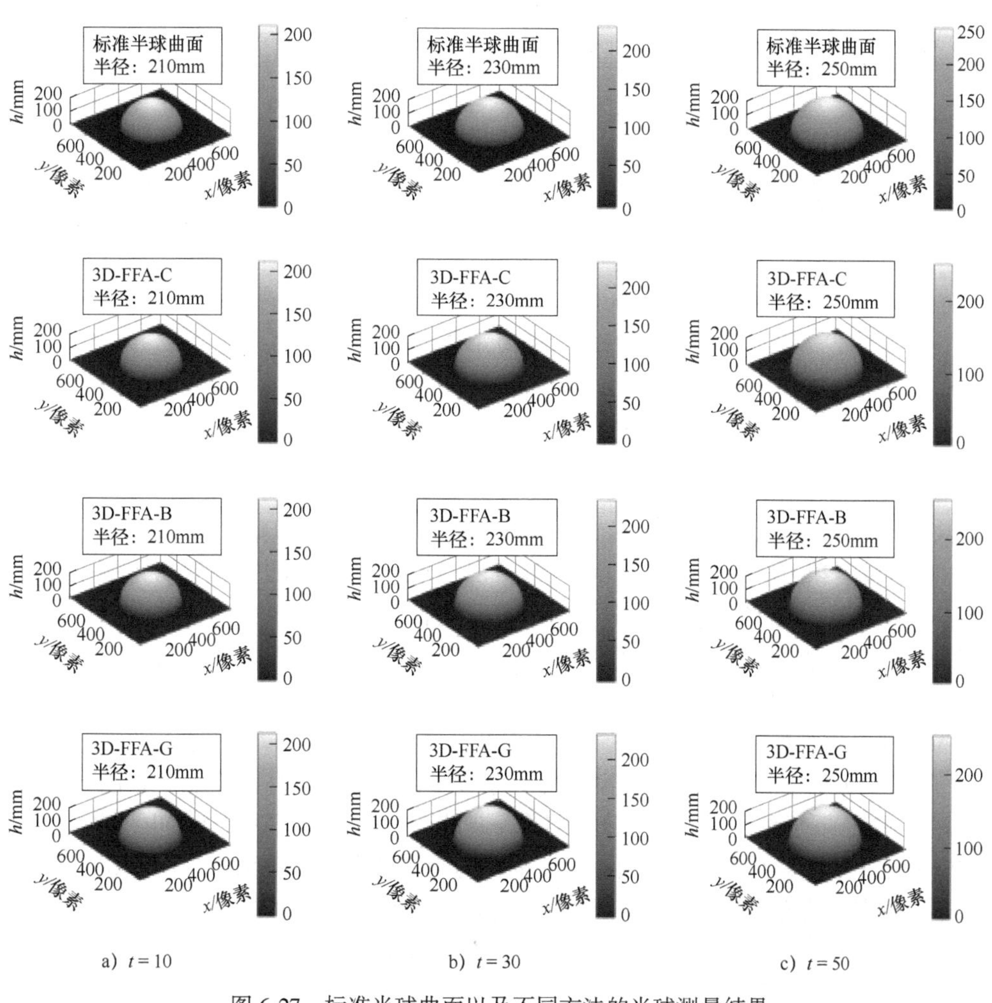

a) $t=10$　　b) $t=30$　　c) $t=50$

图 6-27　标准半球曲面以及不同方法的半球测量结果

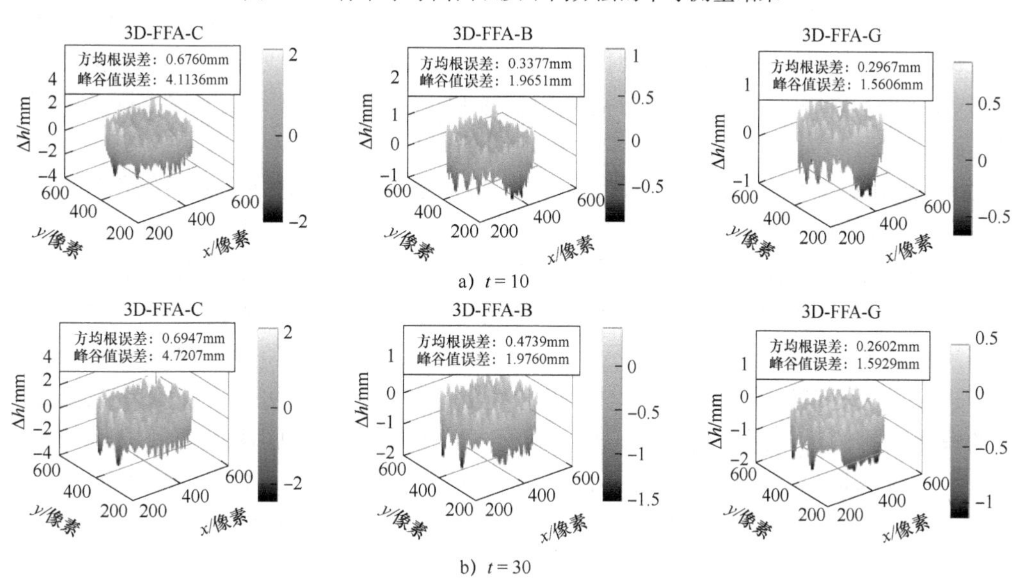

a) $t=10$

b) $t=30$

图 6-28　球冠部分不同方法的测量误差

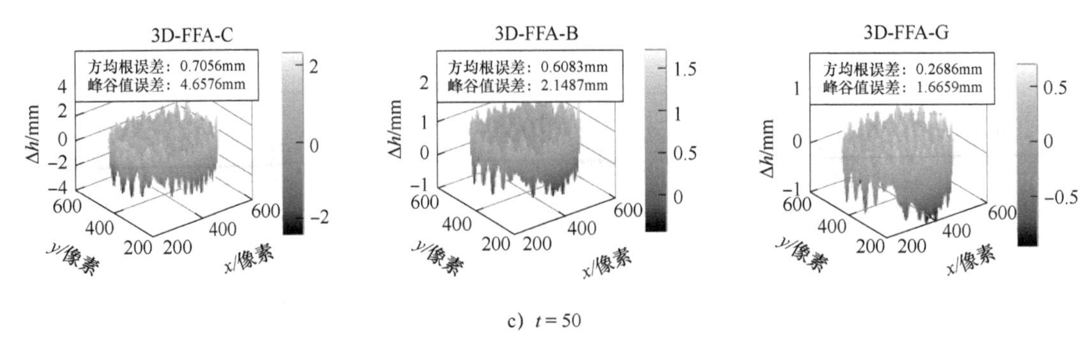

c）$t=50$

图 6-28 球冠部分不同方法的测量误差（续）

6.3.2 三维傅里叶条纹分析测量实验

下面通过实际测量实验进一步验证三维傅里叶变换条纹分析结合 3D-FFA-G 的三维视觉测量方法，实际测量系统及其原理示意图如图 6-29 所示，主要包括：

1）图案投射和图像采集。计算机生成不同周期的 R、G、B 三原色余弦条纹图案，再将三者合成为一幅复合彩色条纹图案，通过投影仪将其投射到被测景物表面。相机按固定时间间隔采集动态表面条纹图像，得到复合彩色条纹图像序列。该投射图案固定不变，减少了投射图案转换和建立时间，测量仅需采集一幅复合颜色条纹图案，减少了图像采集时间，这为实现景物表面动态三维测量奠定了基础。

2）图像颜色校正和分离。针对复合彩色条纹图像序列，根据每个像素点的校正矩阵进行颜色耦合校正和颜色分离，分离出不同周期的 R、G、B 三原色条纹图像序列。由于 3CCD 工业相机 3 个颜色通道光谱响应曲线的重合交叉处存在颜色耦合，因此在测量之前需要完成基于硬件设备的颜色标定，即投影仪投射全红、全绿、全蓝、全黑 4 幅图案到被测景物表面，由相机采集全红、全绿、全蓝、全黑 4 幅图像，采用这 4 幅图像并通过计算得到每个像素点的校正矩阵。

3）包裹相位提取。分别针对 R、G、B 条纹图像序列中的每幅图像，采用 3D-FFA-G 方法提取每个像素点的包裹相位，得到每幅图像的包裹相位图，形成 R、G、B 包裹相位图序列。其中，通过增加时间维进一步分离有用信号和干扰，从而减小了干扰的影响，提高了测量准确度。

4）包裹相位展开。根据同一时刻的 R、G、B 包裹相位图，采用三频时间相位展开方法将包裹相位展开为连续的绝对相位，得到该时刻的绝对相位图，从而形成绝对相位图序列。

5）三维图像序列获取。根据绝对相位图序列，采用三角法测量原理计算得到三维坐标，形成景物表面三维图像序列，该序列表达出每个采样时刻的景物表面三维形状。

测量系统硬件主要包括相机、投影仪和计算机，其中相机和投影仪参数需要根据测量要求进行设计。借助彩色相机 R、G、B 3 个通道进行编码，可实现基于单幅固定投射图案的快速三维测量，因此选用 3CCD 工业相机。针对类似于胸腹表面呼吸运动这样的动态三维测量场景，要求所使用的相机帧频至少应达到 5 帧/s，综合相机对分辨率、帧频等各项性能指标的要求，选取 AT-200GE 工业相机作为测量系统的图像采集设备，其具体参数见表 6-3。

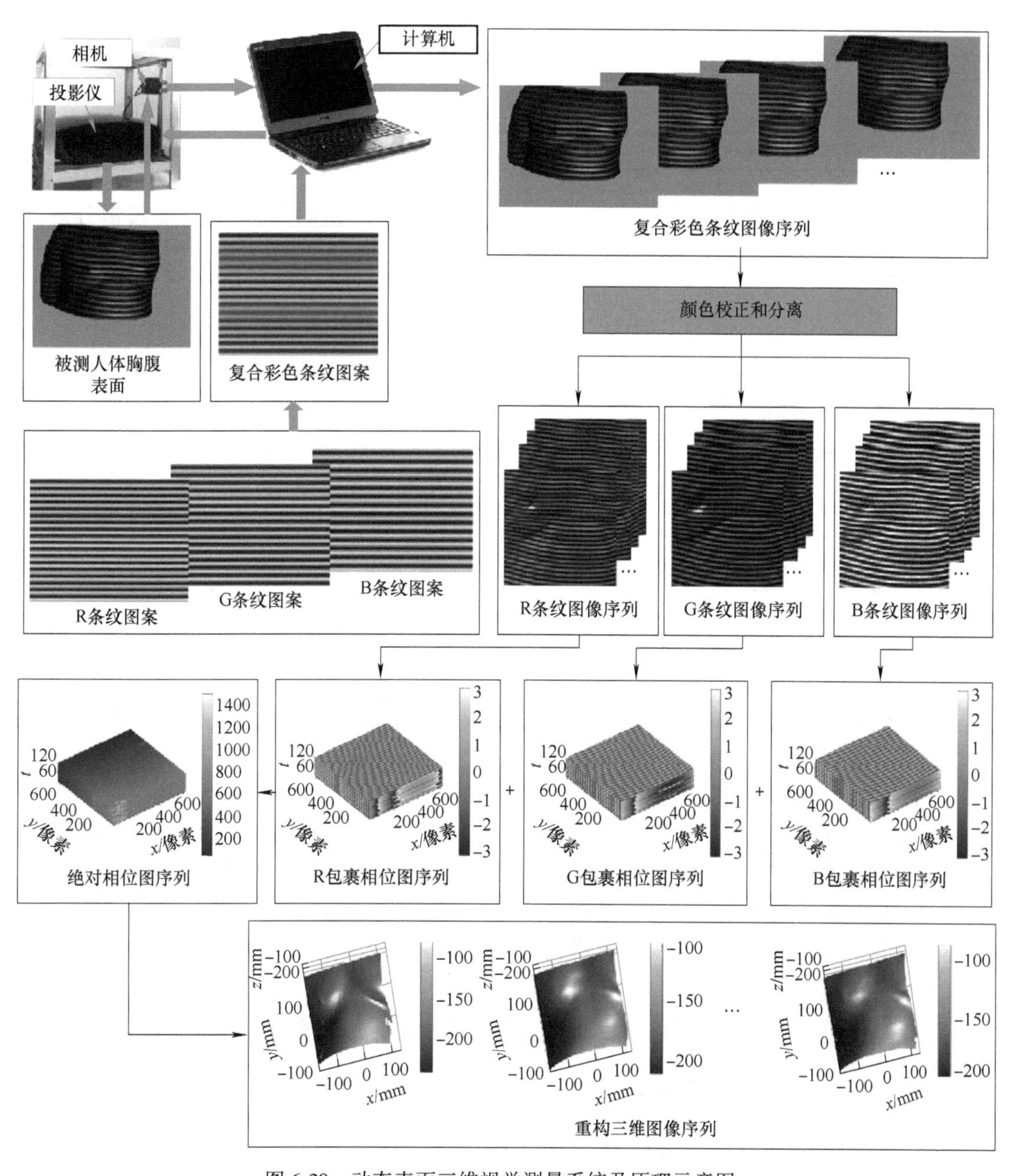

图 6-29　动态表面三维视觉测量系统及原理示意图

表 6-3　3CCD 工业相机参数

型　　号	AT-200GE
分辨率	1624(h)×1236(v)
传感器	3×1/1.8″逐行扫描 CCD
像素尺寸	4.40(h)×4.40(v)μm
最大分辨率下的最大帧频	15.45fps
视频输出	3×8bit RGB：24 位输出格式

（续）

自动快门	1/15～1/268s
信噪比	>50dB
外形尺寸（$L\times W\times H$）	55mm×55mm×98.3mm

DLP 投影仪因其采用反射式原理，具有更小的封闭式光路系统，结合对投影分辨率、色彩还原度等的要求，选取 InFocus IN82 投影仪作为测量系统的图案投射器，其具体参数见表 6-4。

表 6-4　InFocus IN82 投影仪参数

型　号	InFocus IN82
投影技术	DLP
标称光通量	1500/lm
对比度	4000：1
最大分辨率	1920 像素×1080 像素
屏幕宽高比例	4：3/16：9
色彩（万）	10.7×10^4
外形尺寸（$L\times W\times H$）	476.3mm×431.8mm×148.1mm

计算机生成不同周期的 R、G、B 三原色余弦条纹图案，再将三者合成为一幅复合彩色条纹图案，通过投影仪将其投射到被测景物表面。投影仪借助 R、G、B 三原色在一幅分辨率为 1024 像素×768 像素的彩色图案中形成 3 个周期长度不同的余弦条纹，R、G、B 3 个通道中的余弦条纹周期长度分别为 21 像素、24 像素和 27 像素。3CCD 工业相机以 5 帧/s 的帧频、1624 像素×1236 像素的分辨率获取不同时刻的平面彩色条纹图像，得到复合彩色条纹图像序列并存储到计算机中进行处理。这样，投射图案固定不变，减少了投射图案转换和建立时间，测量仅需采集一幅复合彩色条纹图案，减少了图像采集时间，为实现帧频三维视觉测量奠定了基础。

测量前对工业相机和投影仪进行标定，得到工业相机坐标系与世界坐标系之间的转换关系矩阵 $\boldsymbol{A\_C}$ 为

$$\boldsymbol{A\_C}=\begin{bmatrix}-2.7969 & -0.0116 & -0.7670 & 9.1195\\ 0.0066 & -2.9140 & 0.0443 & -127.67\\ 0 & 0 & 0 & 1\end{bmatrix} \tag{6-62}$$

投影仪坐标系与世界坐标系之间的转换关系矩阵 $\boldsymbol{A\_P}$ 为

$$\boldsymbol{A\_P}=\begin{bmatrix}-2.4080 & 0.0522 & 0.0525 & 2.0889\\ -0.0645 & -2.4147 & -0.6207 & -10.2169\\ 0 & 0 & 0 & 1\end{bmatrix} \tag{6-63}$$

第一个测量实验是采用 3D-FFA 方法针对一个运动平面进行三维测量。将被测平面放置在导轨上，导轨运动方向与被测平面垂直，让平面沿导轨方向进行往复移动，移动范围设为 30mm，每隔 3mm 采集一幅彩色编码条纹图像，共采集 60 个不同位置平面的彩色编码条

纹图像，投影彩色编码条纹后的平面如图 6-30a 所示。采用颜色校正方案进行颜色耦合校正与分离，并从被测量实际平面中截取大小为 768 像素×768 像素的被测量区域，分离后其中一个通道的一幅条纹图像如图 6-30b 所示。颜色校正前和颜色校正后图像中某一列的强度值如图 6-31 所示。可见，校正前后各通道编码条纹图像的强度值变化较大，校正后各通道编码条纹更接近于投射图案。

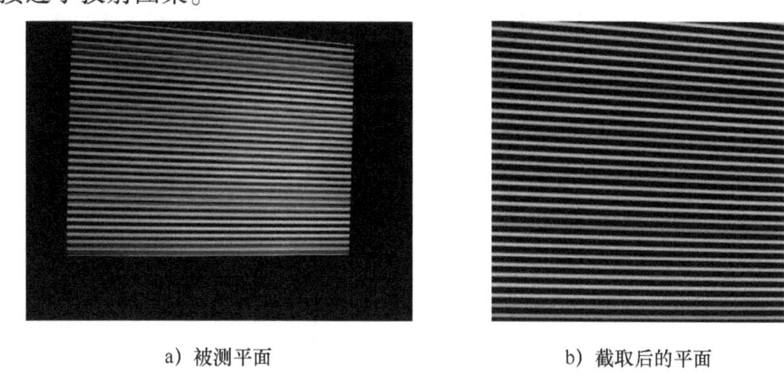

a）被测平面　　b）截取后的平面

图 6-30　投影彩色条纹图案后的平面及截取、分离后的灰度条纹图像

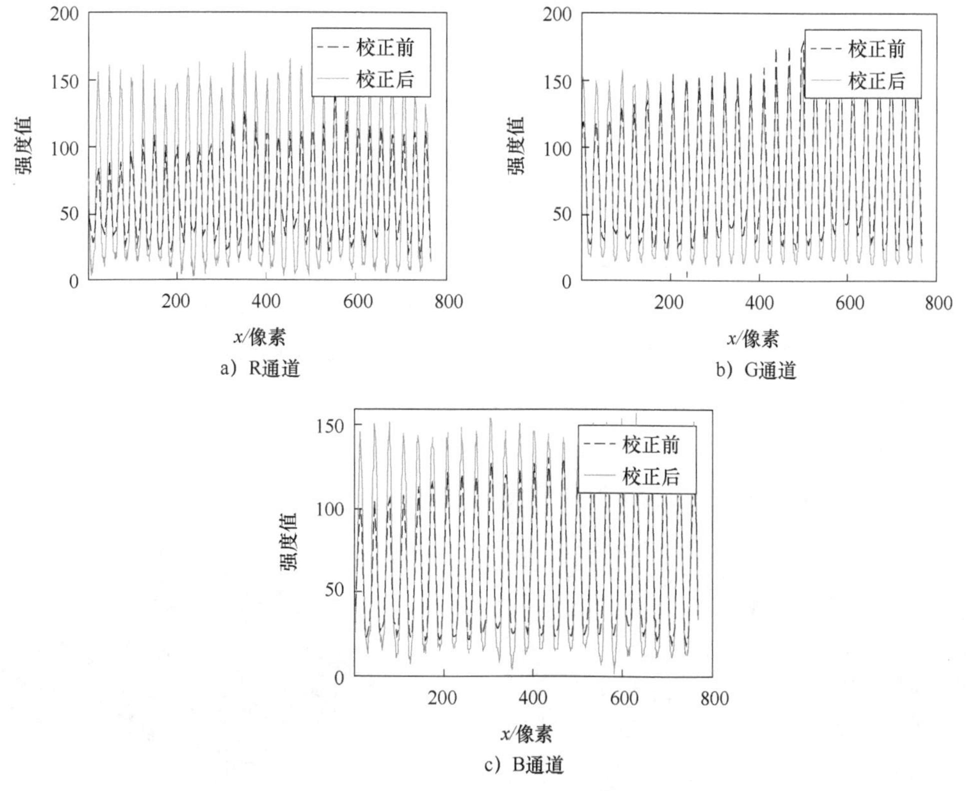

a）R通道　　b）G通道　　c）B通道

图 6-31　颜色校正前后某一列 3 个通道的强度值

采用 3D-FFA-G 方法对分离后 R、G、B 3 个通道的条纹图像序列进行包裹相位提取，并通过包裹相位展开和三角法测量原理得到被测平面的三维图像序列。其中，3 个典型位置的平面测量结果如图 6-32 所示。表 6-5 所示为 3 个不同位置处运动平面测量的方均根误差，不同位置多次测量结果表明方均根误差不超过 1mm。

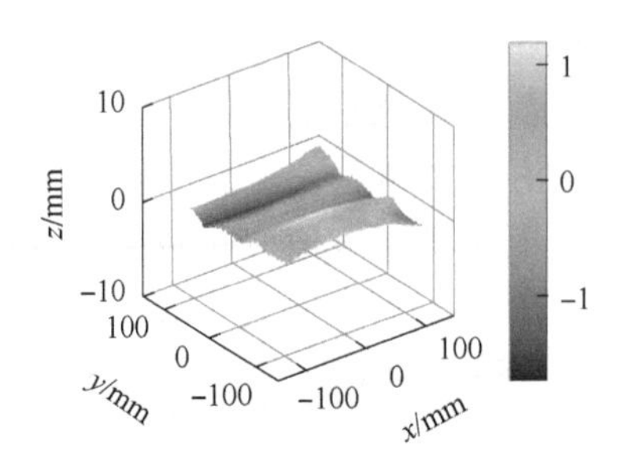

a) $z=0$mm时平面测量结果

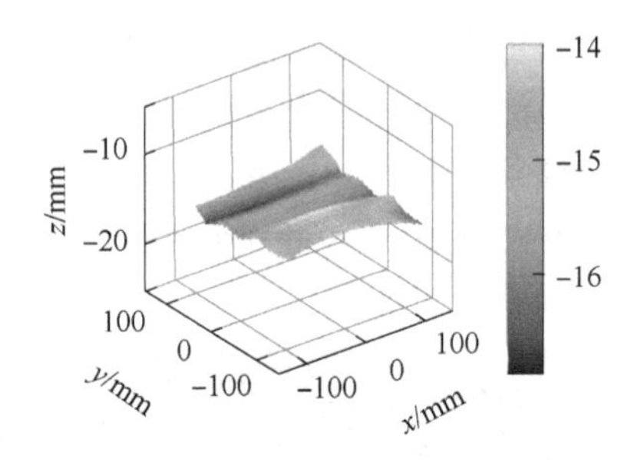

b) $z=-15$mm时平面测量结果

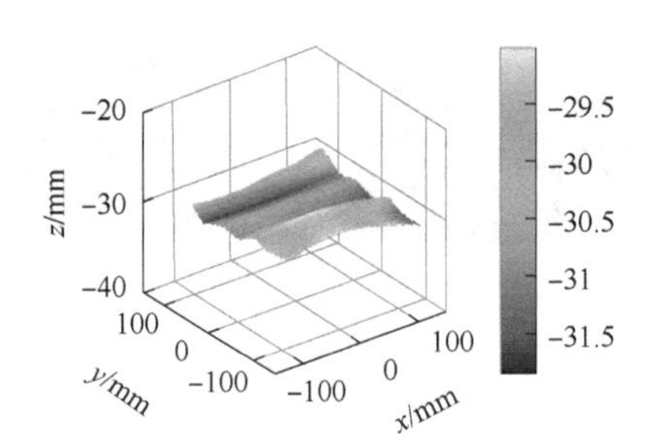

c) $z=-30$mm时平面测量结果

图 6-32　运动平面测量结果

表 6-5　不同位置处运动平面测量的方均根误差

被测平面深度真值	$z=0$mm	$z=-15$mm	$z=-30$mm
测量值方均根误差	0.72	0.79	0.83

第二个测量实验是针对呼吸运动状态中人体胸腹表面进行三维测量。首先选取偏胖体质的人体胸腹表面进行三维测量实验，投射彩色编码条纹图案后的人体胸腹表面如图 6-33a 所示，截取胸腹表面图像区域，对其进行颜色耦合校正与分离，分离后的条纹图像序列分别如图 6-33b～d 所示。

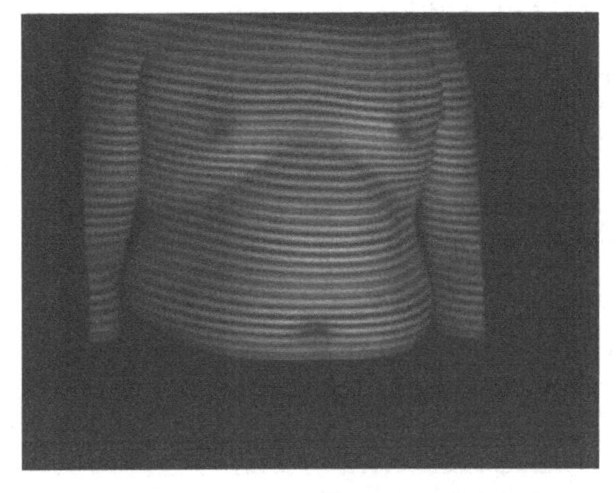

a) 投射彩色编码条纹图案后的人体胸腹表面

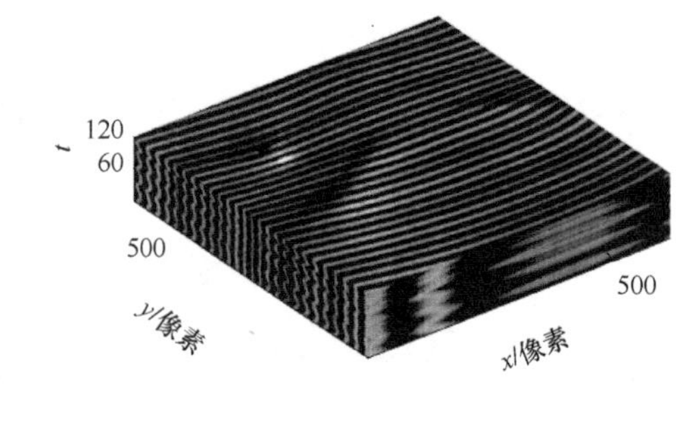

b) R通道分离后的条纹图像序列

图 6-33　人体胸腹表面彩色条纹图像及分离后的变形条纹图像序列

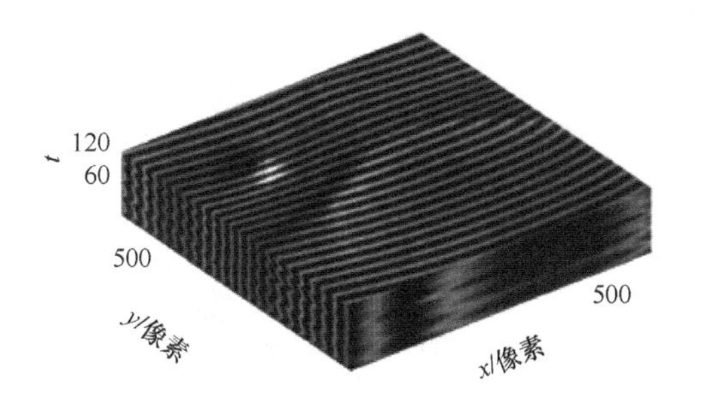

c）G通道分离后的条纹图像序列

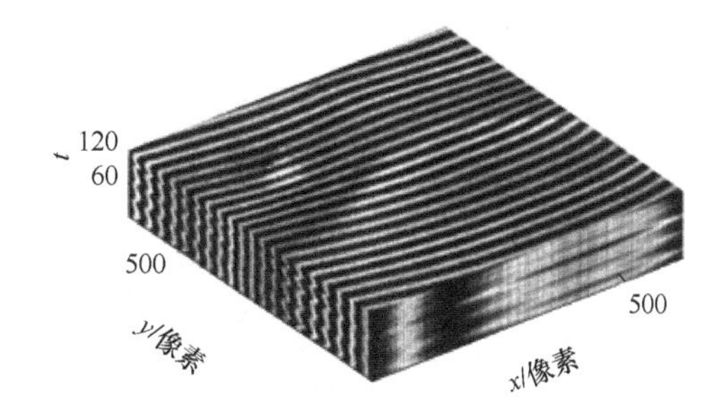

d）B通道分离后的条纹图像序列

图 6-33　人体胸腹表面彩色条纹图像及分离后的变形条纹图像序列（续）

将 R、G、B 3 个颜色通道中每个通道的 120 个时刻构成的条纹图像序列，分别看作一个三维整体，采用 3D-FFA-G 方法分别对每个通道的条纹图像序列进行包裹相位提取，得到 3 个通道的包裹相位图像序列如图 6-34a、b 和 c 所示。将上述 3 个不同周期长度的包裹相位图像序列进行相位展开，得到胸腹表面绝对相位分布，再根据三角法测量原理得到由胸腹表面 120 个时刻深度图像构成的深度图像序列，如图 6-34d 所示。

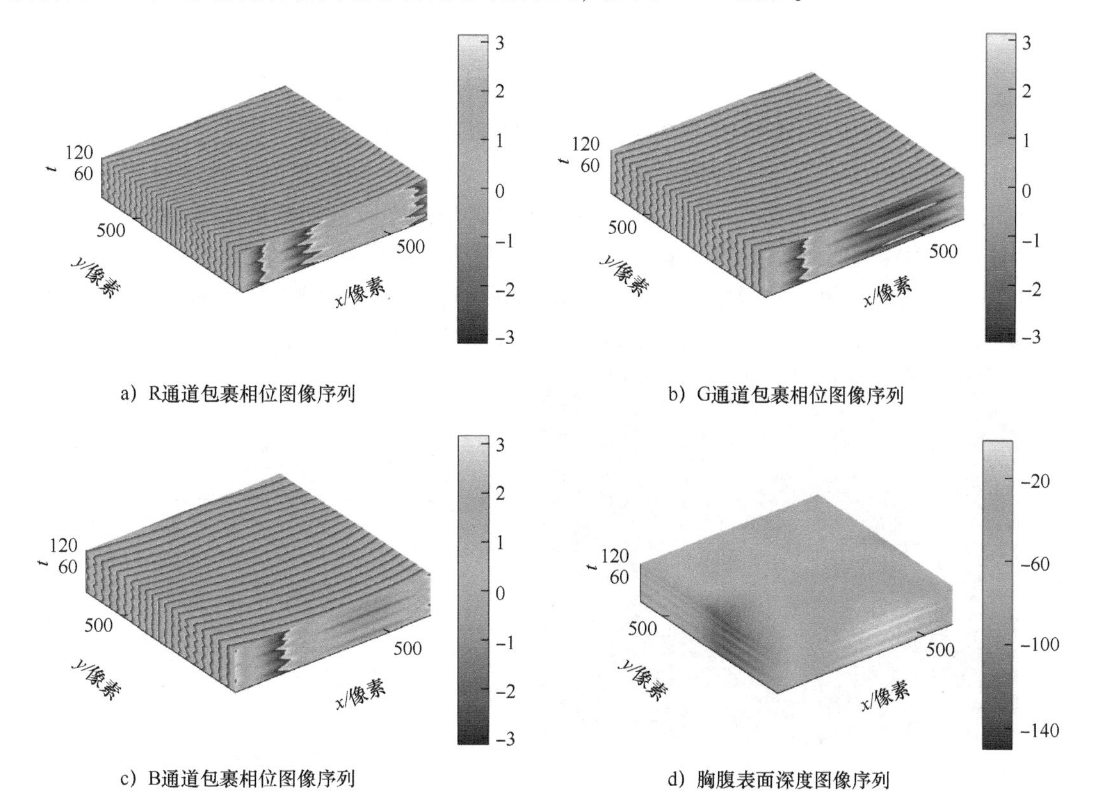

a）R通道包裹相位图像序列

b）G通道包裹相位图像序列

c）B通道包裹相位图像序列

d）胸腹表面深度图像序列

图 6-34　包裹相位图像序列和重构胸腹表面深度图像序列

深度图像序列中，3 个典型时刻 $t=20$、$t=60$ 和 $t=100$ 的深度图像如图 6-35 所示。显然，3D-FFA-G 方法能够正确地重构出不同时刻的胸腹表面三维形状，且重构的胸腹表面细腻光滑，存在某些空白的小区域，这是该区域测量误差较大而被剔除所导致的，其原因在于包裹相位提取误差过大会使相位解包裹出现错误。

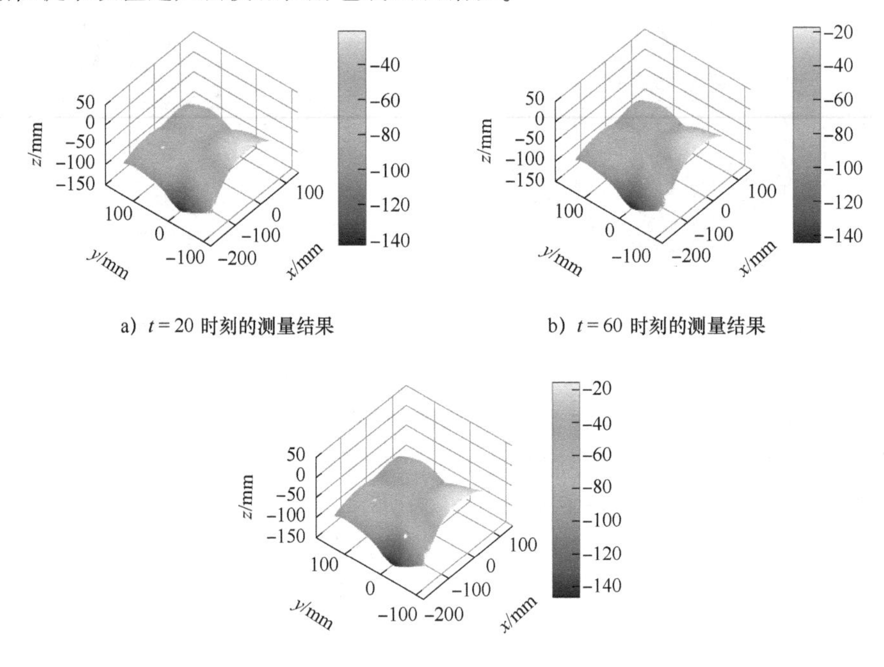

a）$t=20$ 时刻的测量结果

b）$t=60$ 时刻的测量结果

c）$t=100$ 时刻的测量结果

图 6-35　3 个典型时刻的胸腹表面三维重构结果

针对同一被试者在其不同呼吸状态下进行了测量实验，采用被测人体胸腹表面膈肌附近一点的深度曲线来描述呼吸运动，其中两种比较典型的呼吸运动测量结果如图 6-36 所示。图 6-36a 所示为深呼吸状态下的测量结果，呼吸幅度大、呼吸频率低；图 6-37b 所示为急促呼吸状态下的测量结果，呼吸幅度小、呼吸频率高。针对同一被测人体胸腹表面在 10 种不同呼吸状态下进行测量，选取上述膈肌区域一点作为特征点，观察其在 z 轴方向上的呼吸运

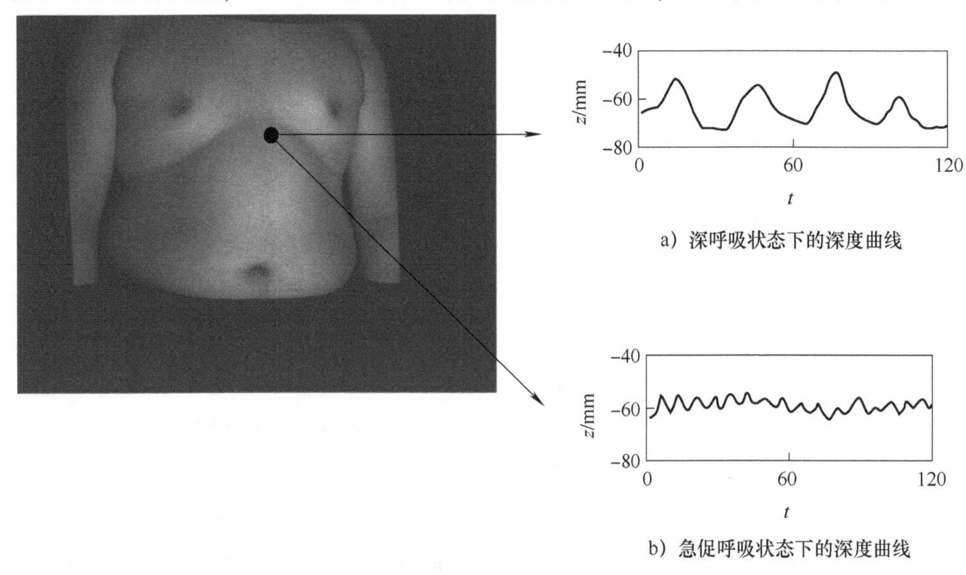

a）深呼吸状态下的深度曲线

b）急促呼吸状态下的深度曲线

图 6-36　膈肌区域某点在不同呼吸状态下 z 轴方向深度曲线

动幅度，结果见表 6-6。可见，测量结果能明显区分不同的呼吸状态，给出了不同呼吸状态的定量描述。

表 6-6　10 种不同呼吸状态下膈肌区域一点的深度运动幅度

呼吸状态类型	1	2	3	4	5	6	7	8	9	10
深度运动幅度/mm	23.9	10.3	16.5	15.7	14.8	15.3	9.2	21.4	16.0	18.1

另外，还针对体质偏瘦的人体胸腹表面进行了三维测量实验。根据实验得到的呼吸状态下胸腹表面重构图像序列，在胸部区域和腹部区域各选取一点，并观察这两点随时间的深度变化情况，结果如图 6-37 所示。可见，目前测量结果能区分不同位置处的呼吸运动，而且定量地描述了不同位置处的呼吸运动。

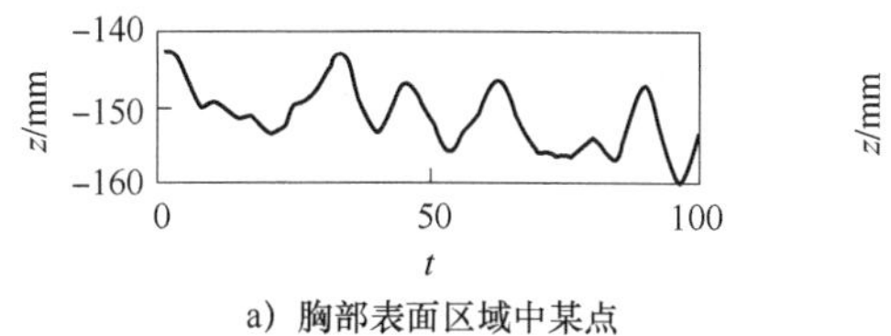

a）胸部表面区域中某点

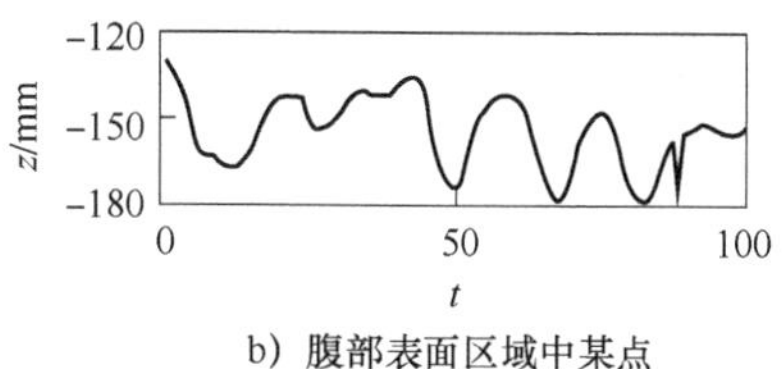

b）腹部表面区域中某点

图 6-37　胸腹表面上不同点处深度随时间变化的曲线

经过多次测量实验，结果证明 3D-FFA-G 方法能正确重构呼吸状态下的人体胸腹表面，而且重构表面光滑细腻，这为不同呼吸状态下的人体胸腹表面呼吸运动提供了逐点定量描述，更为基于图像的人体胸腹表面呼吸运动分析提供了基础和技术手段。

参考文献

[1] CHEN F, BROWN G M, SONG M. Overview of three-dimensional shape measurement using optical methods [J]. Optical engineering, 2000, 39(1): 10-22.

[2] HEIKE C L, UPSON K, STUHAUG E, et al. 3D digital stereophotogrammetry: a practical guide to facial image acquisition[J]. Head and face medicine, 2010, 6: 1-11.

[3] SAXENA M, ELURU G, GORTHI S S. Structured illumination microscopy[J]. Advances in optics and photonics, 2015, 7(2): 241-275.

[4] JEUGHT S V D, DIRCKX J J J. Real-time structured light profilometry: a review[J]. Optics and lasers in engineering, 2016, 87: 18-31.

[5] VUYLSTEKE P, OOSTERLINCK A. Range image acquisition with a single binary-encoded light pattern[J]. IEEE transactions on pattern analysis and machine intelligence, 1990, 12(2): 148-164.

[6] UKIDA H. 3D information acquisition using pattern projection and omni-directional cameras[C]// 2008 SICE Annual Conference, 2008: 485-490.

[7] RASKAR R, WELCH G, CUTTS M, et al. The office of the future: a unified approach to image-based modeling and spatially immersive displays[C]// The 25th Annual Conference on Computer Graphics and Interactive Techniques, 1998: 179-188.

[8] 张超，杨华民，韩成，等. 基于格雷码结构光的编解码研究[J]. 长春理工大学学报（自然科学版），2009，32(4)：635-638.

[9] 吴海滨. 灰度边缘格雷码与线移条纹结合的三维测量技术研究[D]. 哈尔滨：哈尔滨理工大学，2008.

[10] HORN E, KIRYATI N. Toward optimal structured light patterns[J]. Image and vision computing, 2002, 17(2): 87-97.

[11] CASPI D, KIRYATI N, SHAMIR J. Range imaging with adaptive color structured light[J]. IEEE transactions on pattern analysis and machine intelligence, 1998, 20(5): 470-480.

[12] SA A M, CARVALHO P C P, VELHO L. (b, s)-BCSL: structured light color boundary coding for 3D photography[C]// The Vision, Modeling and Visualization Conference 2002, 2002: 299-306.

[13] PAN J, HUANG P S, CHIANG F. Color-coded binary fringe projection technique for 3D shape measurement [J]. Optical engineering, 2005, 44(2): 023606-1-9.

[14] ZHANG S, HUANG P S. High-resolution, real-time 3D shape acquisition[C]// 2004 IEEE Conference on Computer Vision and Pattern Recognition Workshop, 2004.

[15] ZHANG S, YAU S. High-speed three-dimensional shape measurement system using a modified two-plus-one phase-shifting algorithm[J]. Optical engineering, 2007, 46(11): 113603-1-6.

[16] HUI T, PANG G K. 3D profile reconstruction of solder paste based on phase shift profilometry[C]// 5th IEEE International Conference on Industrial Informatics, 2007: 165-170.

[17] 朱日宏，陈进榜，王青，等. 移相干涉术的一种新算法：重叠四步平均法[J]. 光学学报，1994，14(12)：1288-1292.

[18] 单鹏娜. 组合式时间编码结构光三维测量方法与技术[D]. 哈尔滨：哈尔滨理工大学，2010.

[19] 孙军华，杨扬，张广军. 基于相移的彩色结构光编码三维扫描技术[J]. 光学技术，2008，34(1)：122-125.

[20] MIYASAKA T, KURODA K, HIROSE M, et al. Reconstruction of realistic 3D surface model and 3D animation from range images obtained by real time 3D measurement system[C]// 15th International Conference on Pattern Recognition, 2000: 594-598.
[21] 李粉兰，徐可欣，于晓洋. 颜色编码三维测量系统的结构参数设计及仿真[J]. 光电工程，2005(2): 56-59; 79.
[22] CHAZAN G, KIRYATI N. Pyramidal intensity-ratio depth sensor[R]. Haifa: Technical Report, Israel Institute of Technology, 1995.
[23] JIA P, JONATHAN K, CHAD E. Real-time full-field 3D surface-shape measurement using off-the-shelf components and a single processor[C]// 6th International Conference on 3D Digital Imaging and Modeling, 2007: 382-389.
[24] JIA P, JONATHAN K, CHAD E. Two-step triangular-pattern phase-shifting method for three-dimensional object-shape measurement[J]. Optical engineering, 2007, 46(8): 083201.
[25] 李晓星，康绍峥，周贤宾. 立体视觉与空间编码技术相结合的非接触三维曲面测量系统[J]. 中国机械工程，2004，15(9): 806-809.
[26] TAKEDA M, MUTOH K. Fourier transform profilometry for the automatic measurement of 3-D object shapes [J]. Applied optics, 1983, 22(24): 3977-3982.
[27] SU X, ZHANG Q. Dynamic 3-D shape measurement method: a review[J]. Optics and lasers in engineering, 2010, 48(2): 191-204.
[28] 孟晓亮，于晓洋，吴海滨，等. 基于三维傅里叶变换的胸腹表面测量[J]. 光学精密工程，2018，26(4): 45-54.
[29] 孟晓亮. 三维傅里叶变换人体胸腹表面测量方法研究[D]. 哈尔滨：哈尔滨理工大学，2018.
[30] ZHANG Q, HOU Z, SU X. 3D fringe analysis and phase calculation for the dynamic 3D measurement[C]// International Conference on Advanced Phase Measurement Methods in Optics and Imaging, 2010, 1236: 395-400.
[31] 张启灿，苏显渝，陈文静，等. 咀嚼过程人脸颊外形动态变化的光学三维测量[J]. 光电子・激光，2004，15(2): 194-198.
[32] 李剑，苏显渝，陈峰，等. 基于傅立叶变换轮廓术的动态爆轰过程研究[J]. 激光杂志，2005，26(2): 47-48.
[33] CHEN L, NGUYEN X, ZHANG F, et al. High-speed Fourier transform profilometry for reconstructing objects having arbitrary surface colours[J]. Journal of optics, 2010, 12(9): 095502.
[34] TOYOOKA S, TOMINAGA M. Spatial fringe scanning for optical phase measurement[J]. Optics communications, 1984, 51(2): 68-70.
[35] 丁明君，牛萍娟，李寅涛. 光栅投影三维形貌测量方法及发展趋势研究[J]. 光机电信息，2008，25(9): 31-36.
[36] DURSUN A, OZDER S, ECEVIT F. Continuous wavelet transform analysis of projected fringe patterns[J]. Measurement science and technology, 2004, 15(9): 1768.
[37] GDEISAT M, BURTON D, LALOR M. Spatial carrier fringe pattern demodulation by use of a two-dimensional continuous wavelet transform[J]. Applied optics, 2006, 45(34): 8722-8732.
[38] FENG S, CHEN Q, ZUO C, et al. A carrier removal technique for Fourier transform profilometry based on principal component analysis[J]. Optics and lasers in engineering, 2015, 74: 80-86.
[39] LI S, SU X, CHEN W, et al. Eliminating the zero spectrum in Fourier transform profilometry using empirical mode decomposition[J]. Journal of the optical society of America A—optics image science and vision, 2009, 26(5): 1195-1201.

[40] ZUO C, HUANG L, ZHANG M, et al. Temporal phase unwrapping algorithms for fringe projection profilometry: a comparative review[J]. Optics and lasers in engineering, 2016, 85: 84-103.
[41] CHEN X C, WANG Y W, WANG Y J, et al. Quantized phase coding and connected region labeling for absolute phase retrieval[J]. Optics express, 2016, 24(25): 28613-28624.
[42] 赵文静, 陈文静, 苏显渝. 几种时间相位展开方法的比较[J]. 四川大学学报（自然科学版）, 2016, 53(1): 110-117.
[43] BRÄUER-BURCHARDT C, KÜHMSTEDT P, NOTNI G. Phase error analysis and compensation in fringe projection profilometry[C]// Proceedings of the SPIE, 2015, 9526: 25-32.
[44] 林焕, 马志峰, 姚春海, 等. 基于格雷码-相移的双目三维测量方法研究[J]. 电子学报, 2013, 41(1): 24-28.
[45] ZHENG D, DA F. Self-correction phase unwrapping method based on Gray-code light[J]. Optics and lasers in engineering, 2012, 50(8): 1130-1139.
[46] AN Y, HYUN J S, ZHANG S. Pixel-wise absolute phase unwrapping using geometric constraints of structured light system[J]. Optics express, 2016, 24(15): 18445-18459.
[47] ZHENG D, DA F, KEMAO Q, et al. Phase-shifting profilometry combined with Gray-code patterns projection: unwrapping error removal by an adaptive median filter[J]. Optics express, 2017, 25(5): 4700-4713.
[48] WANG Y, CHEN X, HUANG L, et al. Improved phase-coding methods with fewer patterns for 3D shape measurement[J]. Optics communications, 2017, 401: 6-10.
[49] ZHANG Q, SU X, XIANG L, et al. 3-D shape measurement based on complementary Gray-code light[J]. Optics and lasers in engineering, 2012, 50(4): 574-579.
[50] WANG Z, NGUYEN D A, BARNES J C. Some practical considerations in fringe projection profilometry[J]. Optics and lasers in engineering, 2010, 48(2): 218-225.
[51] BURKE J, BOTHE T, OSTEN W, et al. Reverse engineering by fringe projection[C]// International Symposium on Optical Science and Technology, 2002, 4778: 312-324.
[52] TIAN J, PENG X, ZHAO X. A generalized temporal phase unwrapping algorithm for three-dimensional profilometry[J]. Optics and lasers in engineering, 2008, 46(4): 336-342.
[53] 王北一. 条纹结构光三维测量中多频相位展开与高亮抑制方法研究[D]. 哈尔滨: 哈尔滨理工大学, 2018.
[54] XIA X G, WANG G. Phase unwrapping and a robust Chinese remainder theorem[J]. IEEE signal processing letters, 2007, 14(4): 247-250.
[55] 王洋. 基于中国剩余定理的模拟编码结构光三维测量方法研究[D]. 哈尔滨: 哈尔滨理工大学, 2014.
[56] 于晓洋, 王洋, 于双, 等. 中国剩余定理工程化求解方法及其应用[J]. 仪器仪表学报, 2014, 35(7): 1630-1638.
[57] REICH C, RITTER R, THESING J. 3-D shape measurement of complex objects by combining photogrammetry and fringe projection[J]. Optical engineering, 2000, 39(1): 224-231.
[58] TOWERS C E, TOWERS D P, JONES J D C. Optimum frequency selection in multifrequency interferometry[J]. Optics letters, 2003, 28(11): 887-889.
[59] 王羽佳, 江竹青, 高志瑞, 等. 双波长数字全息相位解包裹方法研究[J]. 光学学报, 2012, 32(10): 1009001-1-6.
[60] HYUN J S, ZHANG S. Enhanced two-frequency phase-shifting method[J]. Applied optics, 2016, 55(16): 4395-4401.
[61] WANG Y, ZHANG S. Superfast multifrequency phase-shifting technique with optimal pulse width modulation[J]. Optics express, 2011, 19(6): 5149-5155.

[62] 陈玲，邓文怡，娄小平. 基于多频外差原理的相位解包裹方法[J]. 光学技术，2012，38(1)：73-78.

[63] SONG L, DONG X, XI J, et al. A new phase unwrapping algorithm based on three wavelength phase shift profilometry method[J]. Optics & laser technology, 2013, 45: 319-329.

[64] 陈松林，赵吉宾，夏仁波. 多频外差原理相位解包裹方法的改进[J]. 光学学报，2016，36(4)：0412004-1-11.

[65] LONG J, XI J, ZHANG J, et al. Recovery of absolute phases for the fringe patterns of three selected wavelengths with improved anti-error capability[J]. Journal of modern optics, 2016, 63(17): 1695-1705.

[66] TOWERS C E, TOWERS D P, JONES J D C. Absolute fringe order calculation using optimised multi-frequency selection in full-field profilometry[J]. Optics and lasers in engineering, 2005, 43(7): 788-800.

[67] LONG J, XI J, ZHU M, et al. Absolute phase map recovery of two fringe patterns with flexible selection of fringe wavelengths[J]. Applied optics, 2014, 53(9): 1794-1801.

[68] LONG J, XI J, ZHANG J, et al. Error reduction of the absolute phase recovered from three sets of fringe patterns with selected wavelengths[C]// Proceedings of International Conference on Image Processing, Computer Vision, and Pattern Recognition (IPCV), 2016: 279-282.

[69] SONG L, CHANG Y, XI J, et al. Phase unwrapping method based on multiple fringe patterns without use of equivalent wavelengths[J]. Optics communications, 2015, 355: 213-224.

[70] SU W H. Color-encoded fringe projection for 3D shape measurements[J]. Optics express, 2007, 15(20): 13167-13181.

[71] SU W H. Projected fringe profilometry using the area-encoded algorithm for spatially isolated and dynamic objects[J]. Optics express, 2008, 16(4): 2590-2596.

[72] ZHANG S. Composite phase-shifting algorithm for absolute phase measurement[J]. Optics and lasers in engineering, 2012, 50(11): 1538-1541.

[73] WANG Y, ZHANG S. Novel phase-coding method for absolute phase retrieval[J]. Optics letters, 2012, 37(11): 2067-2069.

[74] HYUN J S, ZHANG S. Superfast 3D absolute shape measurement using five binary patterns[J]. Optics and lasers in engineering, 2017, 90: 217-224.

[75] XING Y, QUAN C, TAY C J. A modified phase-coding method for absolute phase retrieval[J]. Optics and lasers in engineering, 2016, 87: 97-102.

[76] ZHENG D, DA F. Phase coding method for absolute phase retrieval with a large number of codewords[J]. Optics express, 2012, 20(22): 24139-24150.

[77] ZHOU C, LIU T, SI S, et al. An improved stair phase encoding method for absolute phase retrieval[J]. Optics and lasers in engineering, 2015, 66: 269-278.